"十三五"职业教育国家规划教材

高等职业院校教学改革创新教材·软件开发系列

SQL Server实例教程

（2012版）

刘志成 张 军 宁云智 刘 钊 编 著

電子工業出版社

Publishing House of Electronics Industry

北京·BEIJING

内 容 简 介

本书全面、翔实地介绍了应用SQL Server 2012数据库管理系统进行数据库管理的各种操作以及数据库程序开发所需的各种知识和技能，主要内容包括：数据库技术基础，数据库操作，表操作，查询操作，视图操作，索引操作，T-SQL编程和存储过程操作，触发器操作，游标、事务和锁，数据库安全操作，数据库管理操作和SQL Server数据库程序开发。

编者在多年的数据库教学与数据库程序应用开发经验的基础上，根据软件行业程序员、数据库管理员的岗位能力要求和高职学生的认知规律精心组织了本书。本书通过实际的“WebShop电子商城”数据库的管理和开发，以任务的形式介绍了SQL Server 2012的各项管理和开发技术。本书面向实际教学过程，将知识讲解和技能训练有机结合，融“教、学、做”于一体，适合“理论实践一体化”的教学模式，同时，本书提供了教材中数据库的完整脚本和配套电子课件。

本书可作为高职高专软件技术、网络技术、信息管理和电子商务等专业的教材，也可作为计算机培训班的教材，还可供SQL Server 2012数据库自学者参考使用。

图书在版编目（CIP）数据

SQL Server实例教程：2012版/刘志成等编著. —北京：电子工业出版社，2018.1

ISBN 978-7-121-33275-3

Ⅰ. ①S… Ⅱ. ①刘… Ⅲ. ①关系数据库系统－高等学校－教材 Ⅳ. ①TP311.138

中国版本图书馆CIP数据核字（2017）第308653号

策划编辑：程超群
责任编辑：裴 杰
印 刷：北京捷迅佳彩印刷有限公司
装 订：北京捷迅佳彩印刷有限公司
出版发行：电子工业出版社
北京市海淀区万寿路 173 信箱 邮编 100036
开 本：787×1 092 1/16 印张：24.25 字数：614.4 千字
版 次：2018 年 1 月第 1 版
印 次：2023 年 2 月第 9 次印刷
定 价：59.00 元

凡所购买电子工业出版社图书有缺损问题，请向购买书店调换。若书店售缺，请与本社发行部联系，联系及邮购电话：（010）88254888，88258888。

质量投诉请发邮件至 zlts@phei.com.cn，盗版侵权举报请发邮件至 dbqq@phei.com.cn。

本书咨询联系方式：（010）88254577，ccq@phei.com.cn。

前言
PREFACE

SQL Server 2012 是由 Microsoft 公司于 2012 年推出的关系型数据库管理系统。它在 SQL Server 2008 的基础上增加了许多功能，从而可以更好地作为各种企业级应用的后台数据库，也可以方便地实现数据库的管理功能。

本书是湖南省职业院校教育教学改革研究项目（项目编号为 ZJGB2009014）和高职高专计算机类专业立项课题（课题编号为 jzw59011025）的研究成果，是国家示范性建设院校重点建设专业（软件技术专业）的建设成果，是实践环节系统化设计的实验成果。

本书第一版（2005 版）于 2008 年初出版，得到了广大读者和同行的认可，并于 2010 年被教育部高等学校高职高专计算机类专业教学指导委员会评为“2010 年度高职高专计算机类专业优秀教材”。2012 年初，本书第二版（2008 版）出版，并被教育部评为“十二五”职业教育国家规划教材。本次修订采纳了企业专家和同行的意见，更新了软件版本，优化了教学案例。本书以实际的项目（WebShop 电子商城系统和图书管理系统）为中心，全面、翔实地介绍了应用 SQL Server 2012 数据库管理系统进行数据库管理的各种操作以及数据库程序开发所需的各种知识和技能，进一步固化了以下特色。

（1）教学内容系统化。本书根据软件程序员和 SQL Server 数据库管理员的岗位能力的要求，以培养学生数据库应用、管理和开发能力为目标，以实际数据库管理项目为载体，优化了教学内容；重点介绍了使用 SQL Server Management Studio 和 T-SQL 语言进行数据库管理的各种技术。

（2）教学项目真实化。在真实数据库管理项目的基础上，经过精心设计将全书分解为 231 个既独立又具有一定联系的小任务。学生在任务的完成过程中，学习 SQL Server 2012 理论知识并训练数据库操作技能。

（3）理论实践一体化。面向课堂教学，合理设计教师知识讲解、教师操作示范、学生技能训练等教学环节，融“教、学、做”于一体。每一个任务均是先提出任务目标，然后由教师讲解并示范任务完成过程，最后由学生模仿完成类似的数据库管理任务，体现“做中学、学以致用”的教学理念。

（4）技能训练层次化。本书精心设置了课堂实践、课外拓展、单元实践、综合实训、探索设计等多层次的实践环节，使学生通过不断的实践，实现数据库应用、管理和开发技能的螺旋推进，最终实现与职业能力的“零距离”接轨。

本书由湖南铁道职业技术学院刘志成、张军、宁云智、刘钊等编著，湖南铁道职业技术学院王咏梅、陈承欢、吴献文、冯向科、林保康、王欢燕、李蓓蓓、薛志良、林东升等教师参与了部分的编写和文字排版工作。电子工业出版社的编辑对本书的编写提出了许多宝贵的意见，在此表示感谢。也感谢赵爱云先生一直以来的支持和鼓励。

由于时间仓促及编者水平有限，书中难免存在错误和疏漏之处，欢迎广大读者和同仁提出宝贵意见和建议。

编者的 E-mail：liuzc518@163.com。

编　者

本书视频目录

（建议在 WiFi 环境下扫描书中二维码观看）

序号	视频名称	序号	视频名称
1	数据库技术发展.mp4	36	视图概述.mp4
2	数据库基本概念.mp4	37	SSMS 管理视图.mp4
3	三种数据模型.mp4	38	T-SQL 创建和查看视图.mp4
4	SQL Server 概述.mp4	39	T-SQL 修改和删除视图.mp4
5	SQL Server 2012 安装讲解.mp4	40	使用视图.mp4
6	SQL Server 2012 安装实录.mp4	41	索引概述.mp4
7	配置 SQL Server 服务器.mp4	42	SSMS 管理索引.mp4
8	SQL Server 数据库文件.mp4	43	T-SQL 管理索引.mp4
9	SSMS 创建和查看数据库.mp4	44	管理全文索引.mp4
10	SSMS 修改和删除数据库.mp4	45	T-SQL 简介.mp4
11	T-SQL 创建和查看数据库.mp4	46	T-SQL 程序基本概念.mp4
12	T-SQL 修改和删除数据库.mp4	47	T-SQL 中的变量和运算符.mp4
13	SQL Server 中的表.mp4	48	T-SQL 中的流程控制.mp4
14	SQL Server 中的数据类型.mp4	49	T-SQL 中的常用函数.mp4
15	SSMS 管理数据表.mp4	50	存储过程概述.mp4
16	T-SQL 创建和查看数据表.mp4	51	SSMS 管理和运行存储过程.mp4
17	T-SQL 修改和删除数据表.mp4	52	T-SQL 管理和运行存储过程.mp4
18	使用 SSMS 进行记录操作.mp4	53	使用输入输出参数的存储过程.mp4
19	使用 T-SQL 插入和查询记录.mp4	54	触发器概述.mp4
20	使用 T-SQL 修改和删除记录.mp4	55	认识 inserted 表和 deleted 表.mp4
21	SQL Server 数据库完整性概述.mp4	56	SSMS 管理触发器.mp4
22	管理 NOT NULL 和 DEFAULT 约束.mp4	57	T-SQL 创建触发器.mp4
23	管理 CHECK 和 UNIQUE 约束.mp4	58	T-SQL 管理触发器.mp4
24	管理主键和外键约束.mp4	59	触发器综合应用.mp4
25	SQL Server 约束综合应用.mp4	60	SQL Server 数据库备份设备.mp4
26	数据库查询和 SELECT 语句概述.mp4	61	SQL Server 数据库备份.mp4
27	查询表中特定列.mp4	62	SQL Server 数据库还原.mp4
28	查询表中满足条件的行.mp4	63	SQL Server 数据库的分离与附加.mp4
29	查询结果排序.mp4	64	数据的导入与导出.mp4
30	查询结果分组.mp4	65	多层架构的数据库应用程序设计.mp4
31	连接查询概述和交叉连接查询.mp4	66	基于 SQL Server 数据库的 J2SE 程序开发.mp4
32	内连接查询.mp4	67	基于 SQL Server 数据库的 JSP 程序开发.mp4
33	外连接查询.mp4	68	基于 SQL Server 数据库的 Windows 窗体应用程序开发.mp4
34	子查询类型与应用.mp4	69	基于 SQL Server 数据库的 Web 应用程序开发.mp4
35	记录操作中的子查询.mp4		

教学安排建议

序号	教学章节	课时	知识要点与教学重点
1	第 1 章	2	职业岗位需求分析、课程定位与教学案例综述
2	第 2 章	2	数据库技术概述、三种主要的数据模型、SQL Server 2012 基础
		2	SQL Server 2012 简单使用
3	第 3 章	2	SQL Server 2012 数据库引擎概述、SQL Server 2012 数据库
		2	使用 SSMS 管理数据库
		4	使用 T-SQL 管理数据库
4	第 4 章	2	设计表
		2	使用 SSMS 管理表
		2	使用 T-SQL 管理表
		2	记录操作
		4	SQL Server 2012 中的数据库完整性
5	第 5 章	2	单表查询（选择列、选择行）
		2	单表查询（ORDER BY 子句、GROUP BY 子句、WITH CUBE 和 WITH ROLLUP 汇总数据、分页和排名）
		2	连接查询
		2	子查询
		2	联合查询、分布式查询和在 SSMS 中实现查询
6	单元实践 1	课外	创建数据库、创建表、初始化数据、实现数据查询
7	第 6 章	2	视图概述、使用 SSMS 管理视图
		2	使用 T-SQL 管理视图、使用视图
8	第 7 章	2	索引概述、使用 SSMS 管理索引、使用 T-SQL 管理索引
		2	全文索引
9	第 8 章	2	T-SQL 基础、变量和运算符
		2	流程控制语句、常用函数
		2	存储过程基础、使用 SSMS 管理存储过程
		2	使用 T-SQL 管理存储过程
10	第 9 章	4	触发器概述、使用 SSMS 管理触发器
		4	使用 T-SQL 管理触发器、触发器的应用
11	单元实践 2	课外	创建视图、索引、存储过程和触发器对象
12	第 10 章	4	游标、事务和锁
13	第 11 章	2	数据库安全概述、登录管理
		2	用户管理
		2	角色管理
		2	权限管理
		2	架构管理

续表

序号	教学章节	课时	知识要点与教学重点
14	第 12 章	2	数据库备份
		2	数据库恢复
		2	数据库的分离与附加
		2	数据导入导出、复制数据库
15	第 13 章 （二选一）	4	数据库应用程序结构、Java 平台 SQL Server 数据库程序开发
		4	.NET 平台 SQL Server 数据库程序开发
16	单元实践 3	课外	数据库安全、数据管理、数据库程序开发
累计课时		90	
17	综合实训	40	教务管理系统 StudentMis
18	探索设计	课外	酒店管理系统 HotelMis

说明：

（1）建议课堂教学全部在多媒体机房内完成，以实现“讲-练”结合。如果条件不允许，可以先讲理论，再以每章节中的【课堂实践】作为实验。

（2）建议课堂教学以 4 个学时为一个教学单元，以实现多次“讲-练”循环。如果条件不允许，也可以 2 个学时为一个教学单元（每章节中的【课堂实践】作为 2 学时教学单元的结束点）。

（3）请根据具体情况安排【单元实践】、【综合实训】和【探索设计】的完成时间。

CONTENTS 目录

第 1 章

课程定位与教学案例综述

学习目标

本章将要了解数据库相关职业岗位的能力需求、“SQL Server 数据库技术”的课程定位和本书使用的案例数据库的介绍。本章的学习要点包括：

- 职业岗位能力需求分析
- 课程定位
- 教学案例

学习导航

高职院校在进行课程体系开发和课程开发时都应进行市场调研，在此基础上完成职业岗位能力分析，根据行业和企业的需求以及学生的实际情况选取课程内容，并明确课程目标（包括知识目标、技能目标和态度目标等）。同时，学生在学习时也应了解该课程在所学专业的课程体系中的地位和作用，对学习后续课程有哪些帮助，对未来的要从事的职业起到什么样的支撑作用。这样既有利于明确学习目标，也有助于提高学生学习兴趣。本章主要进行职业岗位能力分析、课程设置和课程定位分析，对教学案例与技能训练体系进行说明。

1.1 职业岗位能力需求分析

通过对前程无忧、中华英才网、智联招聘、博天人才网等专业招聘网站上万份招聘信息和几十个与软件开发、数据库应用系统开发及网站开发相关的职业岗位的调查分析，我们对数据库人才市场需求情况有了一定的了解，下面浏览几则代表性的招聘信息。

（1）数据库管理员的招聘信息：

招聘职位：数据库管理员（DBA）	招聘单位：深圳市顺易斯贸易有限公司
基本要求	
计算机相关专业毕业，专科及以上学历； 具备 MS SQL Server 数据库 3 年工作经验及以上，对开发及优化 MS SQL Server 2005、2008/2012 数据库相关经验及精通.NET、C#开发； 熟练掌握过程、函数的编写、SQL 语句优化技能； 会使用 Power Designer 等设计工具进行数据库对象设计，为数据库表设计提供支持； 愿意专业从事数据库方面的工作、基础扎实，做事认真，善于总结，有想法，能承受一定的压力。 有一定金融数据、信息软件企业工作经历最佳。具有团队合作精神，积极的工作态度和较强的责任心，良好的沟通和学习能力	

（2）管理软件开发人员的招聘信息：

招聘职位：管理软件开发人员	招聘单位：北京盈创伟业科技有限公司
基本要求	
精通 Oracle、SQL Server 2012、PL/SQL、T-SQL、存储过程和触发器、SQL 优化及数据库管理，能够快速解决数据库的故障； 熟悉数据库理论及开发技术，精通数据库建模，熟悉常用数据库建模工具，熟悉 VC、VB 等开发工具，熟悉 Windows 平台下的程序开发； 熟悉软件开发流程，能熟练进行系统的概要设计和详细设计，有良好编程风格和文档习惯； 熟悉数据库各种调优技术； 有 2 年以上数据库的开发经验，熟悉 C#开发语言，有数据库开发经验者优先； 踏实、敬业，具有主观能动性、团队合作精神和强烈的事业心	

（3）数据库程序开发工程师的招聘信息：

招聘职位：数据库程序开发工程师	招聘单位：北京领先实时科技有限责任公司
基本要求	
熟悉数据库技术，熟悉 Oracle、SQL Server 2008/2012 或 MySQL，了解 SQLite、PostGRE、BerkleyDB 等嵌入式数据库； 熟悉 Windows、Linux、VxWorks、Solaris 操作系统中的两种，并有过实际工程经验； 熟练使用 ADO.NET 进行数据库的操作； 精通 C#编程、ASP.NET 编程，熟悉 Win Form 开发； 具有较强的敬业精神、创新精神、开拓意识和团队协作能力	

（4）.NET 开发工程师的招聘信息：

招聘职位：.NET 开发工程师	招聘单位：上海源实信息技术有限公司
基本要求	
计算机专科及以上学历，2 年或以上软件项目开发经验； 熟悉 Visual Studio 2008/2012 开发环境； 熟悉 B/S 项目三层架构的开发模式，做过 3 个或以上 B/S 项目的优先考虑； 熟悉 SQL Server 2008/2012，精通存储过程、视图的编写； 有良好的编程习惯和沟通能力； 使用过 Dev Express 第三方控件的优先考虑	

（5）Java 软件开发工程师的招聘信息：

招聘职位：Java 软件开发工程师	招聘单位：北京清软创新科技有限公司
基本要求	
精通 Java，具有一定的 Java 编程能力，深刻地理解面向对象编程思想； 至少能够熟练使用一种 Java 编程工具，最好精通 Eclipse 及相关插件的使用； 熟悉并了解 Weblogic、Tomcat 等 J2EE 中间件； 熟悉 Oracle、DB2、SQL Server 等数据库； 善于沟通，具有强烈的客户服务意识、较强的理解能力，善于学习，能够在压力下独立完成工作	

（6）网站程序员的招聘信息：

招聘职位：网站程序员	招聘单位：中山市鑫荣科技有限公司
基本要求	
熟悉 ASP＋PHP 或 ASP＋ASP.NET 两种网络编程，书写程序规范； 熟悉 Access，MS SQL/MySQL 等数据库操作； 熟悉 JavaScript，Dreamweaver(CSS)，有一定的美工基础； 主动性及自我规范能力强，团队精神良好，能吃苦耐劳，承受压力，能按时完成任务； 至少已独立完成 3 个以上网站作品，有较复杂的网站后台开发经验，多网站制作经验者优先考虑	

通过对企业招聘信息的分析，确定了数据库相关职业岗位包括：信息系统程序员、Web 系统程序员、数据库管理员和数据库维护员等。同时，我们对软件行业的软件开发、网站开发、数据库应用系统开发与管理等职业岗位对从业人员的知识、技能和素质的基本要求有了深入的了解。

（1）在软件开发工具、网站开发工具及编程语言方面，必须熟练掌握以下知识或具备以下技能。

① 熟悉或精通 C#、VB.NET、Java、VB、VC 等开发工具中的一种或几种。

② 熟悉 ASP.NET、ASP、JSP 和 PHP 等网络编程技术中的一种或几种。

③ 熟悉 Windows 平台下的程序开发，了解 Linux、VxWorks、Solaris 开发平台。

④ 熟练使用 ADO.NET 或 JDBC 实现数据库访问的操作。

⑤ 熟悉 JavaScript、Dreamweaver(CSS)。

（2）在数据库设计、管理和程序开发方面，必须要熟练掌握以下知识或具备以下技能。

① 熟悉或精通 Access、SQL Server、Oracle、DB2、Sybase、Informix、MySQL 等主流数据库管理系统的一种或几种。

② 了解 SQLite、PostGRE、BerkleyDB 等嵌入式数据库管理系统。

③ 了解数据库理论及开发技术，了解数据库建模，熟悉常用数据库建模工具。

④ 精通 T-SQL 或 PL/SQL、存储过程和触发器、SQL 优化及数据库管理，能够快速解决数据库的故障。

⑤ 熟悉 SQL 的设计和开发（包括表设计和优化，复杂查询语句的调试和优化）。

⑥ 熟悉数据库后台管理和 SQL 编程。

（3）应具备以下基本素质和工作态度。

① 积极的工作态度和较强的责任心，良好的沟通和学习能力。

② 具有主观能动性、团队合作精神和强烈的事业心。

③ 较强的敬业精神、创新精神、开拓意识及自我规范能力。

④ 强烈的客户服务意识、较强的理解能力，能够在压力下独立完成工作。

1.2 课程设置和课程定位分析

数据库技术是现代信息科学与技术的重要组成部分，是计算机处理数据和管理信息的基础，是数据库应用系统的核心部分。随着计算机技术与网络技术的飞速发展，数据库技术得到了广泛的应用与发展，如今各类信息系统和动态网站的开发都需要使用后台数据库，各行各业的数据大多数是利用数据库进行存储和管理的，数据库几乎已成为信息系统和动态网站一个不可缺少的组成部分。

目前，软件开发与动态网站开发时经常使用的数据库管理系统主要有 Access、Microsoft SQL Server、Oracle、MySQL、DB2、Sybase、Informix 等，这些数据库管理系统也是企业招聘时要求掌握或了解的，其中又以 Microsoft SQL Server、Oracle、MySQL 和 Access 使用面最广、需求量最多。

数据库技术课程已成为高职院校计算机教学中的重要课程，是计算机类专业的一门必修的核心课程。根据对数据库相关职业岗位的知识、技能和素质需求的分析，同时充分了解高职学生的认知规律和专业技能的形成规律，为使学生熟练掌握数据库的基本理论和开发技术，高职院校一般选用 Access、SQL Server 和 Oracle 三种主流数据库管理系统作为教学内容。“SQL Server 数据库技术”课程是软件技术专业的一门主干专业课程，在软件技术专业人才培养方案中处于核心地位，对于软件开发程序员相关岗位群应具备的分析和设计能力的培养起到重要作用。该课程在软件技术专业课程体系中的位置如图 1-1 所示。

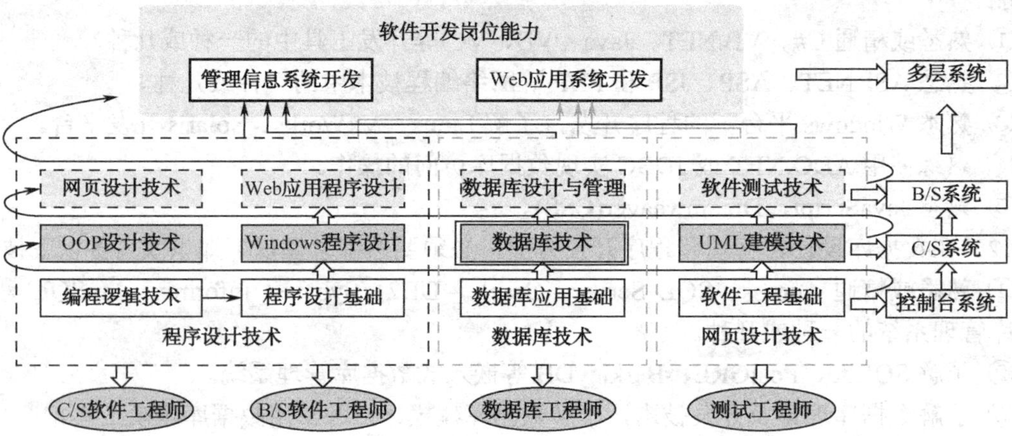

图 1-1　课程在课程体系中的定位

本书就是一本为高职院校“SQL Server 数据库技术”课程教学量身定做的教材，选用 SQL Server 2012，介绍数据库、数据表、数据查询、索引、视图、存储过程和触发器的操作、数据库管理、安全性管理和数据库程序开发等内容。本课程的定位是将 SQL Server 2012 数据库作为信息系统或动态网站的后台数据库以及 SQL Server 2012 数据库本身的管理和维护，所以本课程的核心内容是数据表的管理和数据库应用程序开发方面的内容。分别通过“SQL Server Management Studio”和 T-SQL 介绍 SQL Server 2012 数据库管理技术，重点是 T-SQL 语句的应用。本书的教学目的和教学重点如表 1-1 所示。

表 1-1　“SQL Server 数据库技术”课程的教学目的和教学重点

教学目的	熟练掌握数据库、数据表的创建与管理 熟练掌握数据表中数据的输入、修改与浏览 掌握实施数据库完整性的技术 熟练掌握视图的创建与管理 掌握索引的创建与管理

续表

教学目的	熟练掌握存储过程的创建与管理 熟练掌握触发器的创建与管理 熟练掌握 SQL Server 2012 环境中数据的导入与导出 熟练掌握 SQL Server 2012 环境中数据的备份和恢复 熟练掌握 SQL Server 2012 环境中数据的分离与附加 熟练掌握 Select 语句的基本语法与应用 了解数据库应用程序的开发方法 识记数据库的基本原理和基本概念，理解数据库的设计过程，熟悉数据库、数据表、关系、主关键字、主表、从表、记录、字段、索引等基本概念
教学重点	数据库、数据表的创建与管理 数据表中数据的输入、修改与浏览 Select 语句的基本语法与应用 视图、索引的创建与管理 存储过程、触发器的创建与管理 数据库、数据表、关系、主关键字、主表、从表、记录、字段、索引等基本概念

“SQL Server 数据库技术”课程的前导课程是“数据库应用基础”，其直接后续课程有“Oracle 数据库管理与开发技术”和“ADO.NET 数据库访问技术”等，相关后续课程有“Windows 应用程序设计”和“Web 应用程序设计”等软件开发类课程。

1.3　教学案例与案例数据库说明

1.3.1　教学案例综述

本书以基于真实工作任务的案例驱动教学方式讲解数据库知识、训练操作技能，围绕 4 个数据库的创建与设计构建了 6 个层次的技能训练体系，数据表中的数据全为真实有效的数据，技能训练体系如表 1-2 所示。

表 1-2　技能训练体系

技能训练层次	案例数据库	对应的信息系统	主要的数据表
教师课堂示范	WebShop	电子商务系统	图书信息、图书类型、出版社、联系人
学生课堂实践	WebShop	电子商务系统	图书类型、借书证、图书借阅、读者类型、藏书信息、超期罚款、图书入库、图书归还、图书存放位置、部门、读者信息、用户
课外拓展实训	BookData	图书管理系统	图书类型、借书证、图书借阅、读者类型、藏书信息、超期罚款、图书入库、图书归还、图书存放位置、部门、读者信息、用户
单元独立实训	BookData	图书管理系统	图书类型、借书证、图书借阅、读者类型、藏书信息、超期罚款、图书入库、图书归还、图书存放位置、部门、读者信息、用户

续表

技能训练层次	案例数据库	对应的信息系统	主要的数据表
课程综合实训	StudentMis	教务管理系统	学生信息、课程信息、部门、专业、班级、成绩表、教师信息、授课表、选课表、授课形式、课程类型、民族、籍贯、政治面貌、学历、职称、学籍
探索设计实训	HotelMis	酒店管理系统	预订单、入住单、账单明细、客房信息、系统用户、客房类型

1.3.2 WebShop 数据库说明

WebShop 是一个 B/C 模式的电子商城，该电子商务系统要求能够实现前台用户购物和后台管理两大部分功能。

前台购物系统包括会员注册、会员登录、商品展示、商品搜索、购物车、产生订单和会员资料修改等功能。后台管理系统包括管理用户、维护商品库、处理订单、维护会员信息和其他管理功能。

根据系统功能描述和实际业务分析，进行了 WebShop 的数据库设计，主要数据表及其内容如下所示。

1. Customers 表（会员信息表）

会员信息表结构的详细信息如表 1-3 所示。

表 1-3　Customers 表结构

表　序　号	1	表　　名		Customers		
用途	存储客户基本信息					
序号	属性名称	含义	数据类型	长度	为空性	约束
1	c_ID	客户编号	char	5	not null	主键
2	c_Name	客户名称	varchar	30	not null	唯一
3	c_TrueName	真实姓名	varchar	30	not null	
4	c_Gender	性别	char	2	not null	
5	c_Birth	出生日期	datetime		not null	
6	c_CardID	身份证号	varchar	18	not null	
7	c_Address	客户地址	varchar	50	null	
8	c_Postcode	邮政编码	char	6	null	
9	c_Mobile	手机号码	varchar	11	null	
10	c_Phone	固定电话	varchar	15	null	
11	c_E-mail	电子邮箱	varchar	50	null	
12	c_Password	密码	varchar	30	not null	
13	c_SafeCode	安全码	char	6	not null	
14	c_Question	提示问题	varchar	50	not null	
15	c_Answer	提示答案	varchar	50	not null	
16	c_Type	用户类型	varchar	10	not null	

会员信息表的内容详细信息如表 1-4 所示。

表 1-4　Customers 表内容

c_ID	C_Name	c_TrueName	c_Gender	c_Birth	c_CardID	c_Address	c_Postcode	c_Mobile
C0001	liuzc	刘志成	男	1972-5-18	120104197205186313	湖南株洲市	412000	13317411740
C0002	liujin	刘津津	女	1986-4-14	430202198604141006	湖南长沙市	410001	13313313333
C0003	wangym	王咏梅	女	1976-8-6	120102197608061004	湖南长沙市	410001	13513513555
C0004	hangxf	黄幸福	男	1978-4-6	120102197608060204	广东顺德市	310001	13613613666
C0005	hangrong	黄蓉	女	1982-12-1	220102197608060104	湖北武汉市	510001	13613613666
C0006	chenhx	陈欢喜	男	1970-2-8	430202197002081108	湖南株洲市	412001	13607330303
C0007	wubo	吴波	男	1979-10-10	430202197910108110	湖南株洲市	412001	13607338888
C0008	luogh	罗桂华	女	1985-4-26	430201198504264545	湖南株洲市	412001	13574268888
C0009	wubin	吴兵	女	1987-9-9	430201198709092346	湖南株洲市	412001	13873308088
C0010	wenziyu	文子玉	女	1988-5-20	320908198805200116	河南郑州市	622000	13823376666

c_Phone	c_SafeCode	c_Password	c_E-mail	c_Question	c_Answer	c_Type
0733-8208290	6666	123456	liuzc518@163.com	你的生日哪一天	5 月 18 日	普通
0731-8888888	6666	123456	amy@163.com	你出生在哪里	湖南长沙	普通
0731-8666666	6666	123456	wangym@163.com	你最喜爱的人是谁	女儿	VIP
0757-25546536	6666	123456	hangxf@sina.com	你最喜爱的人是谁	我的父亲	普通
024-89072346	6666	123456	hangrong@sina.com	你出生在哪里	湖北武汉	普通
0733-26545555	6666	123456	chenhx@126.com	你出生在哪里	湖南株洲	VIP
0733-26548888	6666	123456	wubo@163.com	你的生日哪一天	10 月 10 日	普通
0733-8208888	6666	123456	guihua@163.com	你的生日哪一天	4 月 26 日	普通
0733-8208208	6666	123456	wubin0808@163.com	你出生在哪里	湖南株洲	普通
0327-8208208	6666	123456	wuziyu@126.com	你的生日哪一天	5 月 20 日	VIP

2．Types 表（商品类别表）

商品类别表结构的详细信息如表 1-5 所示。

表 1-5　Types 表结构

表　序　号	2	表　名	Types			
含义	存储商品类别信息					
序号	属性名称	含义	数据类型	长度	为空性	约束
1	t_ID	类别编号	char	2	not null	主键
2	t_Name	类别名称	varchar	50	not null	
3	t_Description	类别描述	varchar	100	null	

商品类别表内容的详细信息如表 1-6 所示。

表 1-6　Types 表内容

t_ID	t_Name	t_Description
01	通信产品	包括手机和电话等通信产品
02	电脑产品	包括台式电脑和笔记本电脑及电脑配件
03	家用电器	包括电视机、洗衣机、微波炉等
04	服装服饰	包括服装产品和服饰商品

续表

T_ID	t_Name	t_Description
05	日用商品	包括家庭生活中常用的商品
06	运动用品	包括篮球、排球等运动器具
07	礼品玩具	包括儿童、情侣、老人等的礼品
08	女性用品	包括化妆品等女性用品
09	文化用品	包括光盘、图书、文具等文化用品
10	时尚用品	包括一些流行的商品

3. Goods 表（商品信息表）

商品信息表结构的详细信息如表 1-7 所示。

表 1-7　Goods 表结构

表 序 号	3	表　名		Goods		
含义	存储商品信息					
序号	属性名称	含义	数据类型	长度	为空性	约束
1	g_ID	商品编号	char	6	not null	主键
2	g_Name	商品名称	varchar	50	not null	
3	t_ID	商品类别	char	2	not null	外键
4	g_Price	商品价格	float		not null	
5	g_Discount	商品折扣	float		not null	
6	g_Number	商品数量	smallint		not null	
7	g_ProduceDate	生产日期	datetime		not null	
8	g_Image	商品图片	varchar	100	null	
9	g_Status	商品状态	varchar	10	not null	
10	g_Description	商品描述	varchar	1000	null	

商品信息表内容的详细信息如表 1-8 所示。

表 1-8　Goods 表内容

g_ID	g_Name	t_ID	g_Price	g_Discount	g_Number	g_ProduceDate	g_Image	g_Status	g_Description
010001	诺基亚 6500 Slide	01	1500	0.9	20	2007-6-1	略	热点	略
010002	三星 SGH-P520	01	2500	0.9	10	2007-7-1	略	推荐	略
010003	三星 SGH-F210	01	3500	0.9	30	2007-7-1	略	热点	略
010004	三星 SGH-C178	01	3000	0.9	10	2007-7-1	略	热点	略
010005	三星 SGH-T509	01	2020	0.8	15	2007-7-1	略	促销	略
010006	三星 SGH-C408	01	3400	0.8	10	2007-7-1	略	促销	略
010007	摩托罗拉 W380	01	2300	0.9	20	2007-7-1	略	热点	略
010008	飞利浦 292	01	3000	0.9	10	2007-7-1	略	热点	略
020001	联想旭日 410MC520	02	4680	0.8	18	2007-6-1	略	促销	略
020002	联想天逸 F30T2250	02	6680	0.8	18	2007-6-1	略	促销	略
030002	海尔电冰箱 HDFX01	03	2468	0.9	15	2007-6-1	略	热点	略
030003	海尔电冰箱 HEF02	03	2800	0.9	10	2007-6-1	略	热点	略

续表

g_ID	g_Name	t_ID	g_Price	g_Discount	g_Number	g_ProduceDate	g_Image	g_Status	g_Description
040001	劲霸西服	04	1468	0.9	60	2007-6-1	略	推荐	略
060001	红双喜牌乒乓球拍	06	46.8	0.8	45	2007-6-1	略	促销	略
999999	测试商品	01	8888	0.8	8	2007-8-8	略	热点	略

4．Employees（员工表）

员工信息表结构的详细信息如表 1-9 所示。

表 1-9 Employees 表结构

表 序 号	4	表 名		Employees		
含义	存储员工信息					
序号	属性名称	含义	数据类型	长度	为空性	约束
1	e_ID	员工编号	char	10	not null	主键
2	e_Name	员工姓名	varchar	30	not null	
3	e_Gender	性别	char	2	not null	
4	e_Birth	出生年月	datetime		not null	
5	e_Address	员工地址	varchar	100	null	
6	e_Postcode	邮政编码	char	6	null	
7	e_Mobile	手机号码	varchar	11	null	
8	e_Phone	固定电话	varchar	15	not null	
9	e_E-mail	电子邮箱	varchar	50	not null	

员工信息表内容的详细信息如表 1-10 所示。

表 1-10 Employees 表内容

e_ID	e_Name	e_Gender	e_Birth	e_Address	e_Postcode	e_Mobile	e_Phone	e_E-mail
E0001	张小路	男	1982-9-9	湖南株洲市	412000	13317411740	0733-8208290	zhangxl@163.com
E0002	李玉蓓	女	1978-6-12	湖南株洲市	412001	13873307619	0733-8208290	liyp@126.com
E0003	王忠海	男	1966-2-12	湖南株洲市	412000	13973324888	0733-8208290	wangzhh@163.com
E0004	赵光荣	男	1972-2-12	湖南株洲市	412000	13607333233	0733-8208290	zhaogr@163.com
E0005	刘丽丽	女	1984-5-18	湖南株洲市	412002	13973309090	0733-8208290	liulili@163.com

5．Payments 表（支付方式表）

商品类别信息表结构的详细信息如表 1-11 所示。

表 1-11 Payments 表结构

表 序 号	5	表 名		Payments		
含义	存储支付信息					
序号	属性名称	含义	数据类型	长度	为空性	约束
1	p_Id	支付编号	char	2	not null	主键
2	p_Mode	支付名称	varchar	20	not null	
3	p_Remark	支付说明	varchar	100	null	

商品类别信息表内容的详细信息如表 1-12 所示。

表 1-12　Payments 表内容

p_Id	p_Mode	p_Remark
01	货到付款	货到之后再付款
02	网上支付	采用支付宝等方式
03	邮局汇款	通过邮局汇款
04	银行电汇	通过各商业银行电汇
05	其他方式	赠券等其他方式

6．Orders 表（订单信息表）

订单信息表结构的详细信息如表 1-13 所示。

表 1-13　Orders 表结构

表　序　号	6	表　　名		Orders		
含义	存储订单信息					
序号	属性名称	含义	数据类型	长度	为空性	约束
1	o_ID	订单编号	char	14	not null	主键
2	c_ID	客户编号	char	5	not null	外键
3	o_Date	订单日期	datetime		not null	
4	o_Sum	订单金额	float		not null	
5	e_ID	处理员工	char	10	not null	外键
6	o_SendMode	送货方式	varchar	50	not null	
7	p_Id	支付方式	char	2	not null	外键
8	o_Status	订单状态	bit		not null	

订单信息表内容的详细信息如表 1-14 所示。

表 1-14　Orders 表内容

o_ID	c_ID	o_Date	o_Sum	e_ID	o_SendMode	p_Id	o_Status
200708011012	C0001	2007-8-1	1387.44	E0001	送货上门	01	0
200708011430	C0001	2007-8-1	5498.64	E0001	送货上门	01	1
200708011132	C0002	2007-8-1	2700	E0003	送货上门	01	1
200708021850	C0003	2007-8-2	9222.64	E0004	邮寄	03	0
200708021533	C0004	2007-8-2	2720	E0003	送货上门	01	0
200708022045	C0005	2007-8-2	2720	E0003	送货上门	01	0

7．OrderDetails 表（订单详情表）

订单详情表结构的详细信息如表 1-15 所示。

表 1-15　OrderDetails 表结构

表 序 号	7	表　名		OrderDetails		
含义	存储订单详细信息					
序号	属性名称	含义	数据类型	长度	为空性	约束
1	d_ID	编号	int		not null	主键
2	o_ID	订单编号	char	14	not null	外键
3	g_ID	商品编号	char	6	not null	外键
4	d_Price	购买价格	float		not null	
5	d_Number	购买数量	smallint		not null	

订单详情表内容的详细信息如表 1-16 所示。

表 1-16　OrderDetails 表内容

d_ID	o_ID	g_ID	d_Price	d_Number
1	200708011012	010001	1350	1
2	200708011012	060001	37.44	1
3	200708011430	060001	37.44	1
4	200708011430	010007	2070	2
5	200708011430	040001	1321.2	1
6	200708011132	010008	2700	1
7	200708021850	030003	2520	1
8	200708021850	020002	5344	1
9	200708021850	040001	1321.2	1
10	200708021850	060001	37.44	1
11	200708021533	010006	2720	1
12	200708022045	010006	2720	1

8. Users 表（用户表）

用户表结构的详细信息如表 1-17 所示。

表 1-17　Users 表结构

表 序 号	8	表名		Users		
含义	存储管理员基本信息					
序号	属性名称	含义	数据类型	长度	为空性	约束
1	u_ID	用户编号	varchar	10	not null	主键
2	u_Name	用户名称	varchar	30	not null	
3	u_Type	用户类型	varchar	10	not null	
4	u_Password	用户密码	varchar	30	null	

用户表内容的详细信息如表 1-18 所示。

表 1-18　Users 表内容

u_ID	u_Name	u_Type	u_Password
01	admin	超级	admin
02	amy	超级	amy0414
03	wangym	普通	wangym
04	luogh	查询	luogh

1.3.3　BookData 数据库说明

BookData 数据库包含 BookType、Publisher、BookInfo、BookStore、ReaderType、ReaderInfo 和 BorrowReturn 7 个表。

（1）图书类别表。图书类别表结构的详细信息如表 1-19 所示。

表 1-19　BookType 表结构

表　序　号	1	表　　名	BookType			
含义	存储图书类别信息					
序号	属性名称	含义	数据类型	长度	为空性	约束
1	bt_ID	图书类别编号	char	10	not null	主键
2	bt_Name	图书类别名称	varchar	20	not null	
3	bt_Description	描述信息	varchar	50	null	

图书类别表内容的详细信息如表 1-20 所示。

表 1-20　BookType 表内容

bt_ID	bt_Name	bt_Description
01	A 马、列、毛著作	null
02	B 哲学	关于哲学方面的书籍
03	C 社会科学总论	null
04	D 政治、法律	关于政治和法律方面的书籍
05	E 军事	关于军事方面的书籍
06	F 经济	关于宏观经济和微观经济方面的书籍
07	G 文化、教育、体育	null
08	H 语言、文字	null
09	I 文学	null
10	J 艺术	null
11	K 历史、地理	null
12	N 自然科学总论	null
13	O 数理科学和化学	null
14	P 天文学、地球	null
15	R 医药、卫生	null

续表

bt_ID	bt_Name	bt_Description
16	S 农业技术（科学）	null
17	T 工业技术	null
18	U 交通、运输	null
19	V 航空、航天	null
20	X 环境科学、劳动科学	null
21	Z 综合性图书	null
22	M 期刊杂志	null
23	W 电子图书	null

（2）出版社信息表。出版社信息表结构的详细信息如表 1-21 所示。

表 1-21　Publisher 表结构

表 序 号	2	表　名		Publisher		
含义	存储出版社信息					
序号	属性名称	含义	数据类型	长度	为空性	约束
1	p_ID	出版社编号	char	4	not null	主键
2	p_Name	出版社名称	varchar	30	not null	
3	p_ShortName	出版社简称	varchar	8	not null	
4	p_Code	出版社代码	char	4	not null	
5	p_Address	出版社地址	varchar	50	not null	
6	p_PostCode	邮政编码	char	6	not null	
7	p_Phone	联系电话	char	15	not null	

出版社信息表内容的详细信息如表 1-22 所示。

表 1-22　Publisher 表内容

p_ID	p_Name	p_ShortName	p_Code	p_Address	p_PostCode	p_Phone
001	电子工业出版社	电子	7-12	北京市海淀区万寿路 173 号	100036	(010)68279077
002	高等教育出版社	高教	7-04	北京西城区德外大街 4 号	100011	(010)58581001
003	清华大学出版社	清华	7-30	北京清华大学学研大厦	100084	(010)62776969
004	人民邮电出版社	人邮	7-11	北京市崇文区夕照寺街 14 号	100061	(010)67170985
005	机械工业出版社	机工	7-11	北京市西城区百万庄大街 22 号	100037	(010)68993821
006	西安电子科技大学出版社	西电	7-56	西安市太白南路 2 号	710071	(010)88242885
007	科学出版社	科学	7-03	北京东黄城根北街 16 号	100717	(010)62136131
008	中国劳动社会保障出版社	劳动	7-50	北京市惠新东街 1 号	100029	(010)64911190
009	中国铁道出版社	铁道	7-11	北京市宣武区右安门西街 8 号	100054	(010)63583215
010	北京希望电子出版社	希望电子	7-80	北京市海淀区车道沟 10 号	100089	(010)82702660
011	化学工业出版社	化工	7-50	北京市朝阳区惠新里 3 号	100029	(010)64982530
012	中国青年出版社	中青	7-50	北京市东四十二条 21 号	100708	(010)84015588
013	中国电力出版社	电力	7-50	北京市三里河路 6 号	100044	(010)88515918
014	北京工业大学出版社	北工大	7-56	北京市朝阳区平乐园 100 号	100022	(010)67392308
015	冶金工业出版社	冶金	7-50	北京市沙滩嵩祝院北巷 39 号	100009	(010)65934239

（3）图书信息表。图书信息表结构的详细信息如表 1-23 所示。

表 1-23　BookInfo 表结构

表　序　号	3	表　　名	BookInfo			
含义	存储图书信息					
序号	属性名称	含义	数据类型	长度	为空性	约束
1	b_ID	图书编号	varchar	16	not null	主键
2	b_Name	图书名称	varchar	50	not null	
3	bt_ID	图书类型编号	char	10	not null	外键
4	b_Author	作者	varchar	20	not null	
5	b_Translator	译者	varchar	20	null	
6	b_ISBN	ISBN	varchar	30	not null	
7	p_ID	出版社编号	char	4	not null	外键
8	b_Date	出版日期	datetime		not null	
9	b_Edition	版次	smallint		not null	
10	b_Price	图书价格	money		not null	
11	b_Quantity	副本数量	smallint		not null	
12	b_Detail	图书简介	varchar	100	null	
13	b_Picture	封面图片	varchar	50	null	

图书信息表内容的详细信息如表 1-24 所示。

表 1-24　BookInfo 表内容

b_ID	b_Name	bt_ID	b_Author	b_Translator	b_ISBN
TP3/2737	Visual Basic.NET 实用教程	17	佟伟光	无	7-5053-8956-4
TP3/2739	C#程序设计	17	李德奇	无	7-03-015754-0
TP3/2741	JSP 程序设计案例教程	17	刘志成	无	7-115-15380-9
TP3/2742	数据恢复技术	17	戴士剑、陈永红	无	7-5053-9036-8
TP3/2744	Visual Basic.NET 进销存程序设计	17	阿惟	无	7-302-06731-7
TP3/2747	VC.NET 面向对象程序设计教程	17	赵卫伟、刘瑞光	无	7-111-18764-4
TP3/2752	Java 程序设计案例教程	17	刘志成	无	7-111-18561-7
TP312/146	C++程序设计与软件技术基础	17	梁普选	无	7-121-00071-7
TP39/707	数据库基础	17	沈祥玖	无	7-04-012644-3
TP39/711	管理信息系统基础与开发	17	陈承欢、彭勇	无	7-115-13103-1
TP39/713	关系数据库与 SQL 语言	17	黄旭明	无	7-04-01375-4
TP39/716	UML 用户指南	17	Grady Booch 等	邵维忠等	7-03-012096
TP39/717	UML 数据库设计应用	17	[美]Eric J. Naiburg 等	陈立军、郭旭	7-5053-6432-4
TP39/719	SQL Server 2005 实例教程	17	刘志成、陈承欢	无	7-7-302-14733-6
TP39/720	数据库及其应用系统开发	17	张迎新	无	7-302-12828-6

续表

p_ID	b_Date	b_Edition	b_Price	b_Quantity	b_Detail	b_Picture	
001	2003-8-1	1	￥18.00	9			
007	2005-8-1	1	￥26.00	14			
004	2007-9-1	1	￥27.00	4			
001	2003-8-1	1	￥39.00	4			
003	2003-7-1	1	￥38.00	4			
005	2006-5-1	1	￥20.00	9			
003	2006-9-1	1	￥26.00	14			
001	2004-7-1	1	￥28.00	7			
002	2003-9-1	1	￥18.50	4			
004	2005-2-1	1	￥23.00	2			
002	2004-1-1	1	￥15.00	4			
007	2003-8-1	1	￥35.00	4			
001	2001-3-1	1	￥30.00	9			
001	2006 -10-1	1	￥34.00	3			
003	2006-7-1	1	￥26.00	4			

（4）图书存放信息表。图书存放信息表结构的详细信息如表 1-25 所示。

表 1-25　BookStore 表结构

表 序 号	4	表　　名		BookStore		
含义	存储图书存放信息					
序号	属性名称	含义	数据类型	长度	为空性	约束
1	s_ID	条形码	char	8	not null	主键
2	b_ID	图书编号	varchar	16	not null	外键
3	s_InDate	入库日期	datetime		not null	
4	s_Operator	操作员	varchar	10	not null	
5	s_Position	存放位置	varchar	12	not null	
6	s_Status	图书状态	varchar	4	not null	

图书存放信息表内容的详细信息如表 1-26 所示。

表 1-26　BookStore 表内容

s_ID	b_ID	s_InDate	s_Operator	s_Position	s_Status
121497	TP39/719	2006-10-20	林静	03-03-07	借出
121498	TP39/719	2006-10-20	林静	03-03-07	借出
121499	TP39/719	2006-10-20	林静	03-03-07	在藏
128349	TP3/2741	2007-9-20	林静	03-03-01	借出
128350	TP3/2741	2007-9-20	林静	03-03-01	借出

续表

s_ID	b_ID	s_InDate	s_Operator	s_Position	s_Status
128351	TP3/2741	2007-9-20	林静	03-03-01	借出
128352	TP3/2741	2007-9-20	林静	03-03-01	遗失
128353	TP39/711	2005-9-20	谭芳洁	03-03-01	借出
128354	TP39/711	2005-9-20	谭芳洁	03-03-01	在藏
128374	TP3/2752	2006-12-4	林静	03-03-02	借出
128375	TP39/716	2005-9-20	谭芳洁	03-03-02	借出
128376	TP39/717	2005-9-20	谭芳洁	03-03-02	在藏
145353	TP3/2744	2004-9-20	谭芳洁	03-03-02	在藏
145354	TP3/2744	2004-9-20	谭芳洁	03-03-02	借出
145355	TP3/2744	2004-9-20	谭芳洁	03-03-02	借出

（5）读者类别信息表。读者类别信息表结构的详细信息如表 1-27 所示。

表 1-27　ReaderType 表结构

表　序　号	5	表　　名	ReaderType			
含义	存储读者类别信息					
序号	属性名称	含义	数据类型	长度	为空性	约束
1	rt_ID	读者类型编号	char	2	not null	主键
2	rt_Name	读者类型名称	varchar	10	not null	唯一
3	rt_Quantity	限借数量	smallint		not null	
4	rt_Long	限借期限	smallint		not null	
5	rt_Times	续借次数	smallint		not null	
6	rt_Fine	超期日罚金	money		not null	

读者类别信息表内容的详细信息如表 1-28 所示。

表 1-28　ReaderType 表内容

rt_ID	rt_Name	rt_Quantity	rt_Long	rt_Times	rt_Fine
01	特殊读者	30	12	5	￥1.00
02	一般读者	20	6	3	￥0.50
03	管理员	25	12	3	￥0.50
04	教师	20	6	5	￥0.50
05	学生	10	6	2	￥0.10

（6）读者信息表。读者信息表结构的详细信息如表 1-29 所示。

表 1-29　ReaderInfo 表结构

表　序　号	6	表　　名	ReaderInfo			
含义	存储读者信息					
序号	属性名称	含义	数据类型	长度	为空性	约束
1	r_ID	读者编号	char	8	not null	主键
2	r_Name	读者姓名	varchar	10	not null	

续表

表　序　号	6	表　　名		ReaderInfo		
含义	存储读者信息					
序号	属性名称	含义	数据类型	长度	为空性	约束
3	r_Date	发证日期	datetime		not null	
4	rt_ID	读者类型编号	char	2	not null	
5	r_Quantity	可借书数量	smallint		not null	
6	r_Status	借书证状态	varchar	4	not null	

读者信息表内容的详细信息如表 1-30 所示。

表 1-30　ReaderInfo 表内容

r_ID	r_Name	r_Date	rt_ID	r_Quantity	r_Status
0016584	王周应	2003-9-16	03	24	有效
0016585	阳杰	2003-9-16	02	19	有效
0016586	谢群	2003-9-16	02	17	有效
0016587	黄莉	2003-9-16	04	19	有效
0016588	向鹏	2003-9-16	05	10	注销
0016589	龙川玉	2003-12-12	01	28	有效
0016590	谭涛涛	2003-12-12	04	20	有效
0016591	黎小清	2003-12-12	05	10	注销
0016592	蔡鹿其	2003-12-12	03	25	有效
0016593	王谢恩	2003-12-12	05	10	注销
0016594	罗存	2004-9-23	05	10	注销
0016595	熊薇	2004-9-23	02	20	挂失
0016596	王彩梅	2004-9-23	05	10	注销
0016597	粟彬	2004-9-23	05	8	注销
0016598	孟昭红	2005-10-17	02	30	有效

（7）借还信息表。借还信息表结构的详细信息如表 1-31 所示。

表 1-31　BorrowReturn 表结构

表　序　号	7	表　　名		BorrowReturn		
含义	存储借还书信息					
序号	属性名称	含义	数据类型	长度	为空性	约束
1	br_ID	借阅编号	char	6	not null	主键
2	s_ID	条形码	char	8	not null	外键
3	r_ID	借书证编号	char	8	not null	外键
4	br_OutDate	借书日期	datetime		not null	
5	br_InDate	还书日期	datetime		null	
6	br_LostDate	挂失日期	datetime		null	
7	br_Times	续借次数	tinyint		null	
8	br_Operator	操作员	varchar	10	not null	
9	br_Status	图书状态	varchar	4	not null	

借还信息表内容的详细信息如表 1-32 所示。

表 1-32　BorrowReturn 表内容

br_ID	s_ID	r_ID	br_OutDate	br_InDate	br_LostDate	br_Times	br_Operator	br_Status
000001	128349	0016584	2007-6-15	2007-9-1		0	张颖	已还
000002	121497	0016584	2007-9-15			0	张颖	未还
000003	128376	0016584	2007-9-15	2007-9-30		1	张颖	已还
000004	128350	0016587	2007-9-15			1	张颖	未还
000005	128353	0016589	2007-9-15			0	张颖	未还
000006	128354	0016590	2007-9-15	2007-9-30		0	张颖	已还
000007	128349	0016584	2007-9-15			1	张颖	未还
000008	128375	0016585	2007-9-15			0	江丽娟	未还
000009	128376	0016586	2007-6-24	2007-9-24		0	江丽娟	已还
000010	145355	0016598	2007-10-24			0	江丽娟	未还

【提示】

① 课程实训所用到的数据库 StudentMis 的说明见附录 A。

② 探索实训所用到的数据库 HotelMis 的说明请参阅所附资源。

③ 创建数据库和数据库中对象的脚本及分离后的数据库请参阅所附资源。

小结

本章学习了如下内容：

（1）职业岗位需求分析；

（2）课程设置和课程定位分析；

（3）教学案例与技能训练体系。

第 2 章

数据库技术基础

学习目标

本章将要学习数据处理的发展历程、数据库的基本概念、三种数据模型、SQL Server 2012 基础、SQL Server 2012 的安装和 SQL Server 2012 的简单使用。本章的学习要点包括:

- 数据库处理技术的发展历程
- 数据库相关的基本概念
- 关系数据库的基本概念
- 三种数据模型及其主要特点
- SQL Server 2012 的新特性
- SQL Server 2012 的安装
- SQL Server 2012 的简单使用

学习导航

数据库技术是计算机技术中的一个重要分支，数据处理技术随着计算机技术的发展经历了网状和层次数据库系统、关系数据库系统阶段，现在正向面向对象数据库系统发展。在数据库相关的基本概念中包含了数据、数据库、数据库管理系统和数据库系统。数据模型经历了网状模型、层次模型和关系模型的演变。Microsoft 公司的 SQL Server 自推出以后，在数据库领域中得到了广泛的应用。SQL Server 2012 增强了许多功能，它将和 SQL Server 2005 以及 SQL Server 2008 一样得到广泛应用。

本章主要内容及其在 SQL Server 2012 数据库管理系统中的位置如图 2-1 所示。

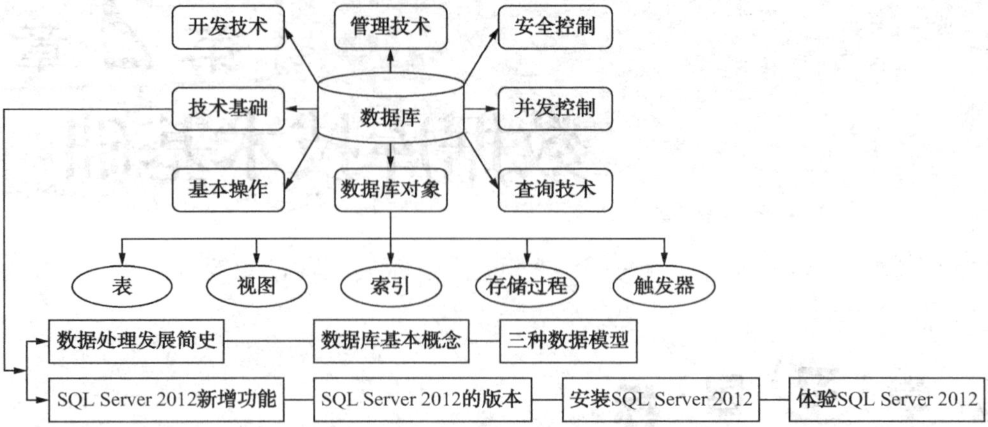

图 2-1　本章学习导航

任务描述

本章主要任务描述如表 2-1 所示。

表 2-1　任务描述

任务编号	子 任 务	任 务 内 容
任务 1		了解数据库技术的发展历程、数据库的基本概念（数据、数据库、数据库管理系统和数据库系统）和数据库的三种模型（网状模型、层次模型和关系模型）
	任务 1-1	了解数据库技术的发展简史及其特点
	任务 1-2	了解数据库相关的基本概念及其之间的关系
	任务 1-3	了解三种数据模型及其特点，认识关系数据模型
任务 2		要开发一个基于 B to C 模式的网上购物商城 WebShop，需要在 Visual FoxPro、Access、Sybase、Informix、Oracle、MySQL、SQL Server 等关系型数据库管理系统中进行选择
	任务 2-1	了解 SQL Server 2012 的新增功能
	任务 2-2	了解 SQL Server 2012 的各种版本及特点
	任务 2-3	了解安装 SQL Server 2012 的硬件和软件要求
任务 3		启动 SQL Server Management Studio，熟悉 SSMS 的基本组成，掌握 SSMS 中各组成部分的功能；掌握在 SSMS 中执行查询的基本方法和操作步骤
	任务 3-1	启动 SQL Server Management Studio
	任务 3-2	了解“SQL Server Management Studio”的界面组成
	任务 3-3	掌握在“SQL Server Management Studio”管理 SQL 语句的方法
	任务 3-4	熟练查看和配置 SQL Server 服务

2.1　数据库技术概述

任务 1

了解数据库技术的发展历程、数据库的基本概念（数据、数据库、数据库管理系统和数据库系统）和数据库的三种模型（网状模型、层次模型和关系模型）。

数据库技术是计算机软件领域的一个重要分支，产生于 20 世纪 60 年代，它的出现使计算机应用渗透到了工农业生产、商业、行政管理、科学研究、工程技术以及国防军事等各个领域。20 世纪 80 年代出现了微型机，多数微型机上配置了数据库管理系统，从而使数据库技术得到了更广泛的应用和普及。现在数据库技术已发展成为以数据库管理系统为核心，内容丰富、领域宽广的一门新学科，数据库系统的开发带动了巨大的软件产业的发展，包括 DBMS 产品各种相关工具的更新以及应用系统解决方案的提出。

数据处理是指对各种形式的数据进行收集、组织、加工、存储、抽取和传播等工作，其主要目的是从大量的、杂乱无章的甚至是难以理解的数据中抽取并推导出对某些特定的人们来说有价值、有意义的数据，从而为进一步的活动提供决策依据。数据管理是指对数据的组织、存储、检索和维护等工作，所以数据管理是数据处理的基本环节。早期的数据处理主要是手工处理，使用各种初级的计算工具，如算盘、手摇计算机、电动计算机等。随着电子计算机的广泛使用，特别是高效率存储设备的出现，数据处理工作发生了革命性的改变，不仅加快了处理速度，而且扩大了数据处理的规模和范围。

1. 数据库技术发展简史

【任务 1-1】 了解数据库技术的发展简史及其特点。

数据库技术是计算机科学技术中发展最快的分支。20 世纪 70 年代以来，数据库系统从第一代的网状和层次数据库系统发展到第二代的关系数据库系统。目前，现代数据库系统正向着面向对象数据库系统发展，并与网络技术、分布式计算和面向对象程序设计技术相结合。

第一代数据库系统为网状和层次数据库系统。1969 年，IBM 公司开发了基于层次模型的信息管理系统（Information Management System，IMS）。20 世纪 60 年代末至 20 世纪 70 年代初，美国数据库系统语言协会（Conference on Data System Languages，CODASYL）下属的数据库任务组（Database Task Group，DBTG）提出了若干报告（DBTG 报告），该报告确定并建立了网状数据库系统的许多概念、方法和技术。正是基于上述报告，Cullinet Software 开发了基于网状模型的产品——IDMS（Information Data Management System）。IMS 和 IDMS 这两个产品推动了网状和层次数据库系统的发展。

第二代数据库系统为关系数据库系统（Relational Database System，RDBS）。1970 年，IBM 公司研究员 E. F. Codd 发表的关于关系模型的论文推动了关系数据库系统的研究和开发。尤其是关系数据库标准语言——结构化查询语言的提出，使关系数据库系统得到了广泛的应用。目前，市场上的主流数据库产品包括 Oracle、DB2、Sybase、SQL Server 和 FoxPro 等，这些产品都基于关系数据模型。

随着数据库系统应用的广度和深度进一步扩大，数据库处理对象的复杂性和灵活性对数据库系统提出了越来越高的要求。例如，多媒体数据、CAD 数据、图形图像数据需要更好的数据模型来表达，以便存储、管理和维护。正是在这种形势下，又研制出了一种对象—关系数据库系统（Object-Relational Database System，ORDBS）。20 世纪 80 年代中期以来，对“面向对象数据库系统”（OODBS）和“对象—关系数据库系统”（ORDBS）的研究都十分活跃。《面向对象数据库系统宣言》和《第三代数据库系统宣言》于 1989 年和 1990 年先后发表，后者主要介绍 ORDBS；一批代表新一代数据库系统的商品也陆续推出。由于 ORDBS 是建立在 RDBS 技术之上的，可以直接利用 RDBS 的原有技术和用户基础，所以其发展比 OODBS 更顺利，正在成为第三代数据库系统的主流。

根据第三代数据库系统宣言提出的原则，第三代数据库系统除了应包含第二代数据库系统的功能外，还应支持正文、图像、声音等新的数据类型，支持类、继承、函数/服务器应用的用户接口。虽然 ORDBS 目前还处在发展的过程中，在技术和应用上还有许多工作要做，但已经展现出光明的发展前景，一些数据库厂商已经推出了可供实用的 ORDBS 产品。

2. 数据库系统的概念

【任务 1-2】 了解什么是数据？什么是数据库？什么是数据库管理系统？什么是数据库系统？它们之间的关系怎样？

数据、数据库、数据库系统、数据库管理系统是数据库技术中常用的术语，下面予以简单介绍。

（1）数据。数据（Data）实际上就是描述事物的符号记录，如文字、图形图像、声音、学生的档案记录、货物的运输情况，这些都是数据。数据的形式本身并不能完全表达其内容，需要经过语义解释，数据与其语义是不可分的。

（2）数据库。数据库（Database，DB）是长期存储在计算机内有结构的大量的共享数据集合。它可以供各种用户共享，具有最小冗余度和较高的数据独立性。

（3）数据库管理系统。数据库管理系统（Database Management System，DBMS）是位于用户与操作系统之间的一个以统一的方式管理、维护数据库中数据的一系列软件的集合。DBMS 在操作系统的支持与控制下运行，按功能来划分，DBMS 可分为三大部分。

① 语言处理部分。本部分包括数据描述语言（Data Description Language，DDL）和数据操纵语言（Data Manipulation Language，DML）。DDL 用以描述数据模型，DML 是 DBMS 提供给用户的操纵数据的工具。语言处理部分通常包括数据库控制命令解释程序。

② 系统运行控制部分。该部分包括总控制程序，数据安全性及数据完整性等控制程序，数据访问程序，数据通信程序。

③ 系统维护部分。该部分包括数据装入程序、性能监督程序、系统恢复程序、重新组织程序及系统工作日志程序等。用户不能直接加工或使用数据库中的数据，而必须通过数据库管理系统对其中的数据进行操作。DBMS 主要功能是维持数据库系统的正常活动，接受并响应用户对数据库的一切访问要求，包括建立及删除数据库文件，检索、统计、修改和组织数据库中的数据及为用户提供对数据库的维护手段等。通过使用 DBMS，用户可以逻辑、抽象地处理数据，不必关心这些数据在计算机中存放以及计算机处理数据的过程细节，把一切处理数据具体而繁杂的工作交给 DBMS 去完成。

（4）数据库系统。数据库系统（Database System，DBS）是指在计算机系统中引用数据库后的系统构成。其一般由数据库、数据库管理系统（及开发工具）、计算机系统和用户构成。

（5）数据库管理员。数据库管理员（Database Administrator，DBA）是负责数据库的建立、使用和维护的专门人员。

2.2　三种主要的数据模型

【任务 1-3】 了解三种数据模型及其特点，认识关系数据模型。

到目前为止，实际的数据库系统所支持的主要数据模型有层次模型（Hierachical Model）、网状模型（Network Model）和关系模型（Relational Model）三种。

层次模型和网状模型统称为非关系模型，它们是按照图论中图的观点来研究和表示的数据模型。其中，用有根定向有序树来描述记录间的逻辑关系的，称为层次模型；用有向图来描述记录间的逻辑关系的，称为网状模型。

在非关系模型中，实体型用记录型来表示，实体之间的联系被转换成记录型之间的两两联系。所以非关系模型的数据结构可以表示为 DS={R,L}，其中 R 为记录型的集合，L 为记录型之间两两联系的集合。这样就把数据结构抽象为图，记录型对应图的节点，而记录之间的联系归结为连接两点间的弧。

1. 网状模型

网状模型又称网络模型，它属于格式化数据模型。广义地讲，任意一个联通的基本层次联系的集合就是一个网状模型，这种广义的提法把树也包含在网状模型之中。为了与树相区别，将满足下列条件的基本层次联系的集合称为网状模型。

（1）可以有一个以上的节点无双亲。

（2）至少有一个节点有多于一个的双亲。

DBTG 系统是网状模型的代表，这种模型能够表示实体间的多种复杂联系，因此能取代任何层次结构的系统。

2. 层次模型

层次模型是数据库系统中最常用的数据模型之一，它也属于格式化数据模型。这种模型的特征有以下两点。

（1）有且仅有一个节点无双亲，这个节点称为根节点。

（2）其他节点有且仅有一个双亲。

在层次模型中，同一双亲的子女节点称为兄弟节点（twin 或 siblig），没有子女的节点称为叶节点。图 2-2 是一个层次模型，R1 是根，R2 和 R3 是 R1 的子女节点，因此 R2 和 R3 是兄弟节点，R2、R4 和 R5 是叶节点。

在层次模型中，每个记录只有一个双亲节点，即从一个节点到其双亲节点的映像是唯一的，所以对于每一个记录（除根节点）只需指出它的双亲记录，就可以表示出层次模型的整体结构。如果要存取某一记录型的记录，可以从根节点起，循着层次路径逐层向下查找，查找经过的途径就是存取路径。表 2-2 显示了查找图 2-2 中的记录时所经过的存取路径。层次模型就是一棵倒着的树。

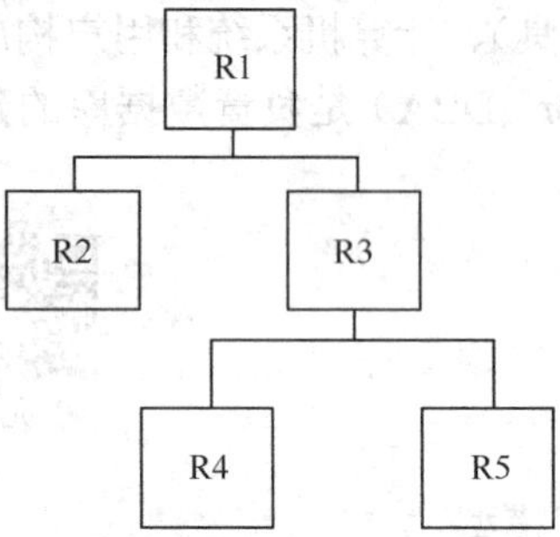

图 2-2　层次模型

表 2-2　存取路径

要存取的记录	存取路径
R1	R1
R2	R1—R2
R3	R1—R3
R4	R1—R3—R4
R5	R1—R3—R5

层次模型层次清楚，各节点之间的联系简单，只要知道了每个节点（根节点除外）的双亲节点，就可描绘出整个模型的结构；其缺点是不能表示两个以上实体间的复杂联系。美国IBM公司于1969年研制成功的IMS数据库管理系统是这种模型的典型代表。

层次模型与网状模型的不同之处主要表现在以下三点。

（1）层次模型中从子女到双亲的联系是唯一的，而网状模型则可以不唯一，如图 2-3 所示。因此，在网状模型中就不能只用双亲是什么记录来描述记录之间的联系，而必须同时指出双亲记录和子女记录，并且给每一种联系命名，即用不同的联系名来区分。通常称网状模型的联系为“系”（set），联系的名称为“系名”。例如，图 2-3（b）中的 R3 有两个双亲记录 R1 和 R2，因此把 R1 与 R3 之间的联系命名为 L1，把 R2 与 R3 之间的联系命名为 L2，如图 2-4 所示。

（2）网状模型中允许使用复合链，即两个记录型之间可以有两种以上的联系，如图 2-5（a）所示，层次模型则不可以。图 2-5（b）是说明复合链的实例，例中，工人和设备之间有两种联系，即使用和保养。操作工人和设备之间是“使用”关系，维修工人和设备之间是“保养”关系。

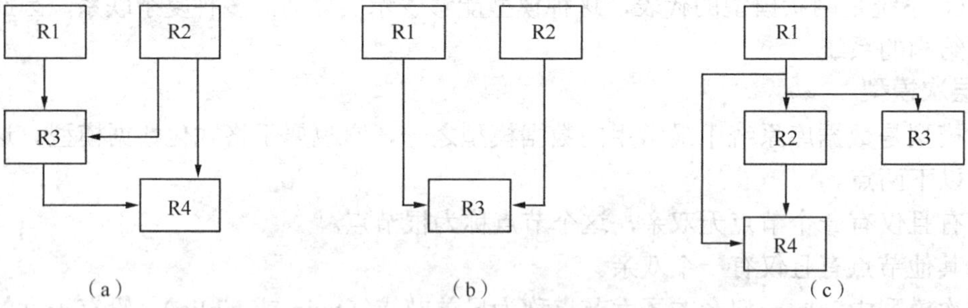

图 2-3　网状模型

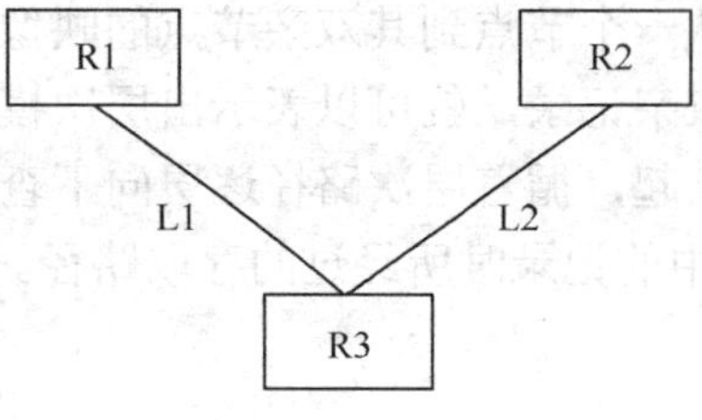

图 2-4　联系命名

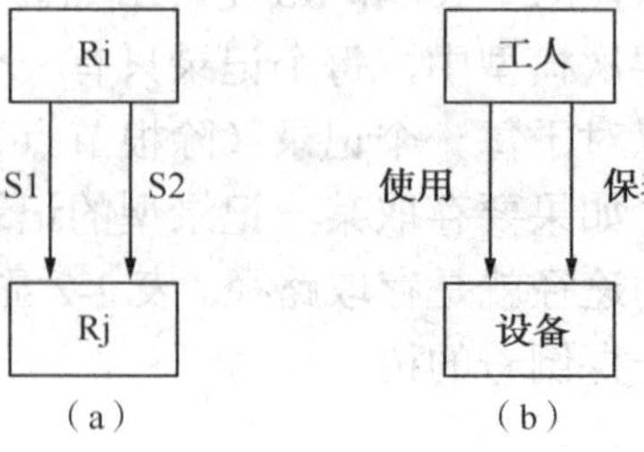

图 2-5　复合链

（3）寻找记录时，层次模型必须从根找起，网状模型允许从任一节点找起，经过指定的系名，就能在整个网内找到所需的记录。

3．关系模型

关系模型有不同于格式化模型的风格和理论基础。总的来说，它是一种数学化的模型。关系模型的基本组成是关系，它把记录集合定义为一张二维表，即关系。表的每一行是一个记录，表示一个实体，也称为一个元组；每一列是记录中的一个数据项，表示实体的一个属性，如图 2-6 所示。图 2-6 中给出了三张表——会员表、商品表和订单表，它们分别为三个实体集合，其中，订单表又是会员表和商品表两个实体的联系。

会员（关系）

会员号	会员名称	出生年月	性别	籍贯
C0001	liuzc	1972-5-18	男	湖南株洲
C0002	liujin	1986-4-14	女	湖南长沙
C0003	wangym	1976-8-6	女	湖南长沙

商品（关系）

商品号	商品名称	商品价格
010001	诺基亚 6500 Slide	1500
010002	三星 SGH-P520	2500
010003	三星 SGH-F210	3500
010004	三星 SGH-C178	3000

订单（关系）

订单号	会员名称	订单总额
200708011012	C0001	1387.44
200708011132	C0002	2700
200708011430	C0001	5498.64
200708021533	C0004	2720
200708021850	C0003	9222.64
200708022045	C0005	2720

图 2-6　关系模型

图 2-6 中每一张表是一个关系，而表的格式是一个关系的定义，通常表示形式如下。

关系名（属性名 1，属性名 2，…，属性名 n）。

图 2-6 中的三个关系可表示为

会员（会员号，会员姓名，出生年月，性别，籍贯）；

商品（商品号，商品名称，商品价格）；

订单（订单号，会员名称，订单总额）。

2.3　SQL Server 2012 基础

任务 2

要开发一个基于 B to C 模式的网上购物商城 WebShop，需要在 Visual FoxPro、Access、Sybase、Informix、Oracle、MySQL、SQL Server 等关系型数据库管理系统中进行选择，并说明选择的理由。

2.3.1 SQL Server 2012 新增功能

1. SQL Server 的发展

（1）1996 年，Microsoft 公司发行了 SQL Server 7.0 标准版本。

（2）1997 年，Microsoft 公司发行了 SQL Server 7.0 企业版本。

（3）2000 年，Microsoft 公司发行了 SQL Server 2000 版本。

（4）2005 年，Microsoft 公司发行了 SQL Server 2005 版本。

（5）2008 年，Microsoft 公司发行了 SQL Server 2008 版本。

（6）2012 年，Microsoft 公司发行了 SQL Server 2012 版本。

2. SQL Server 2012 的新增功能

【任务 2-1】 了解 SQL Server 2012 的新增功能。

Microsoft SQL Server 2012 扩展了以前 SQL Server 版本的性能，在可靠性、可用性、可编程性和易用性等方面都有很大的提升。SQL Server 2012 包含了多项新功能，这使它成为大规模联机事务处理 （OLTP）、数据仓库和电子商务应用程序的优秀数据库平台。SQL Server 2012 的新增功能如表 2-3 所示。

表 2-3 SQL Server 2012 的新增功能

主 题	说 明
AlwaysOn	这个功能将数据库的镜像提到了一个新的高度。用户可以针对一组数据库做灾难恢复而不是一个单独的数据库
Columnstore 索引	这是 SQL Server 独有的功能。它们是为数据仓库查询设计的只读索引。数据被组织成扁平化的压缩形式存储，极大地减少了 I/O 和内存使用
Windows Server Core 支持	Windows Server Core 是命令行界面的 Windows，使用 DOS 和 PowerShell 来做用户交互。它的资源占用更少、更安全，支持 SQL Server 2012
DBA 自定义服务器权限	在以前的版本中，DBA 可以创建数据库的权限，但不能创建服务器的权限。例如，DBA 想要一个开发组拥有某台服务器上所有数据库的读写权限，则必须手动地完成这个操作，但是 SQL Server 2012 支持针对服务器的权限设置
Sequence Objects	使用 Oracle 的用户一直想要这个功能。一个序列就是根据触发器的自增值语句。SQL Server 2012 有一个类似的功能 identity columns，但是现在用对象实现了
PowerView	这是一个强大的自主 BI 工具，可以让用户创建 BI 报告
增强的 PowerShell 支持	所有的 Windows 和 SQL Server 管理员都应该认真地学习 PowerShell 的技能。微软公司正在大力开发服务器端产品对 PowerShell 的支持
分布式回放（Distributed Replay）	这个功能类似 Oracle 的 Real Application Testing 功能。不同的是，SQL Server 企业版自带了这个功能，而用 Oracle 需额外购买这个功能。这个功能可以让用户记录生产环境的工作状况，然后在另外一个环境中重现这些工作状况

2.3.2 SQL Server 2012 的版本

【任务 2-2】 了解 SQL Server 2012 的各种版本与特点，以及从 SQL Server 2008 升级到 SQL Server 2012 的方案。

为了满足用户在性能、运行时间以及价格等因素上的不同需求，SQL Server 2012 提供了不同版本的产品，如表 2-4 所示。

表 2-4　SQL Server 2012 产品系列

版　本	说　明
SQL Server 2012 企业版（Enterprise Edition）	SQL Server 2012 企业版是一个全面的数据管理和业务智能平台，为关键业务应用提供了企业级的可扩展性、数据仓库、安全、高级分析和报表支持。这一版本将为用户提供更加坚固的服务器和执行大规模在线事务处理
SQL Server 2012 标准版（Standard Edition）	SQL Server 2012 标准版是一个完整的数据管理和业务智能平台，为部门级应用提供了最佳的易用性和可管理特性
SQL Server 2012 商业智能版（Business Intelligence Edition）	SQL Server 2012 商业智能版提供了综合性平台，可支持组织构建和部署安全、可扩展且易于管理的 BI 解决方案。它提供基于浏览器的数据浏览、可见性等卓越功能，拥有强大的数据集成功能以及增强的集成管理功能
SQL Server 2012 网络版（Web Edition）	对于为从小规模至大规模 Web 资产提供可伸缩性、经济性和可管理性功能的 Web 宿主和 Web VAP 来说，SQL Server 2012 Web 版本是一项总拥有成本较低的选择
SQL Server 2012 开发版（Developer Edition）	SQL Server 2012 开发版允许开发人员构建和测试基于 SQL Server 的任意类型应用。这一版本拥有所有企业版的特性，但只限于在开发、测试和演示中使用。基于这一版本开发的应用和数据库可以很容易地升级到企业版
SQL Server 2012 精简版（Express Edition）	免费提供，SQL Server Express 已与 Visual Studio 集成，方便开发人员轻松开发功能丰富、存储安全且部署快速的数据驱动应用程序

2.3.3　SQL Server 2012 的安装

1. SQL Server 2012 的硬件和软件安装要求

【任务 2-3】　了解安装 SQL Server 2012 的硬件和软件要求。

同其他数据库产品一样，SQL Server 2012 的安装也有软件和硬件的要求。下面从硬件和软件两个方面来介绍安装 SQL Server 2012 的最低要求，以避免安装过程中可能发生的各种问题。

SQL Server 2012 的软、硬件要求。安装 SQL Server 2012 的软、硬件要求如表 2-5 所示。

表 2-5　SQL Server 2012 的软、硬件要求

类　型	子 类 型	最 低 要 求
硬件	处理器	需要 Intel 兼容或更高速度的处理器，处理器速度最低为 1.4GHz，建议使用 2.0GHz 或更快的处理器
	内存	需要至少 1.0GB，建议 2.0GB 或更大
	硬盘	SQL Server 2012 要求最少 6 GB 的可用硬盘空间
	监视器	需要 VGA，分辨率至少为 1024 像素×768 像素
	定位设备	需要 Microsoft 鼠标或兼容的定位设备
	CD 或 DVD 驱动器	通过 CD 或 DVD 安装时需要相应的 CD 或 DVD 驱动器
软件	Windows Installer	SQL Server 2012 安装程序需要 Windows Installer 4.5 或更高版本
	.NET Framework	Microsoft Windows .NET Framework3.5 SP1
	本机客户端	Microsoft SQL Server Native Client
	安装程序支持文件	Microsoft SQL Server 安装程序支持文件

续表

类　型	子 类 型	最 低 要 求
软件	操作系统	Windows 7、Windows Server 2008 R2、Windows Server 2008 SP2、Windows Vista SP2 或更高版本
网络	网络环境	独立的命名实例和默认实例支持的网络协议：Shared Memory、Named Pipes、TCP/IP、VIA
	网络软件要求	Microsoft Internet Explorer 6.0 SP1 或更高版本

2. SQL Server 2012 标准版安装

（1）开始安装时，将 SQL Server 2012 DVD 插入 DVD 驱动器（或者运行下载的 SQL Server 2012 的安装程序 setup.exe）。打开“SQL Server 安装中心”对话框，显示安装的阶段（如计划、安装、维护等），如图 2-7 所示。

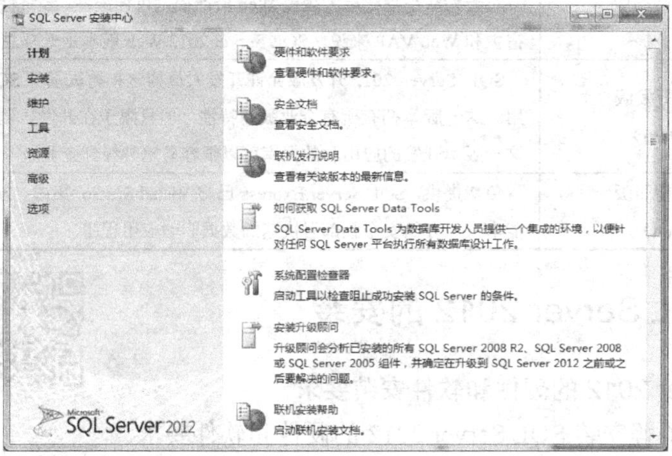

图 2-7 “SQL Server 安装中心”对话框

（2）单击【计划】选项卡中的“硬件和软件要求”链接，在 Internet 联通的情况下，将会连接到 Microsoft 网站，显示 SQL Server 2012 的硬件和软件要求信息，如图 2-8 所示。

图 2-8 硬件和软件要求信息

【提示】 用户可以通过图 2-7 所示对话框中的“计划”选项卡中的其他链接了解安装的详细信息。

（3）在图 2-7 所示的“SQL Server 安装中心”对话框中，单击【安装】按钮，进入安装阶段，如图 2-9 所示。用户可以选择不同的安装方法，这里选择“全新 SQL Server 独立安装或向现有安装添加功能”选项。

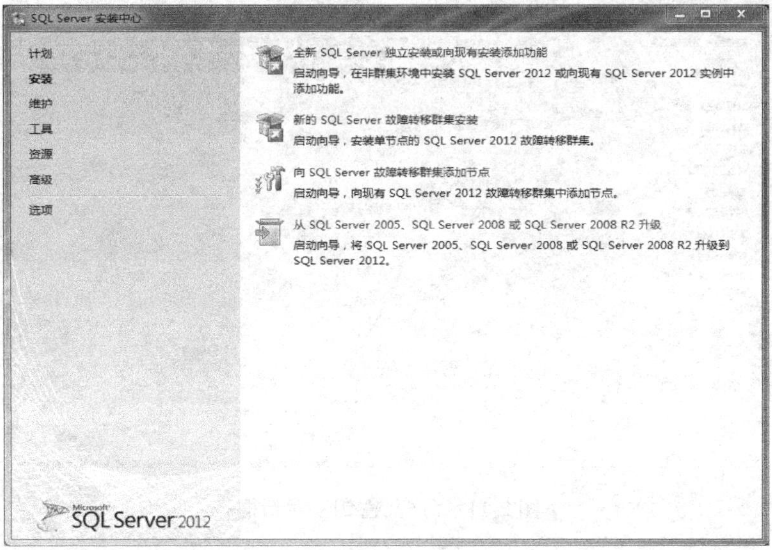

图 2-9　选择安装方式

（4）打开“安装程序支持规则”对话框，安装程序首先对安装 SQL Server 2012 需要遵循的规则进行检测，并显示检测结果。检测成功的界面如图 2-10 所示。

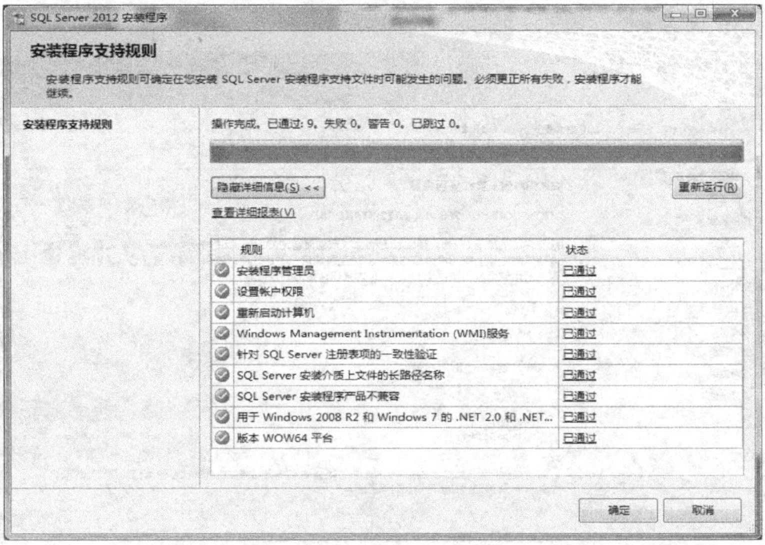

图 2-10　“安装程序支持规则”对话框

【提示】 如果在安装过程中遇到安装程序支持规则检测失败，则应根据规则的详细信息进行相应处理，保证安装程序支持规则检测成功后才能继续安装过程。

（5）安装程序支持规则检测成功后，在图 2-10 所示的对话框中单击【确定】按钮，打开“产品密钥”对话框，以选择要安装的 SQL Server 2012 的版本或输入产品密钥。如果是使用体验版本，可以在下拉列表中选择“Evaluation”选项，如图 2-11 所示。

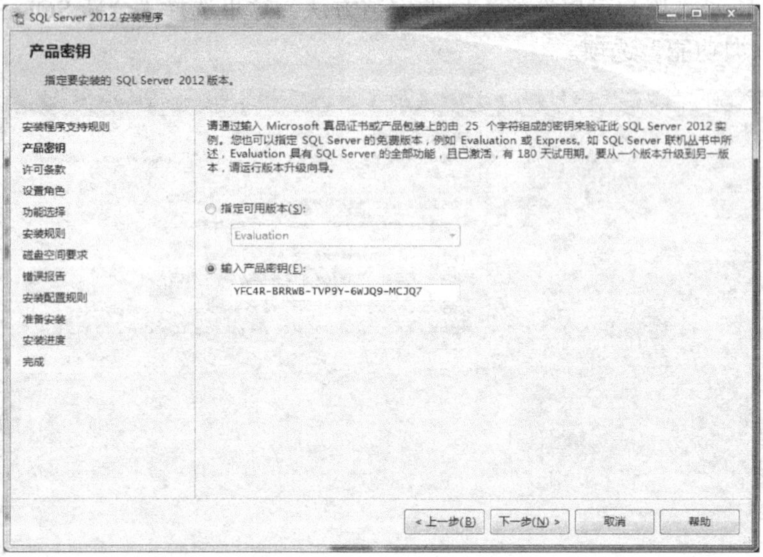

图 2-11 “产品密钥”对话框

【提示】 如果选择“Evaluation”版本，则不需要输入产品密钥；如果需要安装正式版，则选中【输入产品密钥】单选按钮后，在文本框中输入 SQL Server 2012 的产品密钥即可。

（6）安装版本或密钥完成后，在图 2-11 所示的界面中单击【下一步】按钮，打开“许可条款”对话框，如图 2-12 所示。阅读许可条款后，选中【我接受许可条款】复选框以接受许可条款和条件。

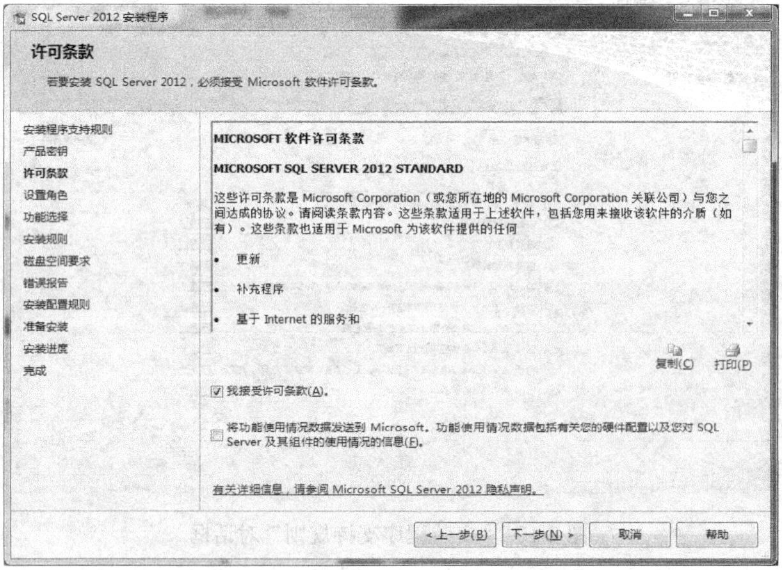

图 2-12 “许可条款”对话框

(7) 单击【下一步】按钮，打开“设置角色”对话框，如图 2-13 所示。

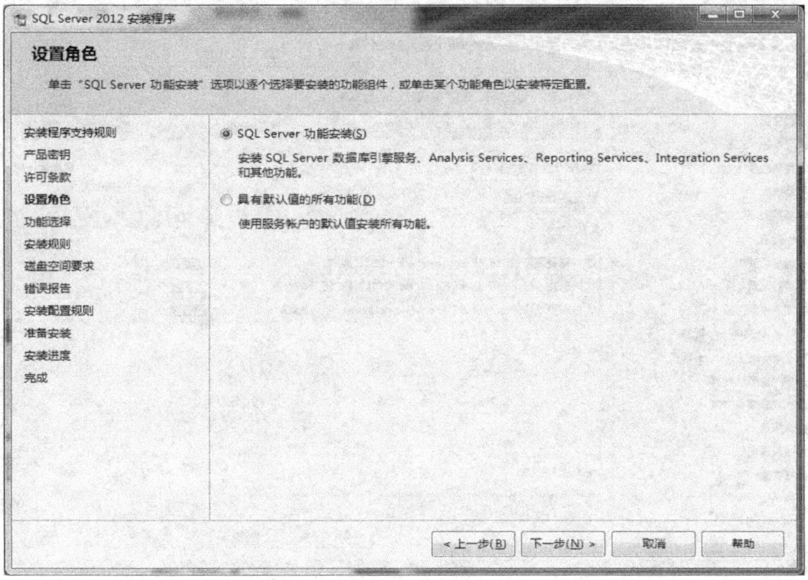

图 2-13 “设置角色”对话框

(8) 单击【下一步】按钮，打开“功能选择”对话框，如图 2-14 所示。

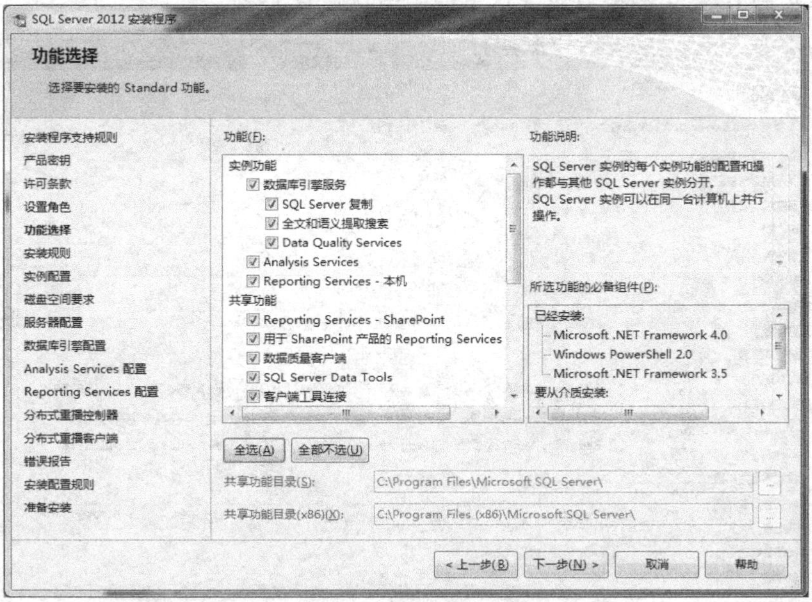

图 2-14 “功能选择”对话框

【提示】 打开“功能选择”对话框后，如果需要安装某项功能，则选中对应的功能前面的复选框即可，也可以使用下面的【全选】或者【全部不选】按钮来选择，为了以后学习方便，这里单击【全选】按钮。

(9) 单击【下一步】按钮，打开“安装规则”对话框，系统自动检查安装规则信息，如图 2-15 所示。

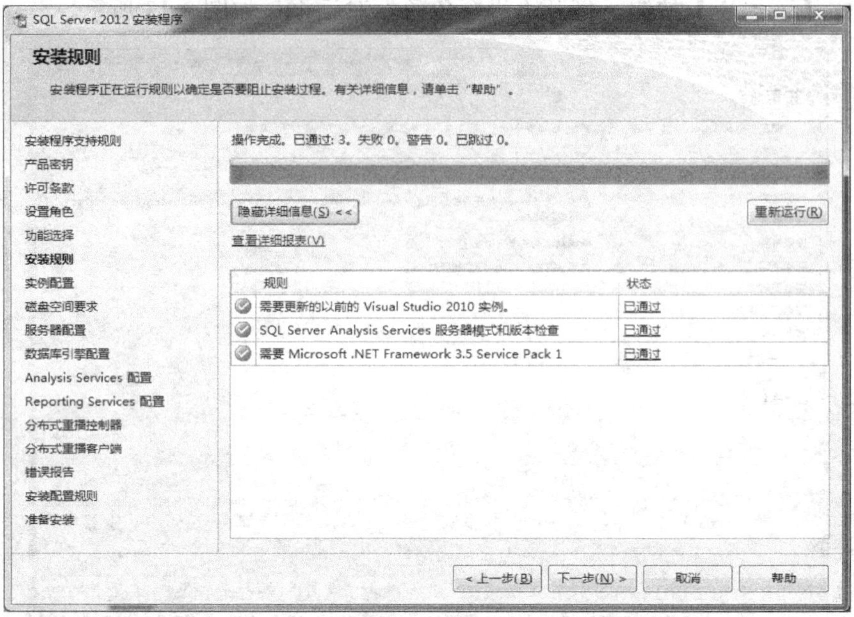

图 2-15 “安装规则”对话框

（10）单击【下一步】按钮，打开“实例配置”对话框，如图 2-16 所示。用户可以在这里设置数据库实例 ID、实例根目录（这里使用默认设置）。

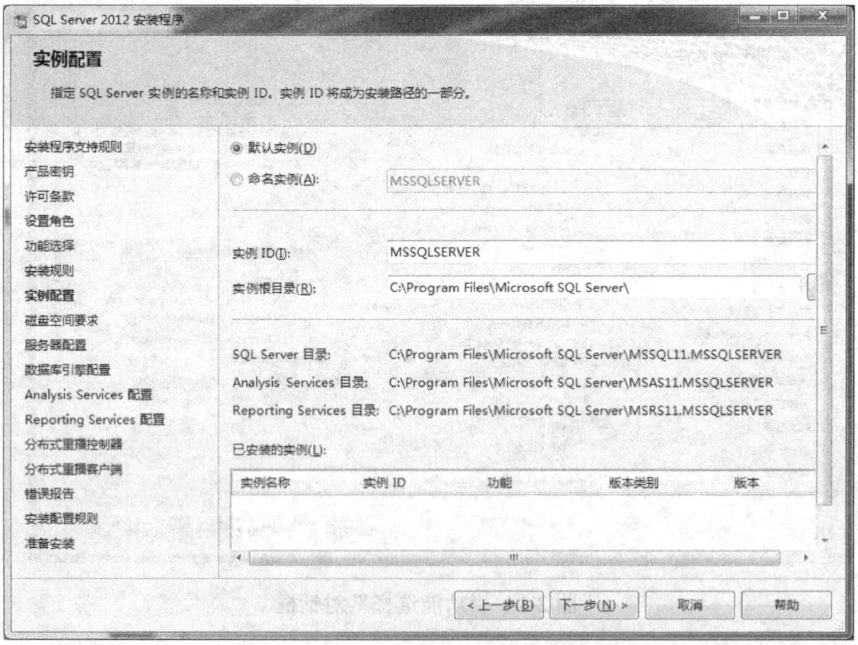

图 2-16 “实例配置”对话框

（11）实例配置完成后，单击【下一步】按钮，打开“磁盘空间要求”对话框，如图 2-17 所示。用户可以在此了解 SQL Server 的安装位置并检查系统是否有足够的空间来安装 SQL Server 2012。

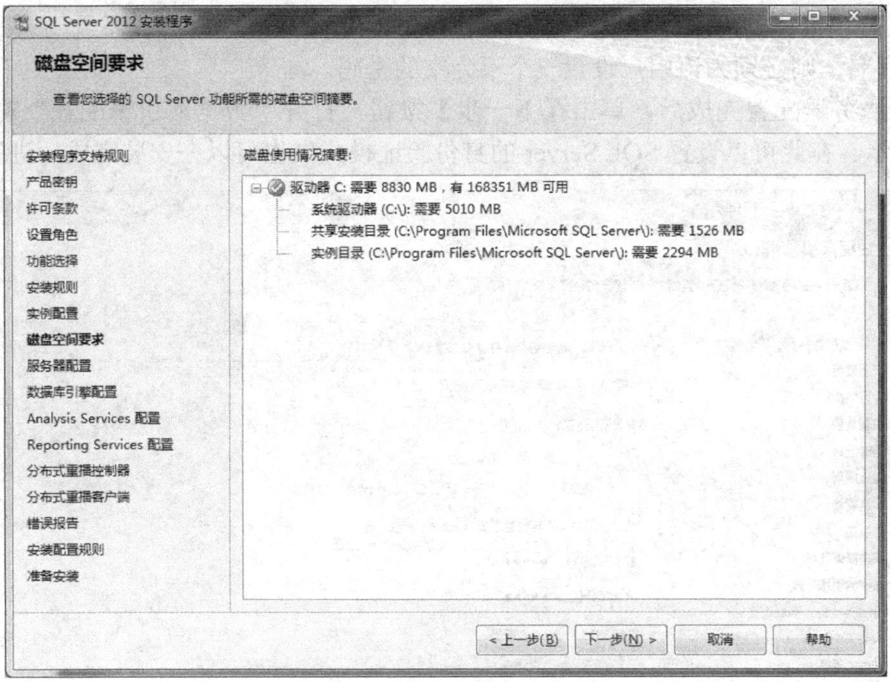

图 2-17　“磁盘空间要求”对话框

（12）磁盘空间检查完成后，单击【下一步】按钮，打开“服务器配置”对话框，如图 2-18 所示。用户可以在此为 SQL Server 代理服务、SQL Server 数据库引擎服务和 SQL Server Browser 服务等指定对应系统账户，并指定这些服务的启动方式（手动或自动）。

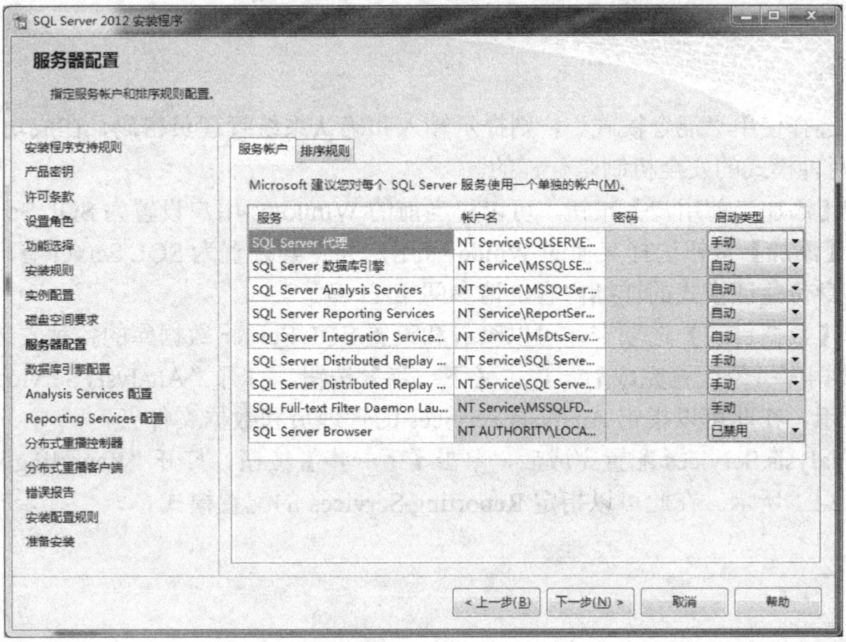

图 2-18　“服务器配置”对话框

【提示】所选择的的账号要设置密码，例如，如果选择 Windows 操作系统的 Administrator 用户为账户名，则必须为该用户设置一个不为空的密码。

（13）服务器配置完成后，单击【下一步】按钮，打开“数据库引擎配置”对话框，如图 2-19 所示。在此可以设置 SQL Server 的身份验证模式（也可以在安装完成后进行设置）。

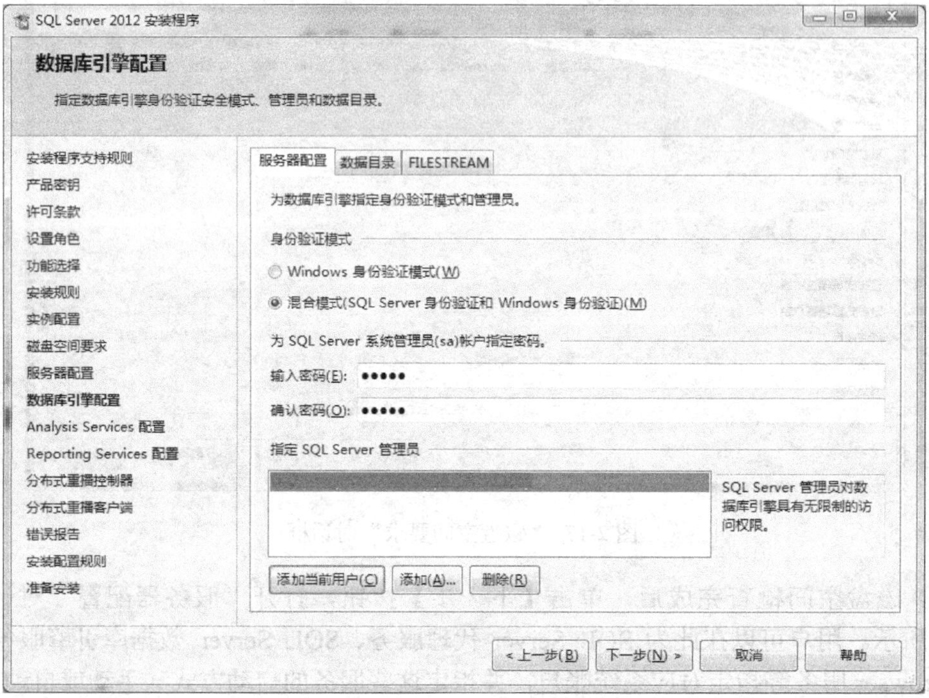

图 2-19 “数据库引擎配置”对话框

【提示】

- 如果选择使用“混合模式”，则提示输入和确认系统管理员密码，在成功连接到 SQL Server 后，两种模式的安全机制是一样的。
- 单击【添加当前用户】按钮，可以将当前的 Windows 用户设置为 SQL Server 管理员，也可以单击【添加】按钮选择其他的 Windows 用户并将其设置为 SQL Server 管理员。
- 有关身份验证模式的详细内容，请参阅第 11 章。
- 选择【数据目录】选项卡，可以查看和设置 SQL Server 数据库的各种安装目录。

（14）数据库引擎配置完成后，单击【下一步】按钮，打开“Analysis Services”对话框，如图 2-20 所示。在此可以指定 Analysis Services 的管理员和数据文件夹。

（15）Analysis Services 配置完成后，单击【下一步】按钮，打开“Reporting Services”对话框，如图 2-21 所示。在此可以指定 Reporting Services 的配置模式。

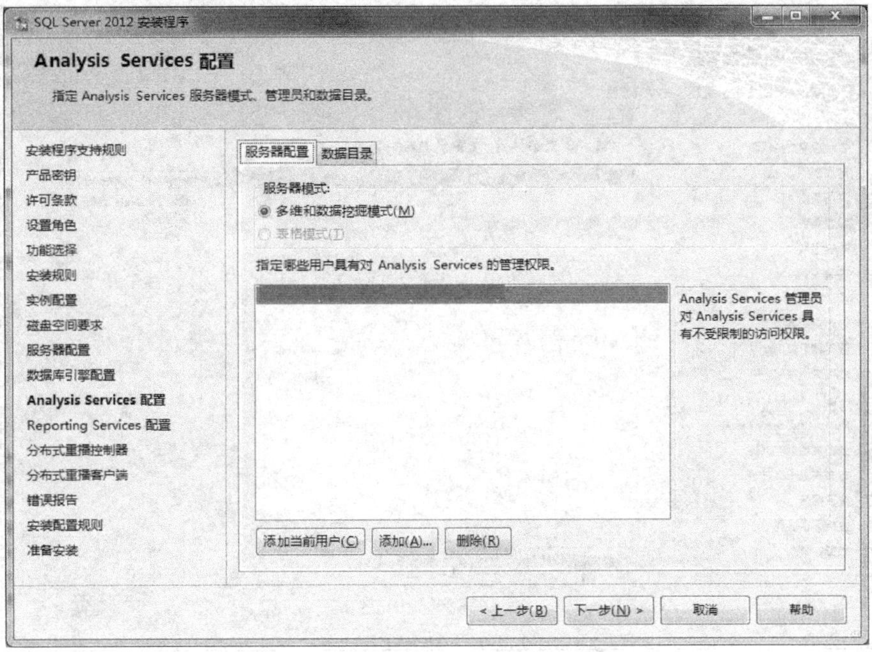

图 2-20 “Analysis Services 配置”对话框

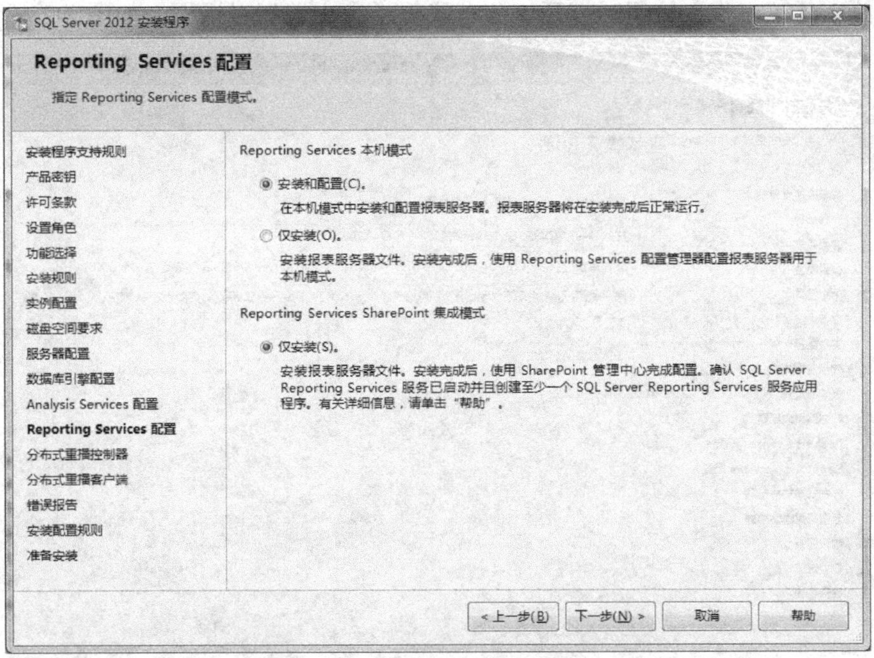

图 2-21 “Reporting Services 配置”对话框

（16）Reporting Services 配置完成后，单击【下一步】按钮，打开“分布式重播控制器”对话框，指定向其授予针对分布式重播控制器服务的管理权限的用户。具有管理权限的用户将可以不受限制地访问分布式重播控制器服务。单击【添加当前用户】按钮，将当前用户添加为具有上述权限的用户，单击【下一步】按钮，如图 2-22 所示。

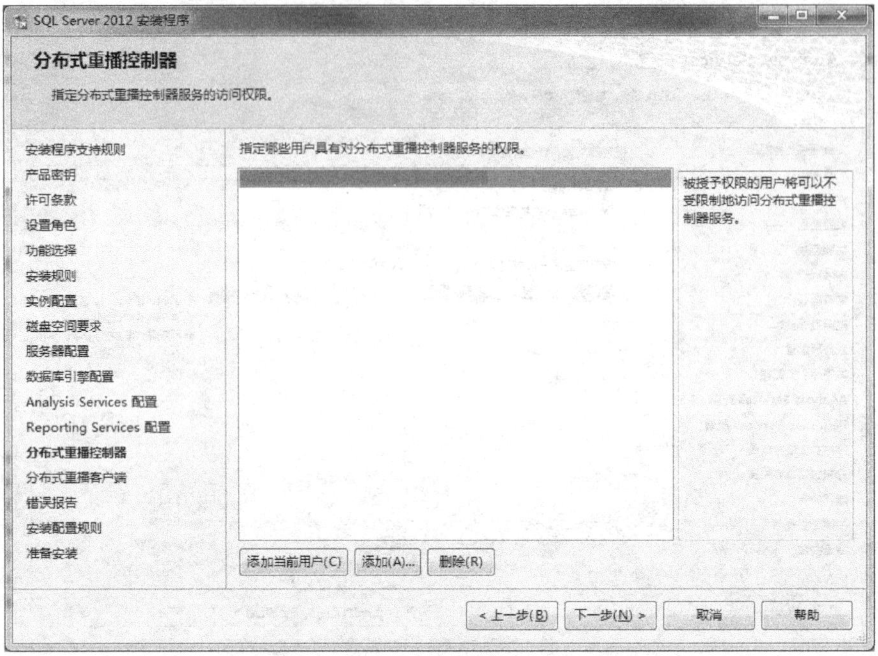

图 2-22 “分布式重播控制器”对话框

（17）单击【下一步】按钮，打开“分布式重播客户端”对话框，如图 2-23 所示。

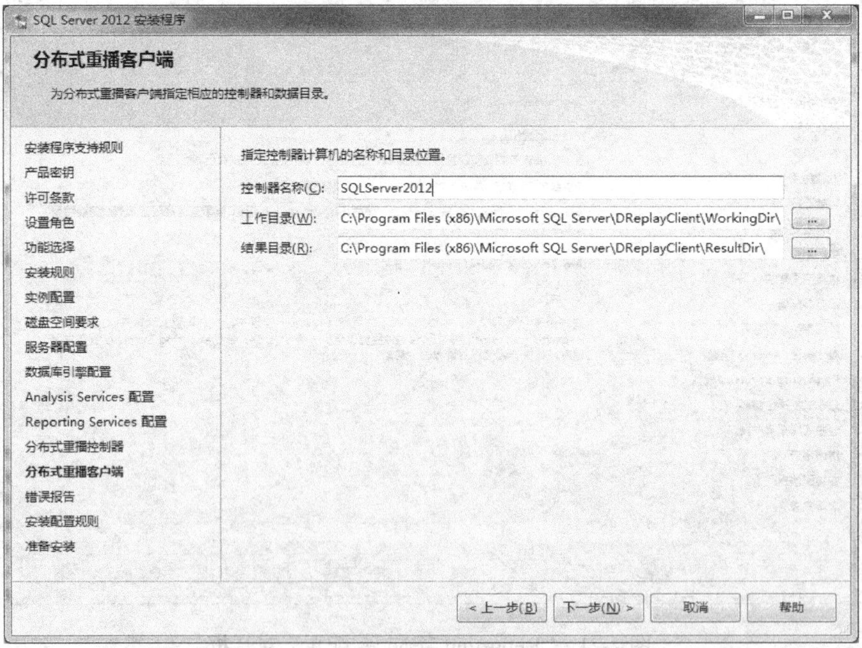

图 2-23 “分布式重播客户端”对话框

（18）单击【下一步】按钮，打开“错误报告”对话框，该界面中的设置可以在 SQL Server 发生错误或者异常关闭时，将错误状态发送给 Microsoft 公司，这里的选项对 SQL Server 服务器的使用没有影响，读者可以根据需要进行选择，如图 2-24 所示。

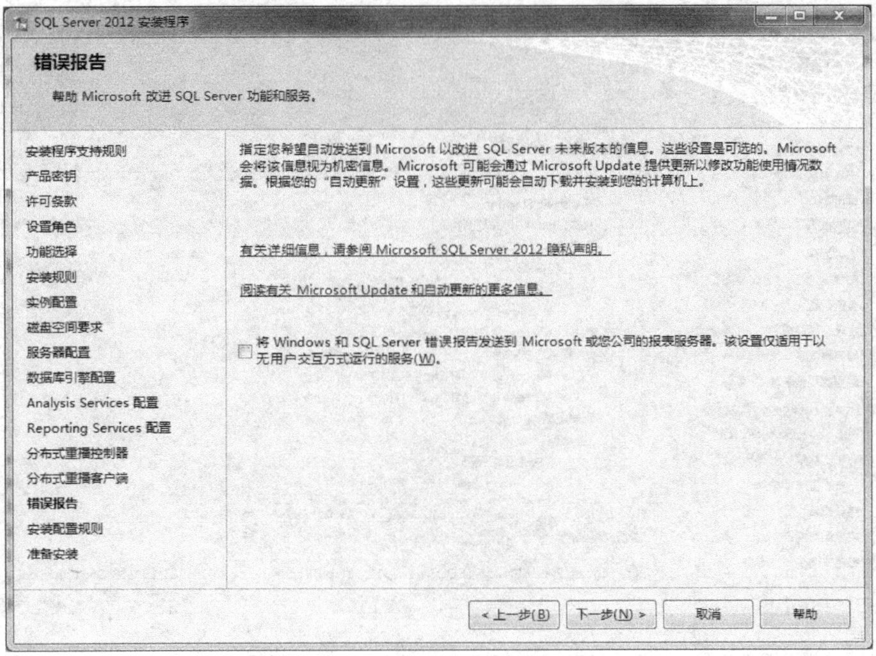

图 2-24　“错误报告”对话框

（19）单击【下一步】按钮，打开“安装配置规则”对话框，安装程序会再次对系统进行检测，如图 2-25 所示。

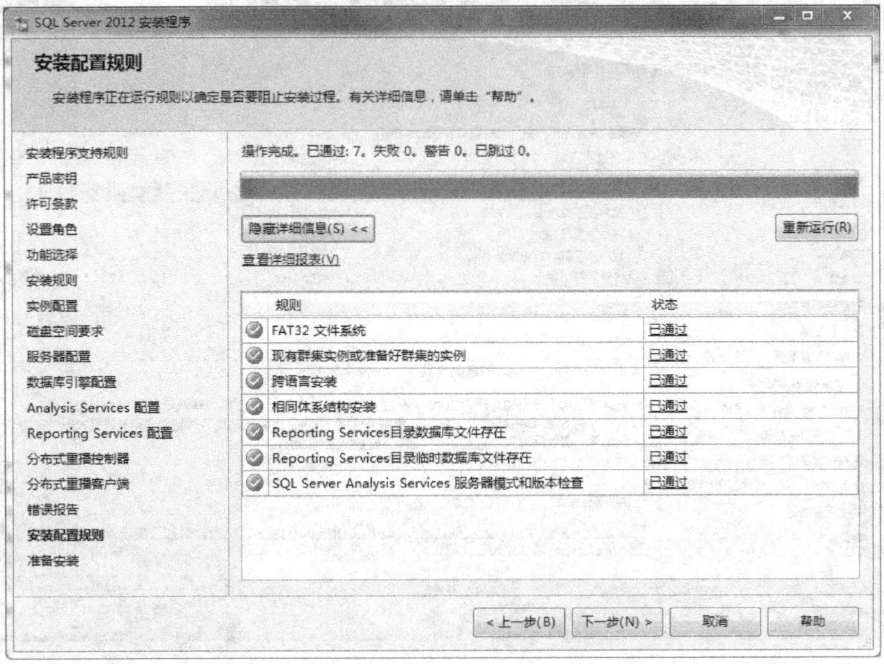

图 2-25　“安装配置规则”对话框

（20）单击【下一步】按钮，打开“准备安装”对话框，该界面只用于描述将要进行的全部安装过程和安装路径，单击【安装】按钮开始进行安装，如图 2-26 所示。

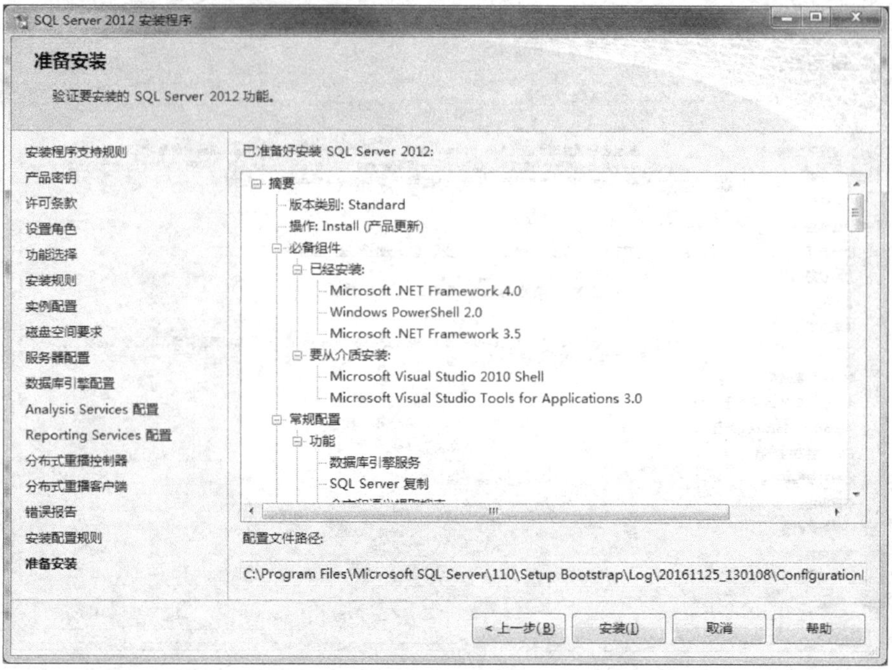

图 2-26 “准备安装”对话框

（21）安装完成后，单击【关闭】按钮完成 SQL Server 2012 的安装过程，如图 2-27 所示。

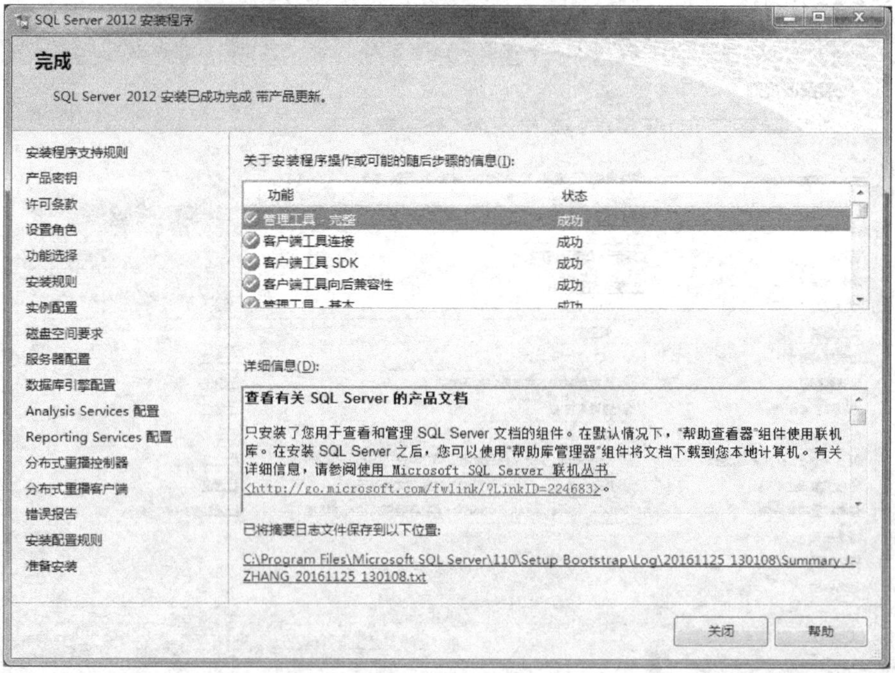

图 2-27　完成安装

课堂实践 1

1. 操作要求

（1）查阅资料，进一步了解各种数据处理技术的特点，并了解数据库技术的发展趋势。

（2）查阅资料，了解目前主流的关系型数据管理系统有哪些。

（3）选择 SQL Server 2012 标准版，了解安装该版本所需要的软件和硬件条件。

（4）选择 SQL Server 2012 标准版，了解该版本对操作系统的要求。

（5）安装 SQL Server 2012 标准版。

2. 操作提示

（1）数据模型是人们对数据管理认识的一种抽象。

（2）数据库系统与数据库管理系统是不同的概念，我们通常所说的“SQL Server 数据库”从严格意义上来说，应该指的是“SQL Server 数据库管理系统”。

（3）结合自己机器的软、硬件环境和操作系统选择合适的 SQL Server 2012 版本。

（4）不同版本的 SQL Server 实例可以在同一台机器中共存。

2.4　SQL Server 2012 简单使用

任务 3	启动 SQL Server Management Studio，熟悉 SSMS 的基本组成，掌握 SSMS 中各组成部分的功能；掌握在 SSMS 中执行查询的基本方法和操作步骤；掌握 SQL Server 服务的查看和配置方法。

2.4.1　使用 SQL Server Management Studio

1. 启动 SQL Server Management Studio

【任务 3-1】 启动 SQL Server Management Studio。

（1）单击【开始】按钮，依次选择【程序】→【Microsoft SQL Server 2012】→【SQL Server Management Studio】选项，如图 2-28 所示，将启动“SQL Server Management Studio”。

图 2-28　启动 SQL Server Management Studio

（2）打开“连接到服务器”对话框，如图 2-29 所示，选择服务器类型（数据库引擎）、服务器名称（LIUZC）和身份验证（Windows 身份验证）后。再单击【连接】按钮，即可进入“SQL Server Management Studio”的管理界面，如图 2-30 所示。

图 2-29 “连接到服务器”对话框

2. SQL Server Management Studio 基本组成

【任务 3-2】 了解 SQL Server Management Studio 的界面组成。

SQL Server Management Studio 是一套管理工具，用于管理从属于 SQL Server 的组件。它提供了用于数据库管理的图形工具和功能丰富的开发环境。通过 Management Studio，可以在同一个工具中访问和管理数据库引擎、Analysis Manager 和 SQL 查询分析器，并且能够编写 Transact-SQL、MDX、XMLA 和 XML 语句。

【提示】 在本文的后续章节中，SQL Server Management Studio 简称为 SSMS。

SSMS 中各组成部分内容如图 2-30 所示。

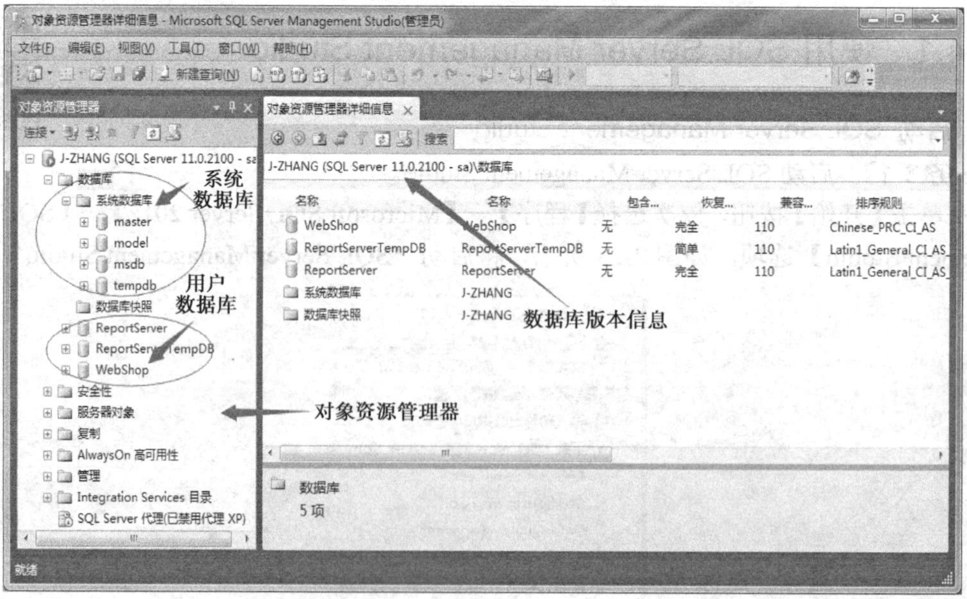

图 2-30 Microsoft SQL Server Management Studio 主界面

3. 在 SSMS 中执行查询

【任务 3-3】 掌握在 SSMS 中管理 SQL 语句的方法。

在 SSMS 中可以管理 Transact-SQL 脚本（Transact-SQL 是 SQL Server 数据库的结构化查询语言，详细内容请参阅本书第 8 章）。

单击工具栏上的新建查询(N)按钮，打开 SQL 脚本编辑窗口，系统自动生成脚本文件的名称（如 SQLQuery1.sql）。在编辑窗口中输入 SQL 语句：SELECT * FROM spt_values。运行后的结果如图 2-31 所示。

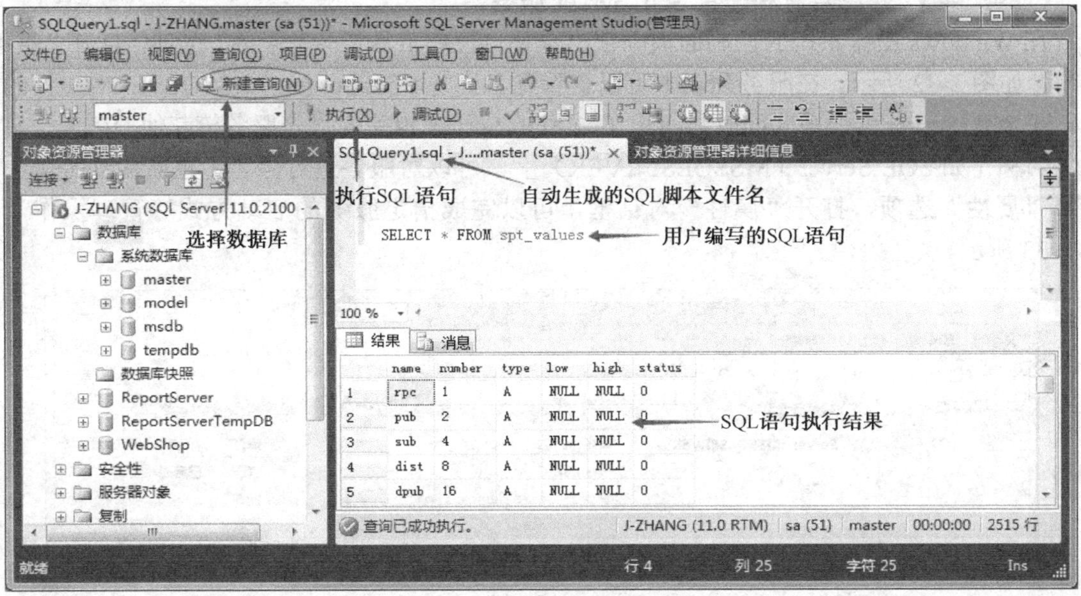

图 2-31 在 SSMS 中管理 SQL 脚本

【提示】

● 执行 SQL 语句通常需要指定数据库，可以通过工具栏中的的数据库组合框进行选择（默认为系统数据库 master）。

● 编辑过程中在“SQL 编辑器”工具栏上，单击或按钮可以减少或增加缩进。

● SELECT 是最常用的 SQL 语句，用于从表中查询记录。这里的 spt_values 是系统数据库 master 中的一个表。

● 可以通过【工具】→【选项】→【文本编辑器】→【所有语言】→【制表符】，更改默认缩进。

● 单击“查询编辑器”窗口中的任意位置，按 Shift+Alt+Enter 组合键，可以在全屏显示模式和常规显示模式之间进行切换。

● 单击“查询编辑器”窗口中的任意位置，选择【窗口】→【自动全部隐藏】选项可以隐藏相关窗口。

在 SQL Server Management Studio 的查询编辑窗口中，可以注释（或取消注释）指定的查询脚本。

① 选择要注释（或要取消注释）的文本。

② 选择【编辑】→【高级】→【注释选定内容】选项，所选文本前将带有破折号“——”，

表示已完成注释。

【提示】

- 也可以使用“SQL 编辑器”工具栏上的按钮注释或取消注释文本。
- 也可以使用“/* */”来对大段文本进行注释。

2.4.2 查看和配置 SQL Server 服务

【任务 3-4】 熟练查看和配置 SQL Server 服务。

在 Windows 操作系统的控制面板中依次选择“管理工具”→“服务”选项，打开“服务”窗口，如图 2-32 所示。在服务列表中可以查看到名称为 SQL Server（MSSQLSERVER）的服务，即 SQL Server 的服务（同时显示出了与 SQL Server 相关的报表服务等其他服务）。右击服务名称［如 SQL Server（MSSQLSERVER）］，可以对服务进行停止、重新启动等操作。选择“属性”选项，打开“属性”对话框，可以完成指定服务的启动方式等管理操作，如图 2-33 所示。

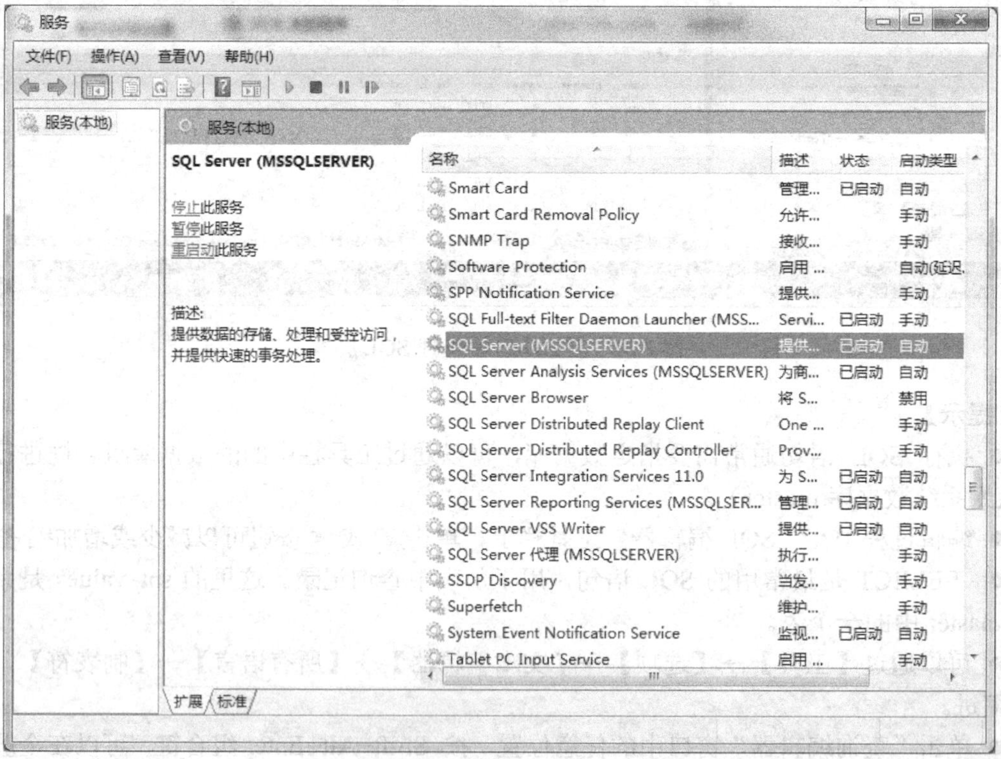

图 2-32 查看并管理 SQL Server 服务

【提示】

- SQL Server 服务停止后，启动 SSMS 时将会显示错误，如图 2-34 所示。
- SQL Server 报表等服务可以根据实际需要指定启动方式。

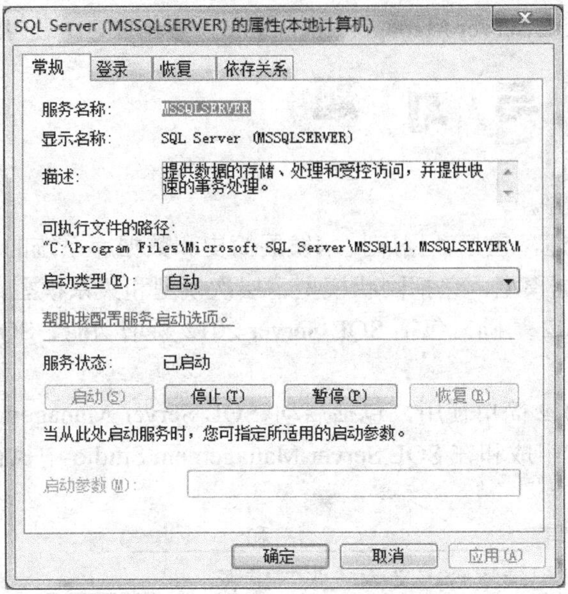

图 2-33　SQL Server 服务属性对话框

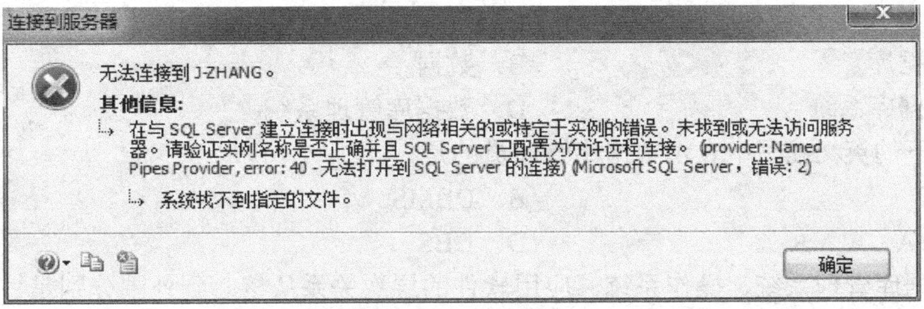

图 2-34　“SQL Server”服务停止后启动 SSMS 时的错误信息

课堂实践 2

1．操作要求

（1）启动 SQL Server 2012 中的 SQL Server Management Studio。

（2）查看 SQL Server Management Studio 的各组成部分，通过操作体会其功能。

（3）在 SQL Server Management Studio 中执行以下查询：

```
--第一个查询语句
USE master
GO
SELECT * FROM spt_monitor
```

（4）查看 SQL Server 对应的服务并完成该服务的停止、重新启动等操作。

2．操作提示

（1）本书主要学习数据库引擎部分的功能，SQL Server 的其他功能请读者参阅相关资料进行了解和学习。

（2）简单了解在 SQL Server Management Studio 中执行 SQL 语句的方法。

小结与习题

本章学习了如下内容。

（1）数据库技术概述，包括数据库技术发展简史和数据库系统的概念；

（2）3 种主要的数据模型，包括网状模型、层次模型和关系模型；

（3）SQL Server 2012 基础，包括 SQL Server 2012 新增功能、SQL Server 2012 的版本和 SQL Server 2012 的安装；

（4）SQL Server 2012 简单使用，包括启动 SQL Server Management Studio、SQL Server Management Studio 基本组成和在 SQL Server Management Studio 中执行查询。

一、填空题

1．常用的数据模型有________、________和________3 种。

2．在关系模型中把记录集合定义为一张二维表，即________。

3．SQL 的中文全称是____________________。

二、选择题

1．_______是长期存储在计算机内有结构的大量的共享数据集合。

A．数据库　　B．数据

C．数据库系统　　D．数据库管理系统

2．以下的英文缩写中表示数据库管理员的是_______。

A．DB　　B．DBMS

C．DBA　　D．DBS

3．数据库管理系统、操作系统、应用软件的层次关系从核心到外围分别是_______。

A．数据库管理系统、操作系统、应用软件

B．操作系统、数据库管理系统、应用软件

C．数据库管理系统、应用软件、操作系统

D．操作系统、应用软件、数据库管理系统

4．用户可以使用 DML 对数据库中的数据进行_______操作。

A．查询和更新　　B．删除、插入和修改

C．查询和修改　　D．插入和修改

5．SQL 语言是_______的标准语言。

A．层次数据库　　B．网络数据库

C．关系数据库　　D．对象数据库

三、简答题

1．什么是数据库管理系统？它的主要功能有哪些？

2．请举出自己身边的一个关系模型的实例，并试着用 E-R 图进行描述。

课外拓展

1．操作要求

（1）通过“联机丛书”，进一步了解 SQL Server 2012 的新增功能。

（2）查阅资料，比较 SQL Server 2012 与 Oracle 11g 的异同。

（3）查阅资料，了解面向对象数据库的相关知识。

2．操作提示

使用 SQL Server 2012 的帮助有以下两种形式。

（1）选择【开始】→【程序】→【Microsoft SQL Server 2012】→【文档和社区】→【SQL Server 文档】选项。

（2）在 SQL Server Management Studio 中选择【帮助】→【查看帮助】选项。

第 3 章 数据库操作

学习目标

本章将要学习 SQL Server 2012 数据库引擎的基本知识、SQL Server 2012 数据库的存储结构、使用 SSMS 管理数据库和使用 T-SQL 语句管理数据库等。本章的学习要点包括：

- SQL Server 2012 数据库引擎的概念
- SQL Server 2012 存储结构
- 使用 SSMS 管理数据库
- 使用 T-SQL 语句管理数据库

学习导航

在进行数据管理时，相关的信息要存放到数据库中。数据库就像是一个容器，其中可以容纳表、视图、索引、存储过程和触发器等数据库对象。应用 SQL Server 2012 进行数据管理之前，首先必须创建好数据库，并指定数据库的数据文件名和日志文件名以及数据库的存放位置等属性。本章主要内容及其在 SQL Server 2012 数据库管理系统中的位置如图 3-1 所示。

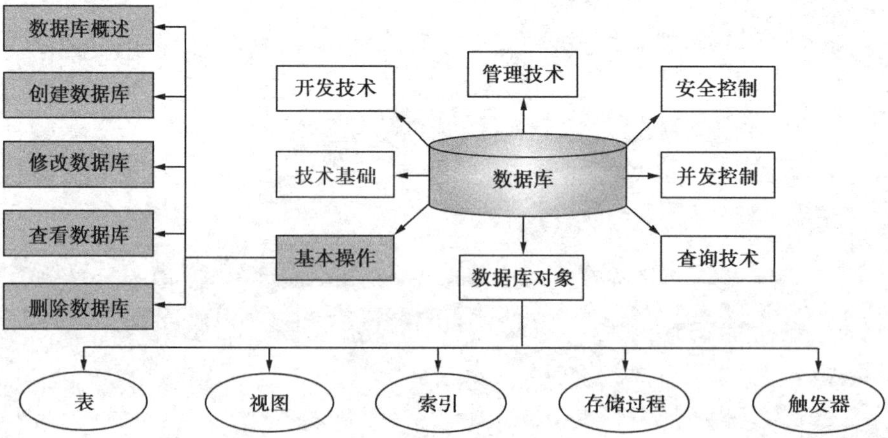

图 3-1 本章学习导航

任务描述

本章主要任务描述如表 3-1 所示。

表 3-1 任务描述

任务编号	子任务	任务内容
任务 1		了解 SQL Server 系统数据库的基本情况、用户数据库中的各种对象的信息、数据库在操作系统文件夹中的存放
	任务 1-1	在 SSMS 中，查看本书样例数据库 WebShop 的组成
	任务 1-2	在 SSMS 中，查看 SQL Server 2012 安装成功后系统数据库的情况
	任务 1-3	查看 SQL Server 2012 安装成功后系统数据库中 master 数据库的逻辑名称与对应的物理文件的存储情况
任务 2		在 SSMS 中，创建用户数据库 WebShop 来对商城数据进行管理；在数据库创建后，根据需要进行数据库信息的修改、查看和删除操作
	任务 2-1	在 SSMS 中，创建电子商城数据库 WebShop
	任务 2-2	在 SSMS 中，完成数据库 WebShop 的修改
	任务 2-3	在 SSMS 中，查看数据库 WebShop 的相关信息
	任务 2-4	在 SSMS 中，删除数据库 WebShop
	任务 2-5	在 SSMS 中，由已创建好的数据库 WebShop 生成创建数据库的脚本
任务 3		使用 T-SQL 语句创建保存电子商城的会员和商品等信息的用户数据库 WebShop 以便对商城数据进行管理，使用 T-SQL 语句进行数据库信息的修改、查看和删除操作
	任务 3-1	使用 T-SQL 语句创建 WebShop 数据库
	任务 3-2	使用 T-SQL 语句对已创建好 WebShop 数据库进行指定的修改
	任务 3-3	使用 T-SQL 语句更改数据库选项
	任务 3-4	使用 T-SQL 语句更改数据库名称
	任务 3-5	使用 T-SQL 语句查看指定的数据库或所有的数据库信息
	任务 3-6	使用 T-SQL 语句删除指定的数据库
	任务 3-7	使用 T-SQL 语句将 tempdb 移动到新位置

3.1 SQL Server 2012 数据库

任务 1

SQL Server 2012 安装成功后，用户需要了解系统数据库的基本情况；用户也可以了解用户数据库中的各种对象的信息；还需要了解数据库在操作系统文件夹中是怎样存放的。

3.1.1 数据库概述

【任务 1-1】 启动 SQL Server Management Studio，查看本书样例数据库 WebShop 的

组成。

（1）启动“SQL Server Management Studio”。

（2）在“对象资源管理器”中展开“数据库”节点，然后展开“WebShop”节点。

（3）展开“表”节点，可以查看该数据库中包含的表的情况，在选定的表中再展开“列”节点，则可查看对应表中列和约束的信息；展开“视图”节点可以查看该数据库中包含的视图的情况。

如图 3-2 所示，SQL Server 2012 中的数据库由表的集合组成，这些表用于存储一组特定的结构化数据。表中包含行（也称为记录或元组）和列（也称为属性）的集合。表中的每一列都用于存储某种类型的信息，如日期、名称、金额和数字。

在 WebShop 数据库中，创建一个名为 Employees 的表来存储每位员工的信息。该表还包含 e_ID、e_Name 等列。为了确保不存在两个雇员使用同一个 e_ID 的情况，并确保 e_Gender 列仅包含符合逻辑的性别类型，必须向该表添加一些约束。

由于需要根据员工 e_ ID 或 e_Name 快速查找员工的相关数据，因此可定义一些索引。还可以创建一个名为 pr_AddEmployee 的存储过程，用来接收新员工的信息，并执行向 Employees 表中添加行的操作。如果需要了解员工所处理的订单信息，可以定义一个名为 vw_EmpOrders 的视图，用于连接 Employees 和 Orders 表中的数据。图 3-3 显示了所创建的 WebShop 数据库的各个部分。

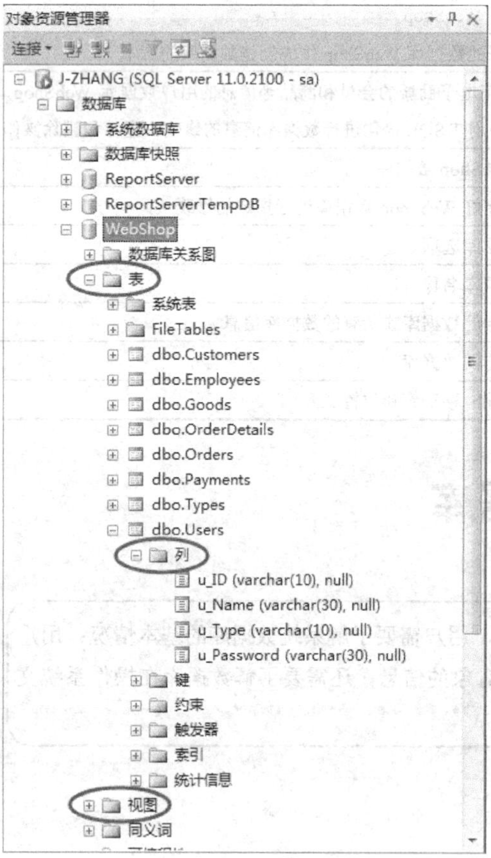

图 3-2　WebShop 数据库及其对象

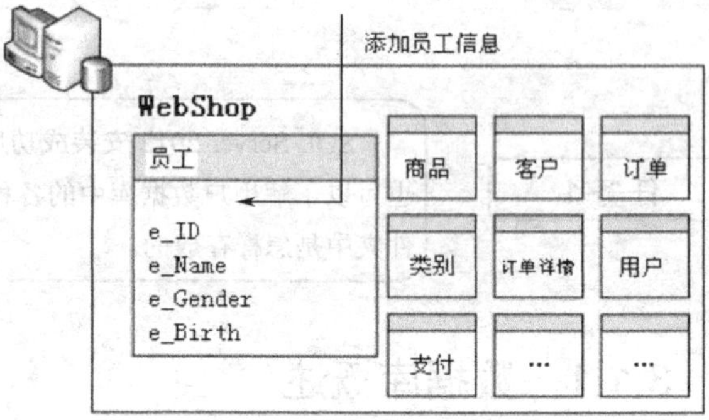

图 3-3　WebShop 数据库组成

如上所述，SQL Server 2012 中的数据库由一个表集合组成。这些表包含数据以及为支持对数据执行的活动而定义的其他对象，如视图、索引、存储过程、用户定义函数和触发器。存储在数据库中的数据通常与特定的主题或过程相关，如商品的库存信息等。数据库及其对象组成如表 3-2 所示。

表 3-2　数据库及其对象组成

主　题	说　明
数据库	说明如何使用数据库表示、管理和访问数据
联合数据库服务器	说明实现联合数据库层的设计指南和注意事项
表	说明如何使用表存储数据行和定义多个表之间的关系
索引	说明如何使用索引提高访问表中数据的速度
已分区表和已分区索引	说明如何分区可使大型表和索引更易于管理以及更具可缩放性
视图	说明各种视图及其用途（提供其他方法查看一个或多个表中的数据）
存储过程	说明这些 Transact-SQL 程序如何将业务规则、任务和进程集中在服务器中
DML 触发器	说明作为特殊类型存储过程的 DML 触发器的功能，DML 触发器仅在修改表中的数据后执行
DDL 触发器	说明作为特殊触发器的 DDL 触发器的功能，DDL 触发器在响应数据定义语言（DDL）语句时激发
登录触发器	登录触发器将为响应 LOGON 事件而激发存储过程。与 SQL Server 实例建立用户会话时将引发此事件
事件通知	说明作为特殊数据库对象的事件通知，事件通知可以向 Service Broker 发送有关服务器和数据库事件的信息
用户定义函数	说明如何使用函数将任务和进程集中在服务器中
程序集	说明如何在 SQL Server 中使用程序集部署以 Microsoft .NET Framework 公共语言运行时（CLR）中驻留的一种托管代码语言编写的（不是以 Transact-SQL 编写的）函数、存储过程、触发器、用户定义聚合以及用户定义类型
同义词	说明如何使用同义词引用基对象；同义词是包含架构的对象的另一个名称

【提示】

● 一个 SQL Server 实例可以支持多个数据库。每个数据库可以存储来自其他数据库的相关数据或不相关数据。例如，SQL Server 实例可以有一个数据库用于存储网站商品数据，另一个数据库用于存储内部员工的数据。

● 不能在 master 数据库中创建任何用户对象（如表、视图、存储过程或触发器）。master 数据库包含 SQL Server 实例使用的系统级信息（如登录信息和配置选项设置）。

● 表中有几种类型的控制（如约束、触发器、默认值和自定义用户数据类型），用于保证数据的有效性。可以向表中添加声明性引用完整性（DRI）约束，以确保不同表中的相关数据保持一致。

● 表上可以有索引（与书中的索引相似），利用索引能够快速找到行。数据库还可以包含使用 T-SQL 或.NET Framework 编程代码的过程对数据库中的数据执行操作。这些操作包括创建用于提供对表数据的自定义访问的视图，或创建用于对部分行执行复杂计算的用户定义函数。

3.1.2　系统数据库

【任务 1-2】 启动 SQL Server Management Studio，查看 SQL Server 2012 安装成功后系统

数据库的情况。

（1）启动“SQL Server Management Studio”。

（2）在“对象资源管理器”中展开“数据库”节点，然后展开“系统数据库”节点，如图 3-4 所示。

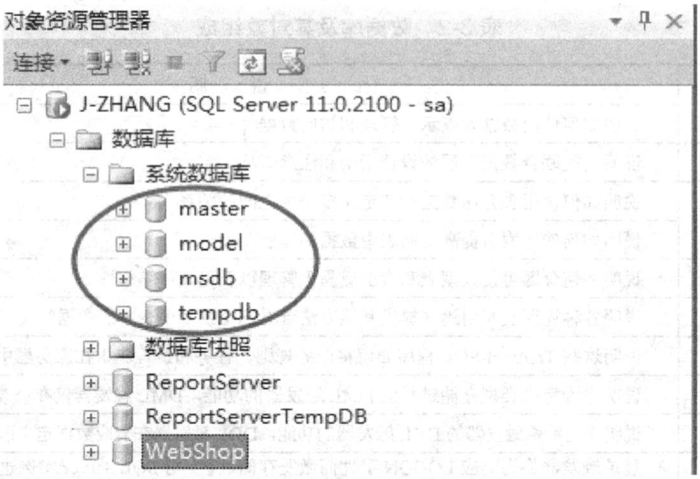

图 3-4　系统数据库

如图 3-4 所示，在安装好 SQL Server 2012 之后，通常会将一些系统数据库（master、model、msdb 和 tempdb）自动安装到数据库服务器上，系统数据库及其说明如表 3-3 所示。

表 3-3　系统数据库及其说明

系统数据库	说　明
master 数据库	记录 SQL Server 实例的所有系统级信息，如登录账户、系统配置信息、所有其他的数据库信息、数据库文件的位置等。该数据库还可以记录 SQL Server 的初始化信息
msdb 数据库	在 SQL Server 代理计划警报和作业时使用
model 数据库	用作 SQL Server 实例上创建的所有数据库的模板。对 model 数据库进行的修改（如数据库大小、排序规则、恢复模式和其他数据库选项）将应用于以后创建的所有数据库
tempdb 数据库	一个工作空间，用于保存临时对象或中间结果集

【提示】

- 在 SQL Server 2012 中有一个样例数据库 AdventureWorks，需要用户下载数据库文件后自行附加。有关 AdventureWorks 的使用，请读者参阅其他相关资料。
- 数据库的附加操作，请参阅本书第 12.3 节。
- 对系统数据库中的数据可以进行修改和查看操作。

3.1.3　文件和文件组

【任务 1-3】查看 SQL Server 2012 安装成功后系统数据库中 master 数据库的逻辑名称与对应的物理文件的存储情况。

（1）启动“SQL Server Management Studio”。

（2）在“对象资源管理器”中展开“数据库”节点，然后展开“系统数据库”节点，可看到其中有一个名为 master 的数据库。

（3）在操作系统下，找到 SQL Server 的安装路径（如 C:\Program Files\Microsoft SQL Server），依次打开“MSSQL11.MSSQLSERVER”、“MSSQL”和“DATA”文件夹，其中的“master.mdf”和“mastlog.ldf”即为 master 数据库对应的物理文件，如图 3-5 所示。

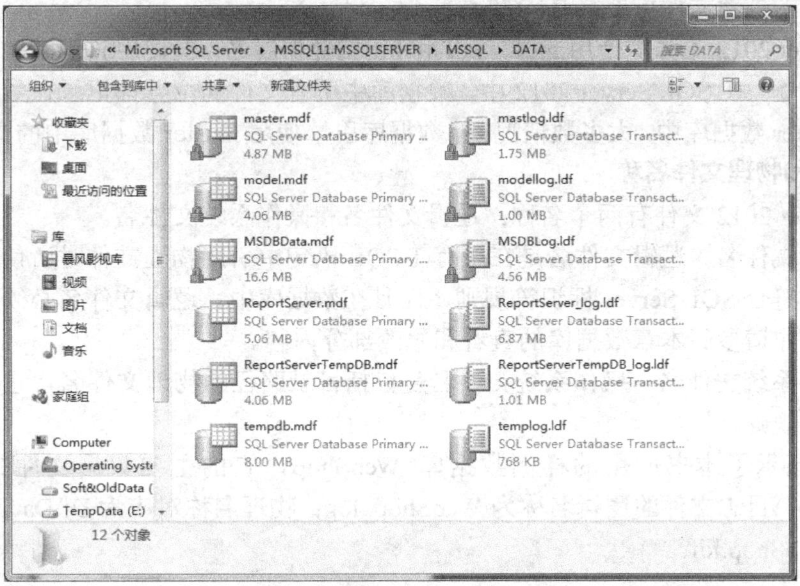

图 3-5　master 数据库对应物理文件名

如图 3-5 所示，每个 SQL Server 2012 数据库至少具有两个操作系统文件：一个数据文件和一个日志文件。数据文件包含数据和对象，如表、索引、存储过程和视图。日志文件包含恢复数据库中的所有事务所需的信息。为了便于分配和管理，可以将数据文件集合起来，并放到文件组中。同时，数据库文件由文件组、数据文件页和区等存储单位组成。

1. 数据库文件

SQL Server 2012 数据库具有 3 种类型的文件，如表 3-4 所示。

表 3-4　SQL Server 2012 数据库文件

文　件	说　明
主要数据文件	主要数据文件包含数据库的启动信息，并指向数据库中的其他文件；用户数据和对象可存储在此文件中，也可以存储在次要数据文件中；每个数据库都有且只有一个主要数据文件，主要数据文件的扩展名默认为.mdf
次要数据文件	次要数据文件是可选的，由用户定义并存储用户数据；通过将每个文件放在不同的磁盘驱动器上，次要数据文件可将数据分散到多个磁盘上；另外，如果数据库超过了单个 Windows 文件的最大值，可以使用次要数据文件，这样数据库就能继续增长；次要数据文件的文件扩展名默认为.ndf
事务日志文件	事务日志文件保存用于恢复数据库的日志信息；每个数据库必须至少有一个日志文件，事务日志文件扩展名默认为.ldf

【提示】

● 主要数据文件是数据库的起点，指向数据库中的其他文件。每个数据库都有一个主要数据文件，主要数据文件的推荐文件扩展名是 .mdf。

● 除主要数据文件以外的所有其他数据文件都是次要数据文件。某些数据库可能不含有任何次要数据文件，而有些数据库可能含有多个次要数据文件。次要数据文件的推荐文件扩展名是.ndf。

● 日志文件包含用于恢复数据库的所有日志信息。每个数据库必须至少有一个日志文件。日志文件的推荐文件扩展名是 .ldf。

SQL Server 2012 不强制使用.mdf、.ndf 和.ldf 文件扩展名，但使用它们有助于标识文件的各种类型和用途。在 SQL Server 2012 中，数据库中所有文件的位置都记录在数据库的主要数据文件和 master 数据库中。大多数情况下，数据库引擎使用 master 数据库中的文件位置信息。

2．逻辑和物理文件名称

SQL Server 2012 文件有两个名称：逻辑文件名和操作系统文件名。

（1）逻辑文件名。逻辑文件名是在所有 T-SQL 语句中引用物理文件时所使用的名称。逻辑文件名必须符合 SQL Server 标识符规则，而且在数据库中，逻辑文件名必须是唯一的。逻辑文件名的操作请参阅本章数据库的查看和修改部分内容。

（2）操作系统文件名。操作系统文件名是包括目录路径的物理文件名，它必须符合操作系统文件命名规则。

图 3-6 显示了本书所用的样例数据库 WebShop，它的主要数据文件的逻辑名称为 WebShop_data，日志文件的逻辑名称为 WebShop_log；物理名称对应为 D:\Data\WebShop.mdf 和 D:\Data\WebShop.ldf。

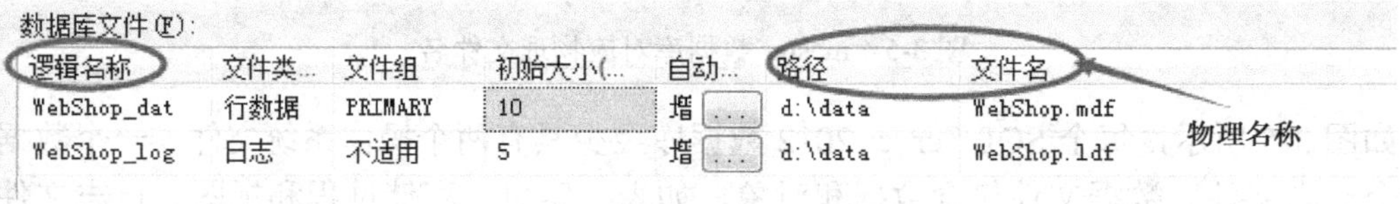

图 3-6　WebShop 数据库逻辑名称与物理名称

【提示】

● SQL Server 数据和日志文件可以保存在 FAT 或 NTFS 文件系统中。从安全性角度而言，建议使用 NTFS。

● 可读/写数据文件组和日志文件不能保存在 NTFS 压缩文件系统中。只有只读数据库和只读次要文件组可以保存在 NTFS 压缩文件系统中。

● 默认情况下，数据和事务日志被放在同一个驱动器上的同一个路径下。这是为处理单磁盘系统而采用的方法。但是，在实际应用环境中，建议将数据和日志文件放在不同的磁盘上。

3．文件组

每个数据库都有一个主要文件组。此文件组包含主要数据文件和未放入其他文件组的所有次要文件。可以创建用户定义的文件组，用于将数据文件集合起来，以便于管理、数据分配和放置。

例如，可以分别在三个磁盘驱动器上创建三个文件 Data1.ndf、Data2.ndf 和 Data3.ndf，并将它们分配给文件组 fgroup1，可以明确地在文件组 fgroup1 上创建一个表，对表中数据的查询将分散到三个磁盘上，从而提高了性能。通过使用在 RAID（独立磁盘冗余阵列）条带集上创建的单个文件也能获得同样的性能提高。但是，文件和文件组能够轻松地在新磁盘上添加新文件。

SQL Server 2012 将数据库映射为一组操作系统文件。数据和日志信息从不混合在相同的文件中，而且各文件仅在一个数据库中使用。文件组是命名的文件集合，用于帮助数据布局和管理任务，如备份操作和还原操作。

4．数据文件页

SQL Server 2012 数据文件中的页按顺序编号，文件的首页以 0 开始。数据库中的每个文件都有一个唯一的文件 ID。若要唯一标识数据库中的页，则需要同时使用文件 ID 和页码。图 3-7 显示了包含 4MB 主要数据文件和 1MB 次要数据文件的数据库中的页码。

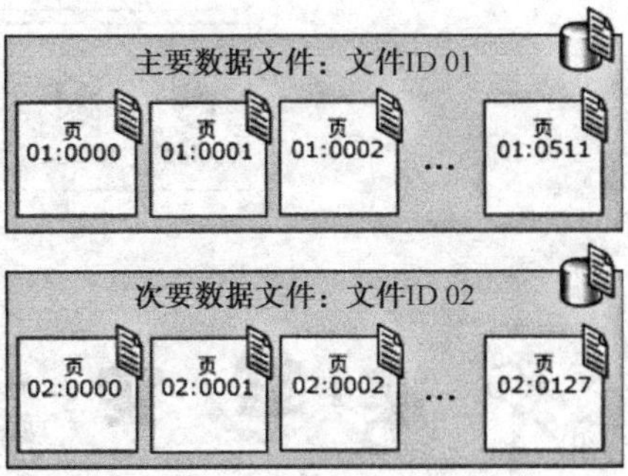

图 3-7　数据文件页

【提示】

- 对于普通用户来说，页是透明的，也就是说，普通用户感觉不到页的存在。
- SQL Server 数据库中的数据文件（扩展名为.mdf 或.ndf）分配的磁盘空间可以从逻辑上划分成页（从 0～n 连续编号）。日志文件不包含页，它是由一系列日志记录组成的。
- 在 SQL Server 中，页的大小为 8KB。这意味着 SQL Server 数据库中每 1MB 的数据文件包含 128 页。每页的开头是 96 字节的标头，用于存储有关页的系统信息。此信息包括页码、页类型、页的可用空间以及拥有该页的对象的分配单元 ID。

在数据页上，数据行紧接着标头按顺序放置。页的末尾是行偏移表，对于页中的每一行，每个行偏移表都包含一个条目。每个条目记录对应行的第一个字节与页首的距离。行偏移表中的条目的顺序与页中行的顺序相反。数据文件页的结构如图 3-8 所示。

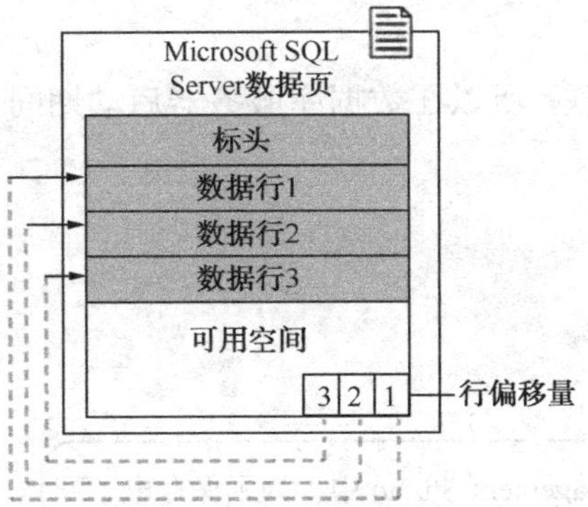

图 3-8　数据文件页结构

5．区

区是管理空间的基本单位，一个区由 8 个物理上连续的页（即 64KB）组成，用来有效地管理页。这意味着 SQL Server 数据库中每 1MB 有 16 个区。为了使空间分配更有效，SQL Server 不会将所有区分配给包含少量数据的表。SQL Server 有以下两种类型的区。

（1）统一区，由单个对象所有。区中的所有 8 页只能由所属对象使用。

（2）混合区，最多可由 8 个对象共享。区中 8 页的每页可由不同的对象所有。

通常从混合区向新表或索引分配页。当表或索引增长到 8 页时，将使用统一区进行后续分配。如果对现有表创建索引，并且该表包含的行足以在索引中生成 8 页，则对该索引的所有分配都使用统一区进行。混合区和统一区的情况如图 3-9 所示。

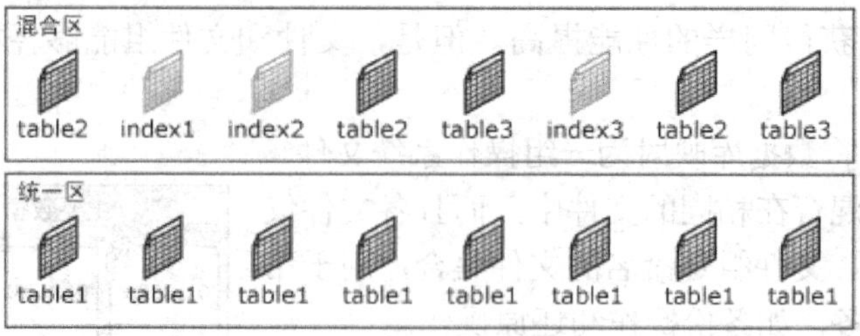

图 3-9　混合区和统一区

课堂实践 1

1．操作要求

（1）启动“SQL Server Management Studio”，查看有哪几个系统数据库。

（2）启动“SQL Server Management Studio”，查看 temp 数据库的逻辑名称。

（3）在操作系统文件夹中查看 temp 数据库对应的操作系统文件名。

2．操作提示

（1）安装目录因用户的选择不同而有所不同。

（2）由于数据库与其对应的数据库物理文件进行了关联，所以在数据库服务器启动期间，数据库所对应的物理文件不能被删除。

3.2　使用 SSMS 管理数据库

任务 2

在 SQL Server 2012 的 SQL Server Management Studio 中，为了保存电子商城的会员和商品等信息，需要创建用户数据库 WebShop 来对商城数据进行管理；在数据库创建后，需要进行数据库信息的修改、查看和删除操作。

1．创建数据库

【任务 2-1】 在 SQL Server 2012 的“SQL Server Management Studio”中，创建电子商城数据库 WebShop。

（1）启动“SQL Server Management Studio”，在“对象资源管理器”中右击【数据库】节点，选择【新建数据库】选项，如图 3-10 所示。

（2）打开“新建数据库”对话框，在【数据库名称】文本框中输入新数据库的名称（这里为 WebShop），如图 3-11 所示。

（3）添加或删除数据文件和日志文件；指定数据库的逻辑名称，系统默认用数据库名作为前缀创建主数据库和事务日志文件，如 WebShop 和 WebShop_log，如图 3-11 所示。

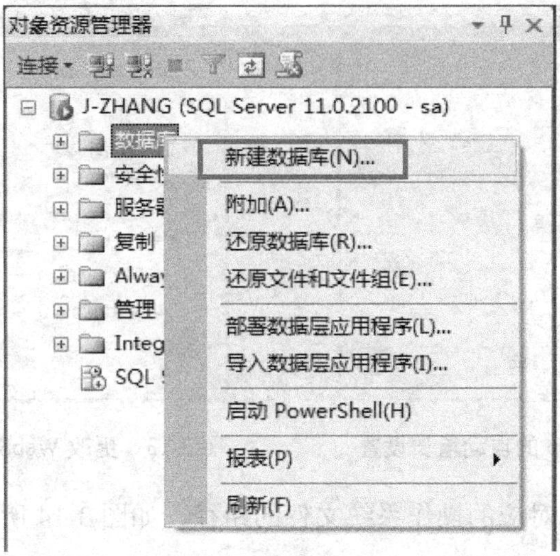

图 3-10　新建数据库

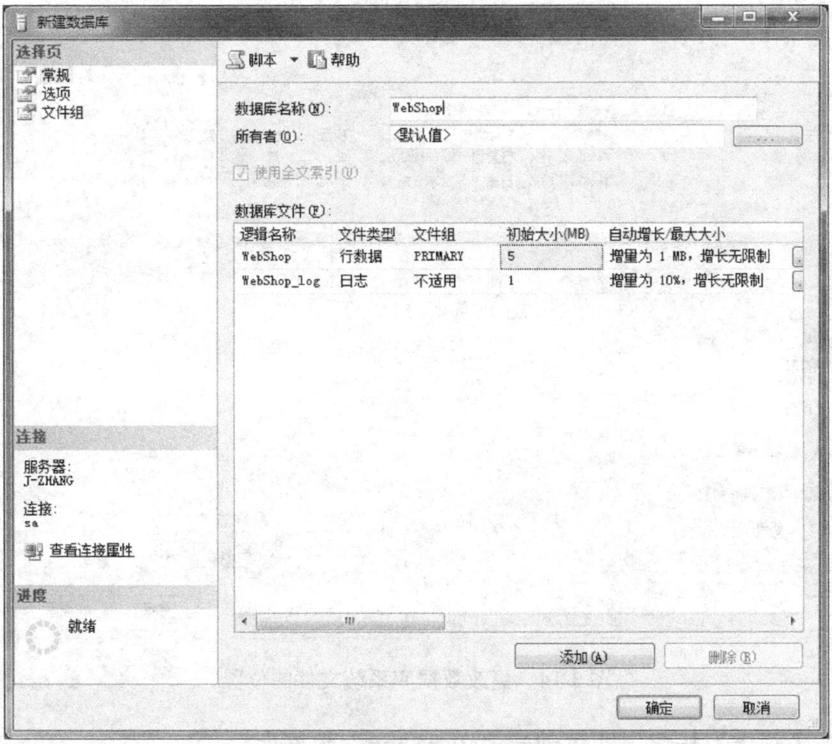

图 3-11　“新建数据库”对话框

（4）可以更改数据库的自动增长方式，文件的增长方式有多种，数据文件的默认增长方式是“按 MB”，日志文件的默认增长方式是“按百分比”，如图 3-12 和图 3-13 所示。

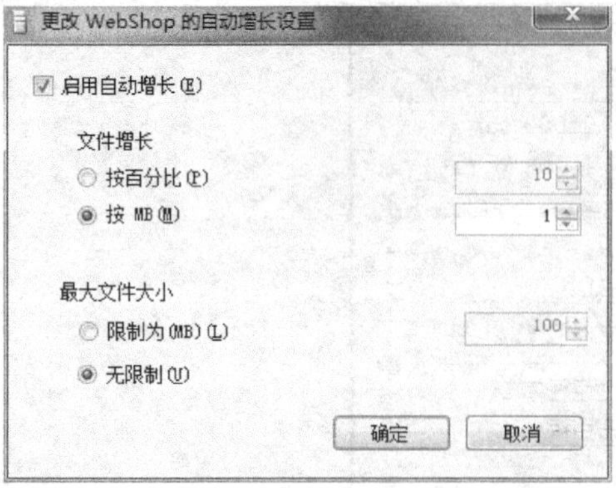

图 3-12　更改 WebShop 的自动增长设置

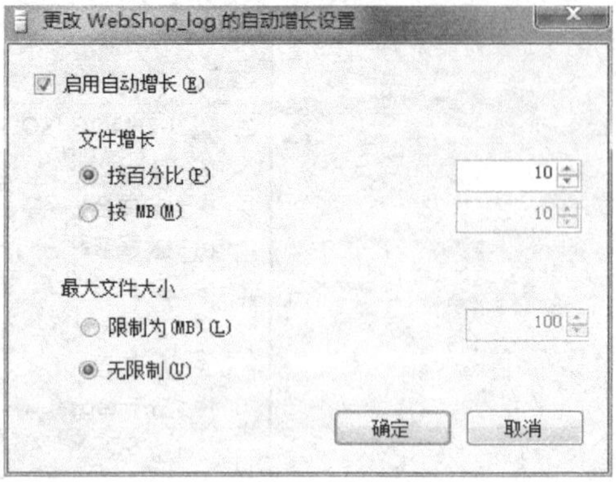

图 3-13　更改 WebShop_log 的自动增长设置

（5）可以更改数据库对应的操作系统文件的路径，如图 3-14 所示。

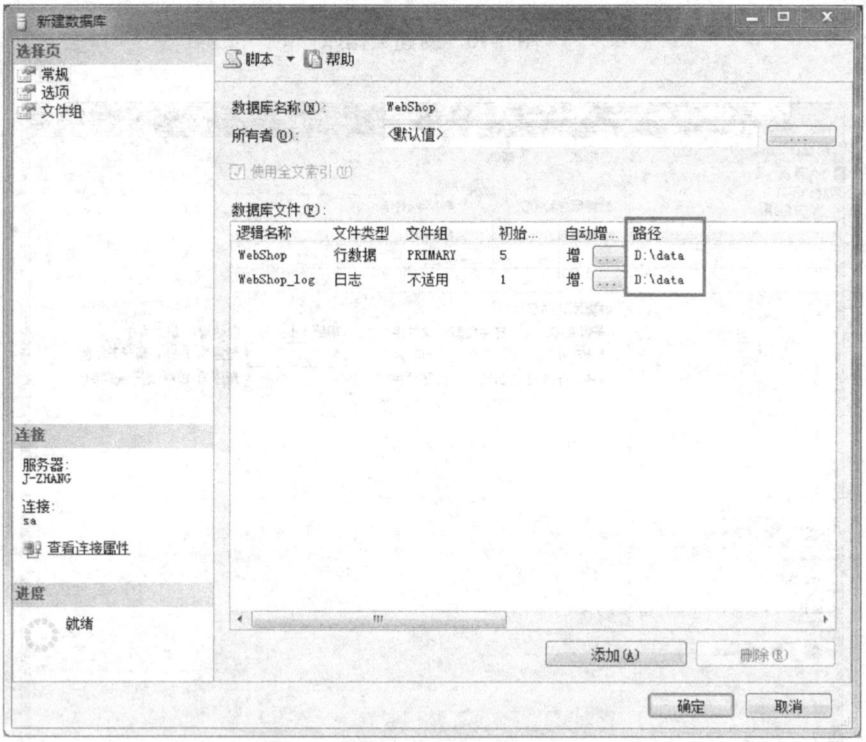

图 3-14　更改数据库系统文件的位置

（6）单击【确定】按钮，即可创建“WebShop”数据库。

【提示】

● 创建数据库时，必须确定数据库的名称、所有者、大小以及存储该数据库的文件和文件组。数据库名称必须遵循 SQL Server 标识符规则。

● 可以在创建数据库时改变其存储位置，但一旦数据库创建以后，存储位置就不能被修改了。

● 数据库和事务日志文件的初始大小与为 model 数据库指定的默认大小相同，主文件中包含数据库的系统表。

● 创建数据库之后，构成该数据库的所有文件都将用零填充，以重写磁盘上以前的删除文件所遗留的现有数据。

● 在创建数据库时最好指定文件的最大允许增长的大小，这样做可以防止文件在添加数据时无限制增大，以致用尽整个磁盘空间。

● 创建数据库之后，建议创建一个 master 数据库的备份。

● 对于一个 SQL Server 实例，最多可以创建 32767 个数据库。

● model 数据库中的所有用户定义对象都将复制到所有新创建的数据库中。可以向 model 数据库中添加任何对象（如表、视图、存储过程和数据类型），以将这些对象包含到所有新创建的数据库中。

● 如果需要在数据库节点中显示新创建的数据库，则需要在数据库节点上右击，再选择【刷新】选项。

2．修改数据库

【任务 2-2】 在 SQL Server 2012 的“SQL Server Management Studio”中，完成数据库 WebShop 的修改。

（1）启动 SQL Server Management Studio，在“对象资源管理器”中展开【数据库】节点。

（2）右击【WebShop】数据库节点，选择【属性】选项，如图 3-15 所示。

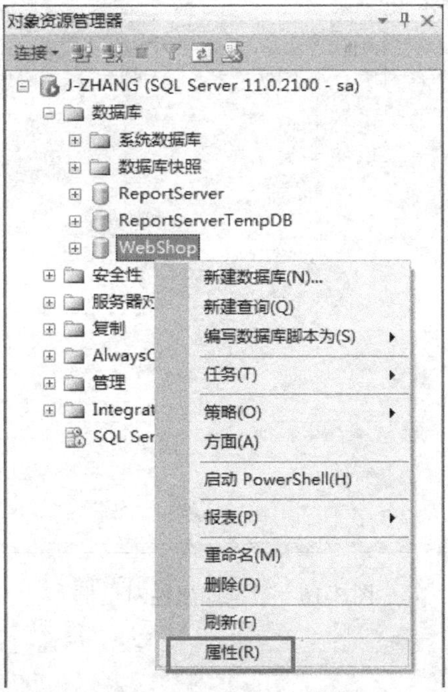

图 3-15　选择数据库属性

（3）打开数据库属性对话框，进行数据库的属性的修改，如图 3-16 所示。

（4）单击【添加】按钮，可以添加数据文件或日志文件以扩充数据或事务日志空间。

在创建 WebShop 数据库后，可以根据数据库管理的实际需要修改数据库的属性，修改的内容包括以下几个方面。

（1）扩充或收缩分配给数据库的数据或事务日志空间。

（2）添加或删除数据和事务日志文件。

（3）创建文件组。

（4）创建默认文件组。

（5）更改数据库名称。

（6）更改数据库的所有者。

3. 查看数据库

【任务 2-3】 在 SQL Server 2012 的“SQL Server Management Studio”中，查看数据库 WebShop 的相关信息。

（1）启动 SQL Server Management Studio，在“对象资源管理器”中展开【数据库】节点。

（2）右击【WebShop】数据库节点，选择【属性】选项，如图 3-15 所示。

（3）打开数据库属性对话框，可以查看数据库的属性，如图 3-16 所示。

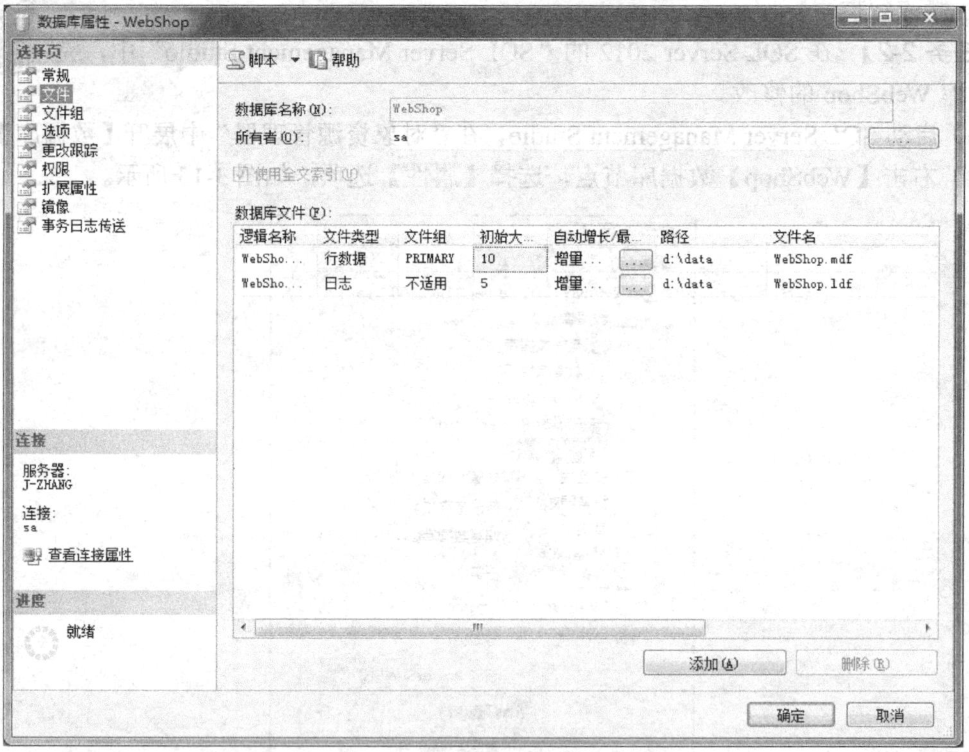

图 3-16 数据库属性对话框

4. 删除数据库

【任务 2-4】 在 SQL Server 2012 的“SQL Server Management Studio”中，删除数据库 WebShop。

（1）启动 SQL Server Management Studio，在“对象资源管理器”中展开【数据库】节点。

（2）右击【WebShop】数据库节点，选择【删除】选项，如图 3-17 所示。

图 3-17　选择“删除”选项

（3）打开“删除对象”对话框，单击【确定】按钮确认删除，如图 3-18 所示。

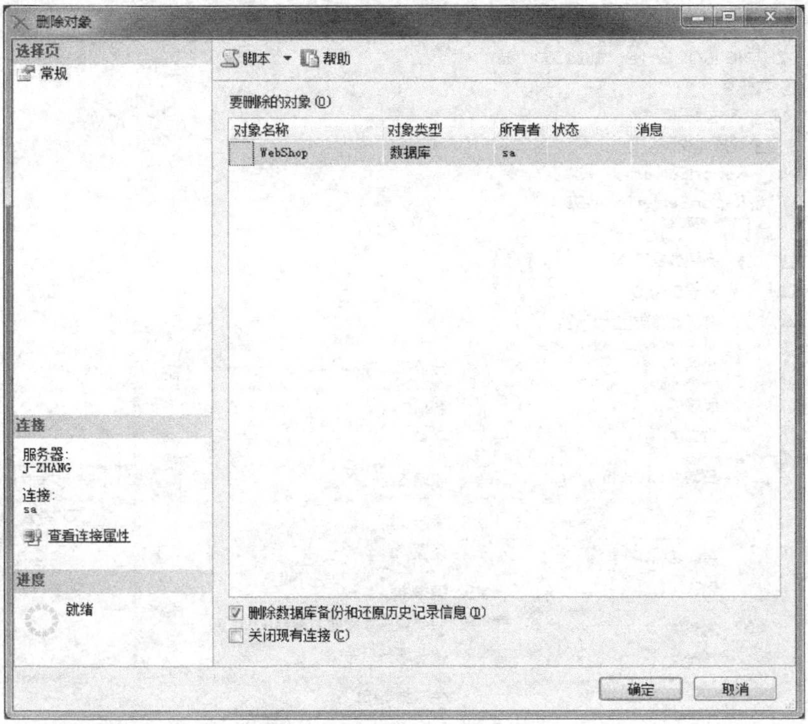

图 3-18 “删除对象”对话框

【提示】

● 当不再需要数据库，或将数据库移到另一数据库或服务器时，即可删除该数据库。一旦删除数据库，文件及其数据都从服务器上的磁盘中删除，不能再进行检索，除非使用以前的备份。

● 在数据库删除之前备份 master 数据库，因为删除数据库将更新 master 中的系统表。如果 master 需要还原，则从上次备份 master 之后删除的所有数据库都将仍然在系统表中有引用，因而可能导致出现错误信息。

● 必须将当前数据库指定为其他数据库，不能删除当前打开的数据库。

5. 收缩数据库

【任务 2-5】 在 SQL Server 2012 的“SQL Server Management Studio”中，收缩数据库 WebShop。

（1）启动 SQL Server Management Studio，在“对象资源管理器”中展开【数据库】节点。

（2）右击【WebShop】数据库节点，依次选择【任务】→【收缩】→【数据库】选项（如果要收缩文件，则依次选择【任务】→【收缩】→【文件】选项），如图 3-19 所示。

（3）打开收缩数据库对话框，如图 3-20 所示。

（4）根据需要，可以选中“在释放未使用的空间前重新组织文件。选中此项可能会影响性能。”复选框，同时为“收缩后文件中的最大可用空间”指定值。如果设置不当，则可能会影响数据库性能。

（5）设置完成后，单击【确定】按钮完成数据库收缩的配置。

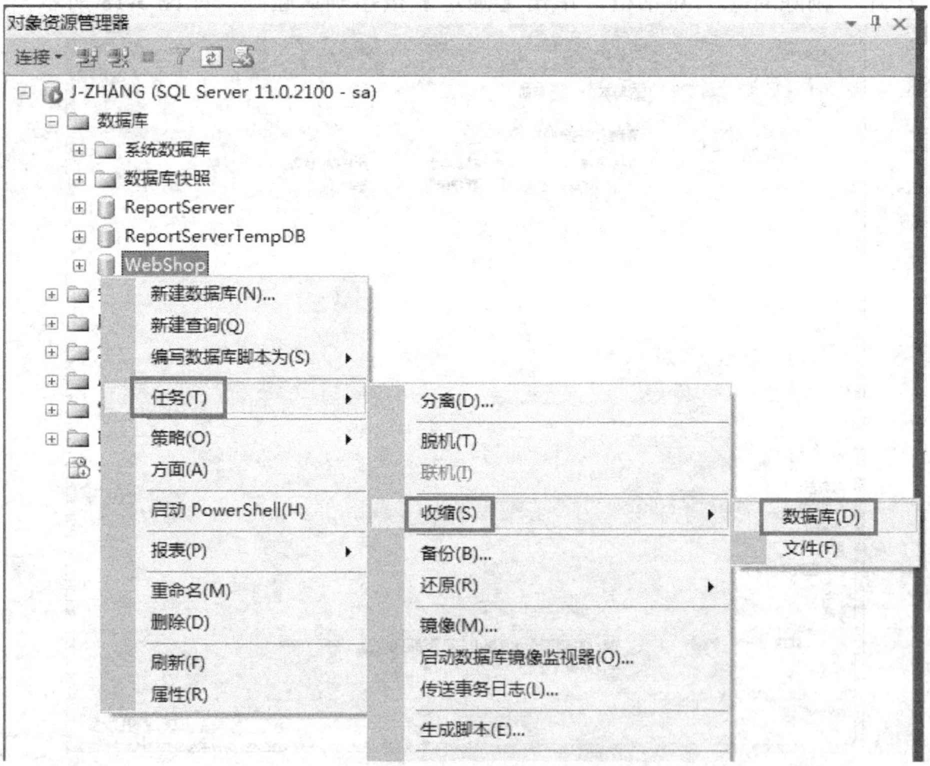

图 3-19　收缩数据库

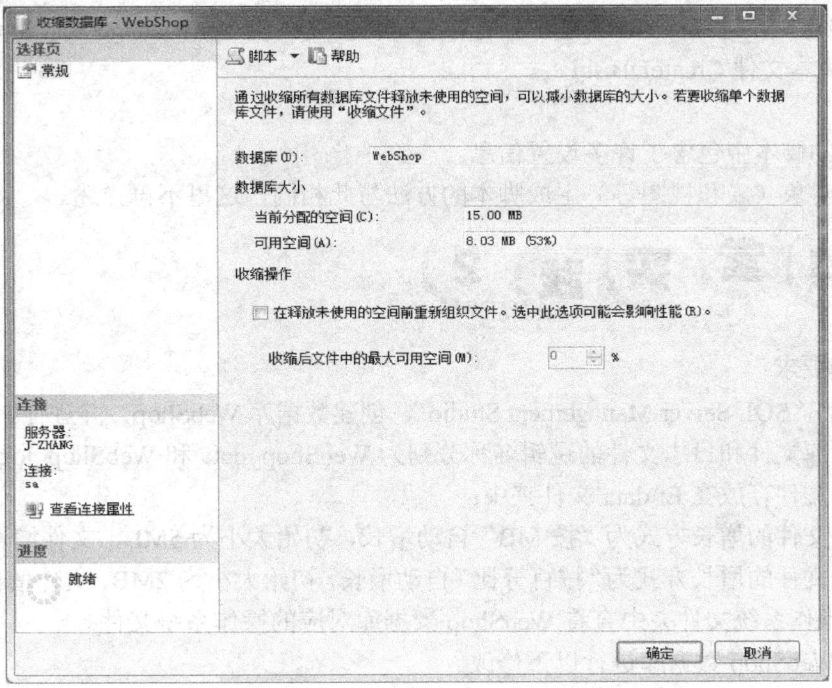

图 3-20　收缩数据库对话框

6．由已有数据库生成创建数据库的脚本

【任务 2-6】 在 SQL Server 2012 的“SQL Server Management Studio”中，由已创建好的数据库 WebShop 生成创建数据库的脚本。

（1）启动 SQL Server Management Studio，在“对象资源管理器”中展开【数据库】节点。

（2）右击【WebShop】数据库节点，依次选择【编写数据库脚本为】→【CREATE 到】选项。

（3）选择数据库脚本文件生成的目的地：【新查询编辑窗口】、【文件】或【剪贴板】。这里选择【文件】选项，如图 3-21 所示。

（4）打开“另存为”对话框，在【文件名】文本框中输入数据库脚本的文件名（这里为 CreateDB.sql），如图 3-22 所示。

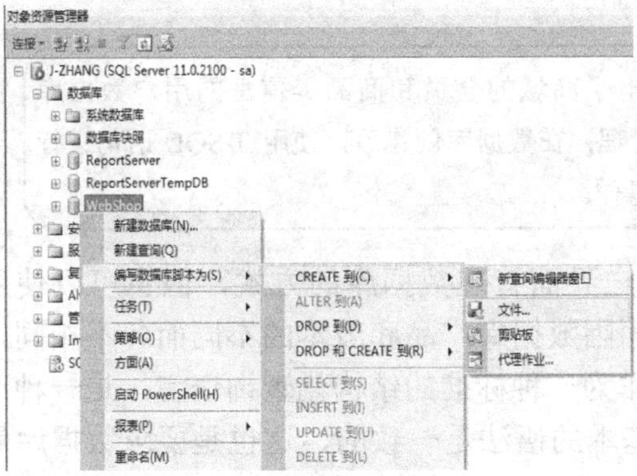

图 3-21　创建脚本到文件

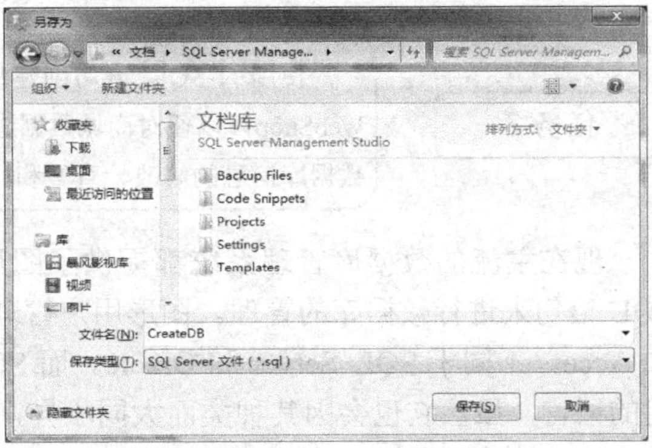

图 3-22　“另存为”对话框

（5）生成脚本文件后，可以通过“记事本”或“SQL Server Management Studio”查看生成的数据库脚本文件 CreateDB.sql。

【提示】

- 生成的脚本中包含了许多设置信息。
- 其他对象（表和视图等）生成脚本的方法与此相同，这里不再详述。

课堂实践2

1. 操作要求

（1）启动“SQL Server Management Studio”，创建数据库 WebShop，并进行如下设置。

① 数据库文件和日志文件的逻辑名称分别为 WebShop_data 和 WebShop_log；

② 物理文件存放在 E:\data 文件夹中；

③ 数据文件的增长方式为“按 MB”自动增长，初始大小为 5MB，文件增长量为 2MB；

④ 日志文件的增长方式为“按百分比”自动增长，初始大小为 2MB，文件增长量为 15%。

（2）在操作系统文件夹中查看 WebShop 数据库对应的操作系统文件。

（3）对 WebShop 数据库进行以下修改。

① 添加一个日志文件 WebShop_log1；

② 将主要数据文件的增长上限修改为 500MB；

③ 将主日志文件的增长上限修改为 300MB。

（4）删除所创建的数据库文件 WebShop。

2. 操作提示

（1）如果原来已存在 WebShop 数据库，则可先删除该数据库。

（2）为了保证能将数据库文件存放在指定的文件夹中，必须先创建好文件夹（如 E:\data），否则会出现错误。

（3）不能删除数据库中的主要数据文件和主日志文件。

3.3 使用 T-SQL 管理数据库

任务 3

使用 T-SQL 语句创建保存电子商城的会员和商品等信息的用户数据库 WebShop，以便对商城数据进行管理；在数据库创建后，使用 T-SQL 语句进行数据库信息的修改、查看和删除操作。

现在主流的数据库管理系统都提供了图形用户界面管理数据库的方式，但也可以使用 SQL 语句来进行数据库的管理。图形用户管理界面因数据库产品和版本的不同而各不相同，如 Access 不同于 SQL Server 和 Oracle。而 SQL 作为一种标准的结构化查询语言，是一种通用的语言，虽然它也会因其种类而大同小异，但基本的语法是一致的，这也是要求数据库用户比较熟练地掌握 SQL 的基本语句的原因。在 SQL Server 中，使用的是 Transact-SQL，本书简称 T-SQL。

3.3.1　创建数据库

1. CREATE DATABASE 基本格式

创建数据库的基本语句格式如下：

```
CREATE DATABASE <数据库文件名>
[ ON   <数据文件> ]
( [ NAME = <逻辑文件名>, ]
    FILENAME = '<物理文件名>'
    [ , SIZE = <大小>]
    [ , MAXSIZE = <可增长的最大大小>]
    [ , FILEGROWTH = <增长比例>])
[ LOG ON  <日志文件> ]
 ( [ NAME = <逻辑文件名>, ]
    FILENAME = '<物理文件名>'
    [ , SIZE = <大小> ]
    [ , MAXSIZE = <可增长的最大大小>]
    [ , FILEGROWTH = <增长比例>])
```

参数具体含义请参阅“SQL Server 联机丛书”。

2. 在 SQL Server Management Studio 中使用 T-SQL 语句

（1）新建查询。在 SQL Server Management Studio 中使用 T-SQL 语句，首先单击工具栏中的【新建】按钮，建立一个新的查询，如图 3-23 所示。

（2）在查询窗口中输入 T-SQL 语句，如图 3-24 所示。

（3）执行查询。在工具栏中单击按钮对 SQL 语句进行检查，单击执行(X)按钮执行指定的 SQL 语句。

【提示】

- 如果在查询语句编辑区域选定了语句，则对指定语句执行检查和执行操作，否则执行所有语句。
- 以后章节中的 T-SQL 的编写和执行的步骤与此相同。
- 用户编写的 T-SQL 脚本可以以文件（扩展名为.sql）形式保存。

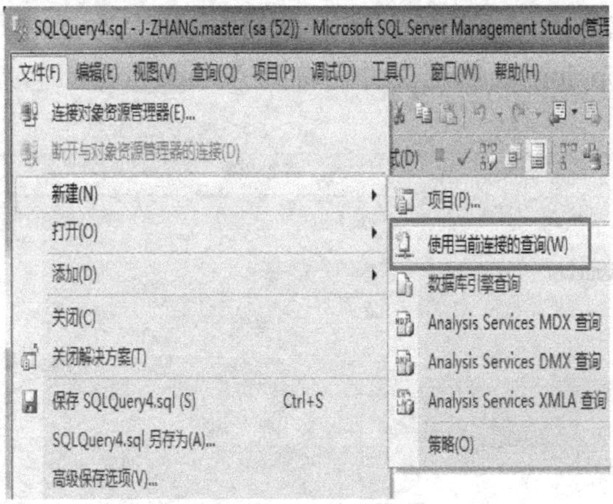

图 3-23　新建查询

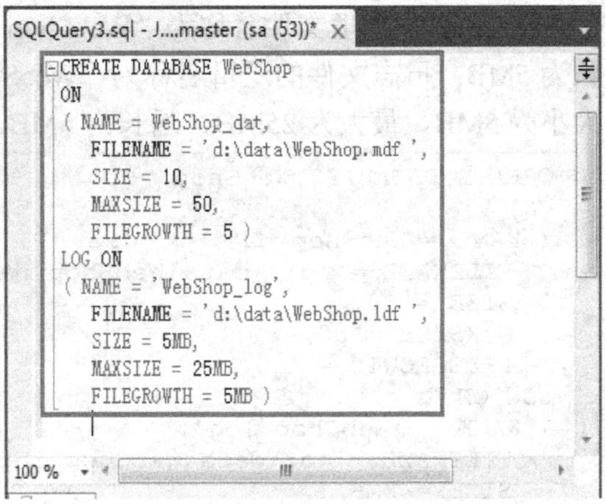

图 3-24　输入 T-SQL 语句

3．使用 CREATE DATABASE 语句创建数据库

【任务 3-1】 使用 T-SQL 语句创建 WebShop 数据库。

【分析】由 CREATE DATABASE 的语句格式可知，可以以默认方式创建数据库，也可以通过改变该语句中的相关参数，为数据库对应的物理文件指定存储位置，也可以进一步指定文件的属性，下面以不同的方式来实现使用 CREATE DATABASE 语句创建数据库的任务。

（1）使用默认方式创建数据库。

```
CREATE DATABASE WebShop
```

【提示】

● 该语句以默认方式创建名为 WebShop 的数据库。

● 创建数据库的过程分为以下两步完成：

■ SQL Server 使用 model 数据库的副本初始化数据库及其元数据；

■ SQL Server 使用空页填充数据库的剩余部分，除了包含记录数据库中空间使用情况的内部数据页之外。

（2）指定数据库对应的物理文件的存储位置。

考虑到数据的安全和系统维护的方便，数据库管理员决定创建 WebShop 数据库到 d:\data 文件夹中，并指定数据库主要数据库文件的逻辑名称为“WebShop_dat”，物理文件名称为“WebShop.mdf”。

```
CREATE DATABASE WebShop
ON
( NAME = WebShop_dat,
FILENAME = 'd:\data\WebShop.mdf ' )
```

【提示】

● 创建名为 WebShop 的数据库，同时指定 WebShop_dat 为主文件，大小等于 model 数据库中主文件的大小。

● 事务日志文件会自动创建，其大小为主文件大小的 25% 或 512 KB 中的较大值。因为没有指定 MAXSIZE，文件可以增长到填满所有可用的磁盘空间为止。

（3）创建数据库时指定数据库文件和日志文件的属性。

进一步考虑到文件的增长和日志文件的管理，指定主要数据文件的逻辑名称为“WebShop_dat”，物理文件名称为“WebShop_dat.mdf”，初始大小为 10MB，最大为 50MB，增长为 5MB；日志文件的逻辑名称为“WebShop_log”，物理文件名称为“stude_log.ldf”，初始大小为 5MB，最大为 25MB，增长为 5MB。

```
CREATE DATABASE WebShop
ON
( NAME = WebShop_dat,
  FILENAME = 'd: \data\WebShop_dat.mdf ',
  SIZE = 10,
  MAXSIZE = 50,
  FILEGROWTH = 5 )
LOG ON
( NAME = 'WebShop_log',
  FILENAME = 'd:\data\WebShop_log.ldf ',
  SIZE = 5MB,
```

```
    MAXSIZE = 25MB,
    FILEGROWTH = 5MB )
```

【提示】

● 没有使用关键字 PRIMARY，则第一个文件（WebShop_dat）成为主要数据文件。

● 因为 WebShop_dat 文件的 SIZE 参数没有指定 MB 或 KB，所以默认为 MB，即以兆字节为单位进行分配。

● WebShop_log 文件以兆字节为单位进行分配，因为 SIZE 参数中显式声明了 MB 后缀。

3.3.2　修改数据库

1. ALTER DATABASE 语句格式

使用 ALTER DATABASE 命令可以在数据库中添加或删除文件和文件组，也可以更改文件和文件组的属性，如更改文件的名称和大小。ALTER DATABASE 提供了更改数据库名称、文件组名称以及数据文件和日志文件的逻辑名称的能力，但不能改变数据库的存储位置。

修改数据库的基本语句格式如下：

```
ALTER DATABASE <数据库名称>
{ ADD FILE <数据文件>
| ADD LOG FILE <日志文件>
| REMOVE FILE <逻辑文件名>
| ADD FILEGROUP <文件组名>
| REMOVE FILEGROUP <文件组名>
| MODIFY FILE <文件名>
| MODIFY NAME = <新数据库名称>
| MODIFY FILEGROUP <文件组名>
| SET <选项> }
```

参数具体含义请参阅“SQL Server 联机丛书”。

2. 使用 ALTER DATABASE 修改数据库

【任务 3-2】　使用 T-SQL 语句对已创建好的 WebShop 数据库进行指定的修改。

【分析】根据前面的介绍和 ALTER DATABASE 的语句格式，对数据库的修改包括添加、修改、删除文件以及更改数据库选项的操作。下面以不同的方式来实现 ALTER DATABASE 修改数据库的任务。

（1）添加次要数据文件。考虑到数据的存储和访问速度，要求在已创建的数据库 WebShop 中增加一个次要数据文件来保存相关数据，其逻辑名称为“WebShop_dat2”，物理文件名称为“WebShop_dat2.ndf”，初始大小为 5MB，最大为 100MB，增长为 5MB。

```
ALTER DATABASE WebShop
ADD FILE
(
 NAME = WebShop_dat2,
 FILENAME = 'd: \Data\WebShop_dat2.ndf ',
 SIZE = 5MB,
 MAXSIZE = 100MB,
 FILEGROWTH = 5MB
)
```

（2）更改指定文件。考虑到数据库中 WebShop_dat2 文件初始大小（5MB）太小，现在想将它的初始大小增加到20MB。

```
ALTER DATABASE WebShop
MODIFY FILE
   (NAME = WebShop_dat2,
   SIZE = 20MB)
```

（3）删除指定文件。考虑到实际应用中可能不需要WebShop数据库中的WebShop_dat2文件，现在要把它从WebShop数据库中删除。

```
ALTER DATABASE WebShop
REMOVE FILE WebShop_dat2
```

3. 使用存储过程修改数据库

【任务3-3】 使用T-SQL语句更改数据库选项。

使用系统存储过程sp_dboption可以显示或更改数据库选项，sp_dboption的详细选项请参阅SQL Server联机丛书。存储过程sp_dboption的基本语句格式如下。

```
sp_dboption [数据库名称]  [ , [要设置的选项的名称]]  [ , [新设置] ]
```

考虑到WebShop数据库的安全，要将WebShop数据库设置为只读，完成语句如下：

```
EXEC sp_dboption 'WebShop', 'read only', 'TRUE'
```

【提示】

- 系统存储过程是指存储在数据库内，可由应用程序（或查询分析器）调用执行的一组语句的集合，其用于执行数据库的管理和信息活动。存储过程详细内容可参阅“存储过程”章节和“SQL Server联机丛书”。
- 执行存储过程中的EXEC关键字可选。
- 本书中系统存储过程的执行与前面所述的T-SQL语句的执行相同。
- 不能在master或tempdb数据库上使用sp_dboption。

【任务3-4】 使用T-SQL语句更改数据库名称。

通过使用系统存储过程sp_renamedb可以更改数据库名称。存储过程sp_renamedb的基本语句格式如下：

```
sp_renamedb [当前数据库名称] , [数据库新名称 ]
```

考虑到更好地区分SQL Server 2012中的各个数据库，将WebShop数据库的名称改为WebShop_bak，完成语句如下：

```
EXEC sp_renamedb 'WebShop', 'WebShop_bak'
```

3.3.3 查看数据库

【任务3-5】 使用T-SQL语句查看指定的数据库或所有的数据库信息。

使用系统存储过程sp_helpdb可查看指定数据库或所有数据库的信息。存储过程sp_helpdb基本语句格式如下：

```
sp_helpdb [数据库名称]
```

（1）查看当前数据库服务器中所有数据库的信息。

```
sp_helpdb
```

该语句可以查看所有数据库的信息，如图 3-25 所示。

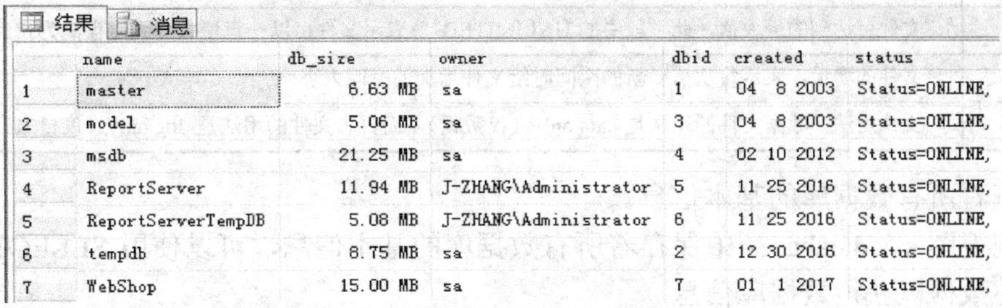

	name	db_size	owner	dbid	created	status
1	master	6.63 MB	sa	1	04 8 2003	Status=ONLINE,
2	model	5.06 MB	sa	3	04 8 2003	Status=ONLINE,
3	msdb	21.25 MB	sa	4	02 10 2012	Status=ONLINE,
4	ReportServer	11.94 MB	J-ZHANG\Administrator	5	11 25 2016	Status=ONLINE,
5	ReportServerTempDB	5.08 MB	J-ZHANG\Administrator	6	11 25 2016	Status=ONLINE,
6	tempdb	8.75 MB	sa	2	12 30 2016	Status=ONLINE,
7	WebShop	15.00 MB	sa	7	01 1 2017	Status=ONLINE,

图 3-25　所有数据库的信息

（2）查看当前数据库服务器中 WebShop 数据库的信息。

```
sp_helpdb WebShop
```

该语句可以查看指定数据库 WebShop 的信息，如图 3-26 所示。

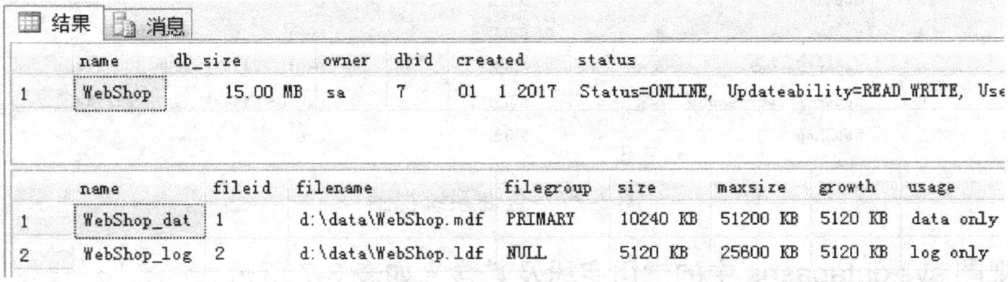

	name	db_size	owner	dbid	created	status
1	WebShop	15.00 MB	sa	7	01 1 2017	Status=ONLINE, Updateability=READ_WRITE, Use

	name	fileid	filename	filegroup	size	maxsize	growth	usage
1	WebShop_dat	1	d:\data\WebShop.mdf	PRIMARY	10240 KB	51200 KB	5120 KB	data only
2	WebShop_log	2	d:\data\WebShop.ldf	NULL	5120 KB	25600 KB	5120 KB	log only

图 3-26　WebShop 数据库的信息

数据库信息各属性含义如表 3-5 所示，数据库文件信息各属性含义如表 3-6 所示。

表 3-5　数据库信息

名　称	含　义
name	数据库名称
db_size	数据库大小
owner	数据库所有者（如 sa）
dbid	数据库 ID
created	数据库创建的日期
status	以逗号分隔的值的列表，这些值是当前在数据库上设置的数据库选项的值

表 3-6　数据库文件信息

名　称	含　义
name	逻辑文件名
fileid	文件标识符
file name	操作系统文件名（物理文件名称）

续表

名　　称	含　　义
filegroup	文件所属的组；为便于分配和管理，可以将数据库文件分成文件组；日志文件不能作为文件组的一部分
size	文件大小
maxsize	文件可达到的最大值，此字段中的 UNLIMITED 值表示文件可以一直增大直到磁盘满为止
growth	文件的增量，表示每次需要新的空间时给文件增加的空间大小
usage	文件用法；数据文件的用法是 data only（仅数据），而日志文件的用法是 log only（仅日志）

（3）查看所有数据库的基本信息。

在系统视图 sys.databases 中保存着所有数据库的基本信息，可以使用 SELECT 语句查看该视图中的数据以获得数据库信息。

```
SELECT * FROM sys.databases
```

语句运行结果如图 3-27 所示。

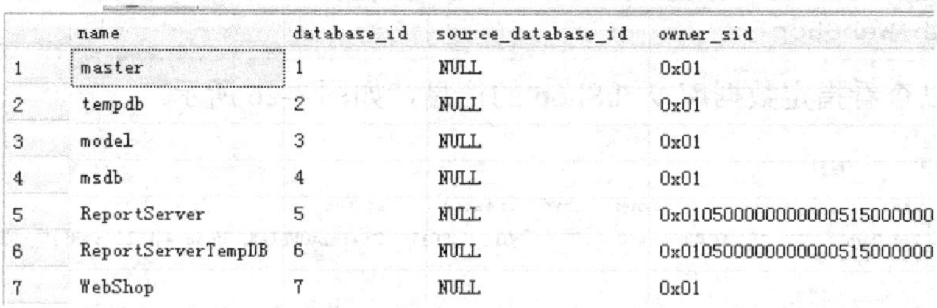

	name	database_id	source_database_id	owner_sid
1	master	1	NULL	0x01
2	tempdb	2	NULL	0x01
3	model	3	NULL	0x01
4	msdb	4	NULL	0x01
5	ReportServer	5	NULL	0x010500000000000515000000
6	ReportServerTempDB	6	NULL	0x010500000000000515000000
7	WebShop	7	NULL	0x01

图 3-27　查询系统视图

系统视图 sys.databases 中的常用字段及其含义如表 3-7 所示。

表 3-7　系统视图 sys.databases 信息

字　　段	含　　义
name	数据库名称
database_id	数据库 ID，在其他系统视图中用于标识数据库
source_database_id	如果当前记录表示数据库快照，该字段表示数据库快照的源数据库 ID，否则该字段为 NULL
create_date	数据库创建或重命名的日期
owner_sid	注册到服务器的数据库外部所有者的 SID（安全标识符）
compatibility_level	表示 SQL Server 数据库兼容版本的整数，70 表示 SQL Server 7.0，80 表示 SQL Server 2000，90 表示 SQL Server 2005，100 表示 SQL Server 2008，110 表示 SQL Server 2012
state	数据库状态。0 = ONLINE（在线），1 = RESTORING（正在还原数据库），2 = RECOVERING（正在恢复），3 = RECOVERY_PENDING（文件恢复延期），4 = SUSPECT（文件已被破坏），5 = EMERGENCY（故障排除），6 = OFFLINE（离线）

（4）查看数据文件的信息。

在系统视图 sys.database_files 中可以查询到当前数据库中的数据文件信息。可以使用 SELECT 语句查看该视图中的数据以获得数据文件信息。

```
SELECT * FROM sys.database_files
```

语句运行结果如图 3-28 所示。

	file_id	file_...	type	type_desc	data_space_id	name	physical_name
1	1	2A6E...	0	ROWS	1	WebShop_dat	d:\data\WebShop.mdf
2	2	69D3...	1	LOG	0	WebShop_log	d:\data\WebShop.ldf

图 3-28 查询 sys.database_files 系统视图

3.3.4 删除数据库

【任务 3-6】 使用 T-SQL 语句删除指定的数据库。

删除数据库的基本语句格式如下：

```
DROP DATABASE <数据库名称>
```

考虑到不再需要数据库 WebShop，现在要删除数据库 WebShop，完成语句如下：

```
DROP DATABASE WebShop
```

3.3.5 收缩数据库和数据库文件

【任务 3-7】收缩数据库及数据库文件。

1．使用 DBCC SHRINKDATABASE 收缩数据库

```
DBCC SHRINKDATABASE
(数据库名 | 数据库 ID | 0
     [ , target_percent ]
     [ , { NOTRUNCATE | TRUNCATEONLY } ]
)
[ WITH NO_INFOMSGS ]
```

收缩 WebShop 数据库，剩余可用空间 10%，代码如下：

```
DBCC SHRINKDATABASE(WebShop,10)
```

【任务 3-8】 使用 DBCC SHRINKFILE 收缩数据库文件。

2．使用 DBCC SHRINKFILE 收缩数据库文件

```
DBCC SHRINKFILE
(
    { 文件名 |文件 ID }
    { [ , EMPTYFILE ]
    | [ [ , 收缩后文件的大小 ] [ , { NOTRUNCATE | TRUNCATEONLY } ] ]
    }
)
[ WITH NO_INFOMSGS ]
```

将数据库 WebShop 中名为 DataFile1 的数据库文件收缩到 10MB，代码如下：

```
USE WebShop
GO
DBCC SHRINKFILE(DataFile1,10)
GO
```

3.3.6 移动数据库文件

在 SQL Server 2012 中，通过在 ALTER DATABASE 语句的 FILENAME 子句中指定新文件的位置，可以移动系统数据库文件和用户定义的数据库文件，但资源数据库文件除外。数据、日志和全文目录文件也可以通过此方法进行移动。此方法在下列情况下非常有用。

（1）故障恢复。例如，由于硬件故障，数据库处于可疑模式或被关闭。

（2）预先安排的重定位。

（3）为预定的磁盘维护操作而进行的重定位。

【提示】

● 需要知道数据库文件的逻辑名称才能运行 ALTER DATABASE 语句。若要获取逻辑文件名称，可查询 sys.master_files 目录视图中的 name 列。

● 请勿移动或重命名资源数据库文件。如果该文件已重命名或移动，则 SQL Server 将不启动。

【任务 3-7】 使用 T-SQL 语句将 tempdb 移动到新位置。

（1）确定 tempdb 数据库的逻辑文件名称以及在磁盘上的当前位置。

```
SELECT name, physical_name
FROM sys.master_files
WHERE database_id = DB_ID('tempdb');
GO
```

（2）使用 ALTER DATABASE 更改每个文件的位置。

```
USE master;
GO
ALTER DATABASE tempdb
MODIFY FILE (NAME = tempdev, FILENAME = 'E:\SQLData\tempdb.mdf ');
GO
ALTER DATABASE tempdb
MODIFY FILE (NAME = templog, FILENAME = 'E:\SQLData\templog.ldf ');
GO
```

（3）停止并重新启动 SQL Server。

（4）验证文件更改。

```
SELECT name, physical_name
FROM sys.master_files
WHERE database_id = DB_ID('tempdb');
```

【提示】

● 由于每次启动 MS SQL Server 服务时都会重新创建 tempdb，因此不需要从物理意义上移动数据和日志文件，在步骤（3）中重新启动服务时创建这些文件即可。

● 重新启动服务后，tempdb 才能继续在当前位置发挥作用。

3.3.7 更改数据库所有者

在 SQL Server 2012 中，可以更改当前数据库的所有者。任何可以访问到 SQL Server 的连接的用户（SQL Server 登录账户或 Microsoft Windows 用户）都可成为数据库的所有者，但无法更改系统数据库的所有权。更改数据库的所有者可以使用存储过程 sp_changedbowner 来实现，详细用法请读者参阅“SQL Server 联机丛书”。

课堂实践 3

1．操作要求

（1）使用 T-SQL 语句创建数据库 WebShop，并进行如下设置。

① 数据库文件和日志文件的逻辑名称分别为 WebShop_data 和 WebShop_log。

② 物理文件存放在 E:\data 文件夹中。

③ 数据文件的增长方式为“按 MB”自动增长，初始大小为 5MB，文件增长量为 1MB。

④ 日志文件的增长方式为“按百分比”自动增长，初始大小为 2MB，文件增长量为 10%。

（2）在操作系统文件夹中查看 WebShop 数据库对应的操作系统文件。

（3）使用 T-SQL 语句对 WebShop 数据库进行以下修改。

① 添加一个日志文件 WebShop_log1。

② 将主要数据文件的增长上限修改为 500MB。

③ 将主日志文件的增长上限修改为 300MB。

（4）删除所创建的数据库文件 WebShop。

2．操作提示

（1）如果原来已存在 WebShop 数据库，则可先删除该数据库。

（2）为了保证能将数据库文件存放在指定的文件夹中，必须先创建好文件夹（如 E:\data），否则会出现错误。

（3）将完成操作的 T-SQL 语句保存到文件中。

小结与习题

本章学习了如下内容。

（1）SQL Server 2012 数据库引擎概述。

（2）SQL Server 2012 数据库，包括数据库概述、系统数据库、文件和文件组。

（3）使用 SSMS 管理数据库，包括创建数据库、修改数据库、查看数据库、删除数据库、收缩数据库和由已有数据库生成创建数据库的脚本。

（4）使用 T-SQL 语句管理数据库，包括使用 CREATE DATABASE 创建数据库、使用 ALTER DATABASE 修改数据库、使用 sp_helpdb 查看数据库、使用 DROP DATABASE 删除数据库、使用 DBCC SHRINKFILE 收缩数据库文件、移动数据库文件和更改数据库所有者等。

一、填空题

1．Microsoft SQL Server 2012 存储、处理和保证数据安全的核心服务是________。

2．语句 CREATE DATABASE myData 中的 myData 是________文件名。

3．在 SQL Server 中，页的大小为 ________，区是________个物理上连续的页的集合。

4．使用系统存储过程________可以查看指定数据库或所有数据库的信息。

二、选择题

1．记录 SQL Server 实例的所有系统级信息的数据库是________。

A．master　　B．tempdb　　C．msdb　　D．model

2．SQL Server 2012 数据库文件的扩展名是________。

A．.ndf　　B．.ldf　　C．.mdf　　D. 没有扩展名

3．在修改数据库时不能完成的操作是________。

A．添加或删除数据和事务日志文件　　B．更改数据库名称

C．更改数据库的所有者　　D．更改数据库的物理路径

4．删除数据库使用的 T-SQL 语句是________。

A．CREATE DATABASE　　B．ALTER DATABASE

C．DROP DATABASE　　D．DELETE DATABASE

5．在创建或修改数据库时使用________子句可以指定文件的增长速度。

A．SIZE　　B．MAXSIZE

C．FILEGROWTH　　D．FILENAME

三、简答题

1．根据你对数据库的理解，说明 SQL Server 2012 数据库的对象有哪些。

2．简述 SQL Server 2012 物理数据库的结构。

课外拓展

1．操作要求

（1）在 SSMS 中创建数据库 BookData，并进行如下设置。

① 物理文件存放在 E:\data 文件夹中。

② 数据文件的增长方式为“按 MB”自动增长，初始大小为 5MB，文件增长量为 2MB。

③ 日志文件的增长方式为“按百分比”自动增长，初始大小为 2MB，文件增长量为 10%。

（2）在 SSMS 中查看所创建的数据库 BookData 的信息。

（3）使用 T-SQL 语句对 WebShop 数据库进行以下修改。

① 添加一个日志文件 BookData_log1。

② 将主要数据文件的增长上限修改为 800MB。

③ 将主日志文件的增长上限修改为 400MB。

（4）使用 T-SQL 语句删除所创建的数据库文件 BookData。

2．操作提示

（1）为了保证能将数据库文件存放在指定的文件夹中，必须先创建好文件夹（如 E:\data），否则会出现错误。

（2）比较 SSMS 和 T-SQL 两种操作方式。

第4章 表操作

学习目标

本章将要学习用来物理存放数据的数据库对象表的管理，包括表的组成要素、SQL Server 2012 中的数据类型、使用 SSMS 管理表、使用 T-SQL 语句管理表、INSERT 命令的使用、UPDATE 命令的使用、DELETE 命令的使用和通过设计约束实施数据完整性。本章的学习要点包括:

- 设计表的组成要素
- SQL Server 2012 中的数据类型
- 使用 SSMS 管理表的操作
- 使用 T-SQL 语句管理表
- 使用 INSERT、UPDATE 和 DELETE 语句操作表的记录
- 设计约束实施数据完整性

学习导航

数据库是用来保存数据的，在 SQL Server 数据库管理系统中，物理的数据存放在表中。表的操作包括设计表和操作表中记录，其中设计表指的是规划怎样合理地、规范地来存储数据；表中记录操作是指向表中添加数据、修改已有数据和删除不需要的数据等操作。在网上购物时，我们经常需要提交用户个人信息，即注册，如图 4-1 所示。在注册模块中，程序员设计需要用户提交哪些信息（会员名、密码和电子邮件等）的过程就是设计表的过程；用户在输入信息后提交实际上就是在会员表中添加一个会员记录；已注册的会员可以对自己的基本信息进行修改，就是对表中记录的修改；管理员将长久不用的会员清除就是删除会员表中记录的操作。

在表中进行记录操作时，为了保证数据的完整性可以通过空值约束、DEFAULT 定义、CHECK 约束、PRIMARY KEY 约束、FOREIGN KEY 约束和 UNIQUE 约束来实现域完整性、实体完整性、引用完整性和用户完整性。

本章主要内容及其在 SQL Server 2012 数据库管理系统中的位置如图 4-2 所示。

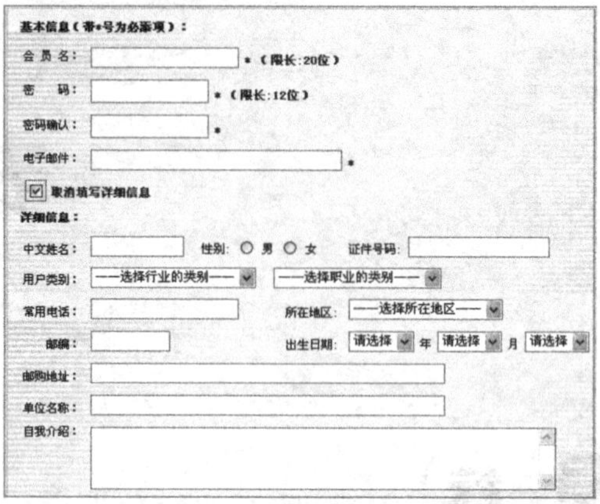

图 4-1　注册页面

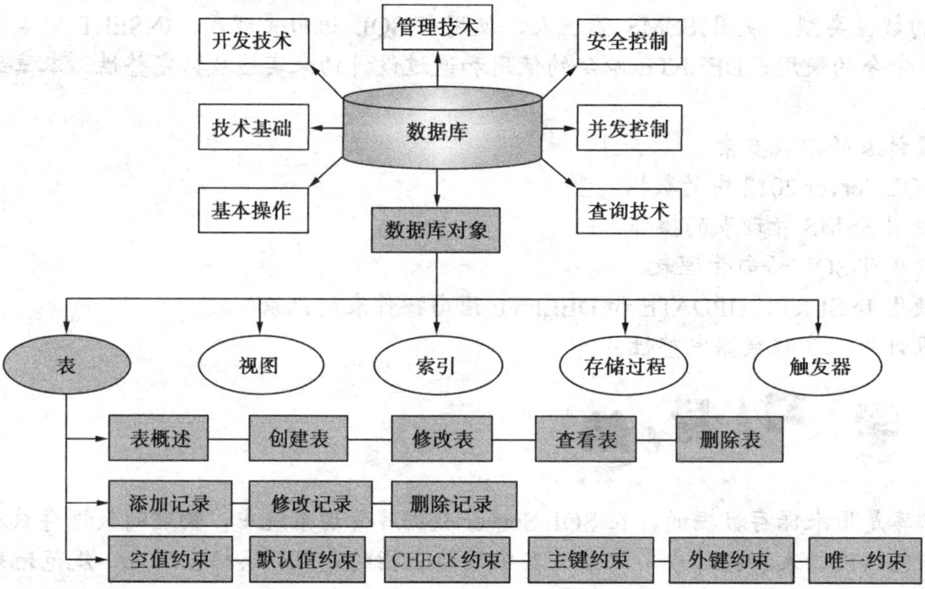

图 4-2　本章学习导航

任务描述

本章主要任务描述如表 4-1 所示。

表 4-1　任务描述

任务编号	子任务	任务内容
任务 1		使用 SSMS 实现对表的创建、修改、查看和删除操作
	任务 1-1	在电子商城数据库 WebShop 中创建存放商品信息的表 Goods
	任务 1-2	在电子商城数据库 WebShop 中修改所创建的 Goods 表中的信息
	任务 1-3	查看电子商城数据库 WebShop 中所创建的 Goods 表的信息

续表

任务编号	子任务	任务内容
	任务 1-4	删除电子商城数据库 WebShop 中所创建的 Goods 表
任务 2		使用 T-SQL 语句实现对表的创建、修改、查看和删除操作
	任务 2-1	在电子商城数据库 WebShop 中创建存放商品信息的表 Goods
	任务 2-2	在 Goods 表中增加新列 g_Producer
	任务 2-3	在 Goods 表中将 g_ProduceDate 列的数据类型由 datetime 修改为 char
	任务 2-4	在 Goods 表中删除已有列 g_Producer
	任务 2-5	将 Goods 表改名为 tb_Goods
	任务 2-6	查看 Goods 表的详细信息
	任务 2-7	删除电子商城数据库 WebShop 中所创建的 Goods 表
任务 3		在 SQL Server 2012 的 SSMS 中完成表中记录的添加、删除和修改等操作
任务 4		使用 INSERT 语句完成表中记录的添加操作
	任务 4-1	使用 INSERT INTO 语句来向表中添加记录，并指定所有列的信息
	任务 4-2	使用 INSERT INTO 语句来向表中添加记录，并指定特定列的信息
任务 5		使用 UPDATE 语句完成表中记录的修改操作
	任务 5-1	使用 UPDATE 语句修改单条记录
	任务 5-2	使用 UPDATE 语句修改多条记录
	任务 5-3	使用 UPDATE 语句进行多项修改
任务 6		使用 DELETE 语句完成表中记录的删除操作
	任务 6-1	使用 DELETE 语句删除指定记录
	任务 6-2	使用 DELETE 语句删除所有记录
任务 7		应用允许空值约束实施数据完整性
任务 8		应用 DEFAULT 定义实施数据完整性
任务 9		应用 CHECK 约束实施数据完整性
任务 10		应用 PRIMARY KEY 约束实施数据完整性
任务 11		应用 FOREIGN KEY 约束实施数据完整性
任务 12		应用 UNIQUE 约束实施数据完整性

4.1　SQL Server 表的概念与数据类型

1. SQL Server 表的概念

表是存放数据库中所有数据的数据库对象。如同 Excel 电子表格一样，数据在表中是按行和列的格式进行组织的。其中，每行代表一条记录，每列代表记录中的一个域。例如，在包含商品信息的商品表中每一行代表一种商品，每一列表示这种商品的某一方面的特性，如商品名称、价格、数量及折扣等。

在一个数据库中需要包含各个方面的数据，如在 WebShop 数据库中，包含商品信息、会员信息和订单信息等。所以在设计数据库时，应先确定需要什么样的表，各表中都应该包括哪些数据以及各个表之间的关系和存取权限等，这个过程称之为设计表。在设计表时需要确定如下项目。

（1）表的名称。

（2）表中每一列的名称。

（3）表中每一列的数据类型和长度。

（4）表中的列中是否允许空值、是否唯一、是否要进行默认设置或添加用户定义约束。

（5）表中需要的索引的类型和需要建立索引的列。

（6）表间的关系，即确定哪些列是主键，哪些是外键。

良好的表的设计需要能够精确地捕捉用户需求，并对具体的事务处理非常了解。本书假设读者具备一定的数据库设计能力，只考虑数据库在 SQL Server 2012 数据库管理系统中的实现和管理操作。关于数据库设计的详细内容请读者参阅其他相关资料。

2. SQL Server 基本数据类型

SQL Server 2012 可以存储不同类型的数据，如字符、货币、整型和日期时间等。SQL Server 2012 表中的每一列都必须指出该列可存储的数据类型。SQL Server 2012 常用的数据类型及其存储值范围如表 4-2 所示。

表 4-2　SQL Server 2012 数据类型

数据类型	符号标识	范围	存储
整数型	bigint	-2^{63}～$2^{63}-1$	8 字节
	int	-2^{31}～$2^{31}-1$	4 字节
	smallint	-2^{15}～$2^{15}-1$	2 字节
	tinyint	0～255	1 字节
精确数值型	decimal numeric	$-10^{38}+1$～$10^{38}-1$	5～17 字节
浮点型	float	−1.79E+308～−2.23E−308、0 以及 2.23E−308～1.79E+308	4～8 字节
	real	−3.40E+38～−1.18E−38、0 以及 1.18E−38～3.40E+38	4 字节
货币型	money	-2^{63}～$2^{63}-1$	8 字节
	smallmoney	-2^{31}～$2^{31}-1$	4 字节
位型	bit	0、1、NULL（TRUE 转换为 1，FALSE 转换为 0）	1 字节
日期时间型	datetime	1753 年 1 月 1 日～9999 年 12 月 31 日（精确到 3.33 毫秒）	8 字节
	smalldatetime	1900 年 1 月 1 日～2079 年 6 月 6 日（精确到 1 分钟）	4 字节
	date	公元元年 1 月 1 日～9999 年 12 月 31 日	3 字节
	time	00:00:00.000 000 0～23:59:59.999 999 9	5 字节
	datetime2	日期范围：公元元年 1 月 1 日～9999 年 12 月 31 日	6～8 字节
	datetimeoffset	取值范围同 datetime2，具有时区偏移量	6～8 字节
字符型	char	固定长度，长度为 *n* 个字节，*n* 的取值为 1～8000	*n* 字节
	varchar	可变长度，*n* 的取值为 1～8000	输入数据的实际长度加 2 字节
Unicode 字符型	nchar	固定长度的 Unicode 字符数据，*n* 值必须为 1～4000（含）	2×*n* 字节
	nvarchar	可变长度 Unicode 字符数据，*n* 值为 1～4000（含）	输入字符个数的两倍+2 个字节
文本型	text	存储较长的备注、日志信息等，最大长度为 $2^{31}-1$ 个字符	<=2147483647 字节
	ntext	长度可变的 Unicode 数据，最大长度为 $2^{30}-1$ 个 Unicode 字符	输入字符个数的 2 倍

续表

数据类型	符号标识	范　围	存　储
二进制型	binary	长度为 *n* 字节的固定长度二进制数据，其中 *n* 为 1～8000	*n* 字节
	varbinary	可变长度二进制数据，*n* 可以取 1～8000	输入数据的实际长度+2 个字节
时间戳型	timestamp	反映了系统对该记录修改的相对顺序	8 字节
图像类型	image	长度可变的二进制数据，0～2^{31}-1 字节之间	不定
其他类型	cursor	游标的引用	
	sql_variant	存储 SQL Server 支持的各种数据类型（text、ntext、timestamp 和 sql_variant 除外）值的数据类型	
	table	一种特殊的数据类型，存储供以后处理的结果集	
	uniqueidentifier	全局唯一标识符（GUID）	
	xml	存储 XML 数据的数据类型。可以在列中或者 XML 类型的变量中存储 XML 实例	
	hierarchyid	表示树层次结构中的位置	

【提示】

● bit 类型。bit 列为 8bit 或更少时作为 1 个字节存储。如果为 9～16bit，则这些列作为 2 个字节存储，以此类推。

● char 与 varchar 类型。如果列数据项的大小一致，则使用 char。如果列数据项的大小差异相当大，则使用 varchar。如果列数据项大小相差很大，而且大小可能超过 8000 字节，则使用 varchar(max)（2^{31}-1 个字节）。

● binary 与 varbinary 类型。如果列数据项的大小一致，则使用 binary。如果列数据项的大小差异相当大，则使用 varbinary。当列数据条目超出 8000 字节时，应使用 varbinary(max)。

● 二进制数据类型。二进制数据由十六进制数表示（例如，十进制数 245 等于十六进制数 F5）。

● image 类型。image 数据列可以用来存储超过 8KB 的可变长度的二进制数据，如 Microsoft Word 文档、Microsoft Excel 电子表格、包含位图的图像、图形交换格式（GIF）文件和联合图像专家组（JPEG）文件。

● text 类型。text 数据类型的列可用于存储大于 8KB 的 ASCII 字符。例如，由于 HTML 文档均由 ASCII 字符组成且一般长于 8KB，所以用浏览器查看之前应在 SQL Server 中存储在 text 列中。

● nchar、nvarchar 和 ntext 类型。字符列宽度的定义不超过所存储的字符数据可能的最大长度，如果要在 SQL Server 中存储国际化字符数据，则应使用 nchar、nvarchar 和 ntext 数据类型。

● Unicode 数据类型。Unicode 数据类型需要相当于非 Unicode 数据类型两倍的存储空间。

● numeric 与 decimal 类型。在 SQL Server 中，numeric 数据类型等价于 decimal 数据类型，如果数值超过货币数据范围，则可使用 decimal 数据类型代替。

4.2　使用 SSMS 管理表

表作为数据库的基本组成部分，实际上是关系数据库中对关系的一种抽象化描述。数据库就是由一系列的表构成的，数据库中的数据就存储在表中。下面介绍如何在 SQL Server 2012 中使用“SQL Server Management Studio”实现对表的创建、修改、查看和删除等操作。

任务 1　在 SQL Server 2012 中使用“SQL Server Management Studio”实现对表的创建、修改、查看和删除等操作。

1．创建表

【任务 1-1】 在电子商城数据库 WebShop 中创建存放商品信息的表 Goods。

（1）启动 SQL Server Management Studio，在“对象资源管理器”中依次展开【数据库】节点、【WebShop】节点。

（2）右击【表】，选择【新建表】选项，如图 4-3 所示。也可以在“摘要页”区域右击，选择【新建表】选项。

图 4-3　选择“新建表”选项

（3）在如图 4-4 所示的窗口的右上部面板中输入列名、数据类型、长度和为空性等表的基本信息。输入完成后的表的基本信息如图 4-5 所示。

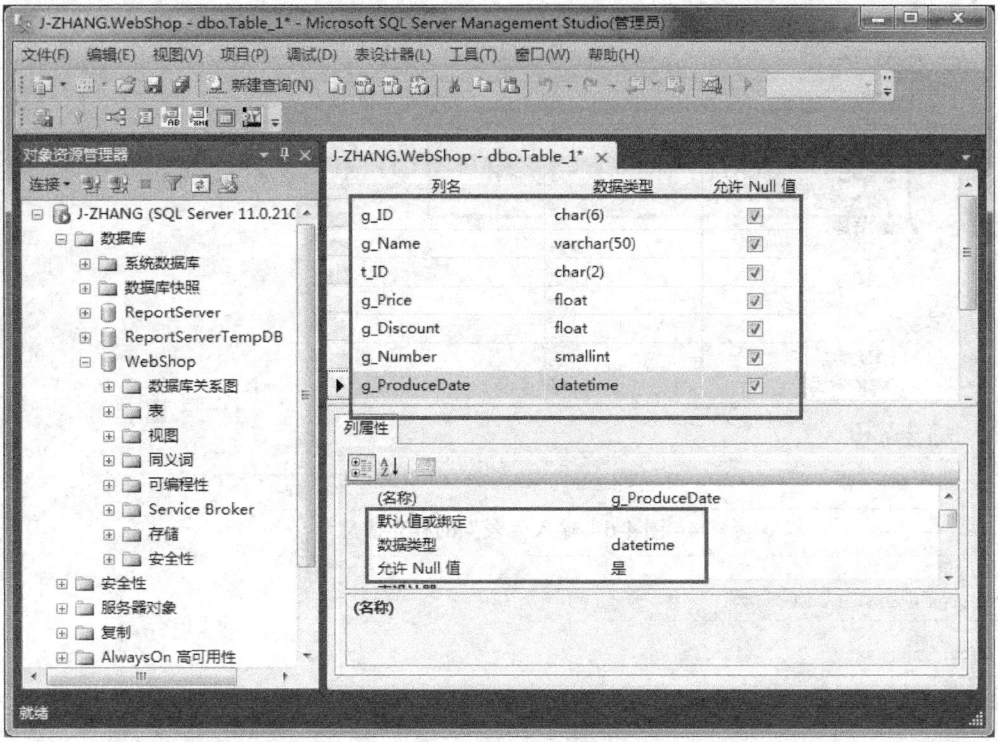

图 4-4 新建表

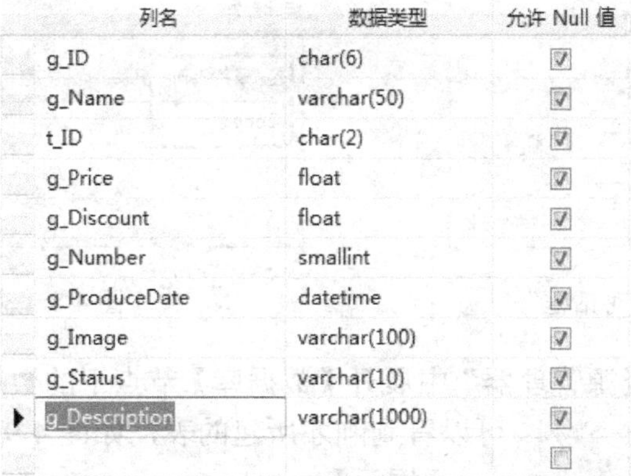

图 4-5 输入“表”的基本信息

（4）在图 4-4 所示的窗口的右下部面板中输入表是否自动增长等补充信息，如图 4-6 所示。

（5）所有列名输入完成后，单击窗口标题栏中的按钮或工具栏中的按钮，打开如图 4-7 所示的对话框，确认是否保存所创建表。

（6）单击【是】按钮后打开“选择名称”对话框，输入表名 Goods，如图 4-8 所示，完成表的建立。如果在该数据库中已经有同名的表存在，系统会弹出警告对话框，用户可以改名并重新进行保存。

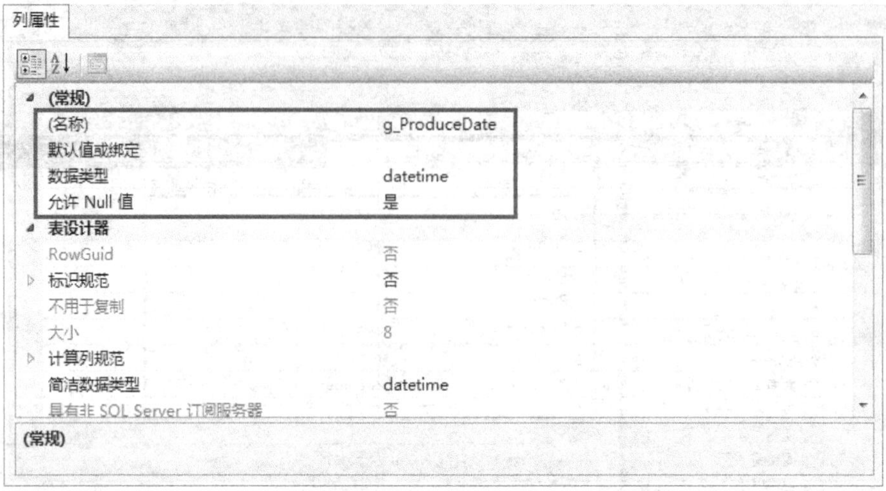

图 4-6　输入“表”的补充信息

图 4-7　提示保存表对话框

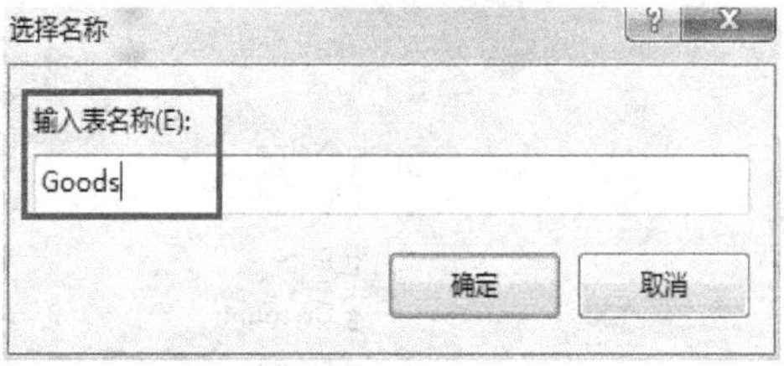

图 4-8　输入表名称

新表创建后，在“对象资源管理器”中展开【数据库】节点下的数据库节点【WebShop】，可以看到刚才所建的表，如图 4-9 所示。

图 4-9　创建好的 Goods 表

【提示】

- 尽可能地在创建表时正确地输入列的信息。
- 同一数据库中，列名不能相同。

2．修改表

（1）修改表的结构。

【任务 1-2】在电子商城数据库 WebShop 中将 Goods 表中的列名 g_ProduceDate 修改为 g_Date。

① 启动 SQL Server Management Studio，在“对象资源管理器”中依次展开【数据库】节点、【WebShop】节点。

② 在【Goods】表上右击，选择【设计】选项，如

图 4-10 所示。

③ 将 g_ProduceDate 修改为 g_Date，如图 4-11 所示。

图 4-10　选择修改表

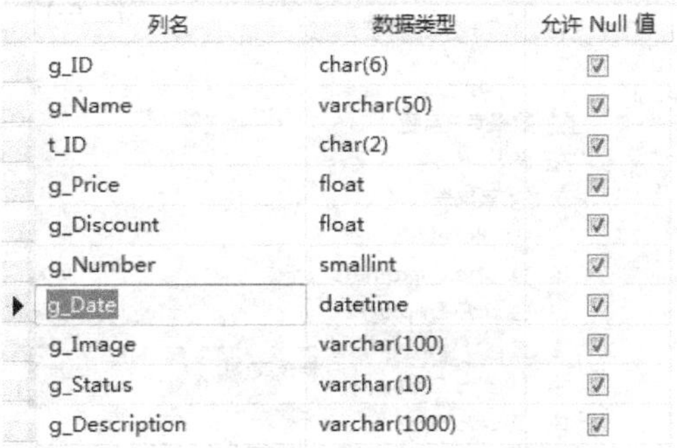

图 4-11　修改表

④ 所有内容修改完成后，单击窗口标题栏中的按钮或工具栏中的按钮进行保存，完成表的修改。如果表中已有数据，则保存时系统会打开对话框让用户进行确认。

（2）重命名表。表在创建以后可以根据需要对其表名进行修改，在图 4-10 所示的【Goods】表的右键快捷菜单中选择【重命名】选项，或者在选定的表上单击，在表名的编辑状态下完成表名的重新命名。

3．查看表

【任务 1-3】 查看电子商城数据库 WebShop 中所创建的 Goods 表的信息。

（1）启动 SQL Server Management Studio，在“对象资源管理器”中依次展开【数据库】节点、【WebShop】节点。

（2）在【Goods】表上右击，如图 4-10 所示，选择【属性】选项。

（3）打开表属性对话框，如图 4-12 所示，可以查看 Goods 表的常规、权限和扩展属性等详细信息。

图 4-12　表属性对话框

图 4-13　“删除”表

4．删除表

根据数据管理的需要，有时需要删除数据库中的某些表以释放空间。删除表时，表的结构定义、数据、全文索引、约束和索引都将永久地从数据库中删除，原来存放表及其索引的存储空间可用来存放其他表。数据库系统中的临时表一般情况下会自动删除，如果不想等待临时表自动除去，可明确删除临时表。

【任务 1-4】 删除电子商城数据库 WebShop 中所创建的 Goods 表。

（1）启动 SQL Server Management Studio，在“对象资源管理器”中展开【数据库】节点。

（2）展开【WebShop】节点，在【Goods】表上右击，选择【删除】选项，如图 4-13 所示。

（3）打开“删除对象”对话框，如图 4-14 所示，单击【确定】按钮即可完成表的删除操作。

【提示】

- 数据库中的表删除后不能恢复。
- 如果要删除的表与其他的表有依赖关系，则该表不能被删除。

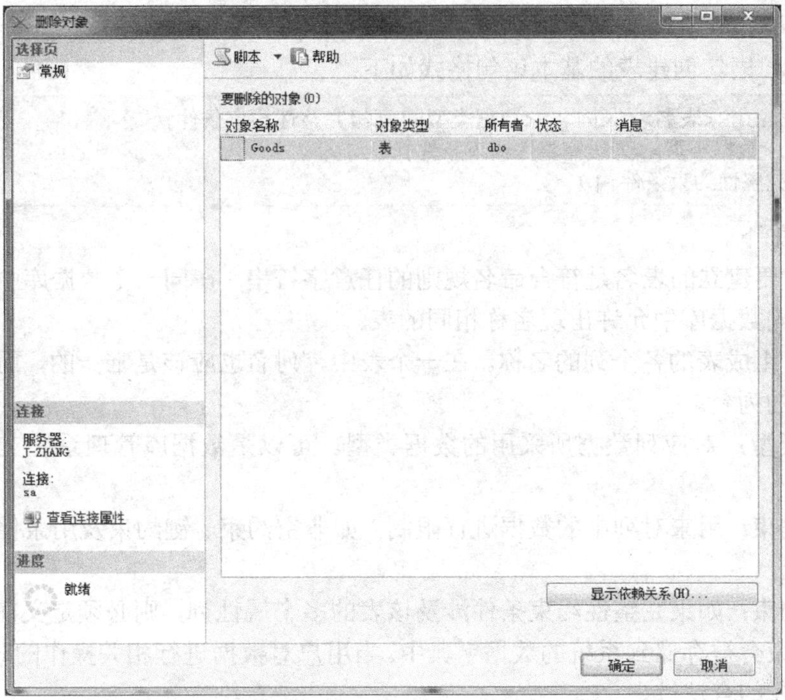

图 4-14 “删除对象”对话框

课堂实践 1

1. 操作要求

（1）启动“SQL Server Management Studio”，在数据库中创建表 Customers。

（2）将 Customers 表中的安全码（c_SafeCode）修改为可以为空，将身份证号（c_CardID）的类型修改为 char（18）后保存并退出。

（3）查看步骤（2）操作完成后 Customers 表的结果。

（4）删除所建的 Customers 表，重复步骤（1）～步骤（4）。

2. 操作提示

（1）WebShop 数据库中表的内容请参阅第 1 章。

（2）注意列的属性的设置方式。

4.3　使用 T-SQL 语句管理表

任务 2	在 SQL Server 2012 中使用 T-SQL 语句实现对表的创建、修改、查看和删除等操作。

1. 创建表

使用 T-SQL 语句创建表的基本语句格式如下：

```
CREATE TABLE<表名>（<列名><数据类型>[列级完整性约束条件]
[，<列名><数据类型>[列级完整性约束条件]...]
[，<表级完整性约束条件>]）
```

参数含义如下。

- 表名：要建立的表名是符合命名规则的任意字符串。在同一个数据库中表名应当是唯一的，而在不同数据库中允许出现名称相同的表。
- 列名：组成表的各个列的名称。在一个表中，列名也应该是唯一的，而在不同的表中允许出现相同的列名。
- 数据类型：对应列数据所采用的数据类型。可以是数据库管理系统支持的任何数据类型。
- 列级约束：用来对列中的数据进行限制，如非空约束、键约束及用条件表达式表示的完整性约束。
- 表级约束：如果完整性约束条件涉及该表的多个属性列，则必须定义在表级上。这些约束连同列约束会被存储到系统的数据字典中。当用户对数据进行相关操作的时候，由 DBMS 自动检查该操作的合法性。

【任务 2-1】 为了保存商品基本信息，需要在 WebShop 数据库中创建一个名为“Goods”的表，该操作使用 T-SQL 语句完成。

```
USE WebShop
GO
CREATE TABLE Goods(
   g_ID char(6),
   g_Name varchar(50),
   t_ID char(2),
   g_Price float,
   g_Discount float,
   g_Number smallint,
   g_ProduceDate datetime,
   g_Image varchar(100),
   g_Status varchar(10),
   g_Description varchar (1 000)
 )
```

【提示】

- 表是数据库的组成对象，在进行创建表的操作之前，先要通过命令 USE WebShop 打开要操作的数据库。
- 用户在选择表和列名称时不要使用 SQL 中的保留关键词，如 select、create 和 insert 等。
- 这里没有考虑表中的约束情况。

2. 修改表

在数据库设计完成后，有时要求对数据库中的表进行修改，ALTER TABLE 语句就可以使数据库管理人员或者设计者在一个表创建以后对它的结构进行调整，包括添加新列、增加新约束条件、修改原有的列定义和删除已有的列及约束条件。其基本语句格式如下：

```
ALTER TABLE <表名>
[ALTER COLUMN<列名> <新数据类型>]
[ADD <新列名><数据类型>[完整性约束]]
[DROP<完整性约束名>]
```

其中，<表名>指定需要修改的表，ADD 子句用于增加新列和新的完整性约束条件，DROP 子句用于删除指定的完整性约束条件或指定的列，MODIFY 子句用于修改原有的列定义（主要是数据类型）。

（1）添加列。

【任务 2-2】 考虑到需要了解商品的生产厂商的信息，要在 Goods 表中添加一个长度为 20 个字符，名称为 g_Producer，类型为 varchar 的新列。该操作使用 T-SQL 语句完成。

```
ALTER TABLE Goods ADD g_Producer varchar(20)
```

【提示】

● 在 ALTER TABLE 语句中使用 ADD 关键字增加列。

● 不论表中原来是否已有数据，新增加的列一律为空值，且新增加的一列位于表结构的末尾，如图 4-15 所示。

（2）修改列。

【任务 2-3】 考虑到出生日期的实际长度和数据操作的方便性，将 Goods 表中的 g_ProduceDate 数据类型改为 char 型，且宽度为 10。该操作使用 T-SQL 语句完成，基本语句格式如下。

```
ALTER TABLE Goods ALTER COLUMN  g_ProduceDate char(10)
```

该语句可以将 g_ProduceDate 列的数据类型由 datetime 修改为 char，修改后的结果如图 4-16 所示。

图 4-15 添加 g_Producer 列后的 Goods 表

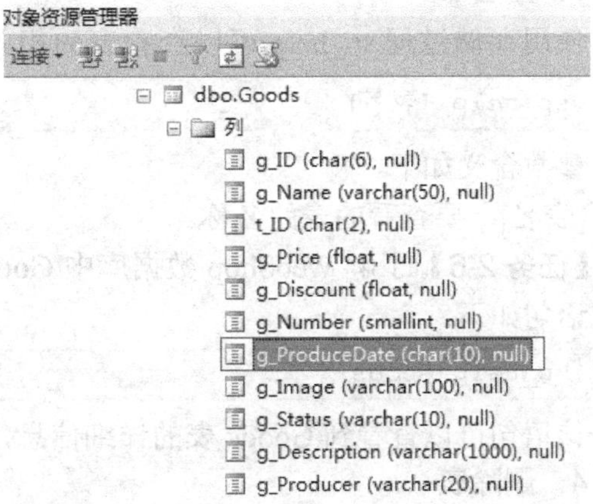

图 4-16 修改 g_ProduceDate 列后的 Goods 表

【提示】

● 在 ALTER TABLE 语句中使用 ALTER COLUMN 关键字修改列的数据类型或宽度。

● 在“对象资源管理器”中展开【表】节点中的指定表节点后再展开【列】节点，可以查看指定表中列的信息。

（3）删除列。用 ALTER TABLE 语句删除列，可用 DROP COLUMN 关键字。

【任务 2-4】如果不考虑商品的生产厂商信息，则要在 Goods 表中删除已有列 g_Producer。

```
ALTER TABLE Goods DROP COLUMN g_Producer
```

【提示】

- 使用 ALTER TABLE 时，每次只能添加或者删除一列。
- 在添加列时，不需要带关键字 COLUMN；在删除列时，在列名前要带上关键字 COLUMN，因为默认情况下认为是删除约束。
- 在添加列时，需要带数据类型和长度；在删除列时，不需要带数据类型和长度，只需指定列名。
- 如果在该列定义了约束，在修改列时会进行限制，如果确实要修改该列，则必须先删除该列上的约束，再进行修改。

（4）重命名表。使用存储过程 sp_rename 可以更改当前数据库中的表的名称，存储过程 sp_rename 基本语句格式如下。

```
sp_rename [当前表名], [新表名]
```

参数含义如下。

- 当前表名：表的当前名称。
- 新表名：指定表的新名称，该名称要遵循标识符的规则。

【任务 2-5】 考虑到表名的可读性和表的命名一致问题，要将表 Goods 改名为 tb_Goods。该操作使用 T-SQL 语句完成，基本语句格式如下。

```
sp_rename 'Goods','tb_Goods'
```

【提示】 更改对象名（包括表名）的任一部分都可能会破坏脚本和存储过程。

3．查看表

使用存储过程 sp_help 可以查看表的相关信息。存储过程 sp_help 的基本语句格式如下。

```
sp_help [表名]
```

参数含义如下。

[表名]：要查看的表的名称。

【任务 2-6】了解 WebShop 数据库中 Goods 表的详细信息。该操作使用 T-SQL 语句完成，完成语句如下。

```
sp_help Goods
```

该语句可以查看到 Goods 表的详细信息，如图 4-17 所示。

4．删除表

使用 DROP TABLE 语句可以删除数据库的表，其基本语句格式如下。

```
DROP TABLE <表名>
```

参数含义如下。

<表名>：要删除的表名。

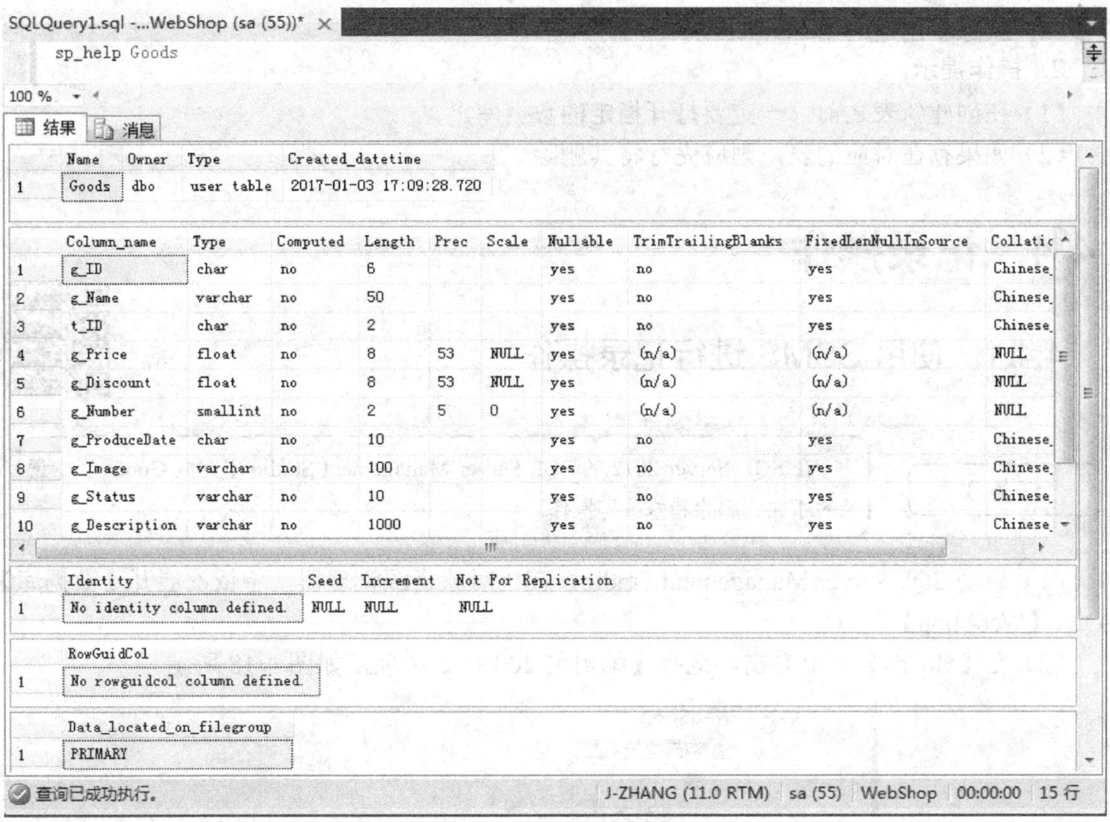

	Name	Owner	Type	Created_datetime
1	Goods	dbo	user table	2017-01-03 17:09:28.720

	Column_name	Type	Computed	Length	Prec	Scale	Nullable	TrimTrailingBlanks	FixedLenNullInSource	Collatic
1	g_ID	char	no	6			yes	no	yes	Chinese_
2	g_Name	varchar	no	50			yes	no	yes	Chinese_
3	t_ID	char	no	2			yes	no	yes	Chinese_
4	g_Price	float	no	8	53	NULL	yes	(n/a)	(n/a)	NULL
5	g_Discount	float	no	8	53	NULL	yes	(n/a)	(n/a)	NULL
6	g_Number	smallint	no	2	5	0	yes	(n/a)	(n/a)	NULL
7	g_ProduceDate	char	no	10			yes	no	yes	Chinese_
8	g_Image	varchar	no	100			yes	no	yes	Chinese_
9	g_Status	varchar	no	10			yes	no	yes	Chinese_
10	g_Description	varchar	no	1000			yes	no	yes	Chinese_

	Identity	Seed	Increment	Not For Replication
1	No identity column defined.	NULL	NULL	NULL

	RowGuidCol
1	No rowguidcol column defined.

	Data_located_on_filegroup
1	PRIMARY

图 4-17　查看表信息

【任务 2-7】 考虑到不需要 WebShop 数据库的 Goods 表，要将该表从 WebShop 数据库中删除。该操作使用 T-SQL 语句完成，完成语句如下。

```
DROP TABLE  Goods
```

该语句删除 WebShop 数据库中的 Goods 表。表定义一旦删除，表中的数据、在此表上建立的索引都将自动被删除，而建立在此表上的视图虽仍然保留，但已无法引用。因此，执行删除操作一定要格外小心。

课堂实践 2

1. 操作要求

（1）使用 T-SQL 语句在 WebShop 数据库中创建会员信息表 Customers 和员工信息表 Employees。

（2）对 Customers 进行以下修改。

① 增加列 c_Office，用来表示办公地址。

② 删除列 c_SafeCode（安全码）。

③ 将 c_E-mail（电子邮箱）的长度修改为 100。

（3）查看 Customers 表的基本信息。

（4）删除新创建的 Customers 表。

2．操作提示

（1）在创建新表之前，一定要打开指定的数据库。

（2）如果存在对应的表，则应先行将其删除。

4.4 记录操作

4.4.1 使用 SSMS 进行记录操作

任务 3　在 SQL Server 2012 的 SQL Server Management Studio 中完成 Goods 表中记录的添加、删除和修改等操作。

（1）启动 SQL Server Management Studio，在“对象资源管理器”中依次展开【数据库】节点、【WebShop】节点。

（2）在【Goods】表上右击，选择【编辑前 200 行】选项，如图 4-18 所示。

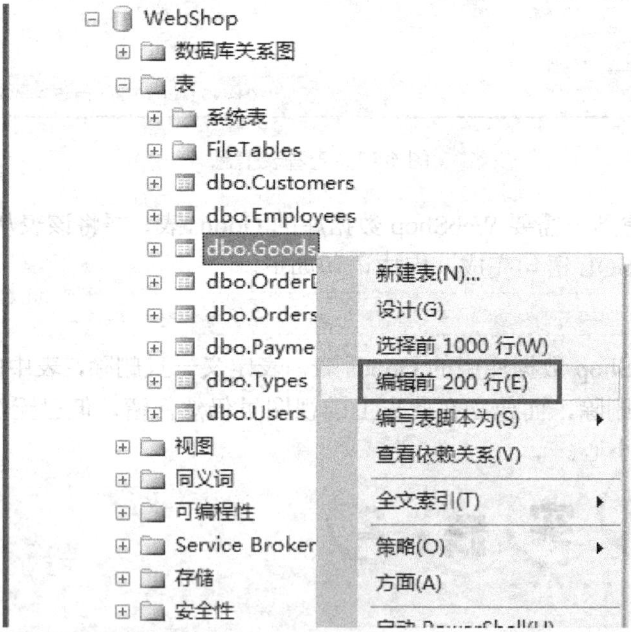

图 4-18　选择“编辑前 200 行”选项

（3）在 SQL Server Management Studio 中可以直接在图 4-19 所示的表格中实现添加、修改表中的记录的操作。

（4）如果要删除记录，在选定的记录上单击【删除】按钮即可，如图 4-20 所示。记录操作完成后，根据提示保存操作结果即可完成表中记录的操作。

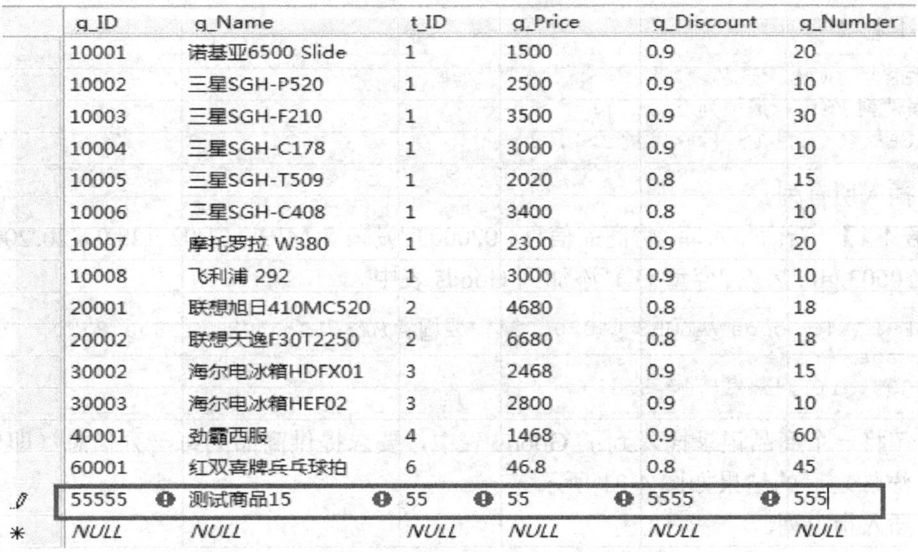

图 4-19 在 SQL Server Management Studio 中添加和修改记录

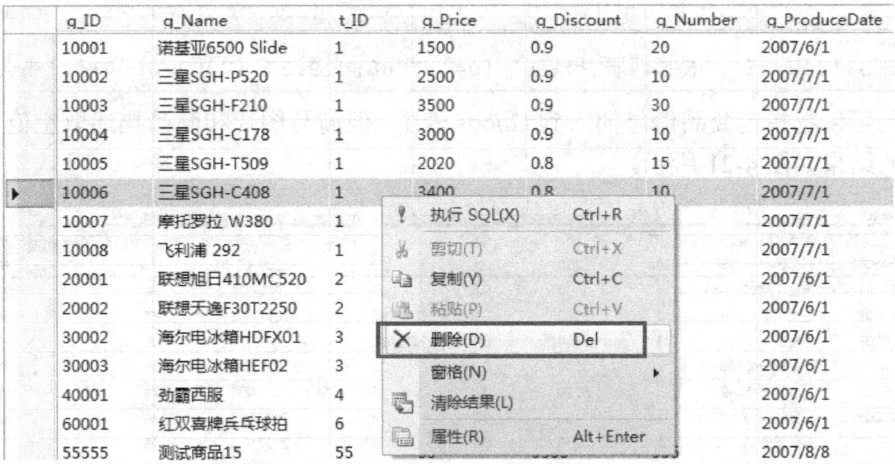

图 4-20 在 SQL Server Management Studio 中删除记录

【提示】

- 添加、修改和删除记录操作并不总是能正确执行，数据必须遵循约束规则。
- 添加和修改过程中按 Esc 键可取消不符合约束的数据的输入。

4.4.2 使用 T-SQL 语句进行记录操作

1. 使用 T-SQL 语句插入记录

任务 4	使用 T-SQL 语句完成表中记录的添加操作，包括插入所有列、插入指定列。

使用 INSERT INTO 语句可以向表中添加记录或者创建追加查询，插入单个记录的基本语

句格式如下。

```
INSERT  INTO <表名>
[<属性列 1>[, <属性列 2>...]]
VALUES  (<常量 1> [, <常量 2>]...)
```

（1）插入所有列。

【任务 4-1】 新商品入库，将商品信息（'020003','爱国者 MP3-1G','02',128,0.8,20,'2007-08-01','pImage/020003.gif','热点','容量 G'）添加到 Goods 表中。

```
INSERT INTO Goods VALUES ('020003','爱国者 MP3-1G','02',128,0.8,20,'2007-08-
01','pImage/
020003.gif','热点','容量 G')
```

该语句将一个商品记录插入到了 Goods 表中，要求提供商品的每一列信息（即使信息为 NULL），添加之后的结果如图 4-21 所示。

（2）插入指定列。

【任务 4-2】 新商品入库，该商品的图片和商品描述尚缺，只能将该商品的部分信息('040002','杉杉西服（男装）','04',1288,0.9,20,'2007-08-01',NULL,'热点',NULL)添加到 Goods 表中。

```
INSERT INTO Goods(g_ID,g_Name,t_ID,g_Price,g_Discount,g_Number,g_ProduceDate,
g_Status)
VALUES('040002','杉杉西服(男装)','04',1288,0.9,20,'2007-08-01','热点')
```

该语句可以将指定商品信息插入到 Goods 表中，但商品图片和商品描述取空值（NULL），添加之后的结果如图 4-21 所示。

g_ID	g_Name	t_ID	g_Price	g_Discount	g_Number	g_ProduceDate	g_Image	g_Status
020003	爱国者MP3-1G	02	128	0.8	20	2007-08-01	pImage/020003.gif	热点
040002	杉杉西服(男装)	04	1288	0.9	20	2007-08-01	*NULL*	热点
10001	诺基亚6500 Slide	1	1500	0.9	20	2007/6/1	略	热点
10002	三星SGH-P520	1	2500	0.9	10	2007/7/1	略	推荐
10003	三星SGH-F210	1	3500	0.9	30	2007/7/1	略	热点
10004	三星SGH-C178	1	3000	0.9	10	2007/7/1	略	热点
10005	三星SGH-T509	1	2020	0.8	15	2007/7/1	略	促销
10006	三星SGH-C408	1	3400	0.8	10	2007/7/1	略	促销
10007	摩托罗拉 W380	1	2300	0.9	20	2007/7/1	略	热点
10008	飞利浦 292	1	3000	0.9	10	2007/7/1	略	热点
20001	联想旭日410MC520	2	4680	0.8	18	2007/6/1	略	促销
20002	联想天逸F30T2250	2	6680	0.8	18	2007/6/1	略	促销
30002	海尔电冰箱HDFX01	3	2468	0.9	15	2007/6/1	略	热点
30003	海尔电冰箱HEF02	3	2800	0.9	10	2007/6/1	略	热点
40001	劲霸西服	4	1468	0.9	60	2007/6/1	略	推荐
60001	红双喜牌乒乓球拍	6	46.8	0.8	45	2007/6/1	略	促销

图 4-21　添加记录

【提示】

- INSERT 语句中的 INTO 可以省略。
- 如果某些属性列在表名后的列名表中没有出现，则新记录在这些列上将取空值。但必须注意的是，在表定义时说明了 NOT NULL 的属性列不能取空值，否则系统会出现错误提示。
- 如果没有指明任何列名，则新插入的记录必须在每个属性列上均有值。
- 字符型数据必须使用“‘”将其引起来。
- 常量的顺序必须和指定的列名顺序保持一致。

2．使用 T-SQL 语句修改记录

任务 5

使用 T-SQL 语句完成表中记录的修改操作，包括修改单条记录、修改多条记录和指定多项修改。

使用 UPDATE 语句可以按照某个条件修改特定表中的字段值，其基本语句格式如下。

```
UPDATE <表名>
SET <列名>=<表达式>[，<列名>=<表达式>]...
[FROM <表名>]
[WHERE <条件>];
```

其功能是修改指定表中满足 WHERE 子句条件的记录。其中，SET 子句用于指定修改方法，即用<表达式>的值取代相应的属性列值。如果省略 WHERE 子句，则表示要修改表中的所有记录。

（1）修改单条记录。

【任务 5-1】 “劲霸西服”由“推荐”商品转为“热点”商品，需要完成对该商品状态的更改。

```
UPDATE Goods
SET g_Status='热点'
WHERE g_name='劲霸西服'
```

（2）修改多条记录。

【任务 5-2】 商品图片存放路径由原来的 pImage 更改为 Images/pImage，需要对已有商品图片的信息进行更改。

```
UPDATE Goods
SET g_Image='Images/'+ g_Image
WHERE g_Image IS NOT NULL
```

【提示】

- 如果不指定条件，则会修改所有记录。
- 加上条件 IS NOT NULL 就可以保证对已有图片的商品进行修改。

（3）修改所有记录并指定多项修改。

【任务 5-3】 将所有商品图的折扣调整为 0.8，并将所有的进货日期调整为 2007 年 7 月 1 日。

```
UPDATE Goods
SET g_Discount=0.8,g_ProduceDate='2007-07-01'
```

【提示】

- 如果要修改多列，则应在 SET 语句后用“,”分隔各修改子句。
- 这类语句一般在进行数据初始化时使用。
- 修改记录时可以通过约束和触发器实现数据完整性。

3. 使用 T-SQL 语句删除记录

任务 6

使用 T-SQL 语句完成表中记录的删除操作，包括删除指定记录和删除所有记录。

使用 DELETE 语句可以删除表中的记录，其基本语句格式如下。

```
DELETE
FROM <表名>
[WHERE <条件>]
```

DELETE 语句的功能是从指定表中删除满足 WHERE 子句条件的所有记录。如果省略 WHERE 子句，则表示删除表中全部记录，但表的定义仍存在。也就是说，DELETE 语句删除的是表中的数据，而不是关于表的定义。

（1）删除指定记录。

【任务 6-1】 商品号为“040002”的商品已售完，并且以后也不考虑再进货，需要在商品信息表中清除该商品的信息。

```
DELETE
FROM Goods
WHERE g_ID='040002'
```

DELETE 操作也是一次只能操作一个表，因此同样会遇到 UPDATE 操作中提到的数据不一致问题。例如，商品号为“040002”的商品被删除后，包含该商品的订单信息也应同时删除。这里涉及的数据完整性问题请参阅 4.5 节。

【提示】

- 如果是外键约束，则可以先将外键表中对应的记录删除，再删除主键表中的记录。
- 记录删除后不能被恢复。

（2）删除所有记录。

【任务 6-2】 删除商品信息表中的所有信息。

```
DELETE
FROM Goods
```

该语句使 Goods 成为空表，它删除了 Goods 的所有记录。删除表中所有记录也可以使用 TRUNCATE TABLE <表名>语句来完成。

```
TRUNCATE TABLE Goods
```

【提示】

- DELETE 删除操作被当作系统事务，删除操作可以被撤销。
- TRUNCATE TABEL 则不是，删除操作不能被撤销。

课堂实践 3

1. 操作要求

（1）使用 T-SQL 语句在 WebShop 数据库中的会员信息表 Customers 和员工信息表 Employees 中添加完整的样本记录。

（2）将姓名为“吴波”的会员名称修改为“吴海波”。

（3）将所有籍贯为“湖南株洲”的会员的邮政编码修改为“412000”。

（4）将所有会员的密码初始化为“1234”。

（5）删除“1988”年出生的会员的信息。

2．操作提示

（1）必须将样本数据添加完整。

（2）暂不考虑数据完整性问题。

4.5 SQL Server 2012 中的数据完整性

4.5.1 数据完整性

数据完整性是指数据的准确性和一致性。它是防止数据库中存在不符合语义规定的数据和防止因错误信息的输入输出造成无效操作而提出的。数据完整性主要分为四类：实体完整性、域完整性、引用完整性和用户定义完整性。在 SQL Server 2012 中可以通过空值约束、默认值定义、CHECK 约束、PRIMARY KEY 约束、FOREIGN KEY 约束和 UNIQUE 约束等来实施数据完整性。

1．实体完整性

实体完整性规定表的每一行在表中是唯一的。实体表中定义的索引、UNIQUE 约束、PRIMARY KEY 约束和 IDENTITY 属性就是实体完整性的体现。

2．域完整性

域完整性是指数据库表中的列必须满足某种特定的数据类型或约束，其中约束又包括取值范围和精度等规定。表中的 CHECK 约束、FOREIGN KEY 约束、DEFAULT 定义、NOT NULL 和规则都属于域完整性的范畴。

3．引用完整性

引用完整性是指两个表的主关键字和外关键字的数据应相应一致。它确保了有主关键字的表中对应其他表的外关键字的行存在，即保证了表之间的数据的一致性，防止了数据丢失或无意义的数据在数据库中扩散。引用完整性是创建在外关键字和主关键字之间或外关键字和唯一性关键字之间的关系上的。引用完整性时，SQL Server 将阻止用户执行下列操作。

（1）在主表中没有关联的记录时，将记录添加或更改到相关表中。

（2）更改主表中的值，这会导致相关表中生成孤立记录。

（3）从主表中删除记录，但仍存在与该记录匹配的相关记录。

FOREIGN KEY 和 CHECK 约束都属于引用完整性。

4．用户定义完整性

用户定义完整性指的是由用户指定的一组规则，它不属于实体完整性、域完整性或引用完整性。CREATE TABLE 中的所有列级和表级约束、存储过程和触发器都属于用户完整性。

4.5.2 列约束和表约束

对数据库来说，约束分为列约束和表约束。其中，列约束作为列定义的一部分只作用于此列本身，表约束作为表定义的一部分，可以作用于多个列。下面的语句将会创建多个列约束和一个表约束。

```
CREATE TABLE Goods(
   g_ID char(6),
   g_Name varchar(50),
   t_ID char(2) REFERENCES Types(t_ID), --列约束
   g_Price float,
   g_Discount float,
   g_Number smallint,
   g_ProduceDate datetime DEFAULT '2007-07-01',  --列约束
   g_Image varchar(100),
   g_Status varchar(10),
   g_Description varchar (1 000)
CONSTRAINT pk_gID  PRIMARY KEY(g_ID)  --表约束
 )
```

【提示】

● 添加约束可以使用 CREATE TABLE 在创建表时创建，也可以使用 ALTER TABLE 修改表时添加。

● 使用 ALTER TABLE 添加约束时，使用【WITH NOCHECK】选项可以对表中已有的数据不强制应用约束（CHECK 和 FOREIGH KEY）。

● 使用 ALTER TABLE 添加约束时，使用【NOCHECK】选项可以禁止在修改和添加数据时应用约束（CHECK 和 FOREIGH KEY）。

● 删除约束只能使用 ALTER TABLE 语句完成。

4.5.3 允许空值约束

列的为空性决定了表中的行是否可为该列包含空值。空值（NULL）不同于零（0）、空白或长度为零的字符串（如“”）。NULL 的意思是没有输入，出现 NULL 通常表示值未知或未定义。例如，WebShop 数据库的 Goods 表的 g_Image 列中的 NULL 表示该商品的图片信息未知或尚未设置。

NOT NULL 约束说明列值不允许为 NULL，当插入或修改数据时，设置了 NOT NULL 约束的列的值不允许为空，必须存在具体的值。

任务 7	应用允许空值约束实施数据完整性。

1．使用 SQL Server Management Studio 管理 NOT NULL 约束

（1）打开 SQL Server Management Studio，进入设计表状态。

（2）在表设计器的【允许 Null 值】选项中，将需要创建 NOT NULL 约束的列的复选框取消掉，或者在“列属性”指定区域中更改【允许 Null 值】的值（是或者否），如图 4-22 所

示。单击【关闭】按钮完成“允许空值约束”的设置。

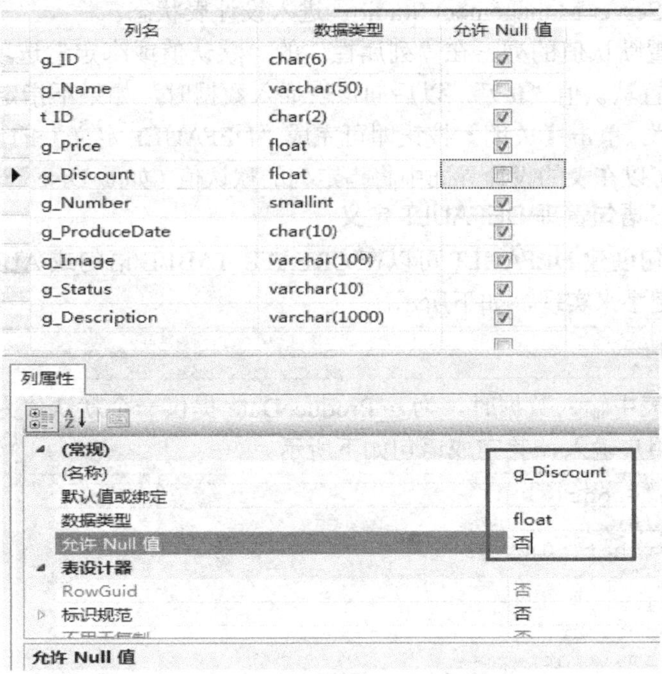

图 4-22　创建 NOT NULL 约束

2．使用 T-SQL 管理 NOT NULL 约束

在使用 CREATE TABLE 创建表和使用 ALTER TABLE 修改表时，都可以创建 NOT NULL 约束。商品信息表 Goods 中的 g_Name（商品名）、g_Price（价格）和 g_Number（数量）等列不能为空，否则该记录没有意义。可以在创建 Goods 表时为这些列设置 NOT NULL 约束，也可以在使用 ALTER TABLE 语句修改表时实现。

使用 T-SQL 语句为 g_Name 指定 NOT NULL 约束，其完成语句如下所示。

```
ALTER TABLE Goods ALTER COLUMN g_Name varchar(50) NOT NULL
```

4.5.4　DEFAULT 定义

DEFAULT 定义是指表中添加新行时给表中某一列指定的默认值。使用 DEFAULT 定义，一是可以避免 NOT NULL 值的数据错误；二是可以加快用户的输入速度。DEFAULT 定义可以通过 SQL Server Management Studio 或 T-SQL 语句创建。

创建称为【默认值】的对象。当绑定到列或用户定义数据类型时，如果插入时没有明确提供值，则默认值便指定一个值，并将其插入到对象所绑定的列中（或者，在用户定义数据类型的情况下，插入到所有列中）。因为默认值定义和表存储在一起，当除去表时，将自动除去默认值定义。

任务 8	应用 DEFAULT 定义实施数据完整性。

1．使用 SQL Server Management Studio 管理 DEFAULT 定义

（1）打开 SQL Server Management Studio，进入设计表状态。

（2）选择要设置默认值的列，在“列属性”的“默认值或绑定”选项中输入默认值，如为列 g_Discount 设置默认值“0.9”，以后向该表插入数据时，如果不指定 g_Discount 的值，其默认值即为“0.9”。单击【关闭】按钮即可完成“DEFAULT 定义”的设置。

删除默认值时可以在表的设计界面中将指定列的默认值（如 g_Discount 中的“0.9”）取消。

2．使用 T-SQL 语句管理 DEFAULT 定义

使用 T-SQL 语句创建 DEFAULT 可以在 CREATE TABLE 语句或 ALTER TABLE 语句中使用 DEFAULT 关键字来实现，如下所示。

```
    DEFAULT 默认值
```

需要在 Goods 表中输入数据时，为 g_ProduceDate 提供一个默认值为“2007-07-01”，以保证非空性和简化用户输入，其完成语句如下所示。

```
    CREATE TABLE Goods(
       g_ID char(6),
       g_Name varchar(50),
       t_ID char(2),
       g_Price float,
       g_Discount float,
       g_Number smallint,
       g_ProduceDate datetime DEFAULT '2007-07-01',
       g_Image varchar(100),
       g_Status varchar(10),
       g_Description varchar (1000)
    )
```

该语句在创建 Goods 表时为 g_ProduceDate 列指定默认值为“2007-07-01”。读者可以使用以下语句进行验证。

```
    INSERT INTO Goods(g_ID,g_Name,t_ID,g_Price,g_Discount,g_Number,g_Status)
VALUES
    ('040003','杉杉西服(女装)','04',1068,0.9,15,'热点')
```

【提示】

- 若要修改 DEFAULT 定义，必须先删除现有的 DEFAULT 定义，然后重新创建。
- 默认值必须与应用 DEFAULT 定义的列的数据类型相配。例如，int 列的默认值必须是整数，而不能是字符串。
- 可以使用 getdate()函数替代“2007-07-01”，表示默认使用当天日期。

4.5.5　CHECK 约束

CHECK 约束限制输入到一列或多列中的可能值，从而保证 SQL Server 数据库中数据的域完整性，一个数据表可以定义多个 CHECK 约束。

任务 9	应用 CHECK 约束实施数据完整性。

1．使用 SQL Server Management Studio 管理 CHECK 约束

（1）打开 SQL Server Management Studio，进入设计表状态。

（2）右击要设置 CHECK 约束的列（如 g_Price），选择【CHECK 约束】选项，如图 4-23 所示。

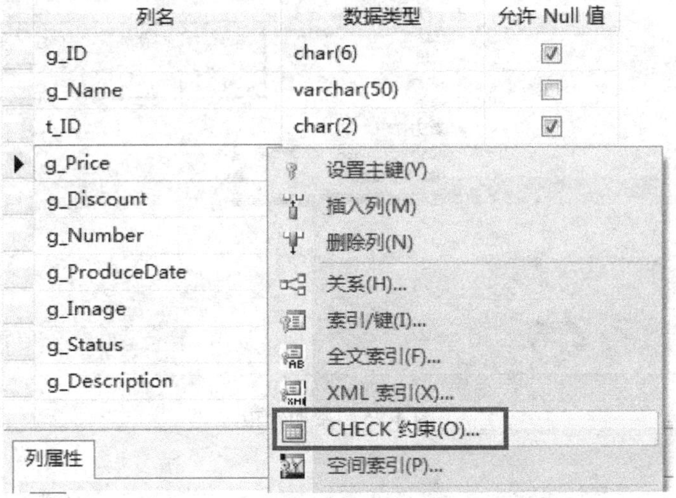

图 4-23　选择“CHECK 约束”选项

（3）打开“CHECK 约束”对话框，如图 4-24 所示。如果表中有约束，则会在该对话框中显示。

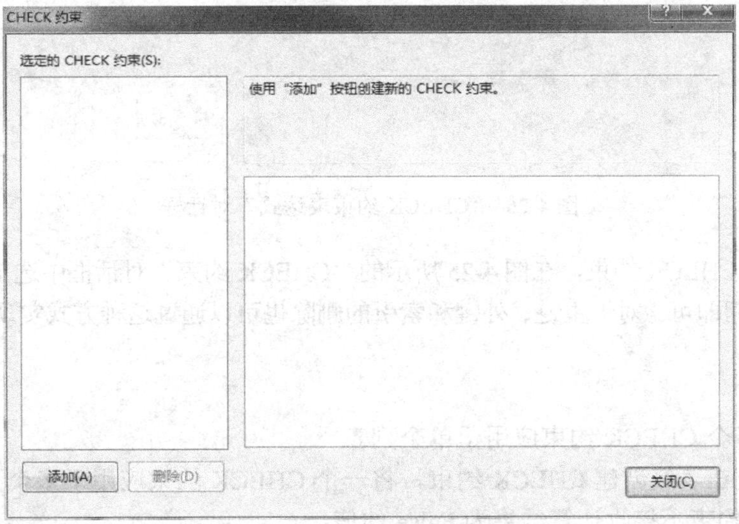

图 4-24　“CHECK 约束”对话框

（4）单击【添加】按钮，进入约束编辑状态，如图 4-25 所示。在“表达式”文本框中输入要设置的 CHECK 约束文本，如 g_Price>=0 AND g_Price<=1 000 000。也可以单击表达式输入框右边的[...]按钮，打开“CHECK 约束表达式”对话框，输入约束表达式，如图 4-26 所示。

（5）单击【关闭】按钮完成约束的创建。

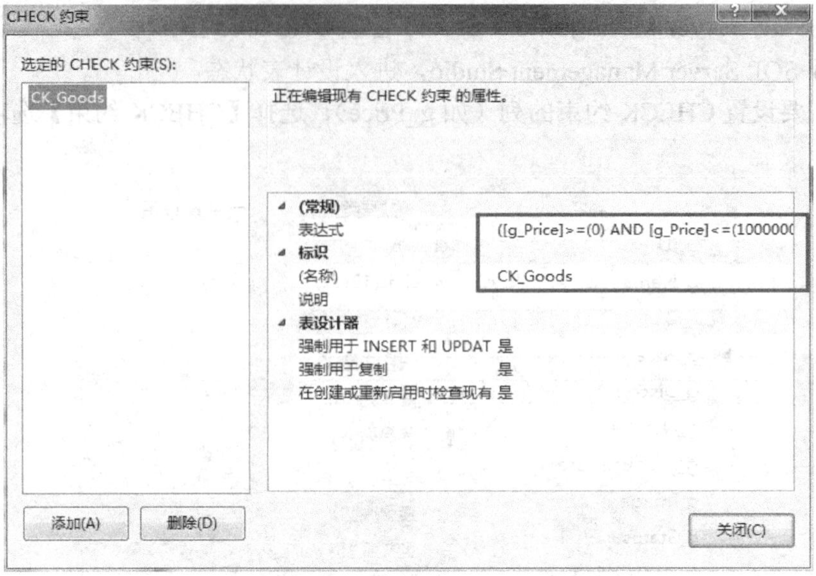

图 4-25 添加约束

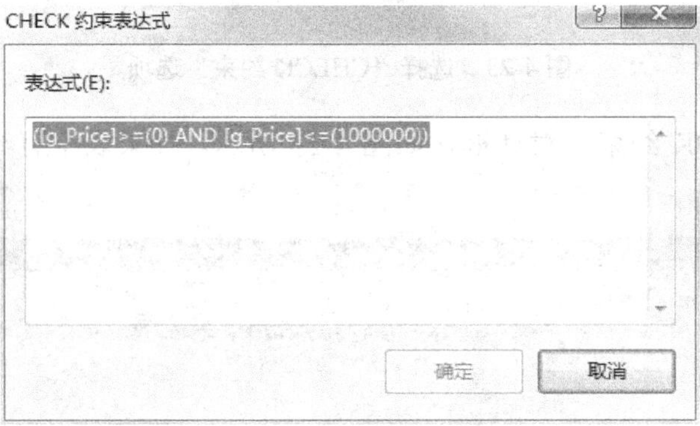

图 4-26 “CHECK 约束表达式”对话框

如果要删除 CHECK 约束，在图 4-25 所示的“CHECK 约束”对话框中选定指定的约束后，单击【删除】按钮即可。对于主键、外键和索引的删除也可以通过这种方式实现，后续章节中不再进行详细说明。

【提示】

- 可以将多个 CHECK 约束应用于单个列。
- 可以通过在表级创建 CHECK 约束，将一个 CHECK 约束应用于多个列。
- CHECK 约束不接收计算结果为 False 的值。
- 在执行添加和修改记录语句时验证 CHECK 约束，执行删除记录语句时不验证 CHECK 约束。
- 请读者自行设置语句验证 CHECK 约束。

2．使用 T-SQL 管理 CHECK 约束

使用 T-SQL 的 CREATE TABLE 语句中只能为每列定义一个 CHECK 约束。定义 CHECK 约束的基本语句格式如下所示。

```
CONSTRAINT 约束名 CHECK（表达式）
```

根据WebShop电子商城网站规定，商品折扣不能小于0.5也不能超过1。需要在创建Goods表时，为g_Discount设置CHECK约束，使g_Discount列的值为0.5～1。完成语句如下所示。

```
ALTER TABLE Goods WITH NOCHECK
ADD CONSTRAINT ck_Discount
CHECK(g_Discount>=0.5 AND g_Discount<=1.0)
```

【提示】

- 也可以使用CREATE TABLE语句在创建表时指定约束。
- 可以使用“ALTER TABLE Goods DROP CONSTRAINT ck_Discount”删除CHECK约束。

课堂实践 4

1．操作要求

（1）将WebShop数据库中的会员信息表Customers和员工信息表Employees中的各列均设置为NOT NULL。

（2）为会员信息表Customers设置以下DEFAULT定义：

① 性别（c_Gender）默认为“男”（使用SQL Server Management Studio完成）。

② 用户类别（c_Type）默认为“普通用户”（使用T-SQL完成）。

（3）为会员信息表Customers设置以下CHECK约束。

① 会员性别（c_Gender）只能输入“男”或“女”，并且默认为“男”（使用SQL Server Management Studio完成）。

② 身份证号（c_CardID）只能为15位或18位（使用T-SQL完成）。

③ 电子邮箱（c_E-mail）中必须包含“@”符号（使用T-SQL完成）。

2．操作提示

（1）CHECK约束与实际业务紧密相关。

（2）请自行设置验证数据并通过修改和删除记录操作进行验证。

4.5.6 PRIMARY KEY约束

表通常具有包含唯一标识表中每一行的值的一列或多列，这样的一列或多列称为表的主键（Primary Key，PK），用于强制表的实体完整性。PRIMARY KEY约束通过创建唯一索引保证指定列的实体完整性，使用PRIMARY KEY约束时，列的空值属性必须定义为NOT NULL。PRIMARY KEY约束可以应用于表中一列或多列。

任务10	应用PRIMARY KEY约束实施数据完整性。

1．使用SQL Server Management Studio管理PRIMARY KEY约束

（1）打开SQL Server Management Studio，进入新建表或修改表状态。

（2）右击要设置PRIMARY KEY约束的列（如g_ID），选择“设置主键”选项（也可以单击工具栏中的按钮），创建主键约束，如图 4-27 所示。

（3）创建主键约束后，在对应的列名前有形如【】的标志，同时列的为空性也改变为“非空”，如图 4-28 所示。

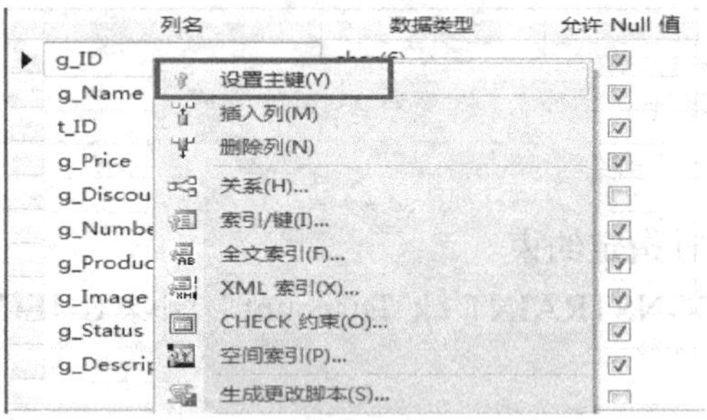

图 4-27　选择并设置主键

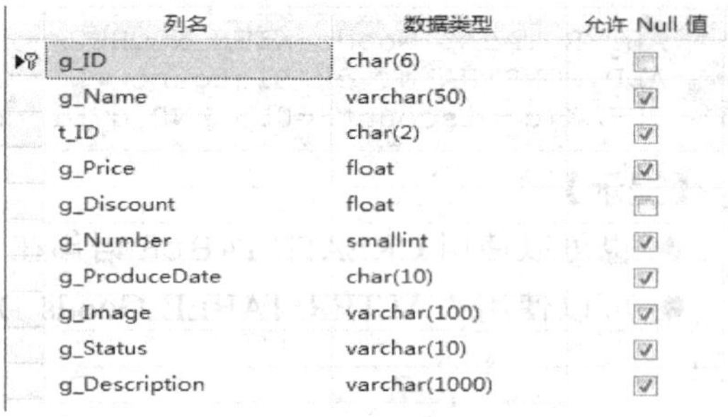

图 4-28　创建 PRIMARY KEY 约束

（4）单击【关闭】按钮完成主键的创建。如果要删除主键，可右击已创建主键的列，选择“删除主键”选项，如图 4-29 所示。

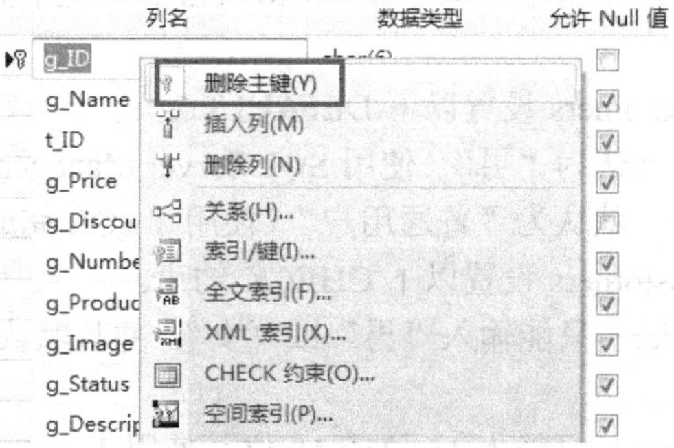

图 4-29　选择移除主键

2. 使用 T-SQL 创建 PRIMARY KEY 约束

定义 PRIMARY KEY 约束的基本语句格式如下所示。

```
CONSTRAINT  约束名 PRIMARY  KEY（列或列的组合）
```

商品信息表 Goods 中需要以“商品号”作为商品的唯一标识，在创建数据表 Goods 时，为 g_ID 设置 PRIMARY KEY 约束，完成语句如下所示。

```
CREATE TABLE Goods(
    g_ID char(6) PRIMARY KEY,
    g_Name varchar(50),
    t_ID char(2),
    g_Price float,
    g_Discount float,
    g_Number smallint,
    g_ProduceDate datetime DEFAULT '2007-07-01',
    g_Image varchar(100),
    g_Status varchar(10),
    g_Description varchar (1000)
 )
```

如果在订单详情表中不设置编号，则该表中将以“订单号+商品号”作为订单详情的唯一标识，在创建数据表 OrderDetails 时，为 o_ID 和 g_ID 的组合设置 PRIMARY KEY 约束。完成语句如下所示。

```
CREATE TABLE OrderDetails
(
   o_ID  char(14),
   g_ID  char(6),
   d_Price  float,
   d_Number  smallint
   CONSTRAINT pk_d_o_ID  PRIMARY KEY(o_ID,g_ID)
)
```

该语句执行后的结果如图 4-30 所示。

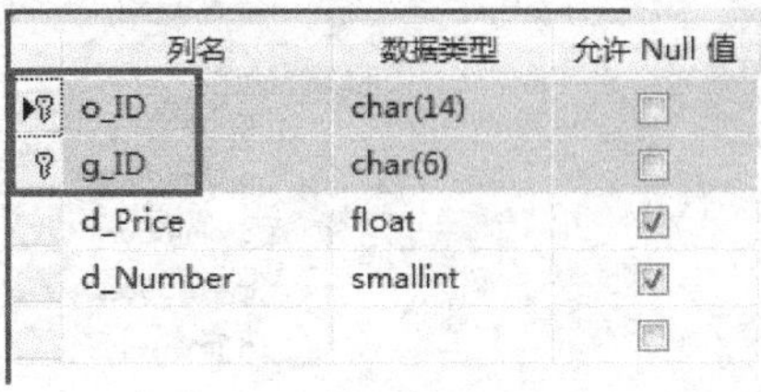

图 4-30 复合主键

【提示】

● 在本书的例子中设置了 d_ID 作为 OrderDetails 表的主键。

● pk_d_o_ID 作为表级约束必须指明主键的名称。

● 一个表只能有一个 PRIMARY KEY 约束，并且 PRIMARY KEY 约束中的列不接受空值。

● 如果为表指定了 PRIMARY KEY 约束，则 SQL Server 2012 数据库引擎将通过为主键列创建唯一索引来强制数据的唯一性。当在查询中使用主键时，此索引还可用来对数据进行快速访问。

● 如果对多列定义了 PRIMARY KEY 约束，则一列中的值可能会重复，但来自 PRIMARY KEY 约束定义中所有列的任何值组合必须唯一。

4.5.7 FOREIGN KEY 约束

FOREIGN KEY 约束为表中一列或多列数据提供引用完整性，它规定插入到表中被约束列的值必须在被引用表中已经存在。如数据表 Orders 中 c_ID 列和 e_ID 列分别引用数据表 Customers 中的 c_ID（说明了是谁下的订单）和数据表 Employees 中的 e_ID 列（说明了是谁负责处理该订单）。在向数据表 Orders 中插入新行或修改其数据时，这两列的值必须在数据表 Customers 和数据表 Employees 中已经存在，否则将不能执行插入或修改操作。实施 FOREIGN KEY 约束时，要求在被引用表中已经定义了 PRIMARY KEY 约束或 UNIQUE 约束。图 4-31 说明了主键和外键的关系。

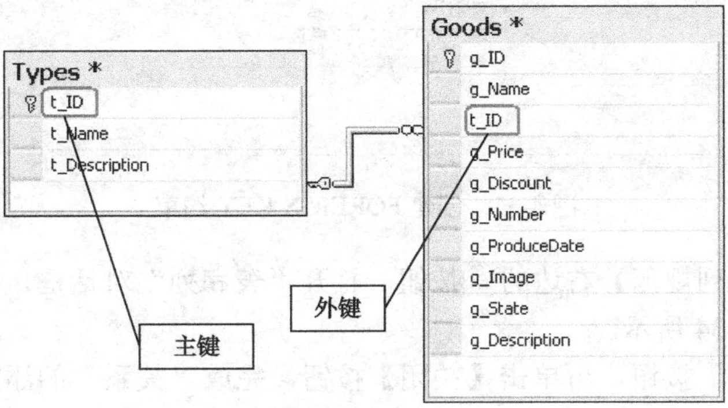

图 4-31 主键和外键的关系

任务 11　应用 FOREIGN KEY 约束实施数据完整性。

1．使用 SQL Server Management Studio 管理 FOREIGN　KEY 约束

（1）打开 SQL Server Management Studio，进入设计表状态。

（2）右击表的编辑区域，选择“关系”选项，如图 4-32 所示。

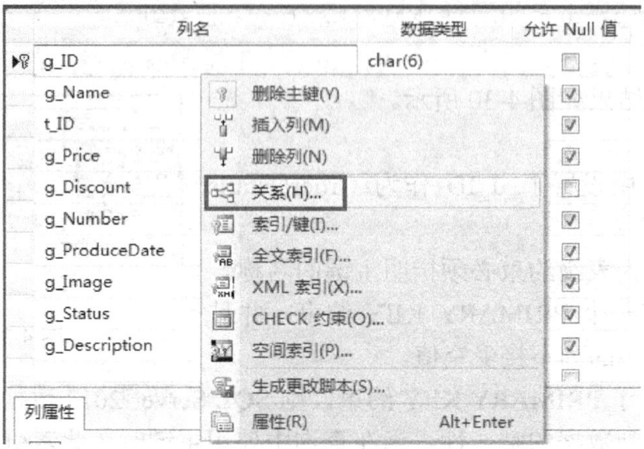

图 4-32　选择“关系”选项

（3）打开“外键关系”对话框，单击【添加】按钮，如图 4-33 所示。

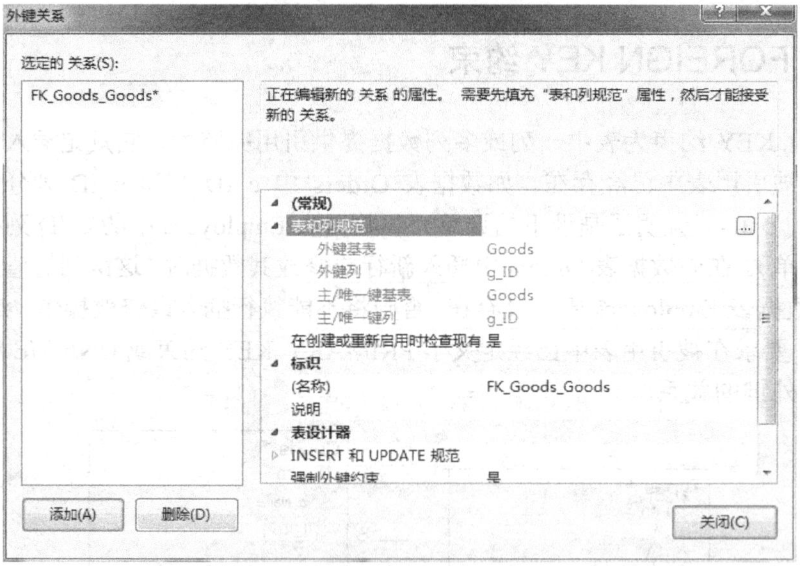

图 4-33　创建 FOREIGN KEY 约束

（4）单击【表和列规范】右边的[...]按钮，打开“表和列”对话框，分别选择主键表、外键表以及列，如图 4-34 所示。

（5）单击【确定】按钮，再单击【关闭】按钮，完成“关系”的添加，一旦建立了表间的关系，也就建立了外键。

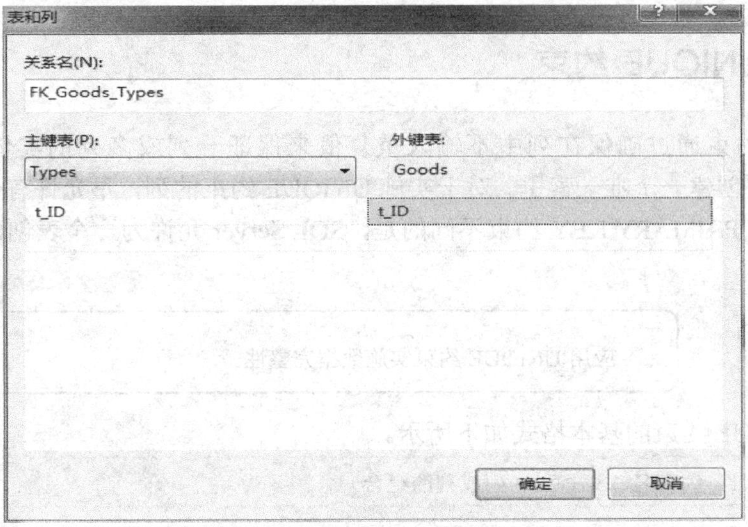

图 4-34　关系“表和列”设置

【提示】

● 创建 FOREIGN KEY 时，必须建立好相应的主键约束或 UNIQUE 约束。

● FOREIGN KEY 约束并不仅仅可以与另一表的 PRIMARY KEY 约束相连接，它还可以定义为引用另一表的 UNIQUE 约束。

● FOREIGN KEY 约束也可以引用同一数据库的表中的列或同一表中的列。

● 表中包含的 FOREIGN KEY 约束不要超过 253 个，引用该表的 FOREIGN KEY 约束也不要超过 253 个。

2. 使用 T-SQL 创建 FOREIGN KEY 约束

FOREIGN KEY 约束的定义格式如下所示。

```
CONSTRAINT  约束名 FOREIGN  KEY（列）REFERENCES  被引用表（列）
```

商品信息表 Goods 中的 t_ID（类别号）引用类别表 Types，需要在创建数据表 Goods 时，建立 Types 表和 Goods 表之间的关系，其中 t_ID 为关联列，Types 表为主键表，Goods 表为外键表。完成语句如下所示。

```
CREATE TABLE Goods(
   g_ID char(6) PRIMARY KEY,
   g_Name varchar(50),
   t_ID char(2) REFERENCES Types(t_ID),
   g_Price float,
   g_Discount float,
   g_Number smallint,
   g_ProduceDate datetime DEFAULT '2007-07-01',
   g_Image varchar(100),
   g_Status varchar(10),
   g_Description varchar (1000)
 )
```

【提示】

● 必须先创建好 Types 表。

● 必须创建好 Types 表中基于 t_ID 列的主键。

4.5.8 UNIQUE约束

UNIQUE 约束通过确保在列中不输入重复值来保证一列或多列的实体完整性，每个UNIQUE约束要创建一个唯一索引。对于实施UNIQUE约束的列，不允许有任意两行具有相同的索引值。与PRIMARY KEY约束不同的是，SQL Server允许为一个表创建多个UNIQUE约束。

任务 12　应用UNIQUE约束实施数据完整性。

定义UNIQUE约束的基本格式如下所示。

```
CONSTRAINT 约束名 UNIQUE（列或列的组合）
```

为了保证商品信息表Goods中的商品名称不重复，在创建数据表Goods时，为g_Name设置UNIQUE约束。完成语句如下所示。

```
CREATE TABLE Goods(
   g_ID char(6) PRIMARY KEY,
   g_Name varchar(50) UNIQUE,
   t_ID char(2) REFERENCES Types(t_ID),
   g_Price float,
   g_Discount float,
   g_Number smallint,
   g_ProduceDate datetime DEFAULT '2007-07-01',
   g_Image varchar(100),
   g_Status varchar(10),
   g_Description varchar (1000)
 )
```

【提示】

- 使用UNIQUE约束和PRIMARY KEY约束都强制唯一性，PRIMARY KEY约束自动使用UNIQUE约束，但只能使用在主键列。而使用UNIQUE约束可以在非主键列或允许空值的列上实现唯一性约束。
- 一个表可以定义多个UNIQUE约束，但只能定义一个PRIMARY KEY约束。
- 允许空值的列上可以定义UNIQUE约束，而不能定义PRIMARY KEY约束。
- FOREIGN KEY约束也可引用UNIQUE约束。

用ALTER TABLE语句添加列约束，使用ADD关键字。完成语句如下所示。

```
ALTER TABLE Goods ADD UNIQUE(g_Name)
```

用ALTER TABLE语句删除UNIQUE约束，使用DROP关键字。完成语句如下所示。

```
ALTER TABLE Goods DROP UNIQUE(g_Name)
```

【提示】 商品名称可以相同，但已经为g_Name列添加了唯一性约束，因此要删除Goods表中g_Name的唯一性约束。

课堂实践5

1．操作要求

（1）将员工信息表 Employees 中的 e_ID 设置为主键约束。

（2）创建支付信息表 Payments，并将 p_ID 设置为主键约束。

（3）创建订单信息表 Orders，将其中的 o_ID 设置为主键约束，e_ID 设置为外键约束（主键表为 Employees），p_ID 设置为外键约束（主键表为 Payments）。

（4）为支付信息表 Payments 中的支付模式（p_Mode）创建 UNIQUE 约束。

2．操作提示

（1）如果表已经存在，使用 ALTER TABLE 语句添加指定约束；否则，在使用 CREATE TABLE 语句创建表时指定约束。

（2）请比较 UNIQUE 约束和 PRIMARY KEY 约束的异同。

（3）创建 FOREIGN KEY 约束时请注意分辨主表和从表。

小结与习题

本章学习了如下内容：

（1）设计表，包括 SQL Server 2012 的基本数据类型、使用别名数据类型和了解目录视图。

（2）使用 SSMS 管理表，包括创建表、修改表、查看表和删除表。

（3）使用 T-SQL 管理表，包括使用 CREATE TABLE 创建表、使用 ALTER TABLE 修改表、使用 sp_help 查看表和使用 DROP TABLE 删除表。

（4）记录操作，包括使用 SSMS 进行记录操作、使用 INSERT 语句插入记录、使用 UPDATE 语句修改记录和使用 DELETE 语句删除记录。

（5）SQL Server 2012 中的数据库完整性，包括数据完整性概述、列约束和表约束、允许空值约束、DEFAULT 定义、CHECK 约束、PRIMARY KEY 约束、FOREIGN KEY 约束和 UNIQUE 约束。

一、填空题

1．在设计表时，对于邮政编码（固定为6位）列最适合的数据类型是________。

2．在 ALTER TABLE 语句中，如果要删除列，则可以通过指定________关键字来实现。

3．两个表的主关键字和外关键字的数据应对应一致，这属于________完整性，通常可以通过________和________来实现。

4．________约束通过确保在列中不输入重复值来保证一列或多列的实体完整性。

二、选择题

1．用来表示可变长度的非 Unicode 数据的类型是________。

A．CHAR　　　B．NCHAR　　　C．VARCHAR

D．NVARCHAR

2．SQL Server 2012 支持的整型数据类型包括 bigint、int、smallint、tinyint，其中 int 的数值范围为________。

A．$-2^{63}\sim2^{64}-1$　　B．$-2^{31}\sim2^{31}-1$　　C．$-2^{15}\sim2^{15}-1$　　D．0～255

3．下列不属于设计表时要明确的项目是________。

A．列的名称　　B．列的数据类型和宽度

C．表间的关系　　D．表中的数据

4．如果要保证商品的数量为1～100，则可以通过__________约束来实现。

A．CHECK　　B．PRIMARY KEY

C．UNIQUE　　D．DEFAULT

5．如果更新表中记录，则应使用的命令动词是_________。

A．INSERT　　B．UPDATE　　C．DELETE　　D．SELECT

三、简答题

1．在 SQL Server 2012 中实现数据完整性的方法有哪些？请举例说明。

2．举例说明空值的概念及其作用。

3．举例说明主键和外键的概念及其相互关系。

课外拓展

1．操作要求

（1）在“SQL Server Management Studio”中完成以下操作。

① 创建 BookData 数据库中的图书类别表 BookType、图书信息表 BookInfo、出版社表 Publisher、读者信息表 ReaderInfo 和借还表 BorrowReturn。

② 根据 BookData 数据库的表的实际情况和表间关系添加指定的约束。

③ 为创建的各表添加样本数据。

④ 删除库中所有的表。

（2）使用 T-SQL 语句完成以下操作。

① 创建 BookData 数据库中的图书类别表 BookType、图书信息表 BookInfo、出版社表 Publisher、读者信息表 ReaderInfo 和借还表 BorrowReturn。

② 根据 BookData 数据库的表的实际情况和表间关系添加指定的约束。

③ 为创建的各表添加样本数据。

2．操作提示

（1）表的结构和数据参阅第 1 章的说明。

（2）将完成任务的 SQL 语句保存到文件中。

第 5 章 查询操作

学习目标

本章将要学习在 SQL Server 2012 中对数据进行查询的相关知识，包括简单查询、连接查询、子查询、联合查询和分布式查询。本章的学习要点包括：

- 简单查询语句
- 连接查询语句
- 子查询语句
- 联合查询语句
- 在 SSMS 中执行查询的方法

学习导航

数据库查询是指数据库管理系统按照数据库用户的指定条件，从数据库中的相关表中找到满足条件的信息的过程。图 5-1 所示为“金桥书网”的一个“组合查询”页面（http://www.golden-book.com/Search/Index.asp），在该页面中网上购书用户可以根据自己的需要输入查询条件，然后单击【组合搜索】按钮，数据库管理系统就会从数据库中进行查找，并将满足条件的信息通过指定的方式呈现在网页中。另外，手机用户通过服务商提供的查询机了解自己的话费详情，银行客户通过 ATM 了解自己的账户余额等操作都属于用户查询操作。数据查询涉及两个方面：一是用户指定查询条件，二是系统进行处理并把查询结果反馈给用户。本章将介绍数据库查询的各种操作。

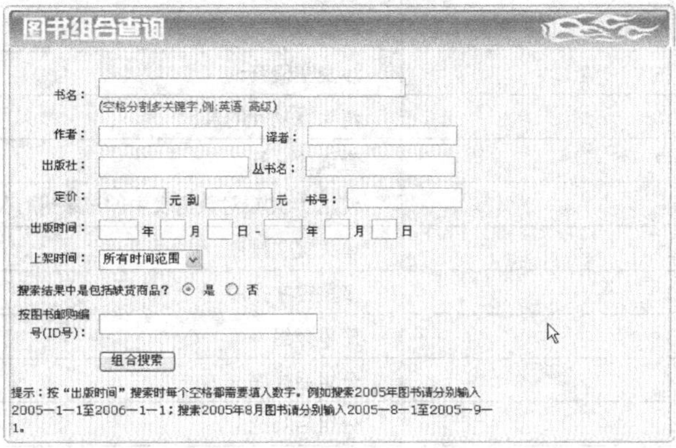

图 5-1　图书组合查询

本章主要内容及其在 SQL Server 2012 数据库管理系统中的位置如图 5-2 所示。

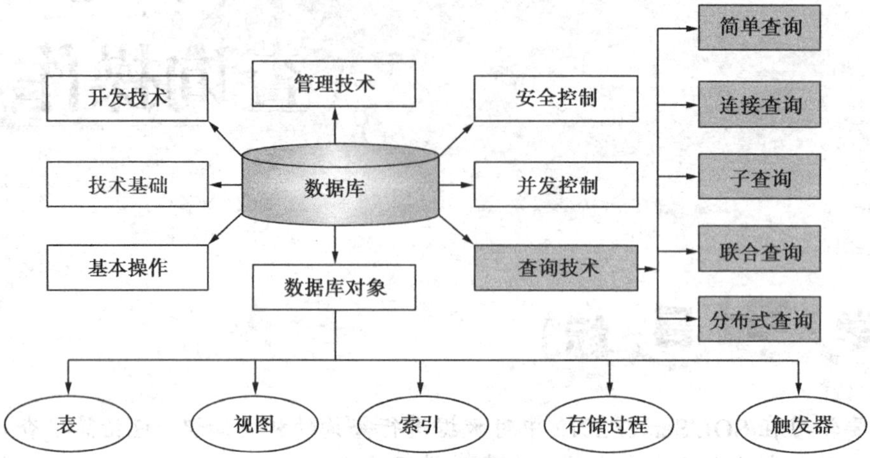

图 5-2　本章学习导航

任务描述

本章主要任务描述如表 5-1 所示。

表 5-1　任务描述

任 务 编 号	子　任　务	任 务 内 容
任务 1		使用 T-SQL 语句完成对数据库中某一个表的信息的基本查询操作
	任务 1-1	查询所有列
	任务 1-2	查询指定列
	任务 1-3	查询计算列
	任务 1-4	为查询列指定别名
	任务 1-5	简单条件查询
	任务 1-6、任务 1-7	复合条件查询
	任务 1-8、任务 1-9	指定范围查询
	任务 1-10、任务 1-11	集合查询
	任务 1-12、任务 1-13、任务 1-14	模糊查询
	任务 1-15	涉及空值查询
	任务 1-16	消除重复行的查询
	任务 1-17	查询前 *n* 行
任务 2		使用 T-SQL 对数据表中的记录进行排序、分组和统计操作
	任务 2-1	单关键字排序
	任务 2-2	多关键字排序
	任务 2-3	简单分组
	任务 2-4	分组后排序
	任务 2-5	分组后筛选
	任务 2-6	WITH CUBE 语句的使用

续表

任务编号	子任务	任务内容
任务 2	任务 2-7	WITH ROLLUP 语句的使用
	任务 2-8	实现分页
	任务 2-9	实现排名
任务 3		使用 T-SQL 对数据库中的多表进行查询，以获得完整的信息
	任务 3-1、任务 3-2	等值连接
	任务 3-3	自身连接
	任务 3-4、任务 3-5	左外连接
	任务 3-6	右外连接
	任务 3-7	完整外部连接
	任务 3-8	交叉连接
任务 4		使用 T-SQL 实现嵌套查询以通过不同的表获取完整的信息
	任务 4-1、任务 4-2、任务 4-3	使用 IN 或 NOT IN 的子查询
	任务 4-4	使用比较运算符的子查询
	任务 4-5	使用 ANY 或 ALL 的子查询
	任务 4-6	使用 EXISTS 的子查询
	任务 4-7	抽取数据到另一个表中
	任务 4-8	INSERT 语句中的子查询
	任务 4-9、任务 4-10	UPDATE 语句中的子查询
	任务 4-11	删除语句中的子查询
任务 5		使用联合查询
任务 6	任务 6-1　应用 PIVOT 运算符旋转表 任务 6-2　应用 UNPIVOT 运算符逆向旋转表	在 SQL Server 2012 中使用 PIVOT 和 UNPIVOT 运算符实现交叉表查询
任务 7		使用 SSMS 进行数据查询

5.1　单表查询

SQL 查询语句的目标是从数据库中检索满足条件的记录，SQL 查询通过 SELECT 语句来完成，查询语句并不会改变数据库中的数据，它只是检索数据。

任务 1　在 SQL Server 2012 中使用 T-SQL 语句完成对数据库中某一个表的信息的基本查询操作。

SQL 查询的基本语句格式如下所示。

```
SELECT [ALL|DISTINCT]<目标列表达式>[，<目标列表达式>]
FROM <表名或视图名>[，<表名或视图名>]
[WHERE <条件表达式>]
[GROUP BY <列名 1>
[HAVING <条件表达式>]]
[ORDER BY <列名 2> [ASC | DESC];
```

完整 SELECT 语句的含义主要有以下几点。

（1）根据 WHERE 子句的条件表达式，从 FROM 子句指定的基本表或视图中找出满足条件的记录。

（2）按 SELECT 子句中的目标列表达式，选取记录中的属性值形成结果表。

（3）如果指定了 GROUP 子句，则将结果按<列名 1>的值进行分组，该属性列值相等的记录为一个组，每个组产生结果表中的一条记录。通常会在分组时使用聚合函数。

（4）如果 GROUP 子句带 HAVING 短语，则只有满足 HAVING 短语后指定的条件表达式的组才会输出。

（5）如果指定了 ORDER 子句，则结果表会按<列名 2>的值进行升序或降序排列。

5.1.1 选择列

1. 所有列

【任务 1-1】 网站销售部管理人员或采购部管理人员需要了解所有商品的详细信息。

```
SELECT *
FROM Goods
```

该语句无条件地把 Goods 表中的全部信息查询出来，所以也称为全表查询，这是最简单的一种查询，运行结果如图 5-3 所示。

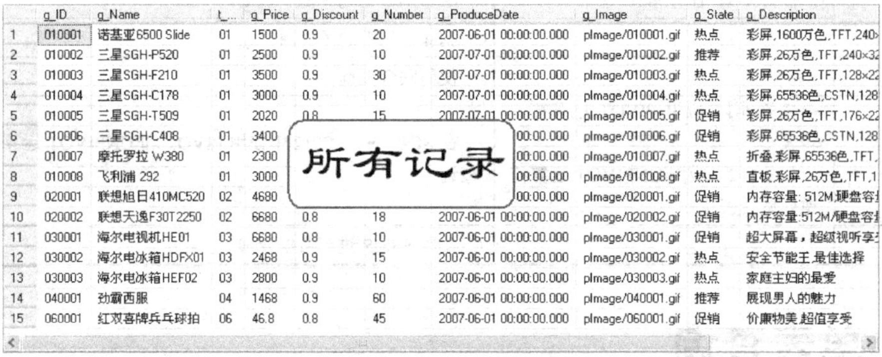

	g_ID	g_Name	t_...	g_Price	g_Discount	g_Number	g_ProduceDate	g_Image	g_State	g_Description
1	010001	诺基亚6500 Slide	01	1500	0.9	20	2007-06-01 00:00:00.000	pImage/010001.gif	热点	彩屏,1600万色,TFT,240
2	010002	三星SGH-P520	01	2500	0.9	10	2007-07-01 00:00:00.000	pImage/010002.gif	推荐	彩屏,26万色,TFT,240×3
3	010003	三星SGH-F210	01	3500	0.9	30	2007-07-01 00:00:00.000	pImage/010003.gif	热点	彩屏,26万色,TFT,128×2
4	010004	三星SGH-C178	01	3000	0.9	10	2007-07-01 00:00:00.000	pImage/010004.gif	热点	彩屏,65536色,CSTN,128
5	010005	三星SGH-T509	01	2020	0.8	15	2007-07-01 00:00:00.000	pImage/010005.gif	促销	彩屏,26万色,TFT,176×2
6	010006	三星SGH-C408	01	3400	[illegible]	[illegible]	00:00.000	pImage/010006.gif	促销	彩屏,65536色,CSTN,128
7	010007	摩托罗拉 W380	01	2300	[illegible]	[illegible]	00:00.000	pImage/010007.gif	热点	折叠 彩屏,65536色,TFT,
8	010008	飞利浦 292	01	3000	[illegible]	[illegible]	00:00.000	pImage/010008.gif	热点	直板 彩屏,26万色,TFT,1
9	020001	联想旭日410MC520	02	4680	[illegible]	[illegible]	00:00.000	pImage/020001.gif	促销	内存容量: 512M,硬盘容
10	020002	联想天逸F30T2250	02	6680	0.8	18	2007-06-01 00:00:00.000	pImage/020002.gif	促销	内存容量:512M/硬盘容
11	030001	海尔电视机HE01	03	6680	0.8	10	2007-06-01 00:00:00.000	pImage/030001.gif	促销	超大屏幕，超级视听享
12	030002	海尔电冰箱HDFX01	03	2468	0.9	15	2007-06-01 00:00:00.000	pImage/030002.gif	热点	安全节能王,最佳选择
13	030003	海尔电冰箱HEF02	03	2800	0.9	10	2007-06-01 00:00:00.000	pImage/030003.gif	热点	家庭主妇的最爱
14	040001	劲霸西服	04	1468	0.9	60	2007-06-01 00:00:00.000	pImage/040001.gif	推荐	展现男人的魅力
15	060001	红双喜牌乒乓球拍	06	46.8	0.8	45	2007-06-01 00:00:00.000	pImage/060001.gif	促销	价廉物美,超值享受

图 5-3　查询所有商品详细信息

2. 指定列

【任务 1-2】 网站管理人员在了解商品信息时只需要了解所有商品的商品号、商品名称和商品单价信息，而不需要了解商品的其他信息。

```
SELECT g_ID, g_Name, g_Price
FROM Goods
```

该语句把 Goods 表中所有商品的 g_ID（商品号）、g_Name（商品名称）和 g_Price（商品单价）查询出来，运行结果如图 5-4 所示。

完成此任务也可使用如下语句。

```
SELECT g_Name, g_ID, t_ID
FROM Goods
```

该语句中的结果集中的列的顺序与基表中不同，其按查询要求，先列出商品名称，然后列出商品号和所属类别，运行结果如图5-5所示。

	g_ID	g_Name	g_Price
1	010001	诺基亚6500 Slide	1500
2	010002	三星SGH-P520	2500
3	010003	三星SGH-F210	3500
4	010004	三星SGH-C178	3000
5	010005	三星SGH-T509	2020
6	010006	三星SGH-C408	3400
7	010007	摩托罗拉 W380	2300
8	010008	飞利浦 292	3000
9	020001	联想旭日410MC520	4680
10	020002	联想天逸F30T2250	6680
11	030001	海尔电视机HE01	6680
12	030002	海尔电冰箱HDFX01	2468
13	030003	海尔电冰箱HEF02	2800
14	040001	劲霸西服	1468
15	060001	红双喜牌兵乓球拍	46.8

图5-4 查询指定列

	g_Name	g_ID	t_ID
1	诺基亚6500 Slide	010001	01
2	三星SGH-P520	010002	01
3	三星SGH-F210	010003	01
4	三星SGH-C178	010004	01
5	三星SGH-T509	010005	01
6	三星SGH-C408	010006	01
7	摩托罗拉 W380	010007	01
8	飞利浦 292	010008	01
9	联想旭日410MC520	020001	02
10	联想天逸F30T2250	020002	02
11	海尔电视机HE01	030001	03
12	海尔电冰箱HDFX01	030002	03
13	海尔电冰箱HEF02	030003	03
14	劲霸西服	040001	04
15	红双喜牌兵乓球拍	060001	06

图5-5 更改结果集的列顺序

【提示】

- SELECT子句中的【<目标列表达式>】中各个列的先后顺序可以与表中的顺序不一致。
- 用户在查询时可以根据需要改变列的显示顺序，但不改变表中列的原始顺序。

3. 计算列

【任务1-3】 在Goods表中存储了商品的基本信息（包括商品数量和商品单价），现在需要了解网站中所有商品的商品号、商品名称和商品总额。

```
SELECT g_ID, g_Name, g_Price*g_Number
FROM Goods
```

运行结果如图5-6所示。

【提示】

- 该语句中【<目标列表达式>】中第3项不是通常的列名，而是一个计算表达式，是商品单价与商品数量的乘积，所得的积是商品的总价值。
- 计算列不仅可以是算术表达式，还可以是字符串常量、函数等。

4. 使用别名

在显示结果集时，可以指定以别名（显示的名称）代替原来的列名，通常也用来显示结果集中列的汉字标题。

【任务1-4】 要求了解所有商品的商品号、商品名称和总价值，但希望以汉字标题商品号、商品名称和总价值表示g_ID、g_Name和g_Price*g_Number。

```
SELECT g_ID 商品号, g_Name 商品名称, g_Price*g_Number 总价值
FROM Goods
```

运行结果如图5-7所示。

	g_ID	g_Name	(无列名)
1	010001	诺基亚6500 Slide	30000
2	010002	三星SGH-P520	25000
3	010003	三星SGH-F210	105000
4	010004	三星SGH-C178	30000
5	010005	三星SGH-T509	30300
6	010006	三星SGH-C408	34000
7	010007	摩托罗拉 W380	46000
8	010008	飞利浦 292	30000
9	020001	联想旭日410MC520	84240
10	020002	联想天逸F30T2250	120240
11	030001	海尔电视机HE01	66800
12	030002	海尔电冰箱HDFX01	37020
13	030003	海尔电冰箱HEF02	28000
14	040001	劲霸西服	88080
15	060001	红双喜牌乒乓球拍	2106

图 5-6 查询计算列

	商品号	商品名称	总价值
1	010001	诺基亚6500 Slide	30000
2	010002	三星SGH-P520	25000
3	010003	三星SGH-F210	105000
4	010004	三星SGH-C178	30000
5	010005	三星SGH-T509	30300
6	010006	三星SGH-C408	34000
7	010007	摩托罗拉 W380	46000
8	010008	飞利浦 292	30000
9	020001	联想旭日410MC520	84240
10	020002	联想天逸F30T2250	120240
11	030001	海尔电视机HE01	66800
12	030002	海尔电冰箱HDFX01	37020
13	030003	海尔电冰箱HEF02	28000
14	040001	劲霸西服	88080
15	060001	红双喜牌乒乓球拍	2106

图 5-7 汉字列标题

【提示】

- 用户可以通过指定别名来改变查询结果的列标题，这在含有算术表达式、常量、函数名的列分隔目标列表达式时非常有用。
- 有以下三种方法指定别名。
  - 通过“列名 列标题”形式；
  - 通过“列名 AS 列标题”形式；
  - 通过“列标题=列名”形式。

完成此任务也可使用如下语句。

```
SELECT g_ID AS 商品号, g_Name AS 商品名称, g_Price*g_Number AS 总价值
FROM Goods
```

使用下面的语句也可完成同样的任务。

```
SELECT 商品号=g_ID, 商品名称=g_Name, 总价值= g_Price*g_Number
FROM Goods
```

课堂实践 1

1. 操作要求

（1）查询 WebShop 数据库中会员信息表 Customers 中的所有内容。

（2）查询 WebShop 数据库中会员信息表 Customers 中会员的编号（c_ID）、用户名（c_Name）、真实姓名（c_TrueName）和密码（c_Password）。

（3）查询 WebShop 数据库中会员信息表 Customers 中会员的编号（c_ID）、用户名（c_Name）、真实姓名（c_TrueName）、年龄（c_Age）和密码（c_Password）。

（4）查询 WebShop 数据库中会员信息表 Customers 中会员的编号（c_ID）、用户名（c_Name）、真实姓名（c_TrueName）、年龄（c_Age）和密码（c_Password），并以汉字标题显示列名。

2. 操作提示

（1）年龄需要通过当前日期（getdate()函数）中的年份（year()函数）与会员出生年月中的年份相减得到。

（2）别名只是为了方便显示，并未真正改变表中列的名称。

5.1.2　选择行

1. 满足条件的行

查询满足指定条件的记录可以通过 WHERE 子句实现。WHERE 后可以使用关系运算符来进行条件判断，在 WHERE 中常见的运算符如表 5-2 所示。

表 5-2　运算符

运　算　符	含义/用法
<	小于
<=	小于等于
>	大于
>=	大于等于
=	等于
<>	不等于
BETWEEN	用来指定值的范围
LIKE	在模式匹配中使用
IN	用来指定数据库中的记录

（1）简单条件查询。

【任务 1-5】　需要了解所有商品中的“热点”商品的所有信息。

```
SELECT *
FROM Goods
WHERE g_Status = '热点'
```

运行结果如图 5-8 所示。

	g_ID	g_Name	t_...	g_Price	g_Discount	g_Number	g_ProduceDate	g_Image	g_Status
1	010001	诺基亚6500 Slide	01	1500	0.9	20	06 1 2007	pImage/010001.gif	热点
2	010003	三星SGH-F210	01	3500	0.9	30	07 1 2007	pImage/010003.gif	热点
3	010004	三星SGH-C178	01	3000	0.9	10	07 1 2007	pImage/010004.gif	热点
4	010007	摩托罗拉 W380	01	2300	0.9	20	07 1 2007	pImage/010007.gif	热点
5	010008	飞利浦 292	01	3000	0.9	10	07 1 2007	pImage/010008.gif	热点
6	030002	海尔电冰箱HDFX01	03	2468	0.9	15	06 1 2007	pImage/030002.gif	热点

图 5-8　简单条件查询

（2）复合条件查询。使用逻辑运算符 AND 和 OR 可连接多个查询条件。如果这两个运算符同时出现在同一个 WHERE 子句中，则 AND 的优先级高于 OR，但用户可以用括号改变优先级。

【任务 1-6】　需要了解商品类别为“01”，商品单价在 2500 元以上的商品信息，要求以汉字标题显示商品号、商品名称、商品类别号和价格。

```
SELECT g_ID 商品号,g_Name 商品名称,t_ID 类别号,g_Price 价格
FROM Goods
WHERE t_ID='01' AND g_Price>2500
```

运行结果如图 5-9 所示。

【任务 1-7】 需要了解“湖南”省的所有男性的会员或者年龄在 30 岁以下的会员的会员号、会员名称、性别、籍贯和年龄。

```
SELECT c_ID AS 会员号, c_Name AS 会员名称, c_Gender AS 性别, c_Address AS 籍贯, YEAR(GETDATE())-YEAR(c_Birth) AS 年龄
FROM Customers
WHERE (c_Gender='男' AND LEFT(c_Address,2)='湖南') OR ((YEAR(GETDATE())-YEAR(c_Birth))<30)
```

运行结果如图 5-10 所示。

	商品号	商品名称	类别号	价格
1	010003	三星SGH-F210	01	3500
2	010004	三星SGH-C178	01	3000
3	010006	三星SGH-C408	01	3400
4	010008	飞利浦 292	01	3000

图 5-9 【任务 1-6】运行结果

	会员号	会员名称	性别	籍贯	年龄
1	C0001	liuzc	男	湖南株洲市	35
2	C0002	liujin	女	湖南长沙市	21
3	C0004	hangxf	男	广东顺德市	29
4	C0005	hangrong	女	湖北武汉市	25
5	C0006	chenhx	男	湖南株洲市	37
6	C0007	wubo	男	湖南株洲市	28
7	C0008	luogh	女	湖南株洲市	22
8	C0009	wubin	女	湖南株洲市	20
9	C0010	wenziyu	女	河南郑州市	19

图 5-10 【任务 1-7】运行结果

（3）指定范围查询。

【任务 1-8】 需要了解所有 20～25 岁的会员的名称、籍贯和年龄（用 Nl 表示，不是基本表中的字段，是计算出来的列）。

```
SELECT c_Name, c_Address,Year(GetDate())-Year(c_Birth) Nl
FROM Customers
WHERE Year(GetDate())-Year(c_Birth) BETWEEN 20 AND 25
```

运行结果如图 5-11 所示。

与 BETWEEN…AND…相对的谓词是 NOT BETWEEN…AND…，即不在某一范围内。

【任务 1-9】 需要了解所有非 20～25 岁的会员的名称、籍贯和 Nl（同【任务 1-8】）。

```
SELECT c_Name, c_Address,Year(GetDate())-Year(c_Birth) Nl
FROM Customers
WHERE Year(GetDate())-Year(c_Birth) NOT BETWEEN 20 AND 25
```

运行结果如图 5-12 所示。

	c_Name	c_Address	Nl
1	liujin	湖南长沙市	21
2	hangrong	湖北武汉市	25
3	luogh	湖南株洲市	22
4	wubin	湖南株洲市	20

图 5-11 指定范围内查询

	c_Name	c_Address	Nl
1	liuzc	湖南株洲市	35
2	wangym	湖南长沙市	31
3	hangxf	广东顺德市	29
4	chenhx	湖南株洲市	37
5	wubo	湖南株洲市	28
6	wenziyu	河南郑州市	19

图 5-12 指定范围外查询

（4）指定集合查询。

【任务 1-10】 需要了解来自“湖南株洲”和“湖南长沙”两地会员的详细信息。

```
SELECT *
FROM Customers
WHERE LEFT(c_Address,4) IN ('湖南株洲','湖南长沙')
```

运行结果如图 5-13 所示。

	c_ID	c_Name	c_TrueName	c_Gender	c_Birth	c_CardID	c_Address	c_Postco...	c_Mobile	c_Phone
1	C0001	liuzc	刘志成	男	1972-05-18	120104197205186313	湖南株洲市	412000	13317411740	0733-8208290
2	C0002	liujin	刘津津	女	1986-04-14	430202198604141006	湖南长沙市	410001	13313313333	0731-8888888
3	C0003	wangym	王咏梅	女	1976-08-06	120102197608061004	湖南长沙市	410001	13513513555	0731-8666666
4	C0006	chenhx	陈欢喜	男	1970-02-08	430202197002081108	湖南株洲市	412001	13607330303	0733-26545555
5	C0007	wubo	吴波	男	1979-10-10	430202197910108110	湖南株洲市	412001	13607338888	0733-26548888
6	C0008	luogh	罗桂华	女	1985-04-26	430201198504264545	湖南株洲市	412001	13574268888	0733-8208888
7	C0009	wubin	吴兵	女	1987-09-09	430201198709092346	湖南株洲市	412001	13873308088	0733-8208208

图 5-13　指定集合内查询

该语句相当于多个 OR 运算符，下面的语句可完成相同的查询功能。

```
SELECT *
FROM Customers
WHERE LEFT(c_Address,4)= '湖南株洲' OR LEFT(c_Address,4)='湖南长沙'
```

与 IN 相对的谓词是 NOT IN，用于查找属性值不属于指定集合的记录。

【任务 1-11】 需要了解家庭地址不是“湖南株洲”和“湖南长沙”的商品的详细信息。

```
SELECT *
FROM Customers
WHERE LEFT(c_Address,4) NOT IN ('湖南株洲','湖南长沙')
```

运行结果如图 5-14 所示。

	c_ID	c_Name	c_TrueName	c_Gender	c_Birth	c_CardID	c_Address	c_Postco...	c_Mobile	c_Phone
1	C0004	hangxf	黄幸福	男	1978-04-06	120102197608060204	广东顺德市	310001	13613613666	0757-2554653
2	C0005	hangrong	黄蓉	女	1982-12-01	220102197608060104	湖北武汉市	510001	13613613666	024-89072346
3	C0010	wenziyu	文子玉	女	1988-05-20	320908198805200116	河南郑州市	622000	13823376666	0327-8208208

图 5-14　指定集合外查询

（5）模糊查询。谓词 LIKE 可以用来进行字符串的匹配，其一般语句格式如下。

```
[NOT] LIKE "<匹配串>" [ESCAPE "<换码字符>"]
```

其含义是查找指定的属性列值与<匹配串>相匹配的记录。<匹配串>可以是一个完整的字符串，也可以含有通配符“%”和“_”。

- %（百分号）：代表任意长度（长度可以为 0）的字符串。
- _（下画线）：代表任意单个字符。

【任务 1-12】 需要了解所有商品中“三星”的详细信息。

```
SELECT *
FROM Goods
WHERE g_Name LIKE '三星%'
```

运行结果如图 5-15 所示。

	g_ID	g_Name	t_ID	g_Price	g_Discount	g_Number	g_ProduceDate	g_Image	g_State	g_Description
1	010002	三星SGH-P520	01	2500	0.9	10	2007-07-01 00:00:00.000	pImage/010002.gif	推荐	彩屏,26万色,TFT
2	010003	三星SGH-F210	01	3500	0.9	30	2007-07-01 00:00:00.000	pImage/010003.gif	热点	彩屏,26万色,TFT
3	010004	三星SGH-C178	01	3000	0.9	10	2007-07-01 00:00:00.000	pImage/010004.gif	热点	彩屏,65536色,CS
4	010005	三星SGH-T509	01	2020	0.8	15	2007-07-01 00:00:00.000	pImage/010005.gif	促销	彩屏,26万色,TFT
5	010006	三星SGH-C408	01	3400	0.8	10	2007-07-01 00:00:00.000	pImage/010006.gif	促销	彩屏,65536色,CS

图 5-15　模糊查询（1）

【任务 1-13】 需要了解姓“黄”且名字中只有两个汉字的会员的会员名、真实姓名、电话和电子邮箱。

```
SELECT c_Name, c_TrueName, c_Phone, c_E-mail
FROM Customers
WHERE c_TrueName LIKE '黄_'
```

运行结果如图 5-16 所示。

【提示】

如果在“黄”后用两个“_”，则姓“黄”且名字中有两个汉字和三个汉字的商品都将被查询出来。

【任务 1-14】 知道一个商品的商品名称中包含“520”字样，要求查询该商品的商品号、商品名称、商品单价和商品折扣。

```
SELECT g_ID, g_Name, g_Price, g_Discount
FROM Goods
WHERE g_Name LIKE '%520%'
```

运行结果如图 5-17 所示。

	c_Name	c_TrueName	c_Phone	c_Email
1	hangrong	黄蓉	024-89072346	hangrong@sina.com

图 5-16　模糊查询（2）

	g_ID	g_Name	g_Price	g_Discount
1	010002	三星SGH-P520	2500	0.9
2	020001	联想旭日410M0520	4680	0.8

图 5-17　模糊查询（3）

【提示】

- 如果用户要查询的匹配字符串本身就含有“%”或“_”，如要查询名称为“三星Cdmaix_008”的商品的信息，就要使用“ESCAPE”关键字对通配符进行转义。
- ESCAPE“\”短语中表示“\”为换码字符，这样匹配串中紧跟在“\”后面的字符“_”不再具有通配符的含义，而是取其本身含义，即普通的“_”字符。

（6）涉及空值的查询。

【任务 1-15】 查询暂时没有商品图片的商品信息。

【任务分析】如果有些商品暂时没有添加图片，则该商品对应的 g_Image 值为空。

```
SELECT *
FROM Goods
WHERE g_Image IS NULL
```

由于在样例数据库中不存在这种条件记录，因此没有满足条件的记录被查询到。如果使用以下语句向 Goods 表中添加一条记录：

```
INSERT INTO Goods(g_ID, g_Name, t_ID, g_Price, g_Discount, g_Number,
g_ProduceDate, g_Status)
VALUES('060019','红双喜羽毛球拍','06',78,0.9,12,'2007-08-01','推荐')
```

由于在添加记录时，没有指定 g_Image 和 g_Description 的值，所以这两列的值为空（即 NULL）。再执行上述语句时，运行结果如图 5-18 所示。

	g_ID	g_Name	t_...	g_Price	g_Discount	g_Number	g_ProduceDate	g_Image	g_Status	g_Description
1	060019	红双喜羽毛球拍	06	78	0.9	12	2007-08-01	NULL	推荐	NULL

图 5-18　NULL 查询

【提示】

● 这里的“IS”不能用等号（“=”）代替。IS NULL 表示空，IS NOT NULL 表示非空。

● 这里的 NULL 是抽象的空值，不是 0，也不是空字符串，如果用户将已有的商品的图片信息删除了，则为空字符串，而非 NULL 值。

2. 消除重复行

【任务 1-16】 需要了解在 WebShop 网站进行购物并下订单的会员编号，如果一个会员下了多个订单，则只需要显示一次会员编号。

```
SELECT g_ID
FROM OrderDetails
```

运行结果如图 5-19 所示，该运行结果中包含了重复的“C0001”。如果想让会员编号“C0001”只显示一次，则必须指定 DISTINCT 短语。

```
SELECT DISTINCT g_ID
FROM OrderDetails
```

运行结果如图 5-20 所示。

	c_ID
1	C0001
2	C0002
3	C0001
4	C0004
5	C0003
6	C0005

图 5-19　未消除重复行

	c_ID
1	C0001
2	C0002
3	C0003
4	C0004
5	C0005

图 5-20　消除重复行

3. 前 n 行

在 SELECT 子句中可利用 TOP 子句限制返回到结果集中的行数，其基本语句格式如下。

```
TOP n [PERCENT]
```

n 指定返回的行数。如果未指定 PERCENT，n 就是返回的行数。如果指定了 PERCENT，n 就是返回的结果集行的百分比。

【任务 1-17】 需要了解前 8 种商品的详情信息。

```
SELECT TOP 8 *
FROM Goods
```

运行结果如图 5-21 所示。

	g_ID	g_Name	t_...	g_Price	g_Discount	g_Number	g_ProduceDate	g_Image	g_Status	g_De
1	010001	诺基亚6500 Slide	01	1500	0.9	20	06 1 2007	pImage/010001.gif	热点	彩屏.
2	010002	三星SGH-P520	01	2500	0.9	10	07 1 2007	pImage/010002.gif	推荐	彩屏.
3	010003	三星SGH-F210	01	3500	0.9	30	07 1 2007	pImage/010003.gif	热点	彩屏.
4	010004	三星SGH-C178	01	3000	0.9	10	07 1 2007	pImage/010004.gif	热点	彩屏.
5	010005	三星SGH-T509	01	2020	0.8	15	07 1 2007	pImage/010005.gif	促销	彩屏.
6	010006	三星SGH-C408	01	3400	0.8	10	07 1 2007	pImage/010006.gif	促销	彩屏.
7	010007	摩托罗拉 W380	01	2300	0.9	20	07 1 2007	pImage/010007.gif	热点	折叠.
8	010008	飞利浦 292	01	3000	0.9	10	07 1 2007	pImage/010008.gif	热点	直板.

图 5-21　查询前 *n* 行

课堂实践 2

1．操作要求

（1）查询 WebShop 数据库中“VIP 会员”的详细情况。

（2）查询 WebShop 数据库中男“VIP 会员”的详细情况，并对所有的列使用汉字标题。

（3）查询 WebShop 数据库中来自湖南的男“VIP 会员”的姓名（c_Name）、性别（c_Gender）、出生年月（c_Birth）、籍贯（c_Address）、联系电话（c_Phone）和 E-mail（c_E-mail），要求使用汉字标题。

（4）查询所有使用 163 邮箱的会员的详细信息。

（5）查询最先注册的 10%的会员的详细信息。

（6）查询所有姓“刘”的会员的信息，要求显示姓名（c_Name）、性别（c_Gender）、出生年月（c_Birth）和籍贯（c_Address）。

2．操作提示

（1）执行查询时，请选定要执行查询的语句。

（2）比较实现同一查询目标的多种方法。

5.1.3　ORDER BY 子句

任务 2	在 SQL Server 2012 中使用 T-SQL 对数据表中的记录进行排序、分组和统计操作。

在利用 T-SQL 语句进行查询时，如果没有指定查询结果的显示顺序，DBMS 将按其最方便的顺序（通常是记录在表中的先后顺序）输出查询结果。

【任务 2-1】 需要了解商品类别号为“01”的商品的商品号、商品名称和商品单价，并要求根据商品的价格进行降序（价格由高到低）排列。

```
SELECT g_ID, g_Name, g_Price
FROM Goods
WHERE t_ID='01'
ORDER BY g_Price DESC
```

运行结果如图 5-22 所示。

【提示】

- 用 ORDER BY 子句对查询结果按价格排序时，若按升序排列，价格为空值的记录将最后显示；若按降序排列，价格为空值的记录将最先显示。
- 中英文字符按其 ASCII 码大小进行比较。
- 数值型数据根据其数值大小进行比较。
- 日期型数据按年、月、日的数值大小进行比较。
- 逻辑型数据“False”小于“True”。

【任务 2-2】 需要了解价格在 2500 元以上的商品的商品号、商品名称、商品类别号和商品单价信息，并要求按类别号升序排列；如果是同一类别的商品，则按价格降序排列。

```
SELECT g_ID, g_Name, t_ID, g_Price
FROM Goods
WHERE g_Price>2500
ORDER BY t_ID, g_Price DESC
```

运行结果如图 5-23 所示。

	g_ID	g_Name	g_Price
1	010003	三星SGH-F210	3500
2	010006	三星SGH-C408	3400
3	010008	飞利浦 292	3000
4	010004	三星SGH-C178	3000
5	010002	三星SGH-P520	2500
6	010007	摩托罗拉 W380	2300
7	010005	三星SGH-T509	2020
8	010001	诺基亚6500 Slide	1500

图 5-22　按价格的降序排列

	g_ID	g_Name	t_ID	g_Price
1	010003	三星SGH-F210	01	3500
2	010006	三星SGH-C408	01	3400
3	010008	飞利浦 292	01	3000
4	010004	三星SGH-C178	01	3000
5	020002	联想天逸F30T2250	02	6680
6	020001	联想旭日410MC520	02	4680
7	030001	海尔电视机HE01	03	6680
8	030003	海尔电冰箱HEF02	03	2800

图 5-23　多关键字排序

5.1.4　GROUP BY 子句

GROUP BY 子句可以将查询结果表的各行按某一列或多列取值相等的原则进行分组。一般情况下，分组的目的是便于进一步统计。在 SELECT 子句内使用聚合函数对记录组进行操作，它返回应用于一组记录的单一值。T-SQL 中常见的聚合函数如表 5-3 所示。

表 5-3　聚合函数

聚 合 函 数	描　述
AVG	用来获得特定字段中的值的平均数
COUNT	用来返回选定记录的个数
SUM	用来返回特定字段中所有值的总和

续表

聚 合 函 数	描 述
MAX	用来返回指定字段中的最大值
MIN	用来返回指定字段中的最小值
DISTINCT COUNT	用来返回不重复的输入值的数目
STDEV	返回指定表达式中所有值的标准偏差
STDEVP	返回指定表达式中所有值的总体标准偏差
VAR	返回指定表达式中所有值的方差
VARP	返回指定表达式中所有值的总体方差

对查询结果分组的目的是细化聚合函数的作用对象。如果没有对查询结果进行分组，则聚合函数将作用于整个查询结果，即整个查询结果只有一个函数值。如果对查询结果实现了分组，聚合函数将作用于每一个组，即每一组都有一个函数值。

1. 简单分组

【任务 2-3】 需要了解每一类别的商品总数。

```
SELECT t_ID 类别号, COUNT(t_ID) 商品数
FROM Goods
GROUP BY t_ID
```

	类别号	商品数
1	01	8
2	02	2
3	03	3
4	04	1
5	06	2

图 5-24　分组统计

该语句对 Goods 表按 t_ID（类别号）的取值进行分组，所有具有相同 t_ID 值的记录为一组，然后对每一组作用聚合函数 COUNT 来求得该组的商品数。运行结果如图 5-24 所示。

2. 分组后排序

分组后的数据也可以根据指定的条件进行排序。

【任务 2-4】 需要了解每一个订单的总金额，并根据订单总额进行升序排列。

```
SELECT o_ID 订单编号,sum(d_Price*d_Number) 总金额
FROM OrderDetails
GROUP BY o_ID
ORDER BY sum(d_Price*d_Number)
```

该语句的执行结果如图 5-25 所示。

3. 分组后筛选

如果分组后还要求按一定的条件对这些组进行筛选，最终只输出满足指定条件的组，则可以使用 HAVING 短语指定筛选条件。

【任务 2-5】 需要了解订单总额大于 5000 的订单信息，并按升序排列。

```
SELECT o_ID 订单编号, sum(d_Price*d_Number) 总金额
FROM OrderDetails
GROUP BY o_ID
HAVING sum(d_Price*d_Number)>5000
ORDER BY sum(d_Price*d_Number)
```

运行结果如图 5-26 所示。

该语句首先根据订单号进行分组，并根据订单的总金额进行升序排列（默认）；再使用 HAVING 短语指定选择组的条件（总金额大于 5000），只有满足条件的组才会被查找出来。

	订单编号	总金额
1	200708011012	1387.44
2	200708011132	2700
3	200708021533	2720
4	200708022045	2720
5	200708011430	5498.64
6	200708021850	9222.64

图 5-25　分组后排序

	订单编号	总金额
1	200708011430	5498.64
2	200708021850	9222.64

图 5-26　分组后筛选

【提示】

● 在使用分组时要显示的列要么包含在聚合函数中，要么包含在 GROUP BY 子句中，否则不能被显示。

● WHERE 子句与 HAVING 短语的根本区别在于作用对象不同。WHERE 子句作用于基本表或视图，从中选择满足条件的记录。HAVING 短语作用于组，从中选择满足条件的组。

5.1.5　WITH CUBE 和 WITH ROLLUP 汇总数据

CUBE 运算符生成的结果集是多维数据集。多维数据集是事实数据（即记录个别事件的数据）的扩展。扩展是基于用户要分析的列而建立的，这些列称为维度。多维数据集是结果集，其中包含各维度的所有可能组合的交叉表格。

CUBE 运算符在 SELECT 语句的 GROUP BY 子句中指定。该语句的选择列表包含维度列和聚合函数表达式。GROUP BY 指定了维度列和关键字 WITH CUBE。结果集包含维度列中各值的所有可能组合，以及与这些维度值组合相匹配的基础行中的聚合值。

【任务 2-6】 需要了解每一类送货方式产生的总金额，以及每一个员工处理的订单的总金额。

```
SELECT  o_SendMode, e_ID,SUM(o_Sum) AS QtySum
FROM Orders
GROUP BY o_SendMode, e_ID WITH CUBE
```

该语句运行结果如图 5-27 所示。

	o_SendMode	e_ID	QtySum
1	送货上门	E0001	6886.08
2	NULL	E0001	6886.08
3	送货上门	E0003	8140
4	NULL	E0003	8140
5	邮寄	E0004	9222.64
6	NULL	E0004	9222.64
7	NULL	NULL	24248.72
8	送货上门	NULL	15026.08
9	邮寄	NULL	9222.64

图 5-27　多维度汇总数据

【提示】

● 第 1 行：送货方式为“送货上门”、订单处理员工为“E0001”的总金额。

● 第 2 行：所有送货方式、订单处理员工为“E0001”的总金额。o_SendMode 为 NULL，表示所有送货方式。

● 第 3 行：送货方式为“送货上门”、订单处理员工为“E0003”的总金额。

● 第 4 行：所有送货方式、订单处理员工为“E0003”的总金额。o_SendMode 为 NULL，表示所有送货方式。

● 第 5 行：送货方式为“邮寄”、订单处理员工为“E0004”的总金额。

● 第 6 行：所有送货方式、订单处理员工为“E0004”的总金额。o_SendMode 为 NULL，表示所有送货方式。

● 第 7 行：所有送货方式、所有处理员工处理的订单总金额。o_SendMode 为 NULL，表示所有送货方式。e_ID 为 NULL，表示所有员工。

- 第 8 行：送货方式为“送货上门”、所有处理员工处理的订单的总金额。e_ID 为 NULL，表示所有员工。
- 第 9 行：送货方式为“邮寄”、所有处理员工处理的订单的总金额。e_ID 为 NULL，表示所有员工。

从这个结果中既可以了解员工处理订单的金额，又可以了解送货方式的订单的金额。

ROLLUP 运算符生成的结果集类似于 CUBE 运算符生成的结果集。ROLLUP 和 CUBE 之间的具体区别如下。

① CUBE 生成的结果集显示了所选列中值的所有组合的聚合。

② ROLLUP 生成的结果集显示了所选列中值的某一层次结构的聚合。

【任务 2-7】 查询每一类送货方式产生的总金额，以及所有送货方式产生的总金额。

```
SELECT o_SendMode, e_ID,SUM(o_Sum) AS QtySum
FROM Orders
GROUP BY o_SendMode, e_ID WITH ROLLUP
```

该语句运行结果如图 5-28 所示。

	o_SendMode	e_ID	QtySum
1	送货上门	E0001	6886.08
2	送货上门	E0003	8140
3	送货上门	NULL	15026.08
4	邮寄	E0004	9222.64
5	邮寄	NULL	9222.64
6	NULL	NULL	24248.72

图 5-28　多维度汇总数据

5.1.6　分页和排名

过去使用 SQL Server 2000 进行分页时，需要用到临时表。在 SQL Server 2012 中，借助于 ROW_NUMBER 可以很方便地实现分页。ROW_NUMBER 的基本语句格式如下所示。

```
ROW_NUMBER ( )    OVER ( [ <partition_by_clause> ] <order_by_clause> )
```

使用 RANK 可返回结果集的分区内每行的排名，行的排名是相关行之前的排名数加一。RANK 的基本语句格式如下所示。

```
RANK ( )    OVER ( [ < partition_by_clause > ] < order_by_clause > )
```

【任务 2-8】 在订单表中按订单总额（o_Sum）进行排序，需要显示其中指定的第 3～5 条记录，通过这种方法实现分页。

```
SELECT * FROM
(
   SELECT o_Id, o_Sum, ROW_NUMBER()
   OVER(ORDER BY o_Sum) AS rowset
   FROM Orders
) AS temp
WHERE rowset BETWEEN 3 AND 5
```

该语句运行结果如图 5-29 所示。

【提示】

● ROW_NUMBER 返回结果集分区内行的序列号，每个分区的第一行从 1 开始。

● ORDER BY 子句可确定在特定分区中为行分配的唯一 ROW_NUMBER 的顺序。

【任务 2-9】 在订单表中按订单总额进行排序，需要显示其中指定的第 3～5 条记录的排名情况。

```
SELECT * FROM
(
    SELECT o_Id, o_Sum, RANK()
    OVER(ORDER BY o_Sum) AS rank
    FROM Orders
) AS temp
WHERE rank BETWEEN 3 AND 5
```

该语句运行结果如图 5-30 所示。

	o_Id	o_Sum	rowset
1	200708021533	2720	3
2	200708022045	2720	4
3	200708011430	5498.64	5

图 5-29　分页显示数据

	o_Id	o_Sum	rank
1	200708021533	2720	3
2	200708022045	2720	3
3	200708011430	5498.64	5

图 5-30　实现排名

课堂实践 3

1．操作要求

（1）对会员信息表 Customers 按年龄进行降序排列。

（2）对会员信息表 Customers 按会员类型（c_Type）进行升序排列，类型相同的按年龄进行降序排列。

（3）统计 Customers 表中男、女会员的总人数。

（4）统计 Orders 表中每一个会员的订单总额，并显示大于平均总额的会员编号和订单总额。

（5）统计 Orders 表中每一天的订单总额，并根据订单总额进行降序排列。

2．操作提示

（1）表中没有年龄列，需要使用 YEAR()和 GETDATE()函数通过计算得到。

（2）查阅 SQL Server 联机丛书，学习常用聚合函数的使用。

5.2　连接查询

任务 3

在 SQL Server 2012 中使用 T-SQL 对数据库中的多表进行查询，以获得更详细更完整的信息。

一个数据库中的多个表之间一般存在某种内在联系，它们共同为数据库管理员和设计人员提供有用的信息。5.1 节的查询都是针对一个表进行的，如果一个查询同时涉及两个以上的表，则称之为连接查询。连接查询主要包括等值连接查询、非等值连接查询、自身连接查询、外连接查询和复合条件连接查询。

在讲述连接关系之前，首先来了解一下 WebShop 数据库中各表之间的关系。数据库中表间的关系可以通过“数据库关系图”来表示。在“SQL Server Management Studio”中创建数据库关系图的步骤如下。

（1）启动 SQL Server Management Studio，在“对象资源管理器”中依次展开【数据库】节点、【WebShop】节点。

（2）右击【数据库关系图】，选择【新建数据库关系图】选项，如图 5-31 所示。

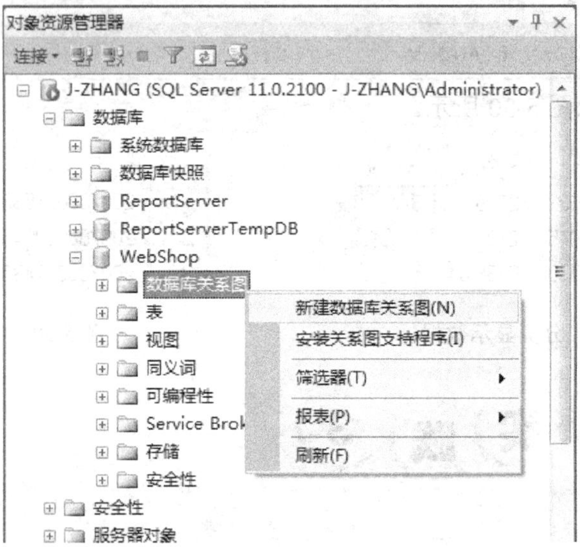

图 5-31　选择“新建数据库关系图”选项

（3）选择要创建关系的表（这里选择所有的表），如图 5-32 所示。

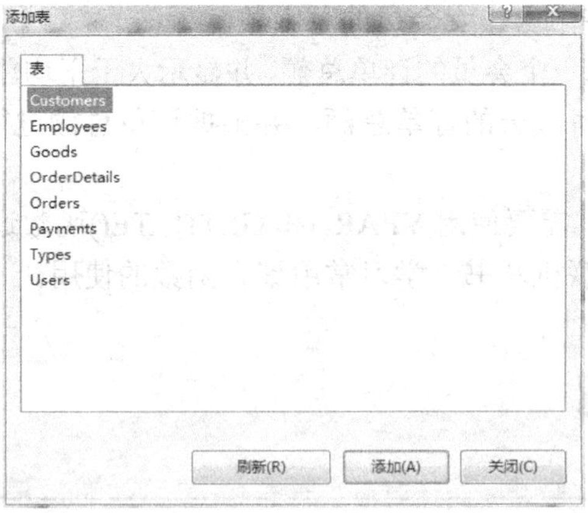

图 5-32　选择表

（4）调整好各个表的位置，单击【保存】按钮，在打开的对话框中输入“mainRelation”，即可创建好关系。通过该关系图，可以方便地了解表之间的关系，如图 5-34 所示。

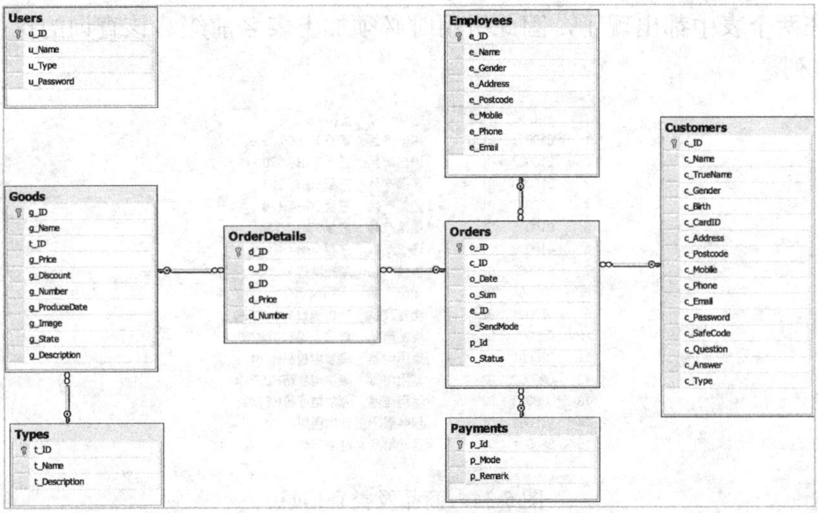

图 5-33　WebShop 数据库关系图

5.2.1　内连接

内连接是用比较运算符比较要连接列的值的连接。在 SQL-92 标准中，内连接可在 FROM 或 WHERE 子句中指定。在 WHERE 子句中指定的内连接称为旧式内连接，本书中提供了两种用法，具体使用哪一种连接方式，取决于数据库管理员或数据库程序员的选择。

1. 等值连接

用来连接两个表的条件称为连接条件或连接谓词，其一般格式如下所示。

```
[<表名 1>.]<列名 1> <比较运算符> [<表名 2>.]<列名 2>
```

【提示】

当比较运算符为“=”时，称为等值连接。

此外，连接谓词还可以使用下面的形式。

```
[<表名 1>.]<列名 1> BETWEEN [<表名 2>.]<列名 2> AND [<表名 2>.]<列名 3>
```

【任务 3-1】 需要了解每个商品的商品号、商品名称和商品类别名称。

【任务分析】商品基本信息存放在 Goods 表中，商品分类信息存放在 Types 表中，所以本查询实际上同时涉及 Goods 与 Types 两个表中的数据。这两个表之间的联系是通过两个表都具有的属性 t_ID 实现的。要查询商品及其类别名称，就必须将这两个表中商品号相同的记录连接起来，这是一个等值连接。

```
SELECT Goods.g_ID, Goods.t_ID, Types.t_Name, Goods.g_Name
FROM Goods
JOIN Types
ON Goods.t_ID=Types.t_ID
```

运行结果如图 5-34 所示。

【提示】

● 由于 g_ID、g_Name 和 t_Name 属性列在 Goods 与 Types 表中是唯一的，因此使用时可以去掉表名前缀。

● t_ID 在两个表中都出现了，因此引用时必须加上表名前缀。该查询的执行结果不再出现 Types.t_ID 列。

	g_ID	t_ID	t_Name	g_Name
1	010001	01	通信产品	诺基亚6500 Slide
2	010002	01	通信产品	三星SGH-P520
3	010003	01	通信产品	三星SGH-F210
4	010004	01	通信产品	三星SGH-C178
5	010005	01	通信产品	三星SGH-T509
6	010006	01	通信产品	三星SGH-C408
7	010007	01	通信产品	摩托罗拉 W380
8	010008	01	通信产品	飞利浦 292
9	020001	02	电脑产品	联想旭日410MC520
10	020002	02	电脑产品	联想天逸F30T2250
11	030001	03	家用电器	海尔电视机HE01
12	030002	03	家用电器	海尔电冰箱HDFX01
13	030003	03	家用电器	海尔电冰箱HEF02
14	040001	04	服装服饰	劲霸西服
15	060001	06	运动用品	红双喜牌乒乓球拍

图 5-34　商品及类别信息

还可使用下列语句完成任务。

```
SELECT Goods.g_ID, Goods.t_ID, Types.t_Name, Goods.g_Name
FROM Goods, Types
WHERE Goods.t_ID=Types.t_ID
```

该语句是使用 WHERE 来实现连接查询的。

【任务 3-2】 需要了解所有订单中订购的商品信息（商品名称、购买价格和购买数量）和订单日期。

【任务分析】 在订单表中存放了订单号和订单产生日期等信息，而该订单所购买的商品的信息（商品号、购买价格和购买数量）存放在订单详情表中，商品的名称存放在商品信息表中，因此，订单表需要和订单详情表通过订单号进行连接，以获得订单中所购商品的商品号等信息，而订单详情表需要和商品信息表进行连接，以通过商品号获得商品名称信息。因此，本任务主要涉及三个表的查询。

完成语句如下所示。

```
SELECT Orders.o_ID,o_Date,g_Name,d_Price,d_Number
FROM Orders
JOIN OrderDetails
ON Orders.o_ID=OrderDetails.o_ID
JOIN Goods
ON OrderDetails.g_ID=Goods.g_ID
```

运行结果如图 5-35 所示。

	o_ID	o_Date	g_Name	d_Price	d_Number
1	200708011012	2007-08-01	诺基亚6500 Slide	1350	1
2	200708011012	2007-08-01	红双喜牌乒乓球拍	37.44	1
3	200708011430	2007-08-01	红双喜牌乒乓球拍	37.44	1
4	200708011430	2007-08-01	摩托罗拉 W380	2070	2
5	200708011430	2007-08-01	劲霸西服	1321.2	1
6	200708011132	2007-08-01	飞利浦 292	2700	1
7	200708021850	2007-08-02	海尔电冰箱HEF02	2520	1
8	200708021850	2007-08-02	联想天逸F30T2250	5344	1
9	200708021850	2007-08-02	劲霸西服	1321.2	1
10	200708021850	2007-08-02	红双喜牌乒乓球拍	37.44	1
11	200708021533	2007-08-02	三星SGH-C408	2720	1
12	200708022045	2007-08-02	三星SGH-C408	2720	1

图 5-35　订单及商品名称信息

【提示】

● 如果是按照两个表中的相同属性进行等值连接的，且目标列中去掉了重复的属性列，但保留了所有不重复的属性列，则称之为自然连接。

● 自行比较使用 JOIN 连接和使用 WHERE 连接的异同。

2. 非等值连接

使用>、<、>=、<=等运算符作为连接条件的连接称为非等值连接。但在实际应用中很少使用非等值连接，并且非等值连接只有与自身连接同时使用才有意义。

3. 自身连接

连接操作不仅可以在两个表之间进行，也可以是一个表与其自身进行连接，这种连接称为表的自身连接。自身连接一般很少用于查询数据，主要用于使用 INSERT、UPDATE 语句对一个表中满足特定条件的行进行操作的情况。

【任务 3-3】 需要了解不低于“三星 SGH-C178”的价格的商品号、商品名称和商品单价，查询后的结果要求按商品单价升序排列。

```
SELECT G2.g_ID 商品号,G2.g_Name 商品名称,G2.g_Price 价格
FROM Goods G1
JOIN Goods G2
ON G1.g_Name='三星SGH-C178'  AND G1.g_Price<=G2.g_Price
ORDER BY G2.g_Price
```

运行结果如图 5-36 所示。

【提示】

● 因为是对同一个表进行连接操作，所以用别名 G1 和 G2 代表同一个表 Goods。

● 如果将上述语句中 SELECT 子句中的 G2 换成 G1，则将会出现如图 5-37 所示的错误查询结果。

	商品号	商品名称	g_Price
1	010008	飞利浦 292	3000
2	010004	三星SGH-C178	3000
3	010006	三星SGH-C408	3400
4	010003	三星SGH-F210	3500
5	020001	联想旭日410MC520	4680
6	020002	联想天逸F30T2250	6680
7	030001	海尔电视机HE01	6680

图 5-36 自身连接

	商品号	商品名称	价格
1	010004	三星SGH-C178	3000
2	010004	三星SGH-C178	3000
3	010004	三星SGH-C178	3000
4	010004	三星SGH-C178	3000
5	010004	三星SGH-C178	3000
6	010004	三星SGH-C178	3000
7	010004	三星SGH-C178	3000

图 5-37 自身连接错误查询结果

5.2.2 外连接

在连接操作中，只有满足连接条件的记录才能作为结果输出，但是如果想以 Types 表为主体列出每个商品类别的基本情况及其商品信息情况，若某个商品类别没有对应商品，则只输出其类别信息，其对应商品信息为空值即可，这时就需要借助外连接来实现。

1. 左外连接

左外连接包括第一个命名表（“左”表，出现在 JOIN 子句的最左边）中的所有行，但不包括右表中的不满足条件的行。

【任务 3-4】 需要了解所有商品类别及其对应商品信息，如果该商品类别没有对应商品，则也需要显示其类别信息。

将 Types 表和 Goods 表进行左外连接，Types 为左表，Goods 为右表。完成语句如下所示。

```
SELECT Types.t_ID, t_Name, g_ID, g_Name, g_Price, g_Number
FROM Types
LEFT OUTER JOIN Goods on Types.t_ID= Goods.t_ID
```

运行结果如图 5-38 所示。

【提示】

如果不使用左外连接而使用等值连接，将会产生什么样的查询结果？

```
SELECT Types.t_ID, t_Name, g_ID, g_Name, g_Price, g_Number
FROM Types
JOIN Goods
ON Types.t_ID= Goods.t_ID
```

【任务 3-5】 需要了解所有订单所订购的商品信息和订单日期。

```
SELECT Orders.o_ID, o_Date, g_ID, d_Price, d_Number
FROM Orders
LEFT OUTER JOIN OrderDetails
ON Orders.o_ID=OrderDetails.o_ID
```

运行结果如图 5-39 所示。

	t_ID	t_Name	g_ID	g_Name	g_Price	g_Number
1	01	通信产品	010001	诺基亚6500 Slide	1500	20
2	01	通信产品	010002	三星SGH-P520	2500	10
3	01	通信产品	010003	三星SGH-F210	3500	30
4	01	通信产品	010004	三星SGH-C178	3000	10
5	01	通信产品	010005	三星SGH-T509	2020	15
6	01	通信产品	010006	三星SGH-C408	3400	10
7	01	通信产品	010007	摩托罗拉 W380	2300	20
8	01	通信产品	010008	飞利浦 292	3000	10
9	02	电脑产品	020001	联想旭日410MC520	4680	18
10	02	电脑产品	020002	联想天逸F30T2250	6680	18
11	03	家用电器	030001	海尔电视机HE01	6680	10
12	03	家用电器	030002	海尔电冰箱HDFX01	2468	15
13	03	家用电器	030003	海尔电冰箱HEF02	2800	10
14	04	服装服饰	040001	劲霸西服	1468	60
15	05	日用商品	NULL	NULL	NULL	NULL
16	06	运动用品	060001	红双喜牌乒乓球拍	46.8	45
17	07	礼品玩具	NULL	NULL	NULL	NULL
18	08	女性用品	NULL	NULL	NULL	NULL
19	09	文化用品	NULL	NULL	NULL	NULL
20	10	时尚用品	NULL	NULL	NULL	NULL

图 5-38　左外连接（1）

	o_ID	o_Date	g_ID	d_Price	d_Number
1	200708011012	2007-08-01	010001	1350	1
2	200708011012	2007-08-01	060001	37.44	1
3	200708011132	2007-08-01	010008	2700	1
4	200708011430	2007-08-01	060001	37.44	1
5	200708011430	2007-08-01	010007	2070	2
6	200708011430	2007-08-01	040001	1321.2	1
7	200708021533	2007-08-02	010006	2720	1
8	200708021850	2007-08-02	030003	2520	1
9	200708021850	2007-08-02	020002	5344	1
10	200708021850	2007-08-02	040001	1321.2	1
11	200708021850	2007-08-02	060001	37.44	1
12	200708022045	2007-08-02	010006	2720	1

图 5-39　左外连接（2）

2. 右外连接

右外连接包括第二个命名表（“右”表，出现在 JOIN 子句的最右边）中的所有行，但不包括左表中不满足条件的行。

【任务 3-6】 需要了解所有商品的信息（即使是不存在对应的商品类别的信息，实际上这种情况是不存在的）。

将 Types 表和 Goods 表进行右外连接，Goods 为左表，Types 为右表。完成语句如下所示。

```
SELECT Types.t_ID, t_Name, g_ID, g_Name, g_Price, g_Number
FROM Types
RIGHT OUTER JOIN Goods on Types.t_ID= Goods.t_ID
```

运行结果如图 5-40 所示。

	t_ID	t_Name	g_ID	g_Name	g_Price	g_Number
1	01	通信产品	010001	诺基亚6500 Slide	1500	20
2	01	通信产品	010002	三星SGH-P520	2500	10
3	01	通信产品	010003	三星SGH-F210	3500	30
4	01	通信产品	010004	三星SGH-C178	3000	10
5	01	通信产品	010005	三星SGH-T509	2020	15
6	01	通信产品	010006	三星SGH-C408	3400	10
7	01	通信产品	010007	摩托罗拉 W380	2300	20
8	01	通信产品	010008	飞利浦 292	3000	10
9	02	电脑产品	020001	联想旭日410MC520	4680	18
10	02	电脑产品	020002	联想天逸F30T2250	6680	18
11	03	家用电器	030001	海尔电视机HE01	6680	10
12	03	家用电器	030002	海尔电冰箱HDFX01	2468	15
13	03	家用电器	030003	海尔电冰箱HEF02	2800	10
14	04	服装服饰	040001	劲霸西服	1468	60
15	06	运动用品	060001	红双喜牌乒乓球拍	46.8	45

图 5-40　右外连接

3．完整外部连接

完整外部连接将包括所有连接表中的所有行，而不论它们是否匹配。

【任务 3-7】 需要了解所有商品的基本信息和类别信息。

在 Types 表和 Goods 表之间建立完整外部连接。完成语句如下所示。

```
SELECT Types.t_ID, t_Name, g_ID, g_Name, g_Price, g_Number
FROM Types
FULL OUTER JOIN Goods on Types.t_ID= Goods.t_ID
```

完整外部连接将两个表中的记录按连接条件全部连接起来。

5.2.3　交叉连接

连接运算中还有一种特殊情况，即卡氏积连接，卡氏积是不带连接谓词的连接。两个表的卡氏积是两表中记录的交叉乘积，即其中一表中的每一条记录都要与另一表中的每一条记录做拼接，因此结果表往往很大。

【任务 3-8】 对商品信息表和类别表进行交叉连接。其完成语句有以下两种。

```
SELECT * FROM Types
CROSS JOIN Goods
SELECT Types.*,Goods.*
FROM Types,Goods
```

在示例数据库 WebShop 的基本表 Goods 中有 15 条记录，基本表 Types 中有 10 条记录，卡氏积连接后的记录总数为 15 乘以 10，即 150 条记录。

课堂实践 4

1．操作要求

（1）查询每笔订单的基本信息（订单号、订单日期、总金额）、付款方式（名称），以及处理该订单的员工名称。

（2）使用 WHERE 语句来实现【任务 3-3】中的查询操作。

（3）实现订单表（Orders）和订单详情表（OrderDetails）的左外连接。

（4）实现订单表（Orders）和订单详情表（OrderDetails）的右外连接。

（5）实现订单表（Orders）和订单详情表（OrderDetails）的完整外部连接。

2．操作提示

（1）注意 JOIN 连接和 WHERE 连接的不同。

（2）在自身连接中，注意表的别名的使用。

5.3 子查询

任务 4	在 SQL Server 2012 中使用 T-SQL 实现嵌套查询以进行各种灵活的查询操作。

在 SQL 中，一个 SELECT-FROM-WHERE 语句称为一个查询块。将一个查询块嵌套在另一个查询块的 WHERE 子句或 HAVING 短语中的查询被称为嵌套查询或子查询。

5.3.1 子查询类型

1．使用 IN 或 NOT IN 的子查询

带有 IN 谓词的子查询是指父查询与子查询之间用 IN 进行连接，判断某个属性列值是否在子查询的结果中。由于在嵌套查询中，子查询的结果往往是一个集合，所以谓词 IN 是嵌套查询中最常使用的谓词。

【任务 4-1】 需要了解和“摩托罗拉 W380”为同类商品的商品号、商品名称和类别号。

【任务分析】 要查询“摩托罗拉 W380”的同类商品，首先要知道“摩托罗拉 W380”的商品类别，再根据该类别获取同类商品的相关信息。

（1）确定“摩托罗拉 W380”所属类别名。

```
SELECT t_ID
FROM Goods
WHERE g_Name='摩托罗拉 W380'
```

运行结果如图 5-41 所示。

或者使用如下语句。

```
SELECT g_ID, g_Name ,t_ID
FROM Goods
WHERE t_ID IN (SELECT t_ID FROM Goods  WHERE g_Name='摩托罗拉 W380')
```

该任务也可以用前面学过的表的自身连接查询来完成，如下所示。

```
SELECT G1.g_ID, G1.g_Name ,G1.t_ID
FROM Goods G1, Goods G2
WHERE G1.t_ID=G2.t_ID AND G2.g_Name='摩托罗拉 W380'
```

（2）查找类别号为“01”的商品信息。

```
SELECT g_ID, g_Name ,t_ID
FROM Goods
WHERE t_ID='01'
```

运行结果如图 5-42 所示。

该方式采用分步书写查询，使用起来比较麻烦，上述查询实际上可以用子查询来实现，即将第一步查询嵌入到第二步查询中，作为构造第二步查询的条件。

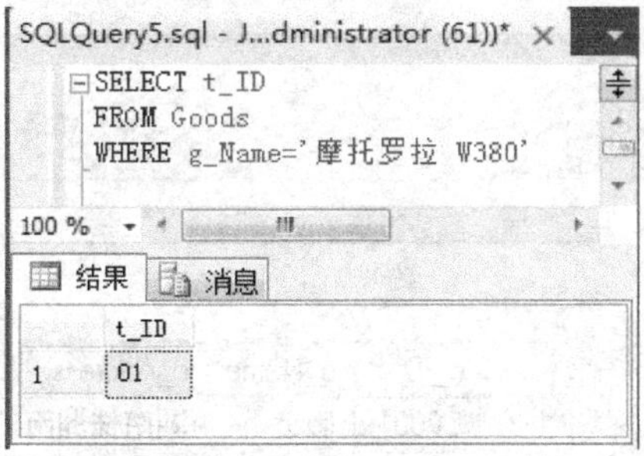

图 5-41 父查询

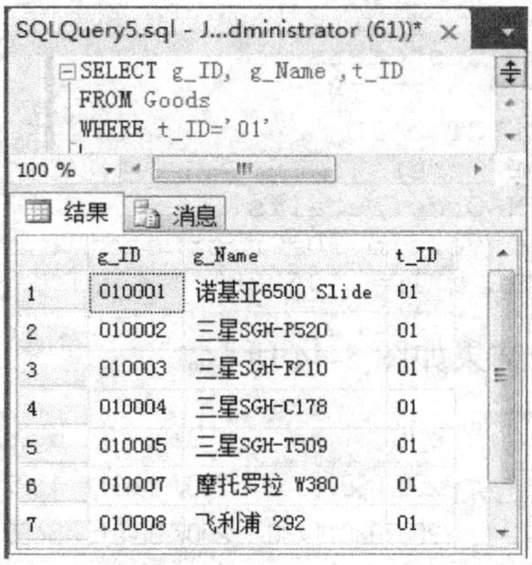

图 5-42 子查询

【提示】

● 实现同一个查询可以采用多种方法，当然，不同方法的执行效率可能会有差别，甚至会差别很大，数据库用户可以根据自己的需要进行合理的选择。

● 在查询语句中的常量必须准确，如上例中的“摩托罗拉 W380”中间的空格也不能省略，否则会出现查找不到的情况。

【任务 4-2】 需要了解购买了“红双喜牌乒乓球拍”的订单号、订单时间和订单总金额。

```
SELECT o_ID, o_Date, o_Sum
FROM Orders
WHERE o_ID IN
(SELECT o_ID FROM OrderDetails WHERE g_ID IN
(SELECT g_ID FROM Goods WHERE g_Name='红双喜牌乒乓球拍') )
```

运行结果如图 5-43 所示。

借助连接查询实现，完成语句如下所示。

```
SELECT Orders.o_ID, o_Date, o_Sum
FROM Orders, OrderDetails, Goods
WHERE Orders.o_ID= OrderDetails.o_ID AND OrderDetails.g_ID=Goods.g_ID
AND Goods.g_Name='红双喜牌乒乓球拍'
```

【提示】

● 连接总是可以表示为子查询，子查询经常（但不总是）可以表示为连接。

● 在一些必须检查存在性的情况中，使用连接会产生更好的性能。

上面两个应用中每个子查询都只执行一次，其结果用于父查询，子查询的查询条件不依赖于父查询，这类子查询称为不相关子查询，不相关子查询是最简单的一类子查询。

【任务 4-3】 需要了解购买了商品号为“060001”的会员的 c_ID（会员号）、c_Name（会员名称）和 c_Address（籍贯）。

【任务分析】第一步，在 OrderDetails 表中查询到购买了商品号为“060001”的订单编号（o_ID）；第二步，根据 OrderDetails 表和 Orders 表中相同的订单编号（o_ID），查询到购买了商品号为“060001”的会员号；第三步，在 Customers 表中查询指定会员号的详细会员信息（会员名称和籍贯等）。

其完成语句如下所示。

```
SELECT c_ID, c_Name, c_Address
FROM Customers
WHERE c_ID IN
(SELECT c_ID
FROM Orders
JOIN OrderDetails
ON Orders.o_ID=OrderDetails.o_ID
WHERE g_ID= '060001')
```

运行结果如图 5-44 所示。

	o_ID	o_Date	o_Sum
1	200708011012	2007-08-01	1387.44
2	200708011430	2007-08-01	5498.64
3	200708021850	2007-08-02	9222.64

图 5-43 【任务 4-2】运行结果

	c_ID	c_Name	c_Address
1	C0001	liuzc	湖南株洲市
2	C0003	wangym	湖南长沙市

图 5-44 【任务 4-3】运行结果

2．使用比较运算符的子查询

带有比较运算符的子查询是指父查询与子查询之间用比较运算符进行连接。当用户能确切知道内层查询返回的是单值时，可以使用>、<、 =、 >=、<=、!=或<>等比较运算符。单值情况下使用=，多值情况下使用 IN 或 NOT IN 谓词。

【任务 4-4】 使用“=”完成【任务 4-2】。

```
SELECT o_ID, o_Date, o_Sum
FROM Orders
WHERE o_ID IN
(SELECT o_ID FROM OrderDetails WHERE g_ID =
(SELECT g_ID FROM Goods WHERE g_Name='红双喜牌乒乓球拍') )
```

运行结果如图 5-43 所示。

3．使用 ANY 或 ALL 的子查询

子查询返回单值时可以使用比较运算符，而使用 ANY 或 ALL 谓词时必须同时使用比较运算符，其含义如表 5-4 所示。

表 5-4 带有 ANY 和 ALL 谓词的相关连词

连　词	含　义
> ANY	大于子查询结果中的某个值（大于最小值）
< ANY	小于子查询结果中的某个值（小于最大值）
>= ANY	大于等于子查询结果中的某个值
<= ANY	小于等于子查询结果中的某个值
= ANY	等于子查询结果中的某个值
!= ANY 或<> ANY	不等于子查询结果中的某个值
> ALL	大于子查询结果中的所有值（大于最大值）
< ALL	小于子查询结果中的所有值（小于最小值）

续表

连　词	含　义
>= ALL	大于等于子查询结果中的所有值
<= ALL	小于等于子查询结果中的所有值
= ALL	等于子查询结果中的所有值（通常没有实际意义）
!= ALL 或<> ALL	不等于子查询结果中的任何值

【任务 4-5】 需要了解比籍贯为“湖南长沙”任一会员年龄都小的会员的信息，查询结果按降序排列。

【任务分析】比任一会员的年龄小，即比年龄最小的会员还要小，而出生日期要比最大的还要大（大于 ALL）。

```
SELECT c_ID, c_Name,YEAR(GETDATE())-YEAR(c_Birth) Age, c_Address
FROM Customers
WHERE LEFT(c_Address,4)< >'湖南长沙' AND c_Birth>ALL
(SELECT c_Birth  FROM Customers WHERE LEFT(c_Address,4)='湖南长沙')
ORDER BY Age DESC
```

运行结果如图 5-45 所示。

	c_ID	c_Name	Age	c_Address
1	C0009	wubin	30	湖南株洲市
2	C0010	wenziyu	29	河南郑州市

图 5-45　带 ALL 的子查询

用聚合函数实现，完成语句如下所示。

```
SELECT c_ID, c_Name,YEAR(GETDATE())-YEAR(c_Birth) Age, c_Address
FROM Customers
WHERE LEFT(c_Address,4)< >'湖南长沙'
AND c_Birth>
(SELECT MAX(c_Birth)  FROM Customers WHERE LEFT(c_Address,4)='湖南长沙')
ORDER BY Age DESC
```

运行结果如图 5-45 所示。

【提示】

- 请读者自行分析“出生年月”和“年龄”的关系以及比较的方法。
- 事实上，用聚合函数实现子查询通常比直接用 ANY 或 ALL 查询效率更高。
- 如果将上例中的 ALL 改为 ANY，即只需要比最大值小即可。反之，如果是大于 ANY，则只需要大于最小值即可。

4．使用 EXISTS 的子查询

EXISTS 代表存在量词“∃”。带有 EXISTS 谓词的子查询不返回任何实际数据，它只产生逻辑真值“True”或逻辑假值“False”。

【任务 4-6】 针对 Employees 表中的每一名员工，在 Orders 表中查找处理过订单并且送货模式为“邮寄”的所有订单信息。

【任务分析】第一步，查找处理过订单的员工编号。第二步，根据员工处理订单的送货模

式显示订单详细信息。

```
SELECT *
FROM Orders
WHERE o_SendMode = '邮寄'
AND EXISTS (SELECT e_ID FROM Employees AS Emp WHERE Emp.e_ID = Orders.e_ID)
```

运行结果如图 5-46 所示。

	o_ID	c_ID	o_Date	o_Sum	e_ID	o_SendMode	p_Id	o_Status
1	200708021850	C0003	2007-08-02 00:00:00.000	9222.64	E0004	邮寄	03	0

图 5-46　EXISTS 查询

【提示】

● 使用存在量词 EXISTS 后，若内层查询结果非空，则外层的 WHERE 子句返回真值，否则返回假值。

● 由 EXISTS 引出的子查询，其目标列表达式通常使用“*”，因为带 EXISTS 的子查询只返回真值或假值，给出列名也没有实际意义。

● 这类查询与前面的不相关子查询有一个明显的区别，即子查询的查询条件依赖于外层父查询的某个属性值（在本例中依赖于 Orders 表的 e_ID），我们称这类查询为相关子查询。

求解相关子查询不能像求解不相关子查询那样一次性将子查询求解出来，然后求解父查询。由于相关子查询的内层查询与外层查询有关，因此必须反复求值。从概念上讲，相关子查询的一般处理过程如下所述。

（1）取外层查询中 Orders 表的第一个记录，根据它与内层查询相关的属性值（即 g_ID 值）处理内层查询，若 WHERE 子句返回值为真（即内层查询结果非空），则取此记录放入结果表。

（2）检查 Orders 表的下一个记录。

（3）重复执行步骤（2），直至 Orders 表全部检查完毕为止。

本应用中的查询也可以用连接运算来实现，读者可以参照有关的例子，自己写出相应的 SQL 语句。与 EXISTS 谓词相对应的是 NOT EXISTS 谓词。使用存在量词 NOT EXISTS 后，若内层查询结果为空，则外层的 WHERE 子句返回真值，否则返回假值。

5.3.2　记录操作语句中的子查询

1. 抽取数据到另一个表中

【任务 4-7】 需要对 Goods 表中的信息进行处理，但为了防止破坏 Goods 表，可以建立一个临时表 Temp，将 Goods 表中的数据全部复制到 Temp 表中，然后查询 Temp 中的所有记录。

```
SELECT *
INTO Temp
FROM Goods
GO
SELECT * FROM Temp
```

运行结果如图 5-47 所示。

	g_ID	g_Name	t_...	g_Price	g_Discount	g_Number	g_ProduceDate	g_Image	g_State	g
1	010001	诺基亚6500 Slide	01	1500	0.9	20	2007-06-01 00:00:00.000	pImage/010001.gif	热点	[illegible]
2	010002	三星SGH-P520	01	2500	0.9	10	2007-07-01 00:00:00.000	pImage/010002.gif	推荐	[illegible]
3	010003	三星SGH-F210	01	3500	0.9	30	2007-07-01 00:00:00.000	pImage/010003.gif	热点	[illegible]
4	010004	三星SGH-C178	01	3000	0.9	10	2007-07-01 00:00:00.000	pImage/010004.gif	热点	[illegible]
5	010005	三星SGH-T509	01	2020	0.8	15	2007-07-01 00:00:00.000	pImage/010005.gif	促销	[illegible]
6	010006	三星SGH-C408	01	3400	0.8	10	2007-07-01 00:00:00.000	pImage/010006.gif	促销	[illegible]
7	010007	摩托罗拉 W380	01	2300	0.9	20	2007-07-01 00:00:00.000	pImage/010007.gif	热点	[illegible]
8	010008	飞利浦 292	01	3000	0.9	10	2007-07-01 00:00:00.000	pImage/010008.gif	热点	[illegible]
9	020001	联想旭日410MC520	02	4680	0.8	18	2007-06-01 00:00:00.000	pImage/020001.gif	促销	[illegible]
10	020002	联想天逸F30T2250	02	6680	0.8	18	2007-06-01 00:00:00.000	pImage/020002.gif	促销	[illegible]
11	030001	海尔电视机HE01	03	6680	0.8	10	2007-06-01 00:00:00.000	pImage/030001.gif	促销	[illegible]
12	030002	海尔电冰箱HDFX01	03	2468	0.9	15	2007-06-01 00:00:00.000	pImage/030002.gif	热点	[illegible]
13	030003	海尔电冰箱HEF02	03	2800	0.9	10	2007-06-01 00:00:00.000	pImage/030003.gif	热点	[illegible]
14	040001	劲霸西服	04	1468	0.9	60	2007-06-01 00:00:00.000	pImage/040001.gif	推荐	[illegible]
15	060001	红双喜牌兵乓球拍	06	46.8	0.8	45	2007-06-01 00:00:00.000	pImage/060001.gif	促销	[illegible]

图 5-47　抽取数据到 Temp 表中

【提示】

- 该语句不需要先建立表，它会自动生成一个新表。
- 自动创建的新表必须有具体的列名，即不能包括聚合函数。

2. INSERT 语句中的子查询

插入子查询结果的 INSERT 语句基本格式如下所示。

```
INSERT
INTO <表名> [(<属性列 1> [,<属性列 2>...])]
子查询
```

其功能是一次将子查询的结果全部插入到指定的表中。

【任务 4-8】 求每一类商品的平均价格，并将结果保存到数据库中。

（1）在数据库中建立一个有两个属性列的新表，其中一列存放类别名，另一列存放相应类别的商品平均价格。

```
CREATE TABLE AvgGoods(t_ID CHAR(2),a_avg FLOAT)
```

其中，t_ID 代表商品类别号，a_avg 代表平均价格。

（2）对数据库的商品表按商品号分组求平均价格，再把商品号和平均价格存入新表。

```
INSERT
INTO AvgGoods (t_ID, a_avg)
SELECT t_ID, AVG(g_Price)
FROM Goods GROUP BY t_ID
```

（3）查看表 AvgGoods 中的记录。

```
SELECT * FROM AvgGoods
```

运行结果如图 5-48 所示。

	t_ID	a_avg
1	01	2652.5
2	02	5680
3	03	3982.66666666667
4	04	1468
5	06	46.8

图 5-48　批量插入

【提示】

- 目标子句中的列必须与被插入表中所指定的被插入列一一对应，名称可以不同，但类型必须一致。
- 必须先建立好目标表。

3. UPDATE 语句中的子查询

子查询也可以嵌套在 UPDATE 语句中，用以构造执行修改操作的条件。

【任务 4-9】 将商品中类别名称为 “家用电器”的商品折扣修改为 0.8。

```
UPDATE Goods
SET g_Discount=0.8
WHERE '家用电器'=
(SELECT t_Name  FROM Types WHERE Goods.t_ID=Types.t_ID)
```

通常使用 UPDATE 语句一次只能操作一个表，这样可能会带来一些问题：例如，商品号为“060001”的商品的类别号调整为“11”，因此对应的商品号必须修改为“110001”，由于 Goods 表和 OrderDetails 表中都包含该商品的类别的信息，如果仅修改 Goods 表中的类别号，肯定会造成与 OrderDetails 表中数据的不一致，因此两个表都需要修改，这种修改必须通过两条 UPDATE 语句来完成。

【任务 4-10】 使用两条 UPDATE 语句保证数据库的一致性。

（1）修改 Goods 表。

```
UPDATE Goods
SET g_ID='110001'
WHERE g_ID='060001'
```

（2）修改 OrderDetails 表。

```
UPDATE OrderDetails
SET g_ID='110001'
WHERE g_ID='060001'
```

在执行了第一条 UPDATE 语句之后，数据库中的数据已处于不一致状态，因为此时实际上已没有商品号为“060001”的商品了，但 OrderDetails 表中仍然记录着关于“060001”商品的信息，即数据的参照完整性受到了破坏。只有执行了第二条 UPDATE 语句之后，数据才重新处于一致状态。

【提示】

● 为避免诸如机器突然出现故障等意外情况导致无法继续执行第二条 UPDATE 语句而造成数据库中的数据永远处于不一致的状态，可借助于“事务”进行处理，事务的详细介绍请参阅第 10 章。

● 为了保证数据的参照完整性，借助于主键和外键建立表间的关系。

● 为了保证上述对多个表的操作能够自动完成，借助于“触发器”来完成，触发器的详细介绍请参阅第 9 章。

4．删除语句中的子查询

子查询同样也可以嵌套在 DELETE 语句中，用以构造执行删除操作的条件。

【任务 4-11】 删除类别名称为“家用电器”的商品的基本信息。

```
DELETE
FROM Goods
WHERE '家用电器'=
(SELECT t_Name  FROM Types WHERE Goods.t_ID=Types.t_ID)
```

5.3.3 子查询规则

子查询也是使用 SELECT 语句组成的，所以在使用 SELECT 语句时应注意的问题也同样适用于子查询，同时，子查询还受下列条件的限制。

（1）通过比较运算符引入的子查询的选择列表只能包括一个表达式或列名称。

（2）如果外部查询的 WHERE 子句包括某个列名，则该子句必须与子查询选择列表中的该列兼容。

（3）子查询的选择列表中不允许出现 ntext、text 和 image 数据类型。

（4）无修改的比较运算符引入的子查询不能包括 GROUP BY 和 HAVING 子句。

（5）包括 GROUP BY 的子查询不能使用 DISTINCT 关键字。

（6）不能指定 COMPUTE 和 INTO 子句。

（7）只有同时指定了 TOP，才可以指定 ORDER BY。

（8）由子查询创建的视图不能更新。

（9）通过 EXISTS 引入的子查询的选择列表由星号（*）组成，而不使用单个列名。

（10）当=、! =、<、<=、>或>=用在主查询中时，ORDER BY 子句和 GROUP BY 子句不能用在内层查询中，因为内层查询返回的一个以上的值不可被外层查询处理。

课堂实践 5

1．操作要求

（1）应用子查询了解“张小路”处理的订单的信息（订单号、订单时间、会员号、订单总额）。

（2）应用子查询了解“张小路”处理的订单的详细信息（订单号、商品号、购买价格、购买数量）。

（3）使用 SELECT…INTO 语句将 OrderDetails 表中的记录备份到 od_Temp 中。

（4）统计订单详情表中的商品的平均售价和商品总数量并存放在 sale 表中。

（5）将“张小路”所处理的订单的订单状态（o_Status）全部修改为 True。

（6）删除汇款方式为“邮局汇款”的所有订单信息。

2．操作提示

（1）注意父查询和子查询之间的关系。

（2）注意子查询和连接查询之间的关系。

（3）注意 SELECT…INTO 和 INSERT…INTO 的不同用法。

（4）注意表间的关系。

5.4 联合查询

任务 5	在 SQL Server 2012 中使用 T-SQL 的联合查询和分布式查询。

每一个 SELECT 语句都能获得一个或一组记录。若要把多个 SELECT 语句的结果合并为一个结果，可用集合操作来完成。集合操作主要包括并操作 UNION、交操作 INTERSECT 和差操作 MINUS。

当使用 UNION 将多个查询结果合并起来，形成一个完整的查询结果时，系统会自动去掉重复的记录。默认情况下，使用 UNION 运算符的结果集从所联合的查询中删除重复行，而如果使用了 ALL 子句，重复行也会显示出来。

【提示】

- 参与 UNION 操作的各数据项（字段名、算术表达式、聚合函数）数目必须相同。
- 对应项的数据类型必须相同，或者可以进行显式或隐式转换。
- 各语句中对应的结果集列出现的顺序必须相同。

【任务】 需要了解“三星”的商品以及价格不高于 2000 的商品。完成语句如下所示。

```
SELECT g_ID 商品号,g_Name 商品名称,g_Price 价格
FROM Goods
WHERE LEFT(g_Name,2)='三星'
UNION
SELECT g_ID 商品号,g_Name 商品名称,g_Price 价格
FROM Goods
WHERE g_Price<2000
ORDER BY g_Price
```

运行结果如图 5-49 所示。

	商品号	商品名称	价格
1	060001	红双喜牌乒乓球拍	46.8
2	040001	劲霸西服	1468
3	010001	诺基亚6500 Slide	1500
4	010005	三星SGH-T509	2020
5	010002	三星SGH-P520	2500
6	010004	三星SGH-C178	3000
7	010006	三星SGH-C408	3400
8	010003	三星SGH-F210	3500

图 5-49 联合查询

标准 SQL 中没有直接提供集合交操作和集合差操作，但可以用其他方法来实现，具体实现方法依查询的不同而不同。

5.5 交叉表查询

在 SQL Server 2005 以后的 SQL Server 数据库管理系统中可以使用 PIVOT 和 UNPIVOT 关系运算符将表值表达式更改为另一个表。

任务 6	在 SQL Server 2012 中使用 PIVOT 和 UNPIVOT 运算符实现交叉表查询。

5.5.1 PIVOT

PIVOT 通过将表达式某一列中的唯一值转换为输出中的多个列来旋转表值表达式，并在必要时对最终输出中所需的任意其余列值执行聚合。

PIVOT 指定在 FROM 子句中，其基本语句格式如下。

```
SELECT <不旋转的列>,
    [第 1 个旋转列] AS <别名>,
    [第 2 个旋转列] AS <别名>,
    ...
    [最后一个旋转列] AS <别名>
FROM
    (<SELECT 生成的数据结果集>)
    AS <查询结果集的别名>
PIVOT
(
    <聚合函数>(<聚合列>)
FOR
[<被转换为表头的列>]
    IN ( [第 1 个旋转列], [第 2 个旋转列],
    ... [最后一个旋转列])
) AS <旋转表的别名 >
<可选的 ORDER BY 子句>;
```

【任务 6-1】 应用 PIVOT 运算符实现选课表（Course 表）的旋转，如图 5-50 所示。

姓名	课程	成绩
刘志成	语文	78
刘志成	数学	86
刘志成	外语	84
刘津津	语文	98
刘津津	数学	93
刘津津	外语	96
王咏梅	语文	85
王咏梅	数学	84
王咏梅	外语	91

姓名	语文	数学	外语
刘志成	78	86	84
刘津津	98	93	96
王咏梅	85	84	91

图 5-50 【任务 6-1】目标

（1）在 WebShop 数据库中创建 Course 表。

```
USE WebShop
CREATE TABLE Course(姓名 VARCHAR(8),课程 VARCHAR(10),成绩 INT)
GO
INSERT INTO Course VALUES('刘志成','语文',78)
INSERT INTO Course VALUES('刘志成','数学',86)
INSERT INTO Course VALUES('刘志成','外语',84)
INSERT INTO Course VALUES('刘津津','语文',98)
INSERT INTO Course VALUES('刘津津','数学',93)
INSERT INTO Course VALUES('刘津津','外语',96)
INSERT INTO Course VALUES('王咏梅','语文',85)
INSERT INTO Course VALUES('王咏梅','数学',84)
INSERT INTO Course VALUES('王咏梅','外语',91)
GO
SELECT * FROM Course
```

运行结果如图 5-51 所示。

（2）实现 Course 表的旋转。

```
SELECT 姓名,[语文],[数学],[外语]
FROM Course
```

```
PIVOT
(MAX(成绩) FOR 课程 IN ([语文],[数学],[外语])) AS unCourse
```

运行结果如图 5-52 所示。

	姓名	课程	成绩
1	刘志成	语文	78
2	刘志成	数学	86
3	刘志成	外语	84
4	刘津津	语文	98
5	刘津津	数学	93
6	刘津津	外语	96
7	王咏梅	语文	85
8	王咏梅	数学	84
9	王咏梅	外语	91

图 5-51　Course 表记录信息

	姓名	语文	数学	外语
1	刘津津	98	93	96
2	刘志成	78	86	84
3	王咏梅	85	84	91

图 5-52　PIVOT 操作后的记录信息

【提示】

● PIVOT 和 UNPIVOT 运算符需要 SQL Server 2005 以上版本的支持。

● 数据库的兼容级别必须在 90 以上，可以使用 EXEC sp_dbcmptlevel 修改数据库兼容级别。

5.5.2　UNPIVOT

UNPIVOT 与 PIVOT 执行相反的操作，将表值表达式的列转换为列值。但 UNPIVOT 不完全是 PIVOT 的逆操作。PIVOT 会执行一次聚合，从而将多个可能的行合并为输出中的单个行。而 UNPIVOT 不会重现原始表值表达式的结果，因为行已经被合并了。另外，UNPIVOT 的输入中的空值不会显示在输出中，而在执行 PIVOT 操作之前，输入中可能已有原始的空值。

UNPIVOT 指定在 FROM 子句中，其基本语句格式如下。

```
SELECT <不旋转的列>, <旋转后的列名>,<待旋转列名下的列值列名>
FROM
    (<SELECT 生成的数据结果集>)
    AS <查询结果集的别名>
UNPIVOT
(
    <待旋转列名下的列值列名>)
FOR
[<旋转后的列名>]
    IN ( [第 1 个待旋转列的列名], [第 2 个待旋转列的列名],
    ... [最后一个待旋转列的列名])
) AS <旋转表的别名 >
<可选的 ORDER BY 子句>;
```

【任务 6-2】 应用 UNPIVOT 运算符实现选课表（Course 表）的逆向旋转，如图 5-53 所示。

姓名	语文	数学	外语
刘志成	78	86	84
刘津津	98	93	96
王咏梅	85	84	91

姓名	课程	成绩
刘志成	语文	78
刘志成	数学	86
刘志成	外语	84
刘津津	语文	98
刘津津	数学	93
刘津津	外语	96
王咏梅	语文	85
王咏梅	数学	84
王咏梅	外语	91

图 5-53　【任务 6-2】目标

（1）在 WebShop 数据库中创建 Course 表。

```
USE WebShop
IF OBJECT_ID('Course') IS NOT NULL DROP TABLE Course
GO
CREATE TABLE Course(姓名 VARCHAR(8),语文 INT,数学 INT,外语 INT)
GO
INSERT INTO Course VALUES('刘志成',78,86,84)
INSERT INTO Course VALUES('刘津津',98,93,96)
INSERT INTO Course VALUES('王咏梅',85,84,91)
GO
SELECT * FROM Course
```

运行结果如图 5-54 所示。

（2）实现 Course 表的逆向旋转。

```
SELECT 姓名,课程,成绩
FROM Course
UNPIVOT
(成绩 FOR 课程 IN ([语文],[数学],[外语])) AS unCourse
```

运行结果如图 5-55 所示。

	姓名	语文	数学	外语
1	刘志成	78	86	84
2	刘津津	98	93	96
3	王咏梅	85	84	91

图 5-54　Course 表记录信息

	姓名	课程	成绩
1	刘志成	语文	78
2	刘志成	数学	86
3	刘志成	外语	84
4	刘津津	语文	98
5	刘津津	数学	93
6	刘津津	外语	96
7	王咏梅	语文	85
8	王咏梅	数学	84
9	王咏梅	外语	91

图 5-55　UNPIVOT 操作后的记录信息

5.6　在 SSMS 中实现查询

任务 7　在 SQL Server 2012 的 SQL Server Management Studio 中实现查询。

SQL Server 2012 的 SQL Server Management Studio 中提供了图形化的查询方式。数据库用户只需要进行简单的选择就可以完成查询操作。

（1）启动 SQL Server Management Studio，在“对象资源管理器”中依次展开【数据库】节点、【WebShop】节点。

（2）右击要执行查询的表，选择【编辑前 200 行】选项。在显示表的记录区域右击，选择【窗格】→【条件】选项，如图 5-56 所示。

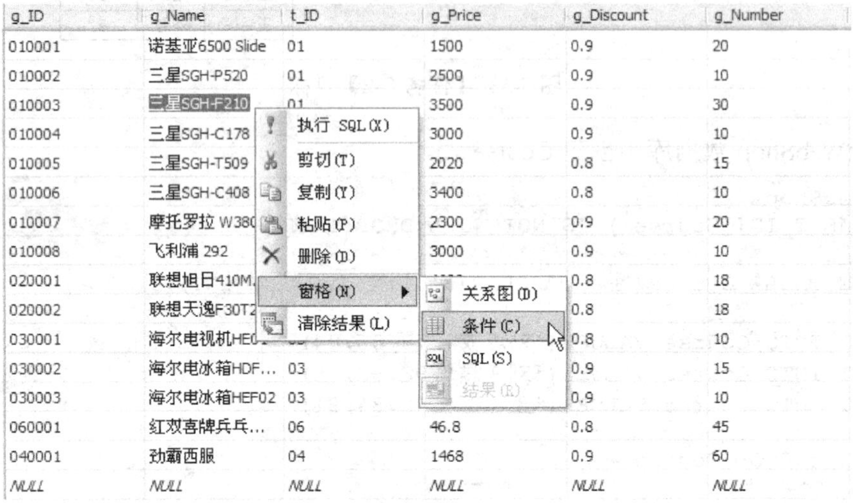

图 5-56 选择编辑“条件”

（3）在查询条件选择界面中，选择要输出的列、指定排序方式和查询条件，然后右击，选择“执行 SQL”选项，如图 5-57 所示。

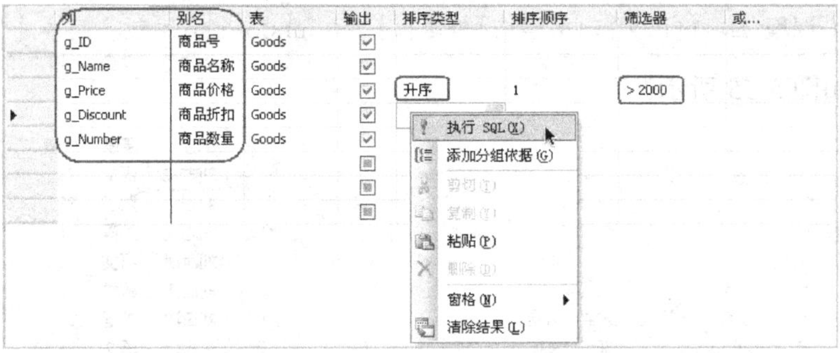

图 5-57 选择“执行 SQL”选项

【提示】

- 选择【关系图】可查看查询所影响的关系图。
- 选择【添加分组依据】可指定分组条件。

（4）在结果窗格中显示执行查询后的结果，如图 5-58 所示。

	商品号	商品名称	商品价格	商品折扣	商品数量
▶	010005	三星SGH-T509	2020	0.8	15
	010007	摩托罗拉 W380	2300	0.9	20
	030002	海尔电冰箱HDF...	2468	0.9	15
	010002	三星SGH-P520	2500	0.9	10
	030003	海尔电冰箱HEF02	2800	0.9	10
	010004	三星SGH-C178	3000	0.9	10
	010008	飞利浦 292	3000	0.9	10
	010006	三星SGH-C408	3400	0.8	10
	010003	三星SGH-F210	3500	0.9	30
	020001	联想旭日410M...	4680	0.8	18
	020002	联想天逸F30T2...	6680	0.8	18
	030001	海尔电视机HE01	6680	0.8	10

图 5-58 执行结果

课堂实践 6

1．操作要求

（1）使用联合查询了解 WebShop 数据库的 Goods 表中折扣为 0.8 和价格在 1500 元以下的商品的信息。

（2）在 SSMS 中完成（1）的查询操作。

2．操作提示

（1）比较带 UNION 子句的查询与带 OR 条件的连接查询的异同。

（2）如果存在对应的表，请先将其删除。

小结与习题

本章学习了如下内容：

（1）单表查询，包括选择列、选择行、应用 ORDER BY 子句进行排序、应用 GROUP BY 子句进行分组、应用 COMPUTE BY 子句进行计算、应用 WITH CUBE 汇总数据、应用 ROW_NUMBER()实现分页和应用 RANK 实现排名。

（2）连接查询，包括绘制数据库关系图、实现内连接、实现外连接和实现交叉连接。

（3）子查询，包括基本子查询语句、子查询类型、记录操作语句中的子查询和子查询规则。

（4）联合查询。

（5）分布式查询。

（6）在 SSMS 中实现查询。

一、填空题

1．在 SELECT 语句中选择满足条件的记录时应使用__________关键字，在分组之后进行选择应使用________关键字。

2．用来返回特定字段中所有值的总和的聚合函数是__________。

3．在 SQL Server 2012 中借助于__________可以很方便地实现分页。

4．编写查询语句时，使用__________通配符可以匹配多个字符。

二、选择题

1．下列不能为查询列指定别名的语句是________。

A．SELECT g_ID=商品号,g_Name=商品名称 FROM Goods

B．SELECT g_ID 商品号,g_Name 商品名称 FROM Goods

C．SELECT g_ID AS 商品号,g_Name AS 商品名称 FROM Goods

D．SELECT 商品号=g_ID,商品名称=g_Name FROM Goods

2．要查询 Goods 表中商品中含有“电冰箱”的商品的情况，可用________命令。

A．SELECT * FROM Goods WHERE g_Name LIKE '电冰箱%'

B．SELECT * FROM Goods WHERE g_Name LIKE '电冰箱_'

C．SELECT * FROM Goods WHERE g_Name LIKE '%电冰箱%'

D．SELECT * FROM Goods WHERE g_Name='电冰箱'

3．如果要判断某一指定值不在某一查询结果中，可以使用________。

A．IN 子查询　　B．EXIST 子查询

C．NOT EXIST 子查询　　D．JOIN 子查询

4．连接有内连接、外连接和交叉连接，其中外连接能对________表进行。

A．两个　　B．三个

C．四个　　D．任意个

5．使用关键字________可以把查询结果中的重复行屏蔽。

A．DISTINCT　　B．UNION

C．ALL　　D．TOP

三、简答题

1．请举例说明 SELECT 语句的 FROM、WHERE、GROUP 和 ORDER 子句的作用。

2．请举例说明使用 EXISTS 关键字的子查询与使用 IN 关键字的子查询的不同点。

3．请举例说明使用 PIVOT 和 UNPIVOT 实现交叉查询的主要应用场合。

课外拓展

1．操作要求

（1）查询书名中包含“程序设计”字样的图书的详细信息。

（2）查询书名中包含“程序设计”字样，出版社编号为“003”的图书的详细信息。

（3）查询出版社编号为“005”，价格为15～25元的图书的详细信息。

（4）查询编者信息中包含“刘志成”，出版时间为2006年1月1日到2007年10月1日的图书的详细信息。

（5）查询书名中包含“程序设计”字样，出版社为“清华大学出版社”的图书的详细信息。

（6）查询“王周应”借阅的图书的存放位置。

（7）查询到当前日期为止未还的图书名称和借书人。

2．操作提示

（1）表的结构和数据参阅第 1 章的说明。

（2）将完成任务的 SQL 语句保存到文件中。

（3）涉及连接查询，尝试使用子查询完成查询操作。

单元实践

1．操作要求

（1）创建数据库 WebShop02。

① 逻辑名称：主要数据文件为 WebShop02.mdf，日志文件为 WebShop02_log.ldf。

② 存储文件夹：E:\data。

③ 主要数据文件增长方式：SIZE = 10MB，MAXSIZE = 500MB, FILEGROWTH = 1MB。

④ 日志文件增长方式：SIZE =1MB，MAXSIZE = 200MB, FILEGROWTH = 10%。

（2）创建 WebShop02 数据库中的所有表（同 WebShop）。

（3）为指定的表添加约束（同 WebShop）。

（4）添加样本数据到所创建的表中（同 WebShop）。

（5）在数据库中实现指定的查询。

① 查询 Employees 表中的所有数据。

② 查询商品类别为“03”，折扣为“0.8”的商品号、商品名称、商品类别号和商品折扣并显示汉字标题。

③ 查询所有年龄在 30 岁以下的员工的名称、籍贯和年龄。

④ 查询所有员工中“湖南省”的员工的详细信息。

⑤ 查询所有“海尔”商品的商品号、商品名称和商品单价，并根据商品的价格进行降序（价格由高到低）排列。

⑥ 查询每一类商品的总金额，并根据商品总额进行降序排列。

⑦ 查询所有商品的类别信息（类别号、类别名称）、商品号和商品名称。

⑧ 查询不比“赵光荣”年龄小的员工的详细信息。

⑨ 查询所有的商品类别及商品信息。

⑩ 查询男女员工的平均年龄，并将结果保存到“t_Age”表中。

⑪ 查询年龄在 35 岁以上以及“女”员工的信息（使用联合查询）。

2．操作提示

（1）综合应用第 2～5 章的知识。

（2）WebShop02 的内容同 WebShop。

（3）本单元实践和后续的单元实践均在 WebShop02 数据库中完成。

第 6 章 视图操作

学习目标

本章将要学习 SQL Server 2012 中视图操作的相关知识，包括视图的概述、视图的建立、视图的查看、视图定义的修改、视图的删除和视图中数据的查询及修改等。本章的学习要点包括:

- 视图的概念
- 使用 SSMS 管理视图
- 使用 T-SQL 语句管理视图
- 使用视图
- 视图的特点

学习导航

视图是从一个或多个表（其他视图）中产生的虚拟表，其结构和数据来自于一个表或多个表的查询，也可以认为视图是保存的 SELECT 查询。典型的视图如图 6-1 所示。

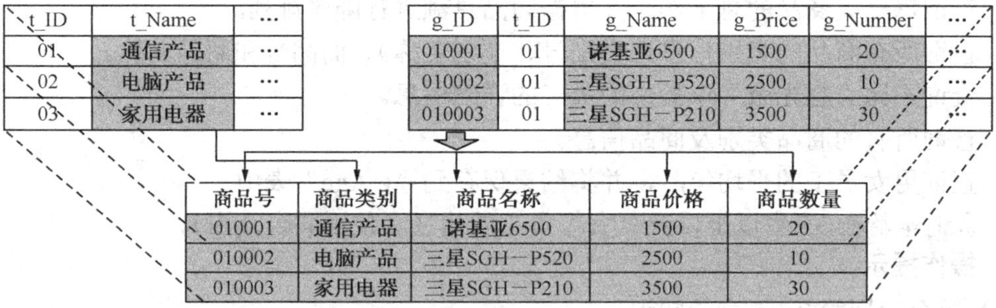

图 6-1　典型视图

本章主要内容及其在 SQL Server 2012 数据库管理系统中的位置如图 6-2 所示。

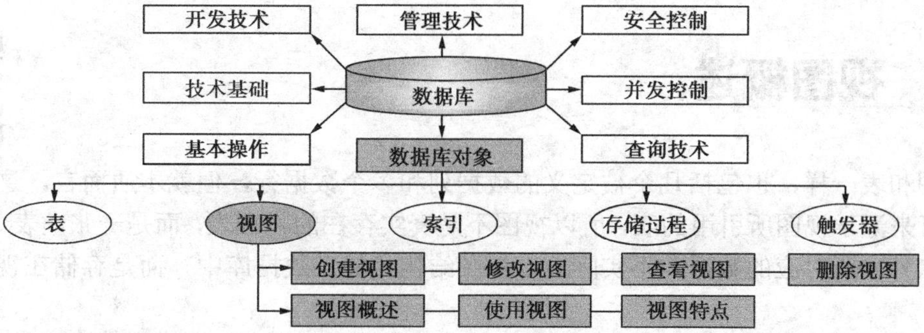

图 6-2　本章学习导航

任务描述

本章主要任务描述如表 6-1 所示。

表 6-1　任务描述

任务编号	子任务	任务内容
任务 1		使用 SSMS 实现对视图的创建、修改、查看和删除等操作
	任务 1-1	使用 SSMS 创建视图 vw_SaleGoods
	任务 1-2	使用 SSMS 修改视图 vw_SaleGoods
	任务 1-3	使用 SSMS 重命名视图 vw_SaleGoods
	任务 1-4	使用 SSMS 查看视图 vw_SaleGoods 的信息
	任务 1-5	使用 SSMS 查看视图 vw_SaleGoods 的依赖关系
	任务 1-6	使用 SSMS 删除视图 vw_SaleGoods
任务 2		使用 T-SQL 语句实现对视图的创建、修改、查看和删除等操作
	任务 2-1	使用 T-SQL 创建简单视图 vw_HotGoods
	任务 2-2	使用 T-SQL 创建加密视图 vw_AllOrders
	任务 2-3	使用 T-SQL 创建强制检查视图 vw_TNameGoods
	任务 2-4	使用 T-SQL 创建包含聚合函数列的视图 vw_MaxPriceGoods
	任务 2-5	使用 T-SQL 修改视图 vw_HotGoods
	任务 2-6	使用 T-SQL 修改视图 w_AllOrders
	任务 2-7	修改视图 vw_AllOrders 的名称为 vw_Orders0802
	任务 2-8	查看视图 vw_HotGoods 的定义
	任务 2-9	查看视图 vw_HotGoods 的定义文本
	任务 2-10	删除视图 vw_Orders0802
任务 3		通过视图对源表数据进行查询、添加、修改和删除操作
	任务 3-1	查询视图 vw_SaleGoods 中的信息
	任务 3-2	查询视图 vw_TNameGoods 中的信息
	任务 3-3	通过视图 vw_Users 向 Users 表中增加一个用户
	任务 3-4	通过视图 vw_Users 修改数据
	任务 3-5	通过视图 vw_TNameGoods 修改数据

6.1 视图概述

视图和表一样，也包括几个被定义的数据列和多个数据行，但就本质而言，这些数据列和数据行来源于视图所引用的表，所以视图不是真实存在的物理表，而是一张虚表。视图（索引视图除外）所对应的数据并不实际地以视图结构存储在数据库中，而是存储在视图所引用的表中。

视图一经定义便存储在数据库中，与其相对应的数据并没有在数据库中另外存储一份，通过视图看到的数据只是存放在基本表中的数据。对视图的操作与对表的操作一样，可以对其进行查询、修改（有一定的限制）和删除。当对视图中的数据进行修改时，相应的基本表的数据也要发生变化，同时，如果基本表的数据发生变化，则这种变化也可以自动地反映到视图中。

视图有很多优点，主要表现在以下几个方面。

（1）视点集中、减少对象量。视图让用户能够着重于他们所需要的特定数据或所负责的特定业务，如用户可以选择特定行或特定列，不需要的数据可以不出现在视图中，增强了数据的安全性；而且视图并不实际包含数据，SQL Server 2012 只在数据库中存储视图的定义。

（2）从异构源组织数据。可以在连接两个或多个表的复杂查询的基础上创建视图，这样可以以单个表的形式显示给用户，即分区视图。分区视图可基于来自异构源的数据，如远程服务器，或来自不同数据库中的表。

（3）隐藏数据的复杂性，简化操作。视图向用户隐藏了数据库设计的复杂性，如果开发者改变数据库设计，则不会影响到用户与数据库交互。另外，用户可将经常使用的连接查询、嵌套查询或合并查询定义为视图，这样，用户每次对特定的数据执行进一步操作时，不需指定所有条件和限定，因为用户只需查询视图，而不需再提交复杂的基础查询。

6.2 使用 SSMS 管理视图

任务 1

在 SQL Server 2012 中使用“SQL Server Management Studio”实现对视图的创建、修改、查看和删除等操作。

1. 创建视图

【任务 1-1】 在电子商城数据库 WebShop 中创建以价格升序排列的“促销”商品的视图 vw_SaleGoods。

（1）启动 SQL Server Management Studio，在“对象资源管理器”中依次展开【数据库】节点、【WebShop】节点。

（2）右击【视图】节点，选择“新建视图”选项，如图 6-3 所示。

（3）打开“添加表”对话框，单击要添加到新视图中的表或视图，然后单击【添加】按钮，完成表的添加，单击【关闭】按钮，如图 6-4 所示。

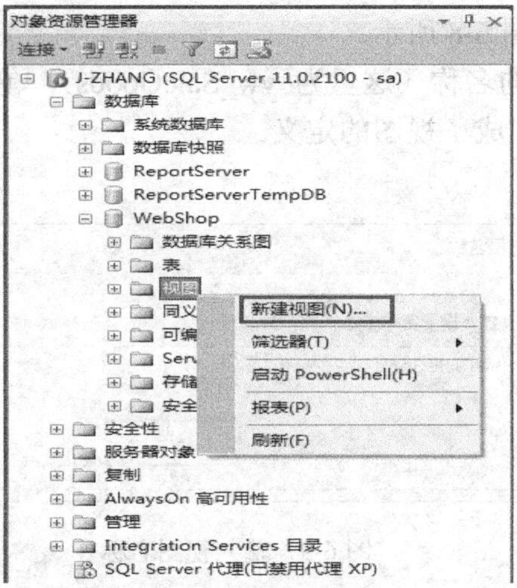

图 6-3　选择“新建视图”选项

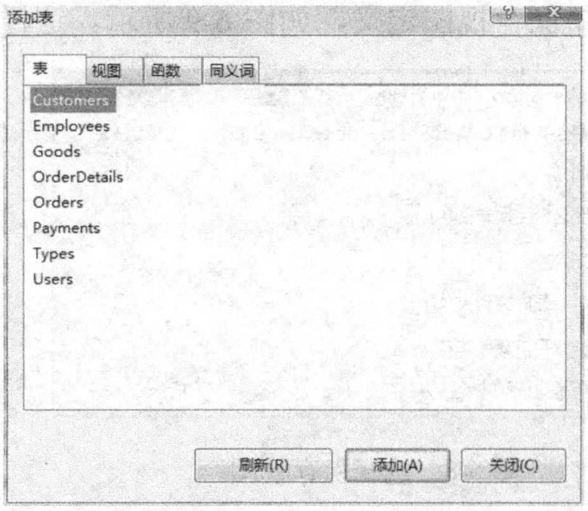

图 6-4　“添加表”对话框

（4）选择添加到视图的列、列的别名、指定筛选条件（这里为促销商品）和排序方式（这里根据价格升序排列），如图 6-5 所示。

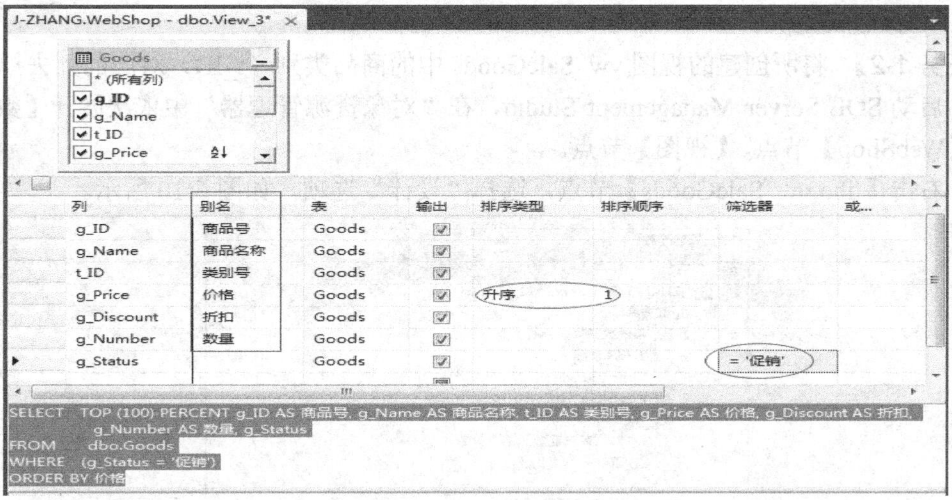

图 6-5　指定视图条件

（5）右击创建的视图区域，选择“执行 SQL”选项，如图 6-6 所示。可以查看到视图对应的结果集，如图 6-7 所示。

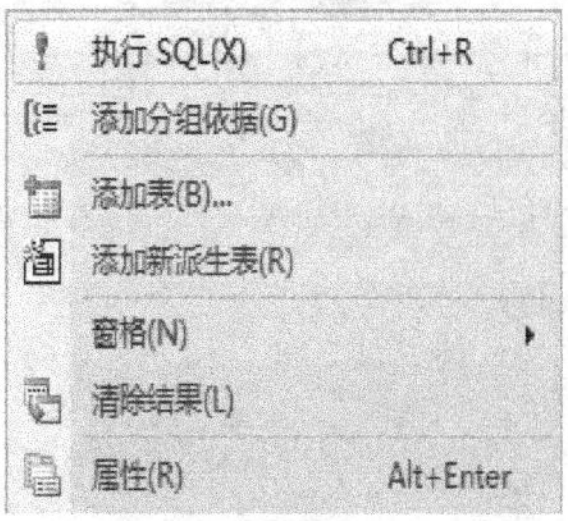

图 6-6　执行 SQL

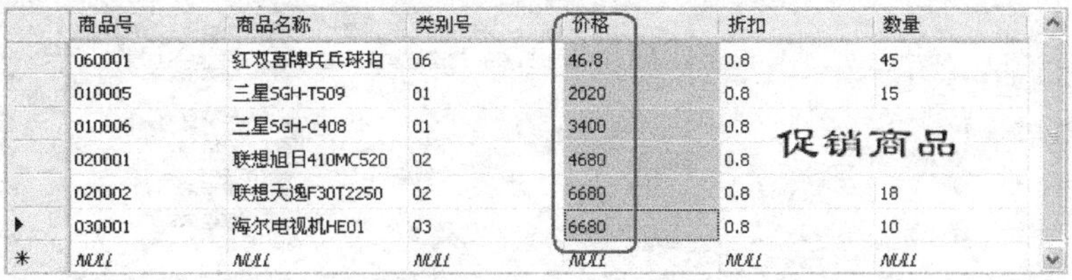

图 6-7　视图 vw_SaleGoods

（6）右击视图名称，选择【保存】选项，如图 6-8 所示。

（7）打开“选择名称”对话框，输入新视图的名称（这里为 vw_SaleGoods），单击【确定】按钮保存视图定义，如图 6-9 所示。这样就完成了视图的定义。

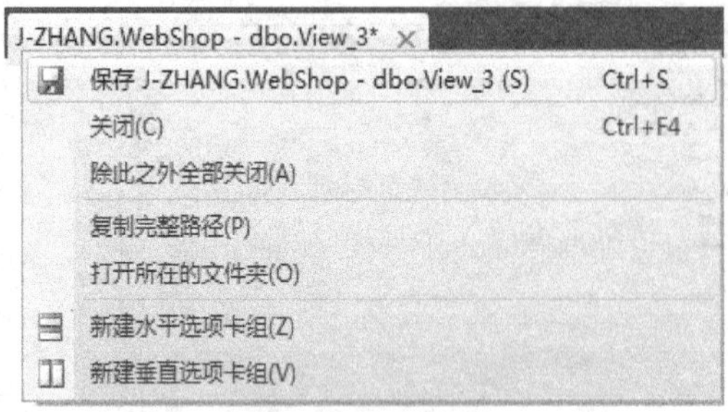

图 6-8　选择保存视图

图 6-9　输入视图名称

【提示】

- 保存视图时，实际上保存的是视图对应的 SELECT 查询。
- 保存的是视图的定义，而不是 SELECT 查询的结果。

2．修改视图

（1）修改视图定义。

【任务 1-2】 将所创建的视图 vw_SaleGoods 中的商品类别（t_ID）对应的列去掉。

① 启动 SQL Server Management Studio，在“对象资源管理器”中依次展开【数据库】节点、【WebShop】节点、【视图】节点。

② 右击【dbo.vw_SaleGoods】节点，选择“设计”选项，如图 6-10 所示。

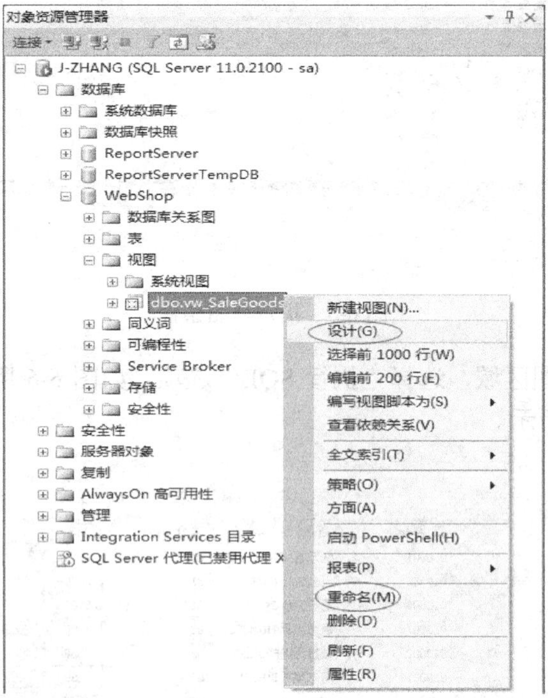

图 6-10　选择修改

③ 进入视图的修改界面（如图 6-5 所示），取消选中“t_ID”列，完成视图的修改。

④ 修改完成后，保存修改后的视图定义。

【提示】

- 修改视图实际上就是修改对应的 SELECT 语句。
- 视图名称前面带有锁标记，表示该视图被加密了，其定义不能被修改，如 

。

（2）重命名视图。

【任务 1-3】 将所创建的视图 vw_SaleGoods 的名称修改为 vw_HotSaleGoods。

① 启动 SQL Server Management Studio，在“对象资源管理器”中依次展开【数据库】节点、【WebShop】节点、【视图】节点。

② 右击【dbo.vw_SaleGoods】节点，选择“重命名”选项，如图 6-10 所示。或者在选定的视图名称上单击，进入视图名称编辑状态。

③ 进入编辑状态后，在原视图名的位置上输入新的视图名，完成视图名称的修改，如图 6-11 所示。

图 6-11 视图名称编辑状态

【提示】

- 要重命名的视图必须位于当前数据库中。
- 新名称必须遵守标识符规则。
- 只能对具有更改权限的视图进行重命名。
- 数据库所有者可以更改任何用户视图的名称。
- 重命名视图并不更改它在视图定义文本中的名称。
- 视图可以作为另一视图的数据来源，重命名视图有可能会影响到其他的对象。

3．查看视图

（1）查看视图属性。

【任务 1-4】 查看视图 vw_SaleGoods 的基本信息。

① 启动 SQL Server Management Studio，在“对象资源管理器”中依次展开【数据库】节点、【WebShop】节点、【视图】节点。

② 右击【dbo.vw_SaleGoods】节点，选择“属性”选项，如图 6-10 所示。

③ 打开视图属性对话框，可以查看视图的常规、权限和扩展属性，如图 6-12 所示。

（2）查看视图依赖关系。视图中的数据可以是一个表（或视图）中的特定数据，也可以是来自多个表（或视图）中的特定数据，因此视图是依赖于表（或视图）而存在的。同时，一个视图也可以成为其他视图所依赖的基础。

【任务 1-5】 查看视图 vw_SaleGoods 的依赖关系。

① 启动 SQL Server Management Studio，在“对象资源管理器”中依次展开【数据库】节点、【WebShop】节点、【视图】节点。

② 右击【dbo.vw_SaleGoods】节点，选择“查看依赖关系”选项，如图 6-10 所示。

③ 打开对象依赖关系对话框，在该对话框中显示了视图所依赖的表或视图，也显示了依赖于该视图的其他视图，如图 6-13 所示。

【提示】

了解视图的依赖关系有助于视图的维护和管理。

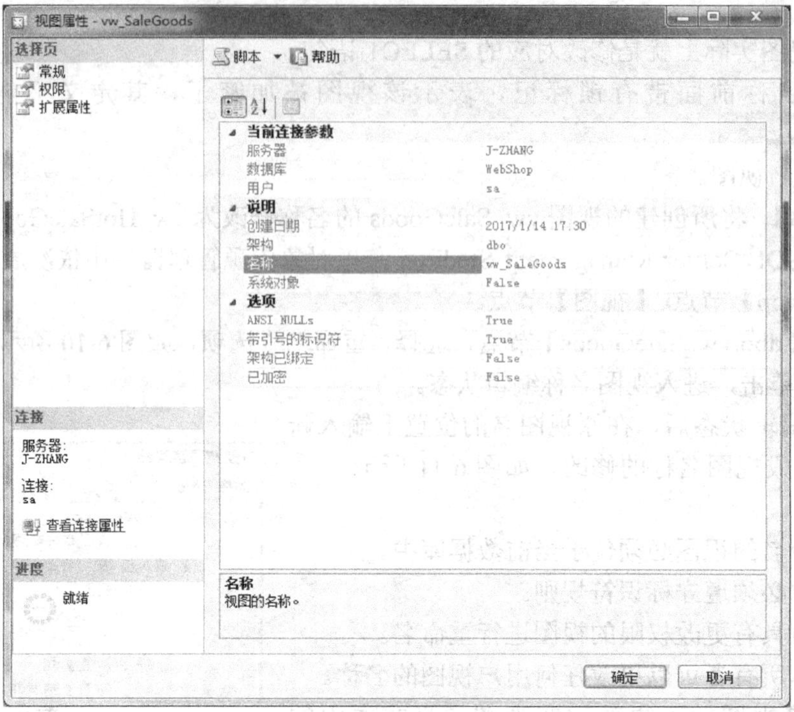

图 6-12　查看视图属性

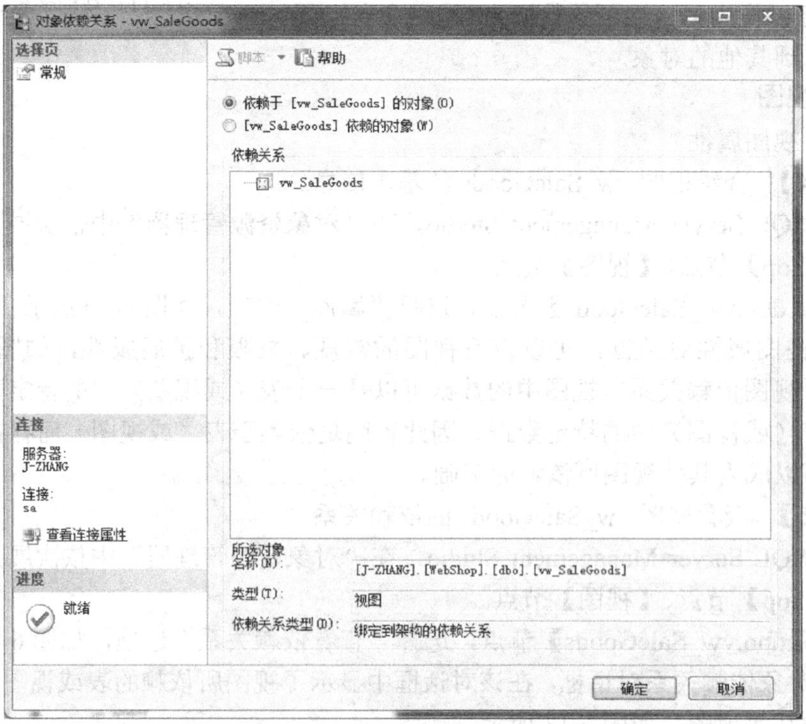

图 6-13　视图依赖关系

4．删除视图

在创建视图后，如果不再需要该视图，或想清除视图定义及与之相关联的权限，可以删除该视图。删除视图后，基础表和基础视图并不受到影响，但任何使用基于已删除视图的查询都将失败。

【任务 1-6】 删除所创建的视图 vw_SaleGoods。

（1）启动 SQL Server Management Studio，在“对象资源管理器”中依次展开【数据库】节点、【WebShop】节点、【视图】节点。

（2）右击【dbo.vw_SaleGoods】节点，选择“删除”选项，如图 6-14 所示。

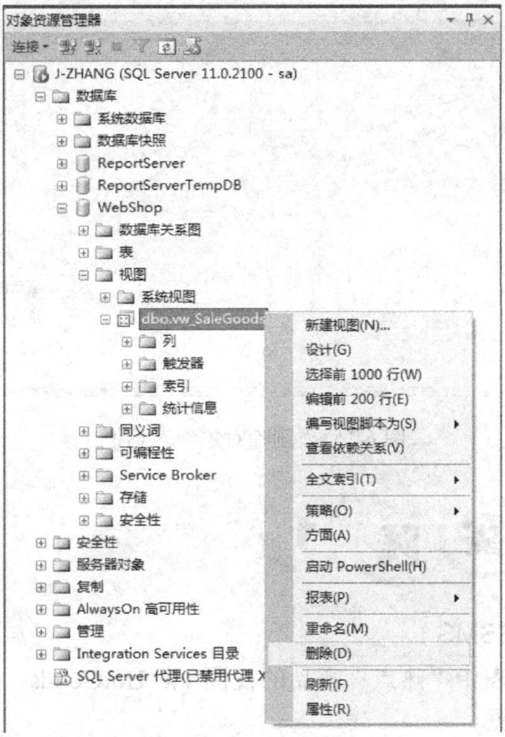

图 6-14 选择“删除”选项

（3）打开“删除对象”对话框，单击【确定】按钮完成删除，如图 6-15 所示。

【提示】

- 如果删除的视图是另一个视图的基视图，则当删除该视图时，系统会给出错误提示。因此，通常基于数据表定义视图，而不是基于其他视图来定义视图。
- 在删除之前可以通过单击【显示依赖关系】按钮了解该视图与其他对象的关系，既可以了解依赖该视图的对象，也可以了解该视图所依赖的对象。

图 6-15 “删除对象”对话框

课堂实践 1

1．操作要求（使用 SSMS）

（1）创建包含 Goods 表中“热点”商品的视图 vw_HotGoods，结果应如图 6-16 所示，然后查看该视图所包含的数据。

商品号	名称	价格	折扣	数量
010001	诺基亚6500 Slide	1500	0.9	20
010003	三星SGH-F210	3500	0.9	30
010004	三星SGH-C178	3000	0.9	10
010007	摩托罗拉 W380	2300	0.9	20
010008	飞利浦 292	3000	0.9	10
030002	海尔电冰箱HDF...	2468	0.8	15
030003	海尔电冰箱HEF02	2800	0.8	10

图 6-16 视图 vw_HotGoods

（2）创建包含 Goods 表和 Types 表中指定信息的视图 vw_TNameGoods，结果应如图 6-17 所示，然后查看该视图所包含的数据。

（3）修改视图 vw_HotGoods，删除其中的折扣列。

（4）查看视图 vw_TNameGoods 所依赖的表或视图，以及基于 vw_TNameGoods 的视图。

（5）删除视图 vw_HotGoods 和视图 vw_TNameGoods。

商品号	商品名称	类别名称	商品价格
010001	诺基亚6500 Slide	通信产品	1500
010002	三星SGH-P520	通信产品	2500
010003	三星SGH-F210	通信产品	3500
010004	三星SGH-C178	通信产品	3000
010005	三星SGH-T509	通信产品	2020
010006	三星SGH-C408	通信产品	3400
010007	摩托罗拉 W380	通信产品	2300
010008	飞利浦 292	通信产品	3000
020001	联想旭日410M…	电脑产品	4680
020002	联想天逸F30T2…	电脑产品	6680
030001	海尔电视机HE01	家用电器	6680
030002	海尔电冰箱HDF…	家用电器	2468
030003	海尔电冰箱HEF02	家用电器	2800
040001	劲霸西服	服装服饰	1468
060001	红双喜牌乒乓…	运动用品	46.8

图 6-17　视图 vw_TNameGoods

2. 操作提示

（1）注意视图定义和视图中数据的区别。

（2）注意视图定义和 SELECT 查询之间的关系。

6.3　使用 T-SQL 管理视图

任务 2

在 SQL Server 2012 中使用 T-SQL 语句实现对视图的创建、修改、查看和删除等操作。

1. 创建视图

使用 T-SQL 命令 CREATE VIEW 可以创建视图，其基本语句格式如下所示。

```
CREATE VIEW 视图名 [ ( 列名 [ ,...n ] ) ]
[WITH <视图属性>]
AS
查询语句
[ WITH CHECK OPTION ]
```

【提示】

● 视图名必须符合标识符规则。

● 视图属性包括 ENCRYPTION（文本加密）、SCHEMABINDING（视图绑定到基础表的架构）和 VIEW_METADATA（指定引用视图的元数据）。

● 查询语句可以是任意复杂的 SELECT 语句。如果 CREATE VIEW 语句仅指定了视图名，省略了组成视图的各个列名，则隐含该视图由子查询中 SELECT 子句目标列中的诸字段组成。但在下列三种情况下必须明确指明组成视图的所有列名。

■ 某个目标列不是单纯的列名，而是列表达式或聚合函数。

■ 多表连接中几个同名的列作为视图的列。

■ 需要在视图中为某个列使用新的名称。

● WITH CHECK OPTION 表示对视图进行 UPDATE、INSERT 和 DELETE 操作时要保

证更新、插入或删除的行满足视图定义中的谓词条件（即子查询中的条件表达式）。

（1）创建简单视图。

【任务 2-1】 经常需要了解“热点”商品的商品号（g_ID）、商品名称（g_Name）、类别号（t_ID）、商品价格（g_Price）、商品折扣（g_Discount）和商品数量（g_Number）信息，可以创建一个“热点”商品的视图。

```
    CREATE VIEW vw_HotGoods
    AS
    SELECT g_ID AS 商品号, g_Name AS 商品名称, t_ID AS 类别号, g_Price AS 价格,
g_Discount AS 折扣, g_Number AS 数量
    FROM Goods
    WHERE  g_Status = '热点'
```

【提示】

- 视图创建后可以通过打开视图查看视图对应的结果（同查看表）。
- 也可以使用“SELECT * FROM 视图名”语句查看视图对应的结果。

（2）使用 WITH ENCRYPTION 语句。

【任务 2-2】 需要了解所有订单所订购的商品信息（商品名称、购买价格和购买数量）和订单日期，同时将创建的视图文本加密（分析请参阅第 5 章）。

```
CREATE VIEW vw_AllOrders
WITH ENCRYPTION
AS
SELECT Orders.o_ID,o_Date,g_Name,d_Price,d_Number
FROM Orders
JOIN OrderDetails
ON Orders.o_ID=OrderDetails.o_ID
JOIN Goods
ON OrderDetails.g_ID=Goods.g_ID
```

该语句创建的视图 vw_AllOrders 的文本将被加密，这样可以防止在 SQL Server 复制过程中发布视图。同时，对应视图的右键快捷菜单中的【设计】不可用（该视图也不允许修改），如图 6-18 所示。

（3）使用 WITH CHECK OPTION 语句。

【任务 2-3】 经常需要了解商品的商品号（g_ID）、商品名称（g_Name）、类别名称（t_Name）和商品价格（g_Price）信息，可以创建一个关于这类商品的视图。

```
CREATE VIEW vw_TNameGoods
AS
SELECT g_ID, g_Name, t_Name, g_Price
FROM Goods
JOIN Types
ON Goods.t_ID=Types.t_ID
WITH CHECK OPTION
```

该语句强制对视图执行的所有数据修改语句都必须符合“SELECT 查询”中设置的条件。

【提示】

- WITH CHECK OPTION 可确保提交修改后，仍可通过视图看到数据。
- 如果在“SELECT 查询”中的任何位置使用 TOP，则不能指定 CHECK OPTION。

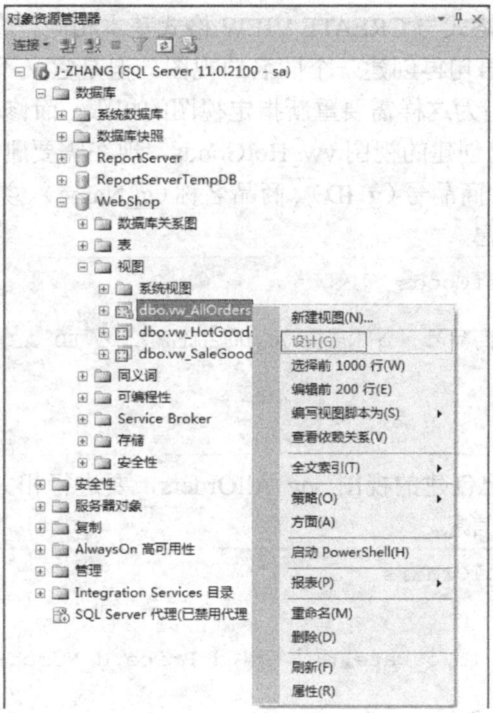

图 6-18　视图加密后的“设计”选项

（4）使用聚合函数。

【任务 2-4】 经常需要了解某一类商品的类别号（t_ID）和该类商品的最高价格信息，可以创建一个关于这类商品的视图。

```
CREATE VIEW vw_MaxPriceGoods
AS
SELECT t_ID, Max(g_Price) AS MaxPrice
FROM Goods
GROUP BY t_ID
```

（5）视图类型。

① 水平视图。限制用户只能够存取表中的某些数据行，用这种方法产生的视图称为水平视图，即为表中行的子集。

② 投影视图。如果限制用户只能存取表中的部分列的数据，用这种方法创建的视图就称为投影视图，即表中列的子集。

③ 联合视图。用户可以把多个表中的数据生成联合视图，把查询结果表示为一个单独的“表”。用这种方法创建的视图称为联合视图，即多个表中数据的集合。

2．修改视图

（1）使用 T-SQL 修改视图。使用 T-SQL 的命令 ALTER VIEW 可以修改视图，基本语句格式如下所示。

```
ALTER VIEW 视图名 [ ( 列名 [ ,...n ] ) ]
[WITH <视图属性>]
AS
查询语句
[ WITH CHECK OPTION ]
```

ALTER VIEW 语句格式与 CREATE VIEW 格式基本相同，修改视图的过程就是先删除原有视图，然后根据查询语句再创建一个同名的视图。但是它又不完全等同于删除一个视图，然后重新创建该视图，因为这样需要重新指定视图的权限，而修改视图不会改变原有的权限。

【任务 2-5】 对于已创建的视图 vw_HotGoods，现在需要删除其中的折扣（g_Discount）信息，使之仅包含商品的商品号（g_ID）、商品名称（g_Name）、类别号（t_ID）、价格（g_Price）和数量（g_Number）信息。

```
ALTER VIEW vw_HotGoods
AS
SELECT g_ID AS 商品号, g_Name AS 商品名称, t_ID AS 类别号, g_Price AS 价格,
g_Number AS 数量
FROM Goods
WHERE g_State = '热点'
```

【任务 2-6】 对于已创建的视图 vw_AllOrders，要进行相关修改以保证新的视图中只有 2007 年 8 月 2 日的订单信息。

```
ALTER VIEW vw_AllOrders
WITH ENCRYPTION
AS
SELECT Orders.o_ID,o_Date,商品名称,d_Price,d_Number
FROM Orders
JOIN OrderDetails
ON Orders.o_ID=OrderDetails.o_ID
JOIN Goods
ON OrderDetails.g_ID=Goods.g_ID
WHERE Orders.o_Date='2007-08-02'
```

【提示】

如果在创建视图时使用了 WITH CHECK OPTION 选项，那么在 ALTER VIEW 命令中也必须使用该选项，否则该选项不再起作用。

（2）使用 sp_rename 重命名视图。使用系统存储过程 sp_rename 可以重命名视图，但不会删除视图，也不会删除在该视图上的权限。系统存储过程 sp_rename 的基本语句格式如下所示。

```
sp_rename  <旧的视图名>, <新的视图名>
```

【任务 2-7】 修改视图 vw_AllOrders 的名称为 vw_Orders0802。

```
sp_rename vw_AllOrders, vw_Orders0802
```

【提示】

- 重命名视图时，必须保证视图在当前数据库中。
- 新的视图名必须遵循标识符命名规则。
- 只有视图的所有者或数据库的所有者才能重命名视图。

3. 查看视图

（1）查看视图定义。使用系统存储过程 sp_help 可以查看视图的定义，基本语句格式如下所示。

```
sp_help <视图名>
```

【任务 2-8】 查看视图 vw_HotGoods 的定义。

```
sp_help vw_HotGoods
```

运行结果如图 6-19 所示。

结果　消息

	Name	Owner	Type	Created_datetime
1	vw_HotGoods	dbo	view	2011-03-15 20:20:44.293

	Column_name	Type	Computed	Length	Prec	Scale	Nullable	TrimTrailingBlanks	FixedLenNullInSource	Collation
1	商品号	char	no	6			yes	no	yes	Chinese_PRC_CI_AS
2	商品名称	varchar	no	50			yes	no	yes	Chinese_PRC_CI_AS
3	类别号	char	no	2			yes	no	yes	Chinese_PRC_CI_AS
4	价格	float	no	8	53	NULL	yes	(n/a)	(n/a)	NULL
5	折扣	float	no	8	53	NULL	yes	(n/a)	(n/a)	NULL
6	数量	smallint	no	2	5	0	yes	(n/a)	(n/a)	NULL

	Identity	Seed	Increment	Not For Replication
1	No identity column defined.	NULL	NULL	NULL

	RowGuidCol
1	No rowguidcol column defined.

图 6-19　视图 vw_HotGoods 的定义

（2）查看视图的文本。使用系统存储过程 sp_helptext 可以查看视图的文本，基本语句格式如下所示。

```
sp_helptext <视图名>
```

【任务 2-9】 查看视图 vw_HotGoods 的定义文本。

```
sp_helptext vw_HotGoods
```

运行结果如图 6-20 所示。

	Text
1	CREATE VIEW vw_HotGoods
2	AS
3	SELECT g_ID AS 商品号, g_Name AS 商品名称, t_ID AS 类别号, g_Price AS 价格, g_Discount
4	AS 折扣, g_Number AS 数量
5	FROM Goods
6	WHERE g_Status = '热点'

图 6-20　视图 vw_HotGoods 的定义文本

如果要查看的视图在创建时使用了“WITH ENCRYPTION”，则该视图的文本不能被查看，如语句“sp_helptext vw_Orders0802”的运行结果为 `对象 'vw_Orders0802' 的文本已加密。`。

4．删除视图

删除视图使用 DROP VIEW 命令，可以使用单个 DROP VIEW 命令删除多个视图，在 DROP VIEW 语句中，需要被删除的视图名之间以逗号隔开。DROP VIEW 的基本语句格式如下所示。

```
DROP  VIEW <视图名>
```

【任务 2-10】 出于数据管理的需要，删除视图 vw_Orders0802。

```
DROP VIEW vw_Orders0802
```

【提示】

- 删除视图时，将从系统目录中删除视图的定义和有关视图的其他信息，还将删除视图的所有权限。
- 使用 DROP TABLE 删除的表上的任何视图都必须使用 DROP VIEW 显式删除。

● 对索引视图执行 DROP VIEW 操作时，将自动删除视图上的所有索引。

6.4 使用视图

任务 3

视图创建以后，可以通过视图对源表数据进行查询、添加、修改和删除操作。

6.4.1 查询视图数据

视图与表具有相似的结构，当定义视图以后，用户可以像对基本表一样对视图进行查询操作。

【任务 3-1】 需要了解价格在 2000 元以上的促销商品信息，为了简化查询操作，可以在视图 vw_SaleGoods 中进行查询。

```
SELECT *
FROM vw_SaleGoods
WHERE 价格>2000
```

运行结果如图 6-21 所示。

【提示】

● 由于在创建视图时为“g_Price”指定了别名“价格”，所以在利用视图进行查询时，不能使用列名“g_Price”而要使用“价格”。

● 视图中的列名取决于创建视图时指定的名称，而不是源表中的列名。

【任务 3-2】 需要统计每类商品的平均价格（显示类别名和该类别的平均价格），为了简化查询操作，可以在视图 vw_TNameGoods（【任务 2-3】中已创建好）中进行查询。

```
SELECT t_Name 类别名称, AVG(g_Price) 平均价格
FROM vw_TNameGoods
GROUP BY t_Name
```

运行结果如图 6-22 所示。

	商品号	商品名称	类别号	价格	折扣	数量
1	010005	三星SGH-T509	01	2020	0.8	15
2	010006	三星SGH-C408	01	3400	0.8	10
3	020001	联想旭日410MC520	02	4680	0.8	18
4	020002	联想天逸F30T2250	02	6680	0.8	18
5	030001	海尔电视机HE01	03	6680	0.8	10

图 6-21　查询视图 vw_SaleGoods

	类别名称	平均价格
1	电脑产品	5680
2	服装服饰	1468
3	家用电器	3982.66666666667
4	通信产品	2652.5
5	运动用品	46.8

图 6-22　查询视图 vw_TNameGoods

【提示】 虽然在创建视图时没有为“t_Name”指定别名，但是可以在利用视图进行查询时指定别名。这一点与查询基本表是完全一致的。

6.4.2　修改视图数据

当向视图中插入或更新数据时，实际上是对视图所基于的表执行数据的插入和更新。但是通过视图插入、更新数据有一些限制。

（1）在一个语句中，一次不能修改一个以上的视图基表。例如，对于前面建立的视图 vw_AllOrders，它基于 Orders、OrderDetails 和 Goods 3 个表，所以不能用一个 INSERT 语句或 UPDATE 语句插入或修改视图 vw_AllOrders 中的所有列，但可以在多个语句中分别插入或修改该视图所参照的基表的对应列。

（2）对视图中所有列的修改必须遵守视图基表中所定义的各种数据约束条件（如不能为空等）。

（3）不允许对视图中的计算列进行修改，也不允许对视图定义中包含聚合函数或 GROUP BY 子句的视图进行插入或修改操作。

【任务 3-3】 通过视图 vw_Users 向表 Users 中增加一个用户。

（1）建立视图 vw_Users。

```
CREATE VIEW vw_Users
AS
SELECT u_ID AS 编号, u_Name AS 用户名, u_Type AS 用户组, u_Password AS 用户密码
FROM Users
```

该视图只是很简单地将英文的列名换成汉字的列名。

（2）通过视图 vw_Users 实现记录的添加。

```
INSERT INTO vw_Users
VALUES('05','view','普通','view')
```

该语句成功执行后，在 Users 表中新增了一个名为“view”的管理员信息。

【任务 3-4】 通过视图 vw_Users 将用户“amy”的所属用户组修改为“查询”。

```
UPDATE vw_Users
SET 用户组='查询'
WHERE 用户名='amy'
```

【提示】

如上所述，通过视图进行修改时，也必须使用视图中的列名，如“用户组”而不是“u_Type”，“用户名”而不是“u_Name”。

【任务 3-5】 通过视图 vw_TNameGoods 将商品号为“040001”、类别名称为“服装服饰”的产品修改为“服装产品”，同时将其价格修改为 1680 元。

如果使用如下语句将会报告错误。

```
UPDATE  vw_TNameGoods
SET  t_Name='服装产品',g_Price=1680
WHERE  g_ID='040001'
```

错误信息如图 6-23 所示。

```
消息 4405，级别 16，状态 1，第 1 行
视图或函数 'vw_TnameGoods' 不可更新，因为修改会影响多个基表。
```

图 6-23　通过视图修改错误

正确语句如下所示。

```
UPDATE  vw_TNameGoods
SET  t_Name='服装产品'
WHERE g_ID='040001'
GO
UPDATE vw_TNameGoods
SET  g_Price=1680
WHERE g_ID='040001'
```

【提示】

● 当要通过视图修改多个视图基表时，必须给出多个单独的修改基表的语句。

● 为了保证多个单独的修改语句都能被执行，可以通过显式事务的方式来实现。事务的详细内容请参阅第 10 章。

6.4.3　友情提示

1. 视图与查询的比较

视图虽然是保存的 SELECT 查询，但与普通查询在使用上有一定的区别。

（1）数据库服务器在视图保存后可以立即建立查询计划。但是对于查询，数据库服务器直到查询实际运行时才能建立查询计划，也就是说，普通查询在用户显式请求结果集时建立查询计划。

（2）可以加密视图，但不能加密查询。

（3）可以为查询创建参数，但不能为视图创建参数。

（4）可以对任何查询结果进行排序，但是只有当视图包括 TOP 子句时才能排序视图。

（5）视图可以建立索引，提高查询速度。

（6）视图可以屏蔽真实的数据结构和复杂的业务逻辑，简化查询。

（7）视图存储为数据库设计的一部分，而查询则不是。

（8）对视图和查询的结果集更新限制是不同的。

2. 视图与基本表的比较

视图通常建立在基本表的基础上，但与基本表相比，视图有许多优点。

（1）视点集中。视图的机制使用户把注意力集中在所关心的数据上，从而使用户眼中的数据结构简单而直截了当。

（2）简化操作。视图建立大大简化了用户的数据查询操作。因其是把若干张表连接在一起的视图，故向用户隐藏了表与表之间的连接操作。

（3）多角度。视图机制使不同的用户从多角度“看待”同一数据。当许多不同种类的用户使用同一个集成数据库时，这种灵活性显然很重要。

（4）安全。针对不同用户可以定义不同的视图，使机密数据不再出现在不应该看到这些数据的用户视图上，显然这就提供了对机密数据的保护。

（5）逻辑上的数据独立。视图可避免数据库中表的结构变化对用户程序造成的不良影响。例如，当一个大表“垂直”地分成多个表时，只要重新定义视图就可以保持用户原来的关系，使用的外模式不变，从而不必修改用户程序，原来的应用程序仍能通过视图重载数据。当然，视图只能在一定程度上提供数据的逻辑独立，修改数据的语句仍会因基本表的结构改变而受到影响。

3. 使用视图定制安全策略

借助于视图可以改善数据的安全性，视图的安全性可以让特定的用户查看特定的数据，也可以防止未授权用户查看特定的行或列。前者可以结合第 11 章的数据库安全控制技术将视图的操作权限赋予特定的用户。而要限制用户只能看到表中特定行的方法如下。

（1）在表中增加一个标志用户名的列。

（2）建立视图，保证用户只能看到标有自己用户名的行。

（3）把视图授权给其他用户。

课堂实践 2

1. 操作要求（使用 T-SQL）

（1）创建包含 Goods 表中“热点”商品的视图 vw_HotGoods，结果应如图 6-24 所示。

商品号	名称	价格	折扣	数量
010001	诺基亚6500 Slide	1500	0.9	20
010003	三星SGH-F210	3500	0.9	30
010004	三星SGH-C178	3000	0.9	10
010007	摩托罗拉 W380	2300	0.9	20
010008	飞利浦 292	3000	0.9	10
030002	海尔电冰箱HDF...	2468	0.8	15
030003	海尔电冰箱HEF02	2800	0.8	10

图 6-24　视图 vw_HotGoods

（2）在视图 vw_HotGoods 中查询价格在 2500 元以上的商品的信息。

（3）在视图 vw_HotGoods 中将名称为“飞利浦 292”的商品的折扣修改为 0.75，修改完成后，查看源表的数据有何变化。

（4）创建包含 Goods 表和 Types 表中指定信息的视图 vw_GoodsByTName，结果应如图 6-25 所示。

商品号	商品名称	类别名称	商品价格
010001	诺基亚6500 Slide	通信产品	1500
010002	三星SGH-P520	通信产品	2500
010003	三星SGH-F210	通信产品	3500
010004	三星SGH-C178	通信产品	3000
010005	三星SGH-T509	通信产品	2020
010006	三星SGH-C408	通信产品	3400
010007	摩托罗拉 W380	通信产品	2300
010008	飞利浦 292	通信产品	3000
020001	联想旭日410M...	电脑产品	4680
020002	联想天逸F30T2...	电脑产品	6680
030001	海尔电视机HE01	家用电器	6680
030002	海尔电冰箱HDF...	家用电器	2468
030003	海尔电冰箱HEF02	家用电器	2800
040001	劲霸西服	服装服饰	1468
060001	红双喜牌乒乓...	运动用品	46.8

图 6-25　视图 vw_GoodsByTName

（5）在视图 vw_GoodsByTName 中查询商品类别为“通信产品”，商品名称中包含“三星”字样的商品信息，并与在表的基础上完成此查询的语句进行比较。

（6）修改视图 vw_HotGoods，删除其中的折扣列，并查看修改后的视图中的数据。

（7）删除视图 vw_HotGoods 和视图 vw_GoodsByTName。

2．操作提示

（1）注意视图定义和视图中数据的区别。

（2）注意视图定义和 SELECT 查询之间的关系。

小结与习题

本章学习了如下内容：

（1）视图概述。

（2）使用 SSMS 管理视图，包括创建视图、修改视图、查看视图和删除视图。

（3）使用 T-SQL 管理视图，包括使用 CREATE VIEW 创建视图、使用 ALTER VIEW 修改视图、使用 sp_help 和 sp_helptext 查看视图、使用 DROP VIEW 删除视图。

（4）使用视图，包括查询视图数据、修改视图数据、视图和表的区别、视图和查询的区别。

一、填空题

1．可以认为视图是保存的________，视图所对应的数据来自________。

2．如果要加密视图定义的文本，可以在创建视图时使用________关键字。

3．查看视图定义文本的存储过程是________。

4．删除视图的 T-SQL 语句是________。

二、选择题

1．以下关于视图的描述中，错误的是________。

A．视图不是真实存在的基础表，而是一张虚拟表

B．当对通过视图看到的数据进行修改时，相应的基本表的数据也要发生变化

C．在创建视图时，当其中某个目标列是聚合函数时，必须指明视图的全部列名

D．在一个语句中，一次可以修改一个以上的视图对应的基表

2．使用 T-SQL 创建视图时，一般情况下不能使用的关键字是________。

A．ORDER BY　　B．WHERE

C．COMPUTE　　D．WITH CHECK OPTION

3．下列不属于视图的优点的是________。

A．视点集中　　B．简化操作

C．增强安全性　　D．数据物理独立

4．下列不属于视图插入、更新数据时的限制的是________。

A．在一个语句中，一次不能修改一个以上的视图基表

B．允许对视图定义中包含 GROUP BY 子句的视图进行插入或修改操作

C．对视图中所有列的修改必须遵守视图基表中所定义的各种数据约束条件

D．不允许对视图中的计算列进行修改

5．数据库中的物理数据存储在________中。

A．表　　B．数据库　　C．视图　　D．查询

三、简答题

1. 简单说明视图的基本概念及其优点。

2. 举例说明简单 SELECT 查询和视图的区别与联系。

课外拓展

1. 操作要求

（1）创建出版社编号为“001”的图书信息的视图 vw_Book001，结果要求如图 6-26 所示。

	图书编号	图书名称	作者	出版社编号	出版日期	价格
1	TP3/2737	Visual Basic.NET实用教程	佟伟光	001	2003-08-01...	18.00
2	TP3/2742	数据恢复技术	戴士剑、陈永红	001	2003-08-01...	39.00
3	TP312/146	C++程序设计与软件技术基础	梁普选	001	2004-07-01...	28.00
4	TP39/717	UML数据库设计应用	[美]Eric J.Naiburg等	001	2001-03-01...	30.00
5	TP39/719	SQL Server 2005实例教程	刘志成、陈承欢	001	2006-10-01...	34.00

图 6-26　视图 vw_Book001

（2）在 vw_Book001 中查询包含“设计”字样的图书信息。

（3）创建存放地址为“03-03-01”的图书信息的视图 vw_Book030301，要求显示条形码、图书编号、存放位置、图书状态、图书的名称、作者和价格信息，结果要求如图 6-27 所示。

	条形码	图书编号	存放位置	图书状态	图书名称	作者	价格
1	128349	TP3/2741	03-03-01	借出	JSP程序设计案例教程	刘志成	27.00
2	128350	TP3/2741	03-03-01	借出	JSP程序设计案例教程	刘志成	27.00
3	128351	TP3/2741	03-03-01	借出	JSP程序设计案例教程	刘志成	27.00
4	128352	TP3/2741	03-03-01	遗失	JSP程序设计案例教程	刘志成	27.00
5	128353	TP39/711	03-03-01	借出	管理信息系统基础与开发	陈承欢、彭勇	23.00
6	128354	TP39/711	03-03-01	在藏	管理信息系统基础与开发	陈承欢、彭勇	23.00

图 6-27　视图 vw_Book030301

（4）在 vw_Book030301 中查询已借出的图书信息。

（5）创建所有读者的借书信息的视图 vw_ReadersAll，要求显示借书人、借书日期、还书日期、书名和还书状态，结果要求如图 6-28 所示。

	借书人	借书日期	还书日期	书名	还书状态
1	王周应	2007-06-15...	2007-09-01 ...	JSP程序设计案例教程	已还
2	王周应	2007-09-15...	NULL	JSP程序设计案例教程	未还
3	黄莉	2007-09-15...	NULL	JSP程序设计案例教程	未还
4	孟昭红	2007-10-24...	NULL	Visual Basic.NET进销存程序设计	未还
5	龙川玉	2007-09-15...	NULL	管理信息系统基础与开发	未还
6	谭涛涛	2007-09-15...	2007-09-30 ...	管理信息系统基础与开发	已还
7	阳杰	2007-09-15...	NULL	UML用户指南	未还
8	王周应	2007-09-15...	2007-09-30 ...	UML数据库设计应用	已还
9	谢群	2007-06-24...	2007-09-24 ...	UML数据库设计应用	已还
10	王周应	2007-09-15...	NULL	SQL Server 2005实例教程	未还

图 6-28　视图 vw_vw_ReadersAll

（6）在 vw_ReadersAll 中查询“王周应”的借书信息，并按借书日期升序排列。

2. 操作提示

（1）通过表间的连接来获取指定的信息。

（2）注意查询视图时的列名的指定。

第 7 章 索引操作

学习目标

本章将要学习 SQL Server 2012 中索引操作的相关知识，包括索引的建立、索引的查看、索引的修改、索引的删除等。本章的学习要点包括：

- 索引的概念和类型
- 使用 SSMS 管理索引
- 使用 T-SQL 语句管理索引
- 创建和使用全文索引

学习导航

用户对数据库最频繁的操作是数据查询。一般情况下，数据库在进行查询操作时，需要对整个表进行数据搜索。当表中的数据量很大时，搜索数据就需要很长的时间，这就造成了服务器的资源浪费，可以利用索引快速访问数据库表中的特定信息。索引和原始表间的关系如图 7-1 所示。

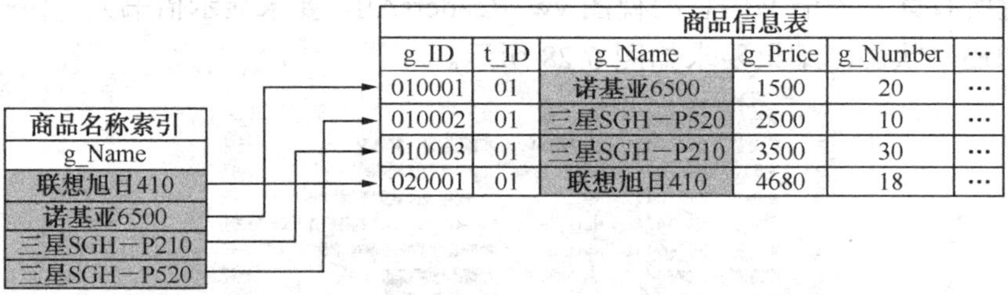

图 7-1　商品名称索引和商品信息表的关系

本章主要内容及其在 SQL Server 2012 数据库管理系统中的位置如图 7-2 所示。

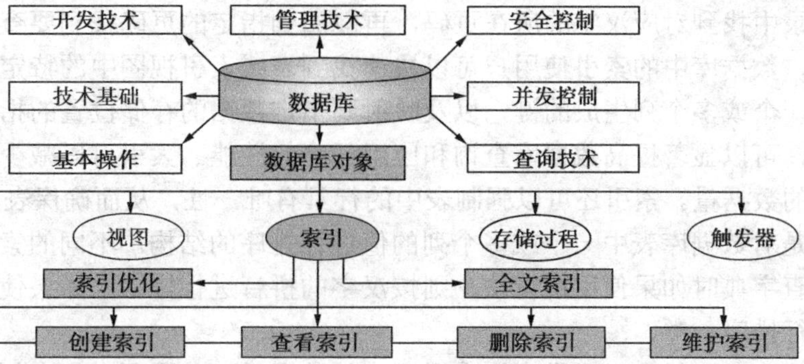

图 7-2　本章学习导航

任务描述

本章主要任务描述如表 7-1 所示。

表 7-1　任务描述

任务编号	子任务	任务内容
任务 1		了解聚集索引的查找原理
任务 2		使用 SSMS 实现对索引的创建、查看和删除等操作
	任务 2-1	使用 SSMS 在 Goods 表中创建基于 g_Name 的索引
	任务 2-2	使用 SSMS 查看所创建的索引 idx_GName
任务 3		使用 T-SQL 语句实现对索引的创建、查看和删除等操作
	任务 3-1	在 Users 表的 u_Name 列上创建聚集索引
	任务 3-2	在 Users 表的 u_Name 列上创建唯一的非聚集索引
	任务 3-3	在 OrderDetails 表的 o_ID 列和 g_ID 列上创建复合非聚集索引
	任务 3-4	查看 Goods 表的索引
	任务 3-5	将索引“idx_GName”改名为“idx_GoodsName”
	任务 3-6	删除 Goods 表中所建的索引 idx_GName
	任务 3-7	查看 OrderDetails 表中 idx_OID_GID 索引的信息
	任务 3-8	使用 DBCC DBREINDEX 重建索引
	任务 3-9	生成 OrderDetails 表中索引的概要信息
任务 4		在 SQL Server 2012 中使用全文索引
	任务 4-1	利用“全文索引向导”在 Customers 表上建立基于 c_Name 列的全文索引
	任务 4-2	基于全文索引查找姓“刘”和姓“王”的会员信息
	任务 4-3	使用 T-SQL 语句在 Customers 表上应用基于 c_Name 列的全文索引

7.1　概述

7.1.1　索引概念

我们都有过查字典的经历，在查找一个生字时，首先会根据拼音或部首按照规定的查找方法到目录中找到对应汉字的所在页码，再翻阅到指定的页码找到要查找的生字。与书中的目录一样，数据库中的索引使用户可以快速找到表或索引视图中的特定信息。索引包含从表或视图中一个或多个列生成的键，以及映射到指定数据的存储位置的指针。通过创建设计良好的索引，可以显著提高数据库查询和应用程序的性能。索引可以减少为返回查询结果集而必须读取的数据量。索引还可以强制表中的行具有唯一性，从而确保表的数据完整性。

索引是对数据库表中一个或多个列的值进行排序的结构。不同的索引对应不同的排序方法，就像查字典时如果使用拼音法，则按汉字的拼音进行排序；如果使用部首法，则按汉字的部首进行排序一样。

通常情况下，只有当经常查询索引列中的数据时，才需要在表上创建索引。索引将占用磁盘空间，并且降低添加、删除和更新行的速度。但在多数情况下，索引所带来的数据检索速度的优势大大超过它的不足。然而，如果应用程序非常频繁地更新数据，或者磁盘空间有限，那么最好限制索引的数量。

索引是一个单独的、物理的数据结构，这个数据结构中包括表中的一列或若干列的值以及相应的指向表中的物理标识等值的数据页的逻辑指针的集合。索引提供了数据库中编排表中数据的内部方法。索引依赖于数据库的表，作为表的一个组成部分，一旦创建，由数据库系统自身进行维护。一个表的存储是由两部分组成的，一部分用来存放表的数据页面，另一部分用来存放索引页面，索引就存放在索引页面上。通常，索引页面相对于数据页面来说小得多。当进行数据检索时，系统先搜索索引页面，从中找到所需数据的指针，再直接通过指针从数据页面中读取数据。从某种程度上可以把数据库看做一本书，把索引看做书的目录，通过目录查找书中的信息，显然比没有使用目录更方便、快捷。

7.1.2 索引类型

任务 1	了解索引的类型和聚集索引的查找原理。

在 SQL Server 的数据库中，按存储结构的不同可将索引分为两大类：聚集索引和非聚集索引。而根据数据库的功能，可在数据库设计时创建三种类型的索引：聚集索引、唯一索引和主键索引。

1．聚集索引

聚集索引对表的物理数据页中的数据按列进行排序，然后重新存储到磁盘上，即聚集索引与数据是混为一体的。由于聚集索引对表中的数据一一进行了排序，因此用聚集索引查找数据很快。但由于聚集索引将表的所有数据完全重新排列了，它所需要的空间也特别大，大概相当于表中数据所占空间的 120%。表的数据行只能以一种排序方式存储在磁盘上，所以一个表只能有一个聚集索引。单个分区中的聚集索引结构如图 7-3 所示。

聚集索引按 B 树索引结构实现，B 树索引结构支持基于聚集索引键值对行进行快速检索。表的数据页与以字母表顺序存储在档案橱柜中的文件夹相似，而数据行与存储在文件夹中的文档相似。当 SQL Server 使用聚集索引查找值时执行以下步骤。

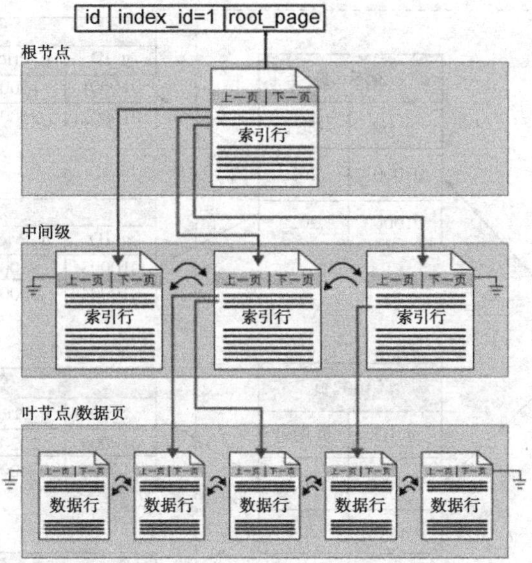

图 7-3　单个分区中的聚集索引结构

（1）获得根页的地址。

（2）查找值与根页中的关键值进行比较。

（3）找出小于或等于查找值的最大关键值的页。

（4）页指针指向索引的下一层。

（5）重复步骤（3）和步骤（4），直到找到数据页。

（6）在数据页上查找数据行，直到找到查找值为止。如果在数据页上找不到查找值，则表示没有查找到指定数据。

【任务】 分析在 Goods 表上基于 g_ID 的聚集索引查询商品号为“010006”的行（列 g_ID 为主键）的过程。具体步骤如下所述。

（1）SQL Server 从第 603 页的根页开始查找。

（2）在第 603 页上查找小于或等于查找值（010006）的最大关键值，找到包含 g_ID 为“010005”的指针的页（第 602 页）。

（3）页指针指向第 602 页，查找从第 602 页继续。

（4）找到了 g_ID 为“010005”的索引值，页指针指向第 203 页，查找从第 203 页继续。

（5）查找第 203 页，找到 g_ID 为“010006”的行。

详细的查找过程如图 7-4 所示。

2．非聚集索引

非聚集索引具有与表的数据完全分离的结构，使用非聚集索引不用将物理数据页中的数据按列排序，而是存储索引行，每个索引行均包含非聚集索引键值和一个或多个指向包含该值的数据行的行定位器。如果表有聚集索引，行定位器就是该行的聚集索引键值；如果表没有聚集索引，行定位器就是行的磁盘地址。SQL Server 在搜索数据时，先对非聚集索引进行搜索，然后通过相应的行定位器从表中找到对应的数据。单个分区中的非聚集索引结构如图 7-5 所示。

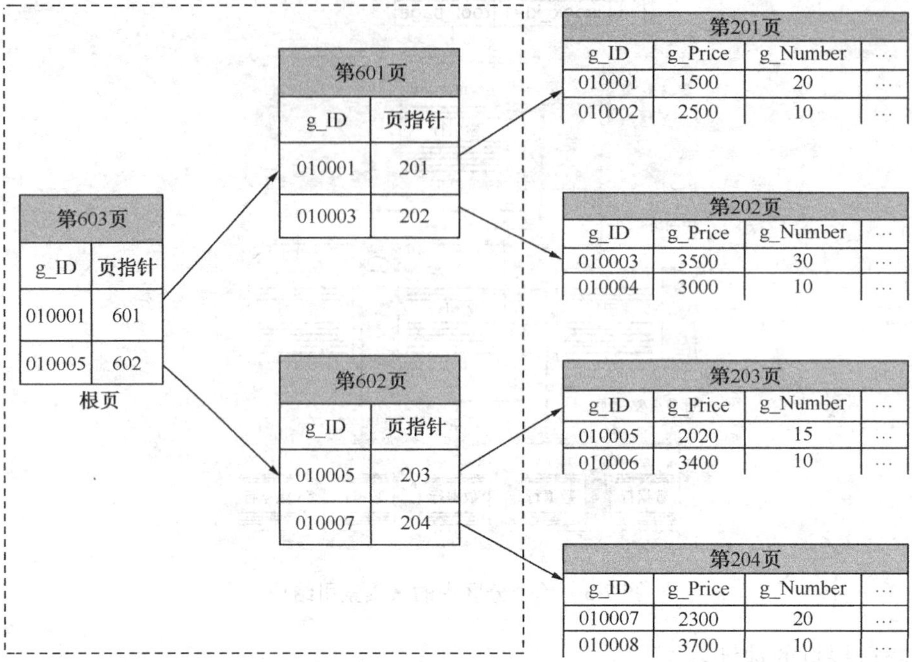

图 7-4 聚集索引查找顺序

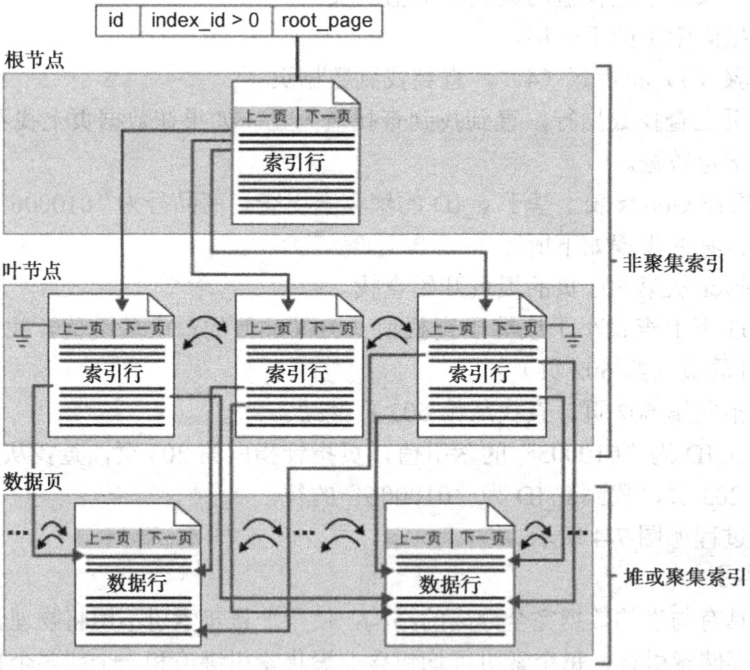

图 7-5 单个分区中的非聚集索引结构

由于非聚集索引使用索引页存储，因此它比聚集索引需要更多的存储空间，且检索效率较低。但一个表只能创建一个聚集索引，当用户需要建立多个索引时，就需要使用非聚集索引了。SQL Server 默认情况下创建的是非聚集索引，从理论上讲，一个表最多可以创建 249 个非聚集索引。

【提示】

● 一般情况下，先创建聚集索引，后创建非聚集索引，因为创建聚集索引会改变表中的行的顺序，从而会影响到非聚集索引。

● 创建多少个非聚集索引，取决于用户执行的查询要求。

3．唯一索引

唯一索引不允许两行具有相同的索引值。如果现有数据中存在重复的键值，则大多数数据库不允许将新创建的唯一索引与表一起保存。当新数据使表中的键值重复时，数据库也拒绝接收此数据。例如，如果在Goods表中的商品名称（g_Name）列上创建了唯一索引，则所有商品名称都不能相同。唯一索引既可以是聚集索引，也可以是非聚集索引。

4．其他索引

1）包含列索引

包含列索引是一种非聚集索引，它扩展后不仅包含键列，还包含非键列。

2）索引视图

索引视图是视图的索引将具体化（执行）视图，并将结果集永久存储在唯一的聚集索引中，而且其存储方法与带聚集索引的表的存储方法相同。创建聚集索引后，可以为视图添加非聚集索引。

3）全文索引

全文索引是一种特殊类型的基于标记的功能性索引，由Microsoft SQL Server全文引擎生成和维护，用于帮助用户在字符串数据中搜索复杂的词。

4）空间索引

利用空间索引，可以更高效地对geometry数据类型的列中的空间对象（空间数据）执行某些操作。空间索引可减少需要应用开销相对较大的空间操作的对象数。

5）筛选索引

筛选索引是一种经过优化的非聚集索引，尤其适用于涵盖从定义完善的数据子集中选择数据的查询。筛选索引使用筛选谓词对表中的部分行进行索引。与全表索引相比，设计良好的筛选索引可以提高查询性能、减少索引维护开销并可降低索引存储开销。

6）XML索引

XML索引是XML数据类型列中二进制大型对象（BLOB）的已拆分持久表示形式。

【提示】 在确定某一索引适合某一查询之后，可以选择最适合具体情况的索引类型。索引包含以下特性。

● 聚集还是非聚集。

● 唯一还是非唯一。

● 单列还是多列。

● 索引中的列是升序排序还是降序排序。

7.2 使用SSMS管理索引

任务 2

在 SQL Server 2012 中使用“SQL Server Management Studio”实现对索引的创建、查看和删除等操作。

1. 创建索引

【任务 2-1】使用 SQL Server Management Studio 在 Goods 表上创建基于 g_Name 的索引。

（1）启动 SQL Server Management Studio，在“对象资源管理器”中依次展开【数据库】节点、【WebShop】节点、【Goods】表节点。

（2）右击【索引】节点，选择“新建索引”选项，选择索引类型为“非聚集索引”，如图 7-6 所示。

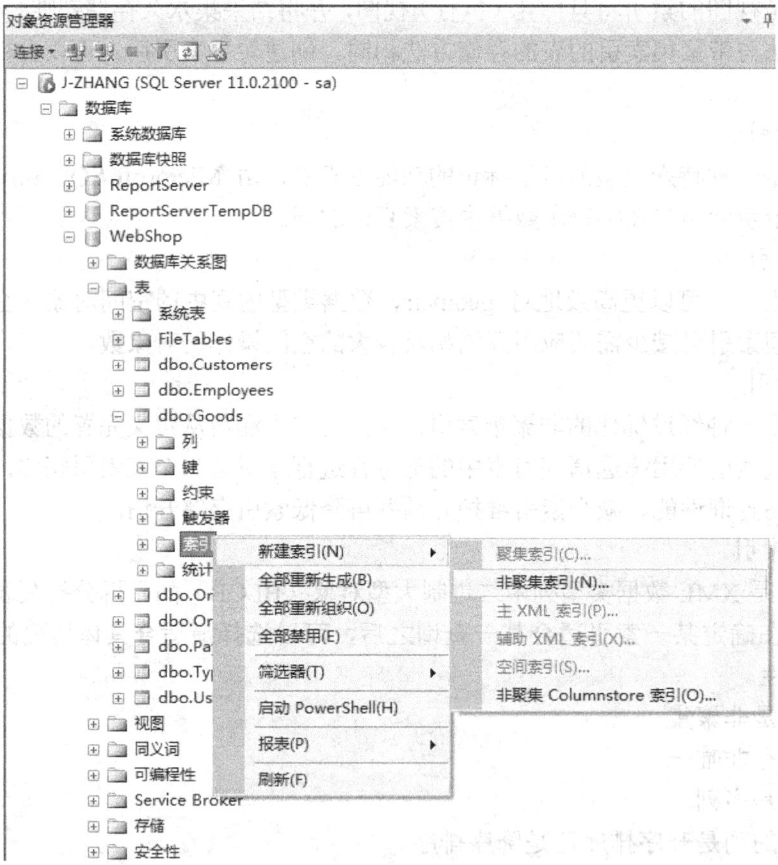

图 7-6　新建索引

（3）打开“新建索引”对话框，输入索引的名称（本例为 idx_GName），如图 7-7 所示。

（4）单击【添加】按钮，打开选择列对话框，选择需要创建索引的列，如图 7-8 所示。

（5）设置好索引的属性后，单击【确定】按钮，完成索引的创建。

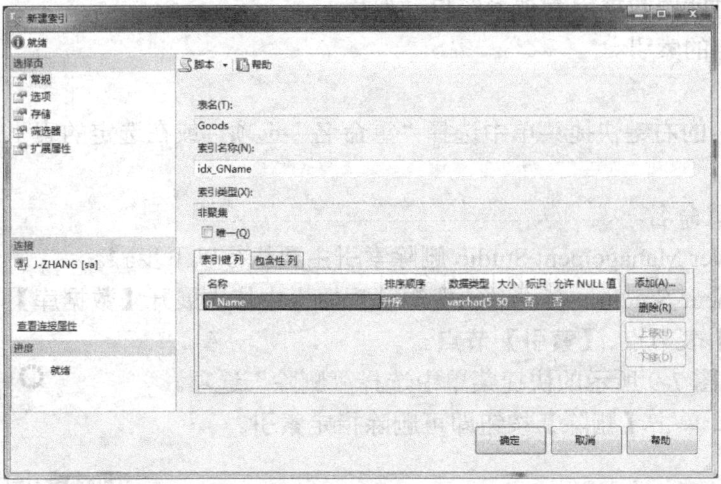

图 7-7 “新建索引”对话框

图 7-8 选择列

2．查看和删除索引

（1）查看索引。

【任务 2-2】 使用 SQL Server Management Studio 查看所创建的索引 idx_GName。

① 启动 SQL Server Management Studio，在“对象资源管理器”中依次展开【数据库】节点、【WebShop】数据库节点、【Goods】表节点、【索引】节点。

② 右键单击【idx_GName】，选择“属性”，如图 7-9 所示。

③ 在属性查看窗口，可以查看到指定索引的属性，同时也可以进行相关的修改。

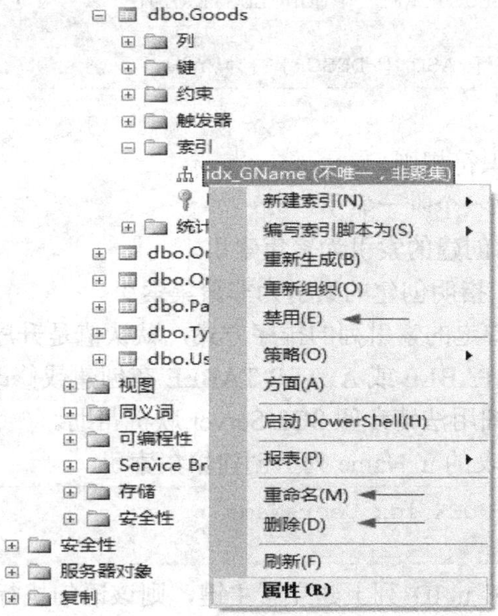

图 7-9 具体操作

【提示】

● 这里创建的索引为非唯一、非聚集索引。

● 索引一旦创建，执行查询时就由数据库管理系统自动启用。

● 选择【禁用】可以禁用指定的索引。

（2）索引重命名。

① 在如图 7-9 所示的指定索引的右键快捷菜单中选择“重命名”选项，或在选定的索引名上单击，进入编辑状态。

② 输入新的索引名称，完成重命名。

（3）删除索引。通过 SQL Server Management Studio 删除索引主要执行以下步骤。

① 启动 SQL Server Management Studio，在“对象资源管理器”中依次展开【数据库】节点、【WebShop】节点、【Goods】表节点、【索引】节点。

② 右击【idx_GName】，在如图 7-9 所示的快捷菜单中选择“删除”选项。

③ 打开“删除对象”对话框，单击【删除】按钮即可删除指定索引。

7.3 使用 T-SQL 管理索引

任务 3

在 SQL Server 2012 中使用 T-SQL 语句实现对索引的创建、查看和删除等操作。

1. 创建索引

使用 T-SQL 语句 CREATE INDEX 命令可以建立索引，其基本语句格式如下所示。

```
CREATE [UNIQUE] [CLUSTERED | NONCLUSTERED]
INDEX 索引名
ON {表 | 视图 } (列 [ ASC | DESC ] [,…n])
```

【提示】

● 索引名必须符合标识符规则。

● UNIQUE：表示创建一个唯一索引。

● CLUSTERED：指明创建的索引为聚集索引。

● NONCLUSTERED：指明创建的索引为非聚集索引。

● ASC | DESC：指定特定的索引列的排序方式，默认值是升序（ASC）。

● 可以使用 CREATE TABLE 或 ALTER TABLE 在创建或修改表时创建索引。

● 创建索引语句的详细用法请参阅 SQL Server 联机帮助。

【任务 3-1】 在 Users 表的 u_Name 列上创建聚集索引。

```
CREATE CLUSTERED INDEX idx_UsersName
ON Users(u_Name)
```

如果 Users 表中已经在 u_ID 列上建立了主键，则该语句执行时会出现错误，如图 7-10 所示。其中“PK_Users”即为主键对应的聚集索引名称。

消息

消息 1902，级别 16，状态 3，第 1 行
无法对 表 'Users' 创建多个聚集索引。请在创建新聚集索引前删除现有的聚集索引 'PK_Users'。

图 7-10　创建聚集索引错误

【任务 3-2】 在 Users 表的 u_Name 列上创建唯一的非聚集索引。

```
CREATE UNIQUE NONCLUSTERED INDEX idx_UsersName
ON Users(u_Name)
```

【任务 3-3】 在 OrderDetails 表的 o_ID 列和 g_ID 列上创建复合非聚集索引。

```
CREATE NONCLUSTERED INDEX idx_OID_GID
ON OrderDetails(o_ID,g_ID)
```

【提示】

- 主键约束相当于聚集索引和唯一索引的结合，因此，当一个表中预先存在主键约束时，不能建立聚集索引，也没必要再建立聚集索引。
- 如前所述，主键可以跨越多列。

2. 查看和删除索引

（1）查看索引。利用系统存储过程 sp_helpindex 可以返回表的所有索引的信息，基本语句格式如下所示。

```
sp_helpindex [@objname =] 'name'
```

其中，[@objname =] 'name' 子句用来指定当前数据库中的表的名称。

【任务 3-4】 查看 Goods 表的索引。

```
sp_helpindex Goods
```

运行结果如图 7-11 所示。

	index_name	index_description	index_keys
1	idx_GName	nonclustered located on PRIMARY	g_Name
2	PK_Goods	clustered, unique, primary key located on PRIMARY	g_ID

图 7-11　Goods 表的索引信息

（2）重命名索引。

【任务 3-5】 将索引“idx_GName”改名为“idx_GoodsName”。

```
sp_rename 'Goods.idx_GName', 'idx_GoodsName'
```

【提示】 必须在索引前面加上表名前缀。

（3）删除索引。使用 T-SQL 语句 DROP INDEX 命令可以删除一个或多个当前数据库中的索引，基本语句格式如下所示。

```
DROP INDEX '表名.索引名' ON 对象名
```

【任务 3-6】 删除 Goods 表中所建的索引 idx_GName。

```
DROP INDEX idx_GName ON WebShop. Goods
```

【提示】 DROP INDEX 命令不能删除由 CREATE TABLE 或 ALTER TABLE 命令创建的 PRIMARY KEY 或 UNIQUE 约束索引。

3．索引的维护

（1）DBCC SHOWCONTIG 语句的使用。当在表中频繁进行插入、更新和删除操作时，表中会产生碎片，页的顺序也会被打乱，从而引起整个查询性能下降，使用 DBCC SHOWCONTIG 命令可以扫描指定的表的碎片并用于确定该表或索引页是否严重连续，显示指定的表的数据和索引的碎片信息。

DBCC SHOWCONTIG 的基本语句格式如下所示。

```
DBCC SHOWCONTIG
[ (
  { 'table_name' | table_id | 'view_name' | view_id }
[ , 'index_name' | index_id ]
)]
[ WITH
{
 [ , [ ALL_INDEXES ] ]
 [ , [ TABLERESULTS ] ]
 [ , [ FAST ] ]
 [ , [ ALL_LEVELS ] ]
 [ NO_INFOMSGS ]
 }
]
```

【任务 3-7】 查看 OrderDetails 表中 idx_OID_GID 索引的信息。

```
DBCC SHOWCONTIG(OrderDetails,idx_OID_GID)
```

运行结果如图 7-12 所示。

```
DBCC SHOWCONTIG 正在扫描 'OrderDetails' 表...
表: 'OrderDetails' (597577167); 索引 ID: 6, 数据库 ID: 7
已执行 LEAF 级别的扫描。
- 扫描页数.................................: 1
- 扫描区数...............................: 1
- 区切换次数...............................: 0
- 每个区的平均页数.........................: 1.0
- 扫描密度 [最佳计数:实际计数].......: 100.00% [1:1]
- 逻辑扫描碎片 ..................: 0.00%
- 区扫描碎片 ..................: 0.00%
- 每页的平均可用字节数.....................: 7736.0
- 平均页密度(满).....................: 4.42%
DBCC 执行完毕。如果 DBCC 输出了错误信息，请与系统管理员联系。
```

图 7-12　idx_OID_GID 索引的碎片信息

【提示】

● 在 SQL Server 2012 中，DBCC SHOWCONTIG 不显示数据类型为 ntext、text 和 image 的数据。这是因为 SQL Server 2012 中不再有存储文本和图像数据的文本索引。

● DBCC SHOWCONTIG 的详细用法请参阅“SQL Server 联机丛书”。

（2）DBCC DBREINDEX 语句的使用。当数据库中的索引被损坏时，使用 DBCC DBREINDEX 语句可以重建表的一个或多个索引。

重建索引的基本语句格式如下所示。

```
DBCC DBREINDEX
(
        'table_name'
    [ , 'index_name' [ , fillfactor ] ]
)
    [ WITH NO_INFOMSGS ]
```

【任务 3-8】 重建索引。重建 OrderDetails 表中的 idx_OID_GID 索引，其完成语句如下所示。

```
DBCC DBREINDEX (OrderDetails, idx_OID_GID,80)
```

重建 OrderDetails 中的所有索引，其完成语句如下所示。

```
DBCC DBREINDEX (OrderDetails, ' ',80)
```

【提示】

● DBCC DBREINDEX 可重新生成表的一个索引或为表定义的所有索引。

● 通过允许动态重新生成索引，可以重新生成强制 PRIMARY KEY 或 UNIQUE 约束的索引，而不必删除并重新创建这些约束。

● DBCC DBREINDEX 可以在一条语句中重新生成表的所有索引。这要比对多条 DROP INDEX 和 CREATE INDEX 语句进行编码容易得多。

（3）UPDATE STATISTICS 语句的使用。当为表创建索引时，SQL Server 将生成有关该索引的可用性的概要信息，并将这些信息放在分布页上。这些信息将帮助 SQL Server 快速决定在执行指定查询时是否使用该索引。当表中的数据发生变化时，SQL Server 系统会周期性地修改统计信息，但当表中的数据发生变化时，系统不一定马上更新统计信息。通过执行 UPDATE STATISTICS 命令，可以更新索引的分布统计页，使得索引的统计信息是最新的。

为确保 SQL Server 具有良好的查询性能，SQL Server 的索引需要进行日常维护。影响性能的一个很重要的维护工作是更新统计数字，这个命令将在很大程度上影响 SQL Server 在执行查询时选择使用哪一个索引。

UPDATE STATISTICS 的基本语句格式如下所示。

```
UPDATE STATISTICS < table_name > [ . <index_name> ]
```

【任务 3-9】 生成 OrderDetails 表中索引的概要信息。

```
UPDATE STATISTICS OrderDetails
```

4．索引选项

当设计、创建或修改索引时，要注意一些索引选项，如表 7-2 所示。这些选项可以在第一次创建索引或重新生成索引时指定。此外，还可以使用 ALTER INDEX 语句的 SET 子句随时设置一些索引选项。

表 7-2　SQL Server 索引选项

索引选项	说　明
PAD_INDEX	设置创建索引期间中间级别页中可用空间的百分比
FILLFACTOR	设置创建索引期间每个索引页的页级别中可用空间的百分比

续表

索引选项	说　明
SORT_IN_TEMPDB	确定对创建索引期间生成的中间排序结果进行排序的位置。如果为 ON，则排序结果存储在 tempdb 中。如果为 OFF，则排序结果存储在存储结果索引的文件组或分区方案中
IGNORE_DUP_KEY	指定对唯一聚集索引或唯一非聚集索引的多行 INSERT 事务中重复键值的错误响应
STATISTICS_NORECOMPUTE	指定是否应自动重新计算过期的索引统计信息
DROP_EXISTING	指示应删除和重新创建现有索引
ONLINE	确定是否允许并发用户在索引操作期间访问基础表或聚集索引数据以及任何关联非聚集索引
ALLOW_ROW_LOCKS	确定访问索引数据时是否使用行锁
ALLOW_PAGE_LOCKS	确定访问索引数据时是否使用页锁
MAXDOP	设置查询处理器执行单个索引语句可以使用的最大处理器数。根据当前系统的工作负荷，可以使用较少的处理器
DATA_COMPRESSION	为指定的表、分区号或分区范围指定数据压缩选项。选项有 NONE、ROW 和 PAGE

课堂实践 1

1. 操作要求

（1）在 Users 表的 u_Name 列上创建非聚集索引 idx_UsersName。（使用 SSMS 实现。）

（2）在 OrderDetails 表的 o_ID 列和 g_ID 列上创建复合非聚集索引 idx_OID_GID。（使用 SSMS 实现。）

（3）查看所建索引 idx_UsersName 和 idx_OID_GID 的基本信息。（使用 SSMS 实现。）

（4）删除所建的索引 idx_UsersName 和 idx_OID_GID。（使用 SSMS 实现。）

（5）在 Employees 表中创建基于 e_Name 列的非聚集索引 idx_EName。（使用 T-SQL 实现。）

（6）在 Orders 表中创建基于 e_ID 列的非聚集索引 idx_EID。（使用 T-SQL 实现。）

2. 操作提示

（1）必须选择有效的列创建索引。

（2）索引创建好之后，由数据库管理系统自动进行管理，在进行数据查询时发挥作用。

7.4 全文索引

任务 4	在 SQL Server 2012 中使用全文索引。

7.4.1 全文索引概述

SQL Server 2012 全文索引为在字符串数据中进行复杂的词搜索提供了有效支持。全文索引存储了关于重要词和这些词在特定列中的位置的信息。全文查询利用这些信息，可以快速搜索包含具体的某个词或一组词的行。

全文索引包含在全文目录中。每个数据库可以包含一个或多个全文目录。一个目录不能属于多个数据库，而每个目录可以包含一个或多个表的全文索引。一个表只能有一个全文索引，因此每个有全文索引的表只属于一个全文目录。全文目录和索引不存储在它们所属的数据库中。目录和索引由 Microsoft 搜索服务分开管理。

全文索引必须在基表上定义，而不能在视图、系统表或临时表上定义。全文索引的定义包括以下两点。

（1）能唯一标识表中各行的列（主键或候选键），而且不允许空值。

（2）索引所覆盖的一个或多个字符串列。

全文索引由键值填充。每个键的项提供与该键相关联的重要词、它们所在的列和它们在列中的位置等有关信息。

普通的 SQL 索引与全文索引的比较如表 7-3 所示。

表 7-3 普通 SQL 索引与全文索引的比较

普通 SQL 索引	全文索引
存储时受定义它们所在的数据库的控制	存储在文件系统中，但通过数据库管理
每个表允许有若干个普通索引	每个表只允许有一个全文索引
当对作为其基础的数据进行插入、更新或删除操作时，它们自动更新	将数据添加到全文索引中称为填充，全文索引可通过调度或特定请求来请求，也可以在添加新数据时自动发生
不分组	在同一个数据库内分组为一个或多个全文目录
使用 SQL Server Management Studio、向导或 T-SQL 语句创建和删除	使用 SQL Server Management Studio、向导或存储过程创建、管理和删除

7.4.2 使用“全文索引向导”

【任务 4-1】 在“SQL Server Management Studio”中利用“全文索引向导”在 Customers 表上建立基于 c_Name 列的全文索引。

（1）启动 SQL Server Management Studio，在“对象资源管理器”中依次展开【数据库】节点、【WebShop】节点。

（2）右击【db0.Customers】表，选择【全文索引】→【定义全文索引】选项，如图 7-13 所示。

（3）打开“全文索引向导”对话框，单击【下一步】按钮，如图 7-14 所示。

（4）打开“选择索引”对话框，选择有效的唯一或主键索引后，单击【下一步】按钮，如图 7-15 所示。

图 7-13　定义全文索引

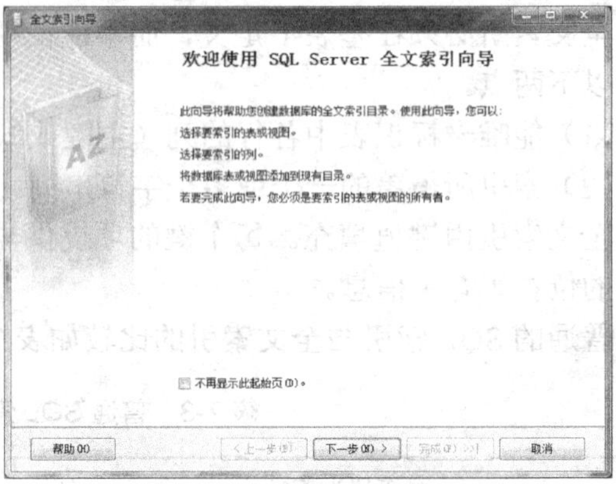

图 7-14　“全文索引向导”对话框

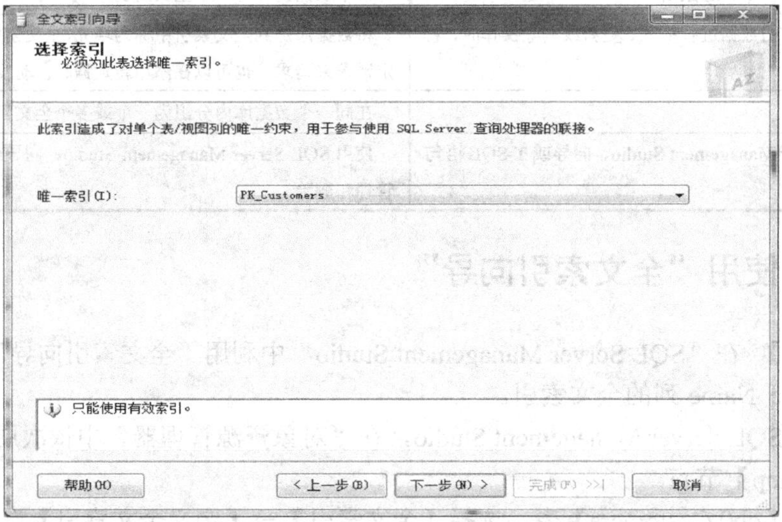

图 7-15　“选择索引”对话框

（5）打开“选择表列”对话框，选择创建全文索引的列后，单击【下一步】按钮，如图 7-16 所示。

（6）打开“选择更改跟踪”对话框，选择跟踪的方式后，单击【下一步】按钮，如图 7-17 所示。

（7）打开“选择目录、索引文件组和非索引字表”对话框，在“名称”文本框中输入全文索引目录（这里为 ft_Customer），指定目录位置，单击【下一步】按钮，如图 7-18 所示。

（8）打开“定义填充计划（可选）”对话框，进行填充计划设置后，单击【下一步】按钮，如图 7-19 所示。

图 7-16 “选择表列”对话框

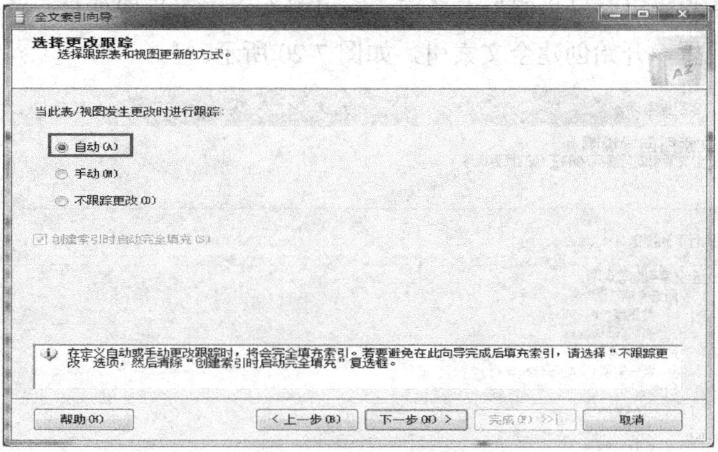

图 7-17 “选择更改跟踪”对话框

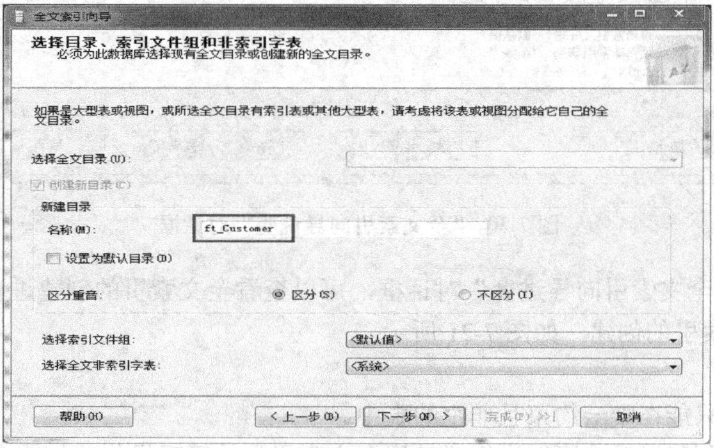

图 7-18 “选择目录、索引文件组和非索引字表”对话框

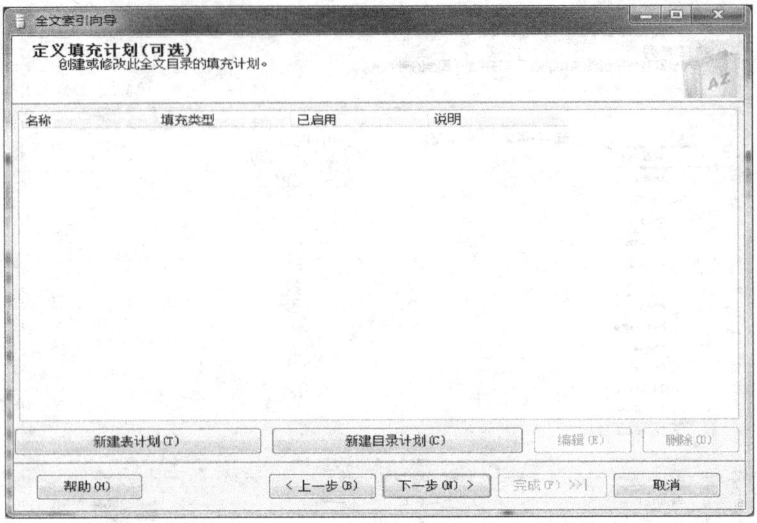

图 7-19 “定义填充计划（可选）”对话框

（9）打开“全文索引向导说明”对话框，可以对全文索引设置信息，单击【完成】按钮，完成全文索引的配置，开始创建全文索引，如图 7-20 所示。

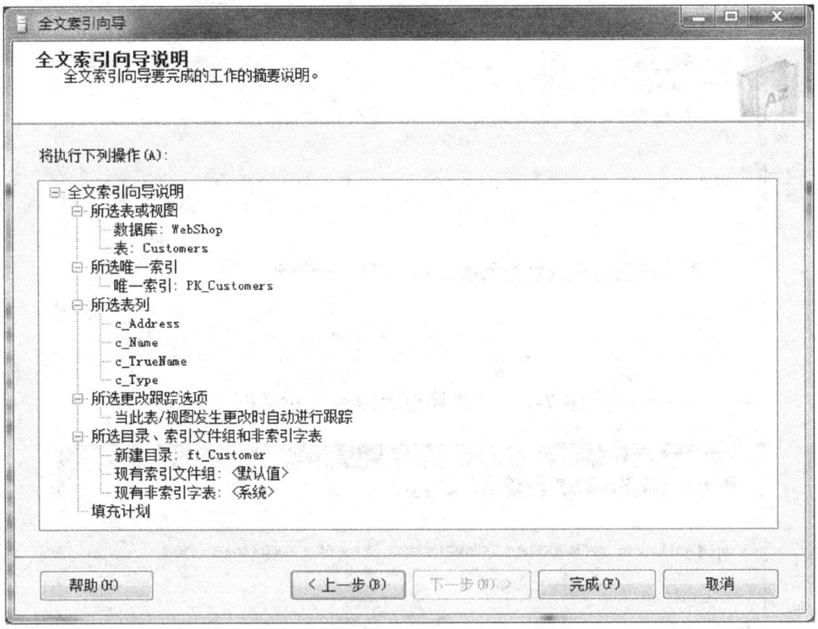

图 7-20 “全文索引向导说明”对话框

（10）打开“全文索引向导进度”对话框，可以查看全文索引的创建进程，单击【关闭】按钮，完成全文索引的创建，如图 7-21 所示。

【提示】

- 全文索引只能在唯一约束且非空的表中。
- 全文索引创建以后，可以进行“禁用全文索引”的管理操作，如图 7-22 所示。
- 全文索引创建以后，可以进行“删除全文索引”的管理操作，如图 7-23 所示。

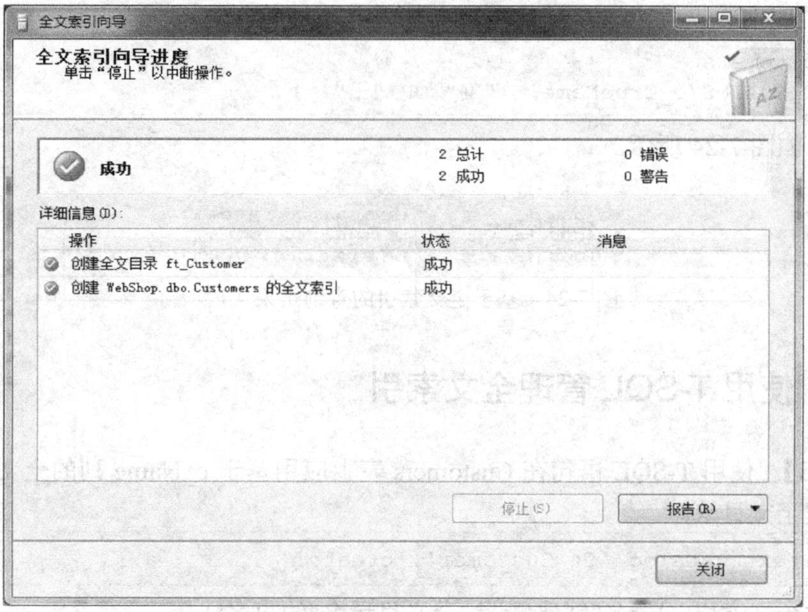

图 7-21　“全文索引向导进度”对话框

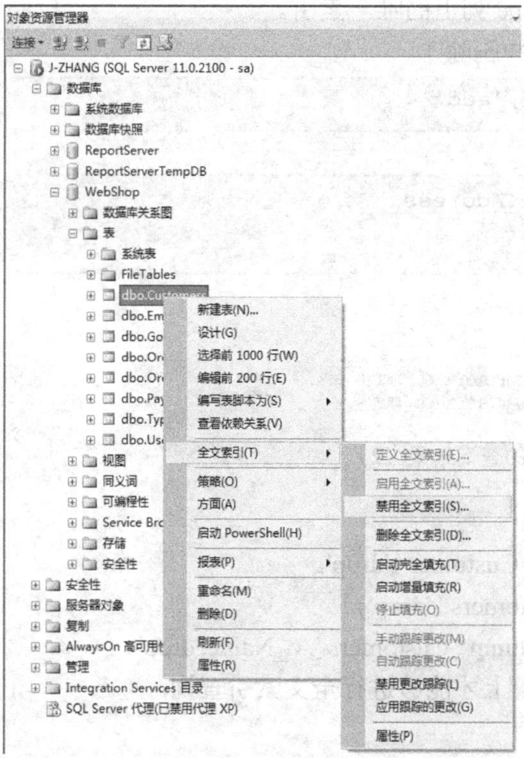

图 7-22　禁用全文索引

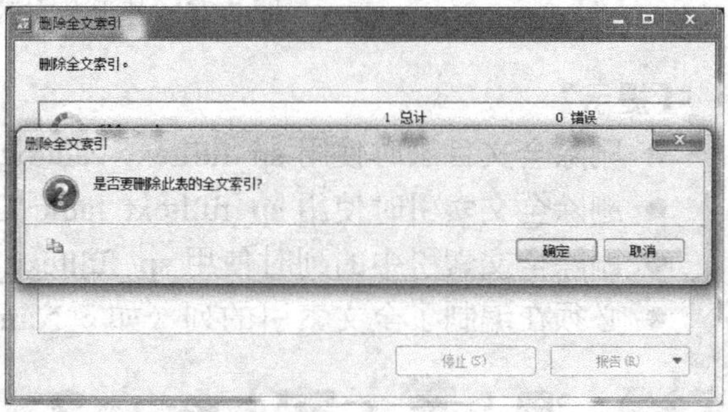

图 7-23　删除全文索引

【提示】 删除全文索引时并没有删除全文索引目录。

全文索引建立并启用后，可以使用 SELECT 语句进行基于全文索引的查询操作。

【任务 4-2】 基于全文索引查找姓“刘”和姓“王”的会员信息。

```
SELECT *
FROM Customers
WHERE CONTAINS(c_TrueName, '"刘" OR "王"' )
```

运行结果如图 7-24 所示。

	c_ID	c_Name	c_Gender	c_Birth	c_Address
1	C0001	liuzc	男	1972-05-18 00:00:00.000	湖南株洲市
2	C0002	liujin	女	1986-04-14 00:00:00.000	湖南长沙市
3	C0003	wangym	女	1976-08-06 00:00:00.000	湖南长沙市

图 7-24　基于全文索引的查询结果（1）

7.4.3　使用 T-SQL 管理全文索引

【任务 4-3】 使用 T-SQL 语句在 Customers 表上应用基于 c_Name 列的全文索引。

（1）创建全文目录。

```
sp_fulltext_catalog 'ft_Customer','create'
```

（2）创建全文索引（'表名"创建/删除"全文目录名"约束名'）。

```
sp_fulltext_table 'Customers','create','ft_Customer','UQ_Customers_7D78A4E7'
```

其中，“UQ_Customers_7D78A4E7”为 c_Name 列上的唯一索引。

（3）添加列到全文索引（'表名'，'列名'，'添加/删除'）。

```
sp_fulltext_column 'Customers',c_Name,'add'
```

（4）使用全文索引。

```
SELECT c_ID,c_Name,c_Gender,c_Birth,c_Address
FROM Customers
WHERE CONTAINS(c_Name, '"liu%"')
```

运行结果如图 7-25 所示。

	c_ID	c_Name	c_Gender	c_Birth	c_Address
1	C0001	liuzc	男	1972-05-18 00:00:00.000	湖南株洲市
2	C0002	liujin	女	1986-04-14 00:00:00.000	湖南长沙市

图 7-25　基于全文索引的查询结果（2）

【提示】

- 删除全文目录时使用 sp_fulltext_catalog ft_Customer ','drop'。
- 删除全文索引时使用 sp_fulltext_table 'Customers ','drop'。
- 删除全文索引中的列时使用 sp_fulltext_column ' Customers ', c_Name,'drop'。
- 必须在编制了全文索引的列（如 c_Name）上才能够进行全文索引查询。

课堂实践 2

1. 操作要求

（1）使用“全文索引向导”在 Goods 表中创建基于 g_Name（唯一约束）的全文索引，

全文目录名为ft_Goods，将c_Name、c_Price和c_Number列添加到该全文索引上。

（2）基于Goods的全文索引查询商品名称为“三星”的商品的详细信息。

（3）删除Goods表中所创建的全文索引。

（4）使用T-SQL完成全文索引的创建和查询。

2．操作提示

（1）必须指定主键索引或唯一索引。

（2）比较全文索引查询与普通SELECT查询的异同。

小结与习题

本章学习了如下内容：

（1）索引概述，包括索引简介、索引类型。

（2）使用SSMS管理索引，包括创建索引、查看和删除索引。

（3）使用T-SQL管理索引，包括使用CREATE INDEX创建索引、使用sp_helpindex查看索引、使用DROP INDEX删除索引、索引的维护。

（4）全文索引，包括全文索引概述、使用“全文索引向导”、使用T-SQL管理全文索引。

一、填空题

1．从理论上讲，一个表可以创建______个聚集索引，最多可以创建______个非聚集索引。

2．________关键字指明创建的索引为聚集索引；使用________可以删除表中指定的索引。

3．使用________命令可以扫描指定的表的碎片并显示指定的表的数据及索引的碎片信息。

4．使用________命令可以创建或删除全文目录。

二、选择题

1．下列可以改变表中记录的物理顺序的索引是________。

A．全文索引　　B．唯一索引　　C．非聚集索引　　D．聚集索引

2．可以用来查看数据库中特定表中的索引的语句是________。

A．sp_helpdb　　B．sp_helpindex

C．sp_help　　D．sp_helptext

3．下列关于索引的描述不正确的是________。

A．利用索引可以快速访问数据库表中的特定信息

B．索引是以空间换取时间

C．数据库管理员可以显式地指定使用哪一个索引

D．索引是一个单独的、物理的数据库结构

4．下列关于DROP INDEX的描述不正确的________。

A．DROP INDEX命令不能删除主键

B．DROP INDEX命令不能删除UNIQUE索引

C．DROP INDEX命令不能删除系统表中的索引

D．DROP INDEX命令不能删除非聚集索引

5．下列不属于创建全文索引的操作的是________。

A．创建全文目录　　B．创建索引关键字

C．创建全文索引　　　　　　　　　　　　D．添加列到全文索引

三、简答题

1．举例说明索引的概念与作用。

2．举例说明什么是聚集索引并写出创建聚集索引的 T-SQL 语句。

课外拓展

1．操作要求

（1）在 BookInfo 表中创建基于 b_Name 的唯一索引 idx_BookName。

（2）在 BookInfo 表中创建基于 b_Date 的非聚集索引 idx_BookDate。

（3）查看 BookInfo 表中的索引情况。

（4）在 ReaderInfo 表中创建基于 r_Name 的唯一索引 idx_ReaderName。

（5）查看 ReaderInfo 表中的索引情况。

（6）使用“全文索引向导”，在表 BookInfo 上建立基于 b_Name 列的全文索引。

（7）使用 T-SQL 语句在表 ReaderInfo 上建立基于 r_Name 列的全文索引。

2．操作提示

（1）表的结构和数据参阅第 1 章的说明。

（2）将完成任务的 SQL 语句保存到文件中。

第 8 章

T-SQL 编程和存储过程操作

学习目标

本章将要学习 T-SQL 编程和存储过程的相关知识，包括标识符、注释、批处理、运算符、变量、显示和输出语句、流程控制语句、CASE 表达式、系统内置函数，以及存储过程的创建、修改、删除和执行。本章的学习要点包括：

- T-SQL 语言的基本元素
- T-SQL 流程控制语句
- T-SQL 系统内置函数
- 存储过程的基本概念
- 创建、修改、删除和执行存储过程

学习导航

本章主要内容及其在 SQL Server 2012 数据库管理系统中的位置如图 8-1 所示。

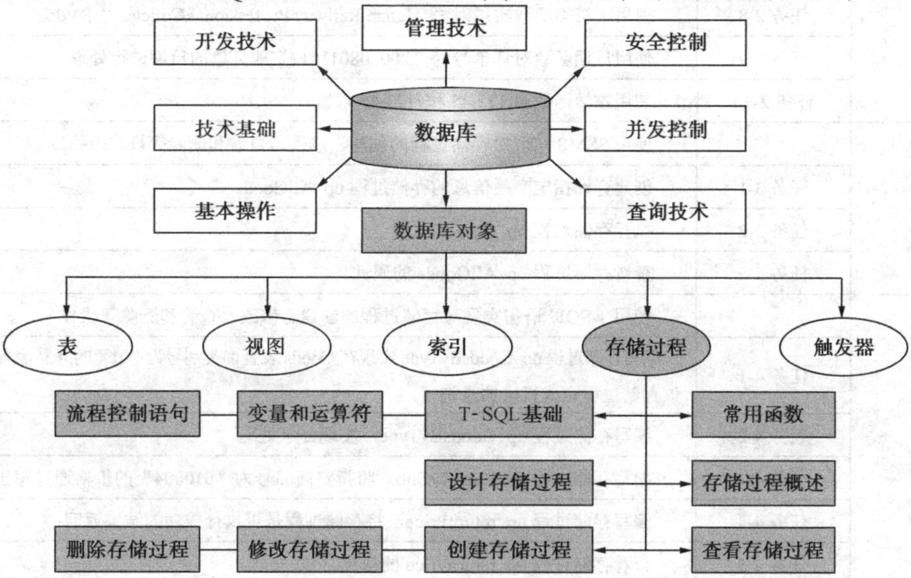

图 8-1　本章教学导航

任务描述

本章主要任务描述如表 8-1 所示。

表 8-1　任务描述

任务编号	子任务	任务内容
任务 1		使用 T-SQL 语句中的标识符、注释、变量、常量和表达式，编写简单的批处理
	任务 1-1	创建一个新表，使用“table”作为表名
	任务 1-2	编写创建“促销”商品信息的视图并执行视图查询的批处理
	任务 1-3	使用注释说明“任务 1-2”中各语句的功能
	任务 1-4	输出“Hello World”字符串和返回用户定义的错误信息
	任务 1-5	声明局部变量并赋值
	任务 1-6	使用全局变量@@ERROR 和@@ROWCOUNT
	任务 1-7	编写批处理计算 2 * (4 + (5 - 3))的值
任务 2		使用 T-SQL 语句中的流程控制语句，实现顺序、分支和循环结构
	任务 2-1	使用 IF-ELSE 语句查找姓名为“刘津津”的会员的会员号
	任务 2-2	使用 WHILE 循环求 1～100 中能被 7 整除的整数之和
	任务 2-3	使用 TRY-CATCH 捕捉 SQL 语句执行过程中的异常
	任务 2-4	使用 WAITFOR 执行定时查询
	任务 2-5	使用简单 CASE 函数对 Goods 表中的商品类别号进行处理
	任务 2-6	使用 CASE 搜索函数，为 Goods 表中的商品价格设置对应的等级
	任务 2-7	使用 CAST 函数和 CONVERT 函数实现数据类型转换
	任务 2-8	使用字符串函数实现对“ Hunan Railway Professional College ”的处理
	任务 2-9	使用日期函数对订单号为“200708011012”的订单的日期进行处理
	任务 2-10	使用数学函数对 123.45 和-123.45 求值
任务 3		使用 SSMS 实现对存储过程的创建、修改、查看和删除等操作
	任务 3-1	创建查询指定商品信息的存储过程 up_AllGoods
	任务 3-2	执行存储过程 up_AllGoods
	任务 3-3	查看存储过程 up_AllGoods 的属性
任务 4		使用 T-SQL 语句实现对存储过程的创建、修改、查看和删除等操作
	任务 4-1	编写存储过程 up_GoodsByType 实现在 Goods 表查询类别号为“01”的商品信息，然后执行该存储过程完成指定的查询
	任务 4-2	编写存储过程 up_GoodsByType，实现订单处理
	任务 4-3	编写存储过程 up_PriceByGno，将指定商品号为“010004”的价格通过输出参数返回
	任务 4-4	编写存储过程 up_returnPrice，将存储过程是否执行成功的结果返回
	任务 4-5	查看存储过程 up_returnPrice 的信息
	任务 4-6	查看存储过程 up_returnPrice 的文本内容

8.1　T-SQL 语言基础

任务 1　使用 T-SQL 语句中的标识符、注释、变量、常量和表达式，编写简单的批处理。

T-SQL 是 SQL Server 对标准 SQL 功能的增强与扩充，利用 T-SQL 可以完成数据库上的各种管理操作，而且可以编制复杂的程序。

1．标识符

标识符是指用户在 SQL Server 中定义的服务器、数据库、数据库对象、变量和列等对象名称。SQL Server 标识符分为常规标识符和分隔标识符两类。

（1）常规标识符。查询语句 SELECT * FROM Goods，其中的“Goods”即为常规标识符。常规标识符应遵守以下的命名规则。

① 标识符长度可以为 1～128 个字符。对于本地临时表，标识符最多可以有 116 个字符。

② 标识符的首字符必须为 Unicode 3.2 标准所定义的字母或_、@、# 符号。

③ 标识符第一个字符后面的字符可以为 Unicode 3.2 标准所定义的字符、数字或@、#、$、_符号。

④ 标识符内不能嵌入空格或其他特殊字符。

⑤ 标识符不能与 SQL Server 中的保留关键字同名。

【提示】 在 SQL Server 中，某些位于标识符开头位置的符号具有特殊意义。为了避免混淆，不应使用以这些特殊意义开头的名称。

- 以 at 符号（@）开头的标识符表示局部变量或参数。
- 以一个数字符号（#）开头的标识符表示临时表或过程。
- 以两个数字符号（##）开头的标识符表示全局临时对象。
- 以两个 at 符号（@@）开头的标识符为某些 T-SQL 函数的名称。

（2）分隔标识符。分隔标识符允许在标识符中使用 SQL Server 保留关键字或常规标识符中不允许使用的一些特殊字符，这是由双引号或方括号分隔符进行分隔的标识符。

语句 CREATE DATABASE [My DB]中由于数据库名称“My DB”中包含空格，所以用方括号来分隔。

【任务 1-1】 创建一个新表，新表使用“table”作为表名。

```
CREATE TABLE [table]
(
   column1  CHAR(10)  PRIMARY  KEY,
   column2  INT
)
```

【提示】

- 由于所创建的表名 table 与 T-SQL 保留字相同，因此也要用方括号来分隔。
- 符合标识符格式规则的标识符可以分隔，也可以不分隔。

```
SELECT [g_ID], [g_Name]
FROM [Goods]
```

2．批处理

多条语句放在一起依次执行，称为批处理执行，批处理语句之间用 GO 分隔。这里的 GO 表示向 SQL Server 实用工具（如 sqlcmd）发出一批 T-SQL 语句结束的信号。但并不是所有的 T-SQL 语句都可以组合成批处理，在使用批处理时有如下限制。

（1）规则和默认不能在同一个批处理中既绑定到列又被使用。

（2）CHECK 约束不能在同一个批处理中既定义又使用。

（3）在同一个批处理中不能删除对象又重新创建该对象。

（4）用 SET 语句改变的选项在批处理结束时生效。

（5）在同一个批处理中不能改变一个表后立即引用该表的新列。

【任务 1-2】 创建查看“促销”商品信息的视图 vw_SaleGoods 后，查询 vw_SaleGoods 视图中的信息。

```
USE WebShop
GO
CREATE VIEW vw_SaleGoods  AS SELECT * FROM Goods
GO
SELECT * FROM vw_SaleGoods
GO
```

【提示】

● GO 不是 T-SQL 语句，它是 sqlcmd 和 osql 实用工具以及 SSMS 代码编辑器识别的命令。

● SQL Server 实用工具将 GO 解释为应该向 SQL Server 实例发送当前一批 T-SQL 语句的信号。当前批处理由上一个 GO 命令后到下一个 GO 前的所有语句组成。

● GO 命令和 T-SQL 语句不能在同一行中，但在 GO 命令行中可包含注释。

3．注释

注释是程序代码中不执行的文本字符串。在 SQL Server 中，可以使用两种类型的注释字符。

（1）“--”用于单行注释。

（2）“/*　*/ ”用于多行注释。

【任务 1-3】 对完成【任务 1-2】的批处理语句进行说明，以方便各类用户理解语句的含义。

```
/* 以下语句完成 vw_SaleGoods 视图的创建和查询操作   */
--如果 WebShop 不是当前数据库，则先打开 WebShop 数据库
USE WebShop
GO
--创建"促销"商品的视图 vw_SaleGoods
CREATE VIEW vw_SaleGoods AS SELECT * FROM Goods
GO
--查询 vw_SaleGoods 中的信息
SELECT * FROM vw_SaleGoods
GO
```

4．输出语句

（1）PRINT 语句。PRINT 语句用于把用户定义的消息返回客户端，其基本语句格式如下所示。

```
PRINT <字符串表达式>
```

（2）RAISERROR 语句。返回用户定义的错误信息，其基本语句格式如下所示。

```
RAISERROR ( { msg_id | msg_str } { , severity , state })
```

参数含义如下。

● msg_id：存储于 sysmessages 表中的用户定义的错误信息。用户定义错误信息的错误号应大于 50 000。

● msg_str：一条特殊消息字符串。

● severity：用户定义的与消息关联的严重级别。用户可以使用 0～18 中的严重级别。

● state：1～127 中的任意整数，表示有关错误调用状态的信息。

【任务 1-4】 输出“Hello World”字符串和返回用户定义的错误信息。

```
PRINT 'Hello World'
RAISERROR ('发生错误', 16, 1)
```

运行结果如图 8-2 所示。

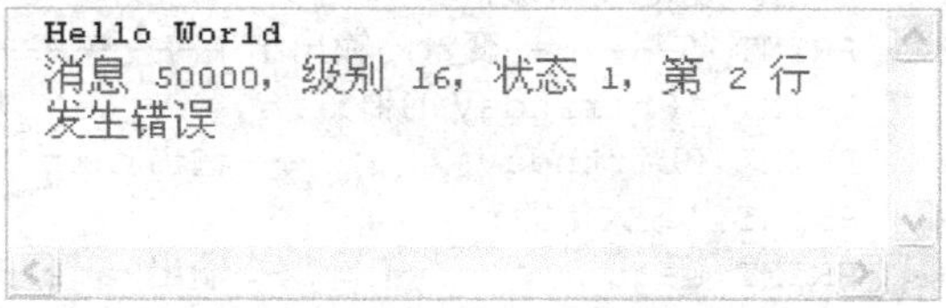

图 8-2 【任务 1-4】运行结果

【提示】 RAISERROR 与 PRINT 相比具有以下优点。

● RAISERROR 支持使用 C 语言标准库 printf 函数上的建模机制将参数代入错误消息字符串。

● 除了文本消息之外，RAISERROR 还可以指定唯一错误编号、严重性和状态代码。

● RAISERROR 可用于返回使用 sp_addmessage 系统存储过程创建的用户定义的消息。

8.2 变量和运算符

8.2.1 变量

变量是 SQL Server 用来在语句之间传递数据的方式之一，由系统或用户定义并赋值。SQL Server 中的变量分为局部变量和全局变量两种，其中全局变量是指由系统定义和维护，名称以@@字符开始的变量。局部变量是指名称以一个@字符开始，由用户自己定义和赋值的变量。

1. 局部变量

（1）变量声明。T-SQL 中使用 DECLARE 语句声明变量，并在声明后将变量的值初始化为 NULL。在一个 DECLARE 语句中可以同时声明多个局部变量，它们之间用逗号分隔。DECLARE 语句的基本语句格式如下：

```
DECLARE @variable_name date_type
[,@variable_name data_type…]
```

（2）变量赋值。变量声明后，DECLARE 语句将变量初始化为 NULL，此时，可以使用 SET 语句或 SELECT 语句为变量赋值。SET 语句的基本语句格式如下：

```
SET @variable_name = expression
```

SELECT 语句为变量赋值的基本语句格式如下：

```
SELECT @variable_name = expression  [FROM <表名> WHERE <条件>]
```

其中，expression 为有效的 SQL Server 表达式，它可以是一个常量、变量、函数、列名和子查询等。

【任务 1-5】使用@birthday 存储出生日期，使用@age 存储年龄，使用@name 存储姓名。同时，为所声明的@birthday 变量赋值为“1999-4-14”（使用 SET 语句）；然后将 Customers 表中的会员的最大年龄赋值给变量@age（使用 SELECT 语句）。

```
DECLARE  @birthday  datetime
DECLARE  @age  INT,@name  CHAR(8)
SET @birthday = '1999-4-14'
USE WebShop
--GO（该处不能使用）
SELECT @age = MAX(YEAR(GETDATE())-YEAR(c_Birth)) FROM  Customers
--给@ age 变量赋值
PRINT '-------变量的输出结果-----------'
PRINT '@birthday 的值:'
PRINT @birthday              --输出@birthday 的值
PRINT '最大年龄:'
PRINT @age                   --输出@age 的值
PRINT @name                  --输出@name 的值
```

运行结果如图 8-3 所示。

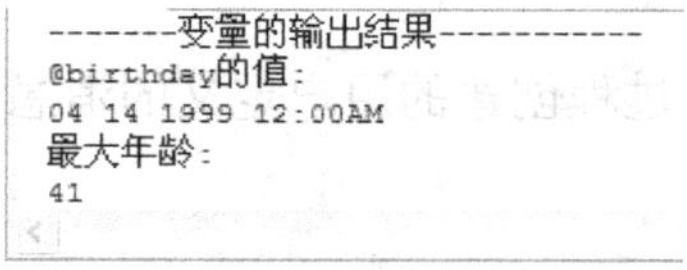

图 8-3 【任务 1-5】运行结果

【提示】

- 局部（用户定义）变量的作用域限制在一个批处理中，不可在 GO 命令后引用，否则会出现“变量需要声明”的错误提示。
- 变量常用在批处理或过程中，用来保存临时信息。
- 局部变量的作用域是其被声明时所在的批处理。
- 声明一个变量后，该变量将被初始化为 NULL。

2．全局变量

全局变量不能由用户定义，全局变量不可以赋值，并且在相应的上下文中随时可用。使用全局变量时应该注意以下几点。

（1）全局变量不是由用户的程序定义的，它们是在服务器级定义的。

（2）用户只能使用预先定义的全局变量。

（3）引用全局变量时，必须以标记符“@@”开头。

局部变量的名称不能与全局变量的名称相同，否则会在应用程序中出现不可预测的结果。常用的全局变量如表 8-2 所示。

表 8-2　SQL Server 常用全局变量

序　号	名　称	说　明
1	@@ERROR	返回最后执行的 T-SQL 语句的错误代码，返回类型为 integer
2	@@ROWCOUNT	返回受上一语句影响的行数（除了 DECLARE 语句之外，其他任何语句都可以改变其值）

续表

序　号	名　称	说　明
3	@@IDENTITY	返回最后插入的标识值，返回类型为 numeric
4	@@VERSION	返回当前的 SQL Server 安装的版本、处理器体系结构、生成日期
5	@@SPID	返回当前用户进程的会话 ID
6	@@SERVERNAME	返回运行 SQL Server 的本地服务器的名称
7	@@OPTIONS	返回有关当前 SET 选项的信息
8	@@MAX_CONNECTIONS	返回 SQL Server 实例允许同时进行的最大用户连接数
9	@@IDENTITY	返回上次插入的标识值
10	@@FETCH_STATUS	返回针对连接当前打开的任何游标发出的上一条游标 FETCH 语句的状态
11	@@CONNECTIONS	返回 SQL Server 自上次启动以来尝试的连接数

【任务 1-6】检查 UPDATE 语句中的错误（错误号为 547），可以使用全局变量@@ERROR；要了解执行 UPDATE 语句是否影响了表中的行，可以使用 @@ROWCOUNT 来检测是否有发生更改的行。

```
UPDATE Customers SET c_Gender= '无'
WHERE c_ID = 'C0001'
IF @@ERROR = 547
PRINT  '错误：违反 Check 约束！'
IF @@ROWCOUNT = 0
PRINT '警告：没有数据被更新！'
```

运行结果如图 8-4 所示。

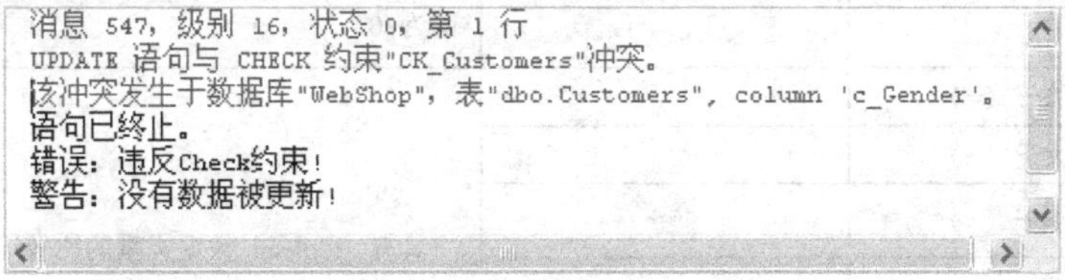

图 8-4 【任务 1-6】运行结果

8.2.2 运算符

运算符用来执行列、常量或变量间的数学运算和比较操作。SQL Server 支持的运算符有算术运算符、位运算符、比较运算符、逻辑运算符、赋值运算符、字符串连接运算符和单目运算符。

1．常用运算符

SQL Server 2012 支持的常用运算符如表 8-3 所示。

2．运算符优先级

当一个复杂的表达式中包含多个运算符时，运算执行的先后次序取决于运算符的优先级，具有相同优先级的运算符，根据它们在表达式中的位置对其从左到右进行求值。在 SQL Server

中，运算符的优先级指在较低级别的运算符之前先对较高级别的运算符进行求值。运算符的优先级如表 8-4 所示。

表 8-3　SQL Server 2012 支持的运算符

类　型	运　算　符	功　能	备　注
算术运算符	加（+）	加	数字类别中任何一种数据类型（bit 数据类型除外）
	减（-）	减	可以从日期中减去以天为单位的数字
	乘（*）	乘	除 datetime 和 smalldatetime 之外的数值数据类型
	除（/）	除	用一个整数的 divisor 去除另一个整数，其结果是一个整数，小数部分被截断
	取模（%）	返回一个除法运算的整数余数	12 % 5 = 2，这是因为 12 除以 5，余数为 2
赋值运算符	等号（=）	它将表达式的值赋给一个变量	可以使用赋值运算符在列标题和定义列值的表达式之间建立关系
位运算符	与（&）	位与（两个操作数）	当且仅当输入表达式中两个位的值都为 1 时，结果中的位才被设置为 1；否则，结果中的位被设置为 0
	或（|）	位或（两个操作数）	如果在输入表达式中有一个位为 1 或两个位均为 1，结果中的位将被设置为 1；如果输入表达式中的两个位都不为 1，则结果中的位将被设置为 0
	异或（^）	位异或（两个操作数）	如果在输入表达式的正在被解析的对应位中，任意一位的值为 1，则结果中该位的值被设置为 1；如果相对应的两个位的值都为 0 或者都为 1，那么结果中该位的值被清除为 0
比较运算符	等于（=）		具有 Boolean 数据类型的比较运算符的结果；它有三个值：TRUE、FALSE 和 UNKNOWN。返回 Boolean 数据类型的表达式称为布尔表达式；与其他 SQL Server 数据类型不同，Boolean 数据类型不能被指定为表列或变量的数据类型，也不能在结果集中返回
	大于（>）		
	小于（<）		
	大于等于（>=）		
	小于等于（<=）		
	不等于（<>）		
	不等于（!=）		
	不小于（!<）		
	不大于（!>）		
逻辑运算符	ALL	所有	如果一组的比较都为 TRUE，那么就为 TRUE
	AND	并列	如果两个布尔表达式都为 TRUE，那么就为 TRUE
	ANY	任何	如果一组的比较中任何一个为 TRUE，那么就为 TRUE
	BETWEEN	间于	如果操作数在某个范围之内，那么就为 TRUE
	EXISTS	存在	如果子查询包含一些行，那么就为 TRUE
	IN	范围操作	如果操作数等于表达式列表中的一个，那么就为 TRUE
	LIKE	模式匹配	如果操作数与一种模式相匹配，那么就为 TRUE

续表

类　型	运 算 符	功　能	备　注
	NOT	否定	对任何其他布尔运算符的值取反
	OR	或者	如果两个布尔表达式中的一个为 TRUE，那么就为 TRUE
	SOME	一些	如果在一组比较中，有些为 TRUE，那么就为 TRUE
字符串串联运算符	连接符（+）	实现字符串之间的连接操作	SELECT 'abc' + '123' 结果为 abc123
一元运算符	正（+）		可以用于 numeric 数据类型类别中的任一数据类型
	负（-）		
	位反（~）	用于整数数据类型类别中任一数据类型	DECLARE @intNum INT SET @intNum=10 SELECT ~@intNum 结果为-11

表 8-4　运算符优先级

级　别	运 算 符
1	~（位反）
2	*（乘）、/（除）、%（取模）
3	+（正）、-（负）、+（加）、+（连接）、-（减）、&（位与）
4	=, >、<、>=、<=、<>、!=、!>、!<（比较运算符）
5	^（位异或）、|（位或）
6	NOT
7	AND
8	ALL、ANY、BETWEEN、IN、LIKE、OR、SOME
9	=（赋值）

【任务 1-7】 计算 2 * (4 + (5 - 3))的值。

```
DECLARE @iNumber int
SET @iNumber = 2 * (4 + (5 - 3) )
SELECT @iNumber
```

该语句中包含嵌套的括号，其中表达式“5 - 3”在嵌套最深的那对括号中。该表达式产生一个值 2，然后加运算符“+”将此结果与 4 相加，这将生成一个值 6，最后将 6 与 2 相乘，生成表达式的结果 12。

【提示】

● 当一个表达式中的两个运算符有相同的运算符优先级别时，将按照它们在表达式中的位置对其从左到右进行求值。

● 在表达式中使用括号替代所定义的运算符的优先级。首先对括号中的内容进行求值，从而产生一个值，然后括号外的运算符才可以使用这个值。

● 如果表达式有嵌套的括号，那么先对嵌套最深的表达式求值。

课堂实践 1

1. 操作要求

（1）在一个批处理中，定义一个整型局部变量 iAge 和可变长字符型局部变量 vAddress，并分别赋值为 35 和“湖南株洲”，最后输出变量的值，并要求通过注释对批处理中语句的功能进行说明。

（2）编写一个批处理，通过全局变量获得当前服务器进程的 ID 标识和 SQL Server 服务器的版本。

2. 操作提示

（1）注意局部变量与全局变量的区别。

（2）查阅“SQL Server 联机丛书”，了解常用的全局变量。

8.3 流程控制语句

任务 2	使用 T-SQL 语句中的流程控制语句，实现顺序、分支和循环结构。

1. 顺序控制语句

BEGIN…END 语句用于将多条 T-SQL 语句封装起来，构成一个语句块，它用在 IF…ELSE、WHILE 等语句中，使语句块内的所有语句作为一个整体被依次执行。BEGIN…END 语句可以嵌套使用。BEGIN…END 的基本语句格式如下所示。

```
BEGIN
    {SQL 语句 | 语句块}
END
```

2. 分支控制语句

IF…ELSE 语句是条件判断语句，其中，ELSE 子句是可选的，最简单的 IF 语句没有 ELSE 子句部分。IF…ELSE 的基本语句格式如下所示。

```
IF  <布尔表达式>
    {SQL 语句 | 语句块}
[ELSE
    {SQL 语句 | 语句块}]
```

IF…ELSE 语句的执行方式如下：如果布尔表达式的值为 True，则执行 IF 后面的语句块；否则执行 ELSE 后面的语句块。

【任务 2-1】 查找姓名为“刘津津”的会员的会员号，如果查找到该会员，显示其籍贯和联系电话，否则显示“查无此人”。

```
    DECLARE @address VARCHAR(50),@phone VARCHAR(15)
    IF EXISTS (SELECT * FROM Customers WHERE c_TrueName='刘津津')
    BEGIN
      USE WebShop
    SELECT   @address=c_Address,@phone=c_Phone   FROM    Customers   WHERE
c_TrueName='刘津津'
    PRINT  '-----刘津津的联系信息-----'
    PRINT ''
    PRINT  '地址：'+@address
    PRINT  '电话：'+@phone
    END
    ELSE
      PRINT  '查无此人!'
```

运行结果如图 8-5 所示。

3．循环控制语句

WHILE…CONTINUE…BREAK 语句用于设置重复执行 SQL 语句或语句块的条件，只要指定的条件为真，就重复执行语句。其中，CONTINUE 语句可以使程序跳过 CONTINUE 语句后面的语句，回到 WHILE 循环的第一行命令，BREAK 语句则使程序完全跳出循环，结束 WHILE 语句的执行。WHILE 的基本语句格式如下所示。

```
WHILE  <布尔表达式>
    {SQL 语句 | 语句块}
    [BREAK]
    {SQL 语句 | 语句块}
    [CONTINUE]
    [SQL 语句 | 语句块]
```

【任务 2-2】 求 1～100 中能被 7 整除的整数之和。

```
DECLARE @number SMALLINT,@sum SMALLINT
SET @number=1
SET @sum=0
WHILE @number<=100
BEGIN
IF @number % 7=0
    BEGIN
         SET @sum=@sum+@number
         PRINT @number
    END
SET @number=@number+1
END
PRINT '1 到 100 之间能被整除的整数和为:'+STR(@sum)
```

运行结果如图 8-6 所示。

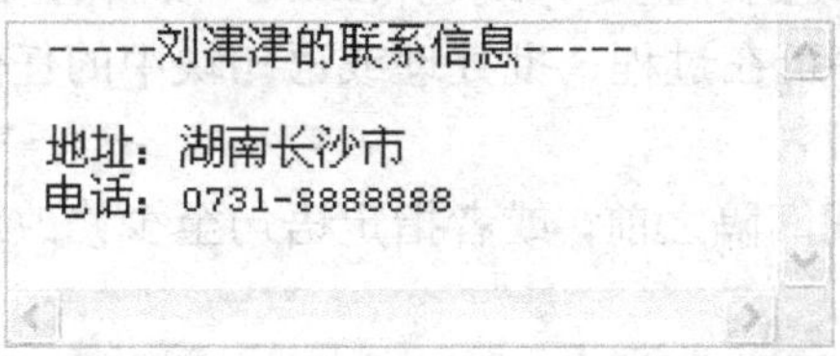

图 8-5 【任务 2-1】运行结果

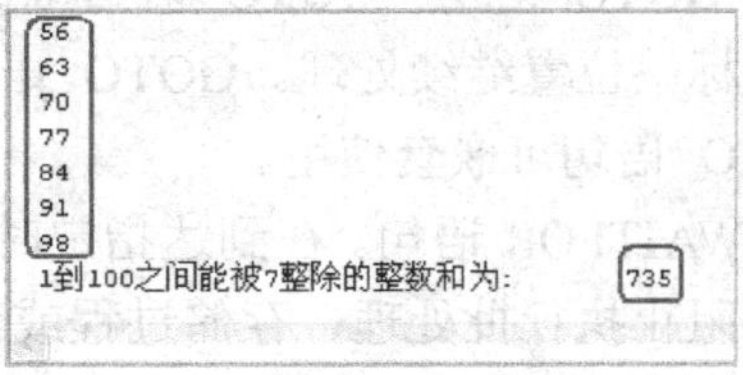

图 8-6 【任务 2-2】运行结果

4. 错误处理语句

T-SQL 语句组可以包含在 TRY 块中。如果 TRY 块内部发生错误，则会将控制传递给 CATCH 块中包含的另一个语句组。

```
BEGIN TRY
<SQL 语句块>
END TRY
BEGIN CATCH
     <SQL 语句块>
END CATCH
```

【任务 2-3】 使用 TRY…CATCH 捕捉 SQL 语句执行过程中的异常。

```
--使用 TRY…CATCH 捕捉异常
BEGIN TRY
  SELECT 1/0
END TRY
BEGIN CATCH
   SELECT
      ERROR_NUMBER() AS 错误号,
      ERROR_SEVERITY() AS 错误等级,
      ERROR_STATE() AS 错误状态,
      ERROR_PROCEDURE() AS 错误过程,
      ERROR_LINE() AS 错误行,
      ERROR_MESSAGE() AS 错误信息
END CATCH
GO
```

运行结果如图 8-7 所示。

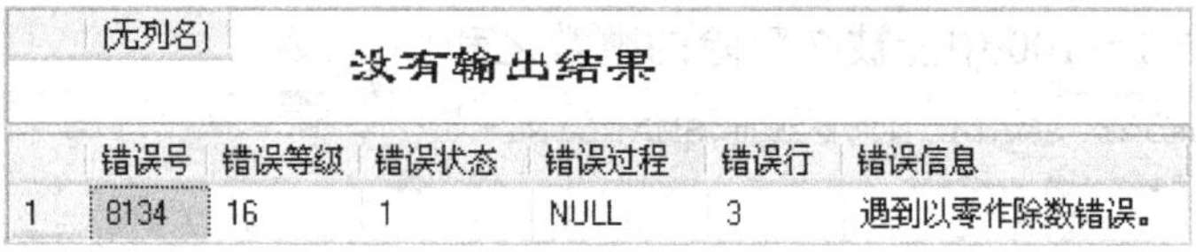

	错误号	错误等级	错误状态	错误过程	错误行	错误信息
1	8134	16	1	NULL	3	遇到以零作除数错误。

图 8-7 【任务 2-3】运行结果

5. 其他流程控制语句

（1）RETURN 语句。RETURN 语句用于无条件地终止一个查询、存储过程或者批处理，此时位于 RETURN 语句之后的程序将不会被执行。RETURN 语句的基本格式如下所示。

```
RETURN [ integer_expression ]
```

其中，参数 integer_expression 为返回的整型值。

（2）GOTO 语句。GOTO 语句将执行流更改到标签处。跳过 GOTO 后面的 T-SQL 语句，并从标签位置继续处理。GOTO 语句和标签可在过程、批处理或语句块中的任何位置使用，GOTO 语句可嵌套使用。

（3）WAITFOR 语句。在到达指定时间或时间间隔之前，或者指定语句至少修改或返回一行之前，阻止执行批处理、存储过程或事务。

```
WAITFOR
{
    DELAY 'time_to_pass'
```

```
   | TIME 'time_to_execute'
   | ( receive_statement ) [ , TIMEOUT timeout ]
  }
```

【任务 2-4】 指定在 5 分钟之后对 Orders 表进行查询，在 23:00 时对 Goods 表进行查询。

```
USE WebShop
GO
BEGIN
   WAITFOR DELAY '00:05'
   SELECT * FROM Orders
   WAITFOR TIME '23:00'
   SELECT * FROM Goods
END
```

【提示】

- 在指定的时间或时间间隔之后执行指定操作。
- 执行 WAITFOR 语句时，事务正在运行，其他请求不能在同一事务下运行。
- 不能对 WAITFOR 语句打开游标，也不能对 WAITFOR 语句定义视图。
- 利用该功能可以让数据库管理系统自动完成一些管理操作，如数据库备份和删除临时表等。

6. CASE 函数

CASE 函数可以计算多个条件表达式，并将其中一个符合条件的结果表达式返回。CASE 函数按照使用形式的不同，可以分为简单 CASE 函数和 CASE 搜索函数。

（1）简单 CASE 函数。简单 CASE 函数将某个表达式与一组简单表达式进行比较以确定结果，其基本语句格式如下所示。

```
CASE 输入表达式
WHEN 简单表达式 THEN 结果表达式
[…n ]
[ELSE 结果表达式]
END
```

对于简单的 CASE 语句，系统进行如下处理。

① 计算输入表达式，然后按指定顺序对每个 WHEN 子句的（“输入表达式”=“简单表达式”）进行计算。

② 返回第一个取值为 TRUE 的 （“输入表达式”=“简单表达式”）结果表达式。

③ 如果没有取值为 TRUE 的（“输入表达式”=“简单表达式”），则当指定 ELSE 子句时 SQL Server 将返回 ELSE 结果表达式；若没有指定 ELSE 子句，则返回 NULL。

【任务 2-5】 在 WebShop 数据库的 Goods 表中查询商品类别号，并将所查询到的类别号为“01”的用“通信产品”表示，类别号为“02”的用“电脑产品”表示，类别号“03”的用“家用电器”表示，其余的类别号用“其他”表示（不重复显示）。

```
USE WebShop
GO
SELECT DISTINCT t_ID 类别号,类别名称=case t_ID
WHEN '01' THEN '通信产品'
WHEN '02' THEN '电脑产品'
WHEN '03' THEN '家用电器'
```

```
ELSE '其他'
END
FROM Goods
```

运行结果如图 8-8 所示。

（2）CASE 搜索函数。CASE 搜索函数计算一组布尔表达式以确定结果，其基本语句格式如下所示。

```
CASE
WHEN 布尔表达式 THEN  结果表达式
[…n]
[ ELSE 结果表达式]
END
```

【任务 2-6】 在 WebShop 数据库中根据 Goods 表中的商品价格设置对应的等级，商品价格在 2000 元以下（含 2000 元）设置为“低档商品”，2000～6000 元（含 6000 元）设置为“中档商品”，6000 元以上设置为“高档商品”。

```
USE WebShop
GO
SELECT TOP 10 g_ID 商品号, g_Name 商品名称, g_Price 价格, 等级=case
WHEN g_Price>6000 THEN  '高档商品'
WHEN g_Price>=2000 AND g_Price<6000 THEN  '中档商品'
ELSE  '低档商品'
END
FROM Goods
```

运行结果如图 8-9 所示。

	类别号	类别名称
1	01	通信产品
2	02	电脑产品
3	03	家用电器
4	04	其他
5	06	其他

图 8-8 【任务 2-5】运行结果

	商品号	商品名称	价格	等级
2	010002	三星SGH-P520	2500	中档商品
3	010003	三星SGH-F210	3500	中档商品
4	010004	三星SGH-C178	3000	中档商品
5	010005	三星SGH-T509	2020	中档商品
6	010007	摩托罗拉 W380	2300	中档商品
7	010008	飞利浦 292	3000	中档商品
8	020001	联想旭日410MC520	4680	中档商品
9	020002	联想天逸F30T2250	6680	高档商品
10	030001	海尔电视机HE01	6680	高档商品

图 8-9 【任务 2-6】运行结果

8.4 常用函数

如同其他编程语言一样，T-SQL 语言也提供了丰富的数据操作函数，常用的有数据转换函数、字符串函数、日期和时间函数、系统函数和数学函数等。

1．数据转换函数

常用的数据转换函数如表 8-5 所示。

【任务 2-7】 将商品价格以字符显示（使用 CAST 函数），将商品的进货日期转换为字符型（使用 CONVERT 函数）。

表 8-5 数据转换函数

函 数	功 能
CAST	将某种数据类型的表达式显式转换为另一种数据类型
CONVERT	将某种数据类型的表达式显式转换为另一种数据类型，可以指定长度；Style 为日期格式样式

```
USE WebShop
GO
SELECT g_Name AS 商品名称, '价格:'+CAST(g_Price AS VARCHAR(30)) AS 价格,
Convert(CHAR(20),
g_ProduceDate) AS 进货日期
FROM Goods
WHERE g_Price> 2500
```

运行结果如图 8-10 所示。

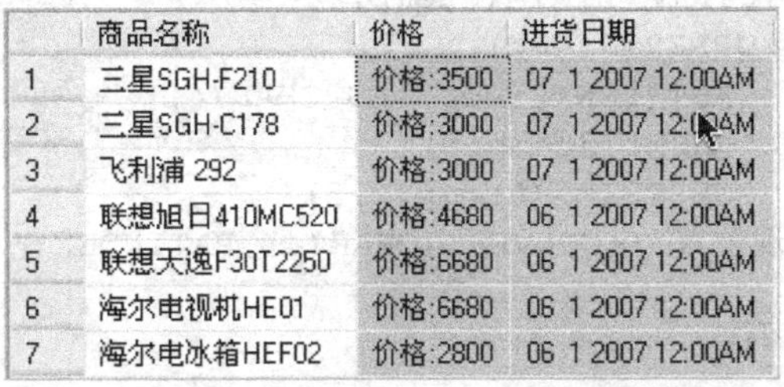

	商品名称	价格	进货日期
1	三星SGH-F210	价格:3500	07 1 2007 12:00AM
2	三星SGH-C178	价格:3000	07 1 2007 12:00AM
3	飞利浦 292	价格:3000	07 1 2007 12:00AM
4	联想旭日410MC520	价格:4680	06 1 2007 12:00AM
5	联想天逸F30T2250	价格:6680	06 1 2007 12:00AM
6	海尔电视机HE01	价格:6680	06 1 2007 12:00AM
7	海尔电冰箱HEF02	价格:2800	06 1 2007 12:00AM

图 8-10 【任务 2-7】运行结果

2．字符串函数

常用的字符串函数如表 8-6 所示。

表 8-6 字符串函数

函 数	功 能
ASCII	返回字符表达式最左端字符的 ASCII 代码值
CHAR	将 int ASCII 代码转换为字符的字符串函数（0～255）
CHARINDEX	返回字符串中指定表达式的起始位置
LEFT	返回从字符串左边开始指定个数的字符
LEN	返回给定字符串表达式的字符（而不是字节）个数，其中不包含尾随空格
LOWER	将大写字符数据转换为小写字符数据后返回字符表达式
LTRIM	删除起始空格后返回字符表达式
PATINDEX	返回指定表达式中某模式第一次出现的起始位置；如果在全部有效的文本和字符数据类型中没有找到该模式，则返回零
REPLACE	字符串替换
REPLICATE	以指定的次数重复字符表达式
REVERSE	返回字符表达式的反转
RIGHT	返回字符串中从右边开始指定个数的字符
RTRIM	截断所有尾随空格后返回一个字符串

续表

函　数	功　能
SPACE	返回由重复的空格组成的字符串
STR	由数字数据转换来的字符数据
STUFF	删除指定长度的字符并在指定的起始点插入另一组字符
SUBSTRING	返回字符、binary、text 或 image 表达式的一部分
UPPER	返回将小写字符数据转换为大写的字符表达式

【任务 2-8】 有一字符串“Hunan Railway Professional College”，要对其进行如下操作：去掉其左边和右边空格；将该字符串全部转换为大写；了解整个字符串的长度；提取左边 6 个字符；提取“Hunan”子串。

```
DECLARE @temp VARCHAR(50)
SET @temp=' Hunan Railway Professional College '
PRINT '去掉空格后:'+RTRIM(LTRIM(@temp))
PRINT '转换为大写:'+UPPER(@temp)
PRINT '字符串长度:'+CAST(LEN(@temp) AS CHAR(4))
PRINT '取左 6 个字符:'+LEFT(@temp,6)
PRINT '截取子串后:'+SUBSTRING(@temp,2,5)
PRINT 'way 第一次出现位置:'+CONVERT(CHAR(4),PATINDEX('%way%',@temp))
```

运行结果如图 8-11 所示。

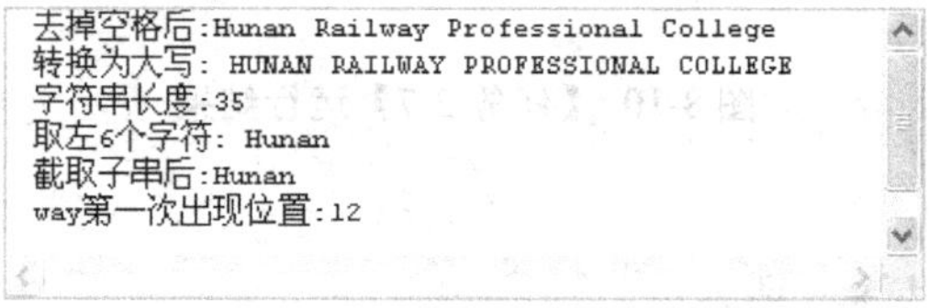

图 8-11 【任务 2-8】运行结果

3. 日期和时间函数

常用的日期和时间函数如表 8-7 所示。

表 8-7　日期和时间函数

函　数	功　能
DATEADD	在向指定日期加上一段时间的基础上，返回新的 datetime 值
DATEDIFF	返回两个日期/时间之间指定部分的差
DATENAME	返回日期的指定日期部分的字符串
DATEPART	返回日期的指定部分的整数
DAY	返回日期的天的日期部分
GETDATE	返回当前系统日期和时间
MONTH	返回指定日期中的月份
YEAR	返回指定日期中的年份

Microsoft SQL Server 2012 可识别的日期部分及其缩写如表 8-8 所示。

表 8-8　Microsoft SQL Server 2012 可识别的日期部分及其缩写

日期部分	缩　写	日期部分	缩　写
year（年）	yy, yyyy	weekday（星期）	dw, w
quarter（刻）	qq, q	hour（小时）	hh
month（月）	mm, m	minute（分钟）	mi, n
Day of year（一年中的天数）	dy, y	second（秒）	ss, s
day（日期）	dd, d	millisecond（毫秒）	ms
week（周）	wk, ww		

【任务 2-9】 获取订单号为“200708011012”的订单的下达日期是星期几，下达日期与当前日期的相隔天数。

```
USE WebShop
GO
DECLARE @temp DATETIME
SELECT @temp=o_Date FROM Orders WHERE o_ID='200708011012'
PRINT '星期数：'
PRINT DATEPART(w,@temp)-1
PRINT '相隔天数：'
PRINT DATEDIFF(DAY,@temp,GETDATE())
```

运行结果如图 8-12 所示。

【提示】

- 使用“dw”或“w”可以获得指定日期的星期数，在此基础上减 1 才为实际的星期数。
- 注意日期的各种格式。

```
星期数：
3
相隔天数：
3456
```

图 8-12 【任务 2-9】运行结果

4．系统函数

常用的系统函数如表 8-9 所示。

表 8-9　系统函数

函　数	功　能
COALESCE	返回其参数中第一个非空表达式
DATALENGTH	返回任何表达式所占用的字节数
HOST_NAME	返回工作站名称
ISNULL	使用指定的替换值替换 NULL
NEWID	创建 uniqueidentifier 类型的唯一值
NULLIF	如果两个指定的表达式相等，则返回空值
USER_NAME	返回给定标识号的用户数据库用户名
@@IDENTITY	返回最后插入的标识值的系统函数

5．数学函数

常用的数学函数如表 8-10 所示。

表 8-10　数学函数

函　　数	功　　能
ABS	返回给定数字表达式的绝对值
CEILING	返回大于或等于所给数字表达式的最小整数
FLOOR	返回小于或等于所给数字表达式的最大整数
POWER	返回给定表达式乘以指定次方的值
RAND	返回 0～1 中的随机 float 值
ROUND	返回数字表达式并四舍五入为指定的长度或精度
SIGN	返回给定表达式的正（+1）、负（-1）号或零（0）
SQUARE	返回给定表达式的平方
SQRT	返回给定表达式的平方根

【任务 2-10】 有两个数值 123.45 和−123.45，请使用各种数学函数求值。

```
DECLARE @num1 FLOAT,@num2 FLOAT
SET @num1=123.45
SET @num2=-123.45
SELECT 'ABS', ABS(@num1) ,ABS(@num2)
SELECT 'SIGN',SIGN(@num1),SIGN(@num2)
SELECT 'CEILING',CEILING(@num1),CEILING(@num2)
SELECT 'FLOOR',FLOOR(@num1),FLOOR(@num2)
SELECT 'ROUND',ROUND(@num1,0),ROUND(@num2,1)
```

运行结果如图 8-13 所示。

图 8-13 【任务 2-10】运行结果

课堂实践 2

1. 操作要求

（1）根据 Orders 表中的订单总额进行处理：总额大于或等于 5000 的显示“大额”，小于 5000 的显示“小额”。

（2）利用 WHILE 循环求 1～100 中的偶数和。

（3）对于字符串“Welcome to SQL Server 2012 ”，进行以下操作。

① 将字符串转换为全部大写。

② 将字符串转换为全部小写。

③ 去掉字符串前后的空格。

④ 截取从 12 个字符开始的 10 个字符。

（4）使用日期型函数，获得如下输出结果。

年份	月份	星期几
2011	03	星期四

（5）分析 RAND(5)、ROUND(−121.66666,2)和 ROUND(−121.66666,−2)的值。

2．操作提示

（1）按要求编写批处理。

（2）先进行分析，后通过实践验证。

8.5 存储过程基础

1．存储过程

（1）使用存储过程的优点。SQL Server 2012 提供了一种方法，它可以将一些固定的操作集中起来由 SQL Server 2012 数据库服务器来完成，以完成某个特定的任务，这种方法就是存储过程。Microsoft SQL Server 中的存储过程与其他编程语言中的过程类似，存储过程具备了以下功能。

① 包含用于在数据库中执行操作（包括调用其他过程）的编程语句。

② 接收输入参数并以输出参数的格式向调用过程或批处理返回多个值。

③ 向调用过程或批处理返回状态值，以指明成功或失败（以及失败的原因）。

可以使用 EXECUTE 语句来运行存储过程。存储过程与函数不同，因为存储过程不返回取代其名称的值，也不能直接在表达式中使用。存储过程是 SQL 语句和可选控制流语句的预编译集合，以一个名称存储并作为一个单元处理。存储过程存储在数据库内，可由应用程序通过一个调用执行，而且允许用户声明变量、有条件执行以及其他强大的编程功能。在 SQL Server 中使用存储过程而不使用存储在客户端计算机本地的 T-SQL 程序的好处体现在以下几个方面。

① 加快系统运行速度。存储过程只在创造时进行编译，以后每次执行存储过程都不需重新编译，而一般 SQL 语句每执行一次就编译一次，所以使用存储过程可提高数据库执行速度。

② 封装复杂操作。当对数据库进行复杂操作时（如对多个表进行 Update，Insert，Query，Delete 时），可用存储过程将此复杂操作封装起来与数据库提供的事务处理结合在一起使用。

③ 实现代码重用。可以实现模块化程序设计，存储过程一旦创建，以后即可在程序中调用任意多次，这可以改进应用程序的可维护性，并允许应用程序统一访问数据库。

④ 增强安全性。可设定特定用户具有对指定存储过程的执行权限而不具备直接对存储过程中引用的对象具有权限；可以强制应用程序的安全性；参数化存储过程有助于保护应用程序不受 SQL 注入式攻击。

⑤ 减少网络流量。因为存储过程存储在服务器上，并在服务器上运行。一个需要数百行

T-SQL 代码的操作可以通过一条执行过程代码的语句来执行，而不需要在网络中发送数百行代码，这样就可以减少网络流量。

（2）存储过程的分类。存储过程分为五类：系统存储过程、用户定义的存储过程、扩展存储过程、临时存储过程和远程存储过程。

① 用户定义的存储过程：由用户为完成某一特定功能而编写的存储过程，用户定义的存储过程存储在当前的数据库中，建议以“up_”（User Procedure 的缩写）为前缀。用户存储过程又分为 T-SQL 存储过程和 CLR 存储过程。

● T-SQL 存储过程是指保存的 T-SQL 语句集合，可以接收和返回用户提供的参数。例如，存储过程中可能包含根据客户端应用程序提供的信息在一个或多个表中插入新行所需的语句，存储过程也可能从数据库向客户端应用程序返回数据。例如，Web 应用程序可能使用存储过程根据联机用户指定的搜索条件返回有关特定产品的信息。

● CLR 存储过程是指对 Microsoft .NET 框架公共语言运行时（CLR）方法的引用，可以接收和返回用户提供的参数。它们在 .NET 框架程序集中是作为类的公共静态方法实现的。

② 系统存储过程：在安装 SQL Server 2012 时，系统创建了很多系统存储过程，系统存储过程存储在 master 和 msdb 数据库中。系统存储过程主要用于从系统表中获取信息，系统存储过程的名称都以“sp_”为前缀。

③ 扩展存储过程：对动态链接库（DLL）函数的调用，在 SQL Server 2012 环境外执行，一般以“xp_”为前缀。

④ 临时存储过程：以“#”和“##”为前缀的过程，“#”表示本地临时存储过程，“##”表示全局临时存储过程，它们存储在 tempdb 数据库中。

⑤ 远程存储过程：在远程服务器的数据库中创建和存储的过程。这些存储过程可被各种服务器访问，向具有相应许可权限的用户提供服务。

2．设计存储过程

几乎所有可以写成批处理的 T-SQL 代码都可以用来创建存储过程。CREATE PROCEDURE 定义自身可以包括任意数量和类型的 SQL 语句，不能在存储过程的任何位置使用的语句如表 8-11 所示。

表 8-11　不能在存储过程中使用的语句

语　句	语　句
CREATE AGGREGATE	CREATE RULE
CREATE DEFAULT	CREATE SCHEMA
CREATE 或 ALTER FUNCTION	CREATE 或 ALTER TRIGGER
CREATE 或 ALTER PROCEDURE	CREATE 或 ALTER VIEW
SET PARSEONLY	SET SHOWPLAN_ALL
SET SHOWPLAN_TEXT	SET SHOWPLAN_XML
USE database_name	

【提示】 设计存储过程时应注意如下事项。

● 除存储过程外的其他数据库对象均可在存储过程中创建。可以引用在同一存储过程中创建的对象，只要引用时已经创建了该对象即可。

● 可以在存储过程内引用临时表。如果在存储过程内创建了本地临时表，则临时表仅为该存储过程而存在；退出该存储过程后，临时表将消失。

● 如果执行的存储过程将调用另一个存储过程，则被调用的存储过程可以访问由第一个存储过程创建的所有对象，包括临时表在内。

● 如果执行对远程 Microsoft SQL Server 2012 实例进行更改的远程存储过程，则不能回滚这些更改。远程存储过程不参与事务处理。

● 存储过程中的参数的最大数目为 2100。

● 存储过程中的局部变量的最大数目仅受可用内存的限制。

● 根据可用内存的不同，存储过程最大可达 128 MB。

● 如果要创建存储过程，并且希望确保其他用户无法查看该过程的定义，则可以使用 WITH ENCRYPTION 子句。这样，存储过程定义将以不可读的形式存储。

8.6　使用 SSMS 管理存储过程

8.6.1　创建和执行存储过程

任务 3

在 SQL Server 2012 中使用“SQL Server Management Studio”实现对存储过程的创建、修改、查看和删除等操作。

【任务 3-1】 在 WebShop 数据库中创建查询指定商品信息的存储过程 up_AllGoods。

（1）启动 SQL Server Management Studio，在“对象资源管理器”中依次展开【数据库】节点、【WebShop】节点、【可编程性】节点。

（2）右击【存储过程】节点，选择“新建存储过程”选项，如图 8-14 所示。

（3）右边窗格中显示了存储过程的模板，用户可以根据模板输入存储过程中所包含的文本，如图 8-15 所示。

（4）如果创建存储过程的语句正确执行，在“对象资源管理器”中便可显示新创建的存储过程，如图 8-16 所示。

图 8-14　选择“新建存储过程”选项

【任务 3-2】 执行存储过程 up_AllGoods。

（1）启动 SQL Server Management Studio，在“对象资源管理器”中依次展开【数据库】节点、【WebShop】节点、【可编程性】节点。

（2）右击【db0.up_AllGoods】存储过程，选择“执行存储过程”选项，如图 8-17 所示。

（3）打开执行过程对话框，可以指定执行存储过程的相关属性，单击【确定】按钮即可执行选定的存储过程，如图 8-18 所示。

```
-- ==========================================...
SET ANSI_NULLS ON
GO
SET QUOTED_IDENTIFIER ON
GO
-- =============================================
-- Author:      <Author,,Name>
-- Create date: <Create Date,,>
-- Description: <Description,,>
-- =============================================
CREATE PROCEDURE up_AllGoods
AS
BEGIN
    SELECT g_ID,g_Name,g_Price,g_Number FROM GOODS
    SET NOCOUNT ON;
END
GO
```

图 8-15　编写存储过程 SQL 代码

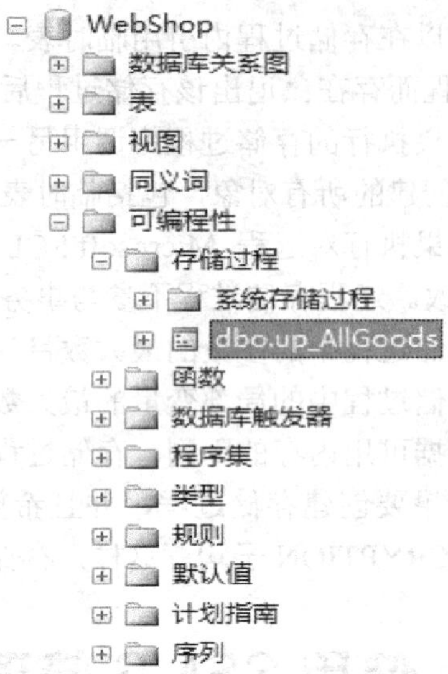

图 8-16　up_AllGoods 存储过程创建成功

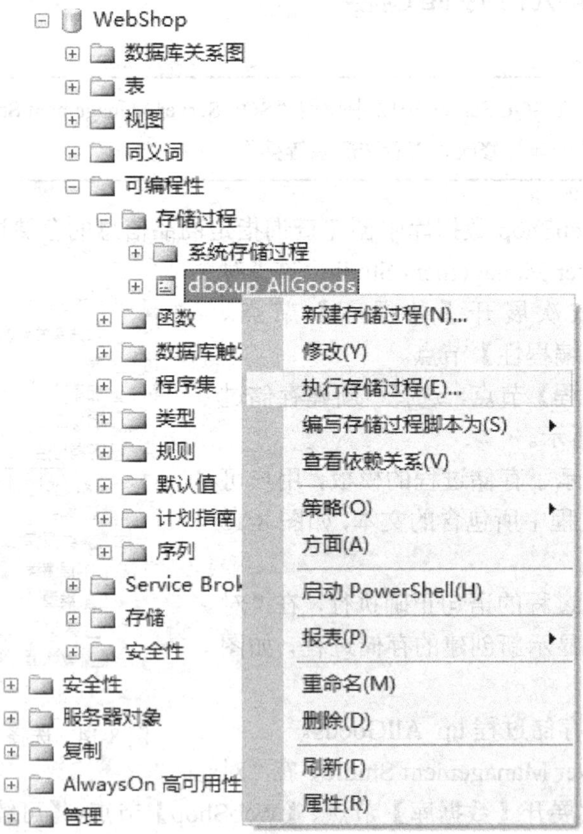

图 8-17　选择“执行存储过程”选项

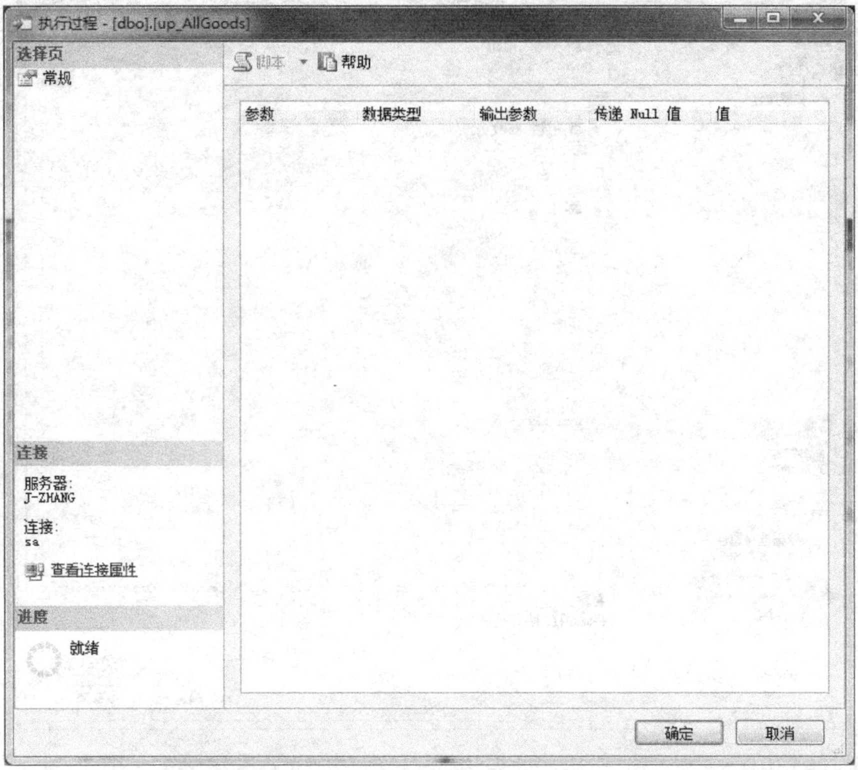

图 8-18 执行存储过程

8.6.2 查看、修改和删除存储过程

【任务 3-3】 在 WebShop 数据库中查看存储过程 up_AllGoods 的属性。

（1）启动 SQL Server Management Studio，在“对象资源管理器”中依次展开【数据库】节点、【WebShop】节点、【可编程性】节点。

（2）右击【db0.up_AllGoods】存储过程，选择“属性”选项，如图 8-17 所示。

（3）打开存储过程属性对话框，查看指定存储过程的详细内容，如图 8-19 所示。其中可以查看以下内容。

① 选择“常规”选项卡：可以查看到该存储过程属于哪个数据库、创建日期和属于哪个数据库用户等信息。

② 选择“权限”选项卡：可以为存储过程添加用户并授予其权限。

③ 选择“扩展属性”选项卡：可以了解排序规则等扩展属性。

（4）在如图 8-17 所示的右键快捷菜单中也可以完成以下操作。

① 选择“删除”选项，可以删除指定的存储过程。

② 选择“修改”选项，进入存储过程文本修改状态，保存后完成存储过程的修改。

③ 选择“重命名”选项，进入存储过程名称编辑状态，可以实现存储过程的名称的更改。

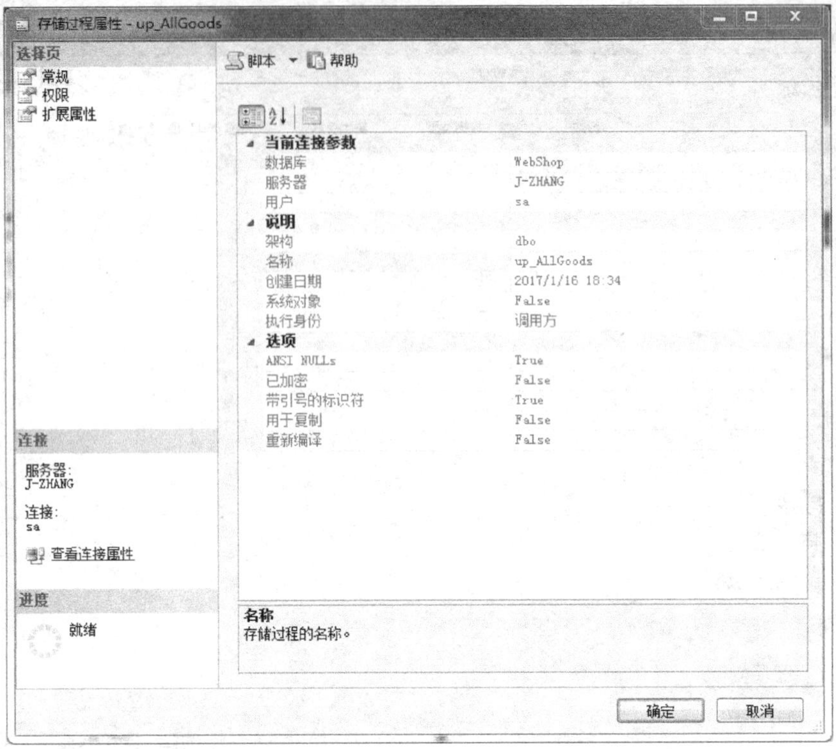

图 8-19　查看存储过程属性

课堂实践 3

1. 操作要求

（1）创建显示 Customers 表中来自“湖南”的会员信息的存储过程 up_FromHunan。

（2）创建向 Users 表中插入一条记录（'proc','普通','proc'）的存储过程 up_InsertUser。

2. 操作提示

（1）注意存储过程的编写和执行。

（2）注意存储过程与批处理的区别。

8.7　使用 T-SQL 管理存储过程

8.7.1　创建和执行存储过程

任务 4　在 SQL Server 2012 中使用 T-SQL 语句实现对存储过程的创建、修改、查看和删除等操作。

1. 创建存储过程

使用 T-SQL 语句 CREATE PROC 可以创建存储过程，其基本语句格式如下所示。

```
CREATE  PROC[EDURE]  存储过程名
[ {@参数 1  数据类型} [= 默认值] [OUTPUT],
    … ,
    {@参数 n  数据类型} [= 默认值] [OUTPUT]
    ]
    AS
    SQL 语句
    …
```

参数含义如下。

- 存储过程名：要符合标识符规则，少于 128 个字符。
- @参数：过程中的参数。在 CREATE PROCEDURE 语句中可以声明一个或多个参数。
- OUTPUT：表明该参数是一个返回参数。
- AS：用于指定该存储过程要执行的操作。
- SQL 语句：存储过程中要包含的任意数目和类型的 T-SQL 语句。

2. 执行存储过程

执行存储过程的基本语句格式如下所示。

```
[ EXEC]  procedure_name [Value_List]
```

参数含义如下。

- procedure_name：要执行的存储过程的名称。
- Value_List：输入参数值。

【任务 4-1】 编写一个存储过程 up_GoodsByType，在 Goods 表中查询类别号为“01”的商品信息，然后执行存储过程完成指定的查询。

（1）编写存储过程 up_GoodsByType。

```
USE WebShop
GO
CREATE PROCEDURE  up_GoodsByType
@type char(2)
AS
SELECT g_ID 商品号, g_Name 商品名称,t_ID 商品类别 FROM Goods
WHERE t_ID=@type
GO
```

（2）执行存储过程 up_GoodsByType。

```
up_GoodsByType '01'
```

运行结果如图 8-20 所示。

	商品号	商品名称	商品类别
1	010001	诺基亚6500 Slide	01
2	010002	三星SGH-P520	01
3	010003	三星SGH-F210	01
4	010004	三星SGH-C178	01
5	010005	三星SGH-T509	01
6	010006	三星SGH-C408	01
7	010007	摩托罗拉 W380	01
8	010008	飞利浦 292	01

图 8-20 【任务 4-1】运行结果

【提示】 执行存储过程有以下几种方法。

- EXECUTE up_GoodsByType '01'。
- EXEC up_GoodsByType @type = '01'。
- EXECUTE up_GoodsByType @type = '01'。

【任务 4-2】 用户在网站购买商品，确认生成订单后，将用户的订单信息写入到 Orders 表中，然后通过执行存储过程完成订单信息的添加。

（1）编写存储过程 up_GoodsByType。

```
USE WebShop
GO
CREATE PROC up_PlaceOrders
(
@customer_no  VARCHAR(5),
@order_sum float,
@order_status bit
)
AS
BEGIN
/*以下语句用于构成以当前时间组成的字符串作为订单编号*/
DECLARE @order_no  VARCHAR(14),@temp VARCHAR(16)
--获得当前日期
SET @temp=CAST(GETDATE() AS CHAR(16))
SET
--取得日期中的年、月、日
@order_no=SUBSTRING(@temp,7,4)+SUBSTRING(@temp,1,2)+SUBSTRING(@temp,4,2)
--在年、月、日的基础上加上时、分、秒
SET   @order_no=@order_no+CAST(DATEPART(HOUR,GETDATE())   AS   CHAR(2))+
CAST(DATEPART (MINUTE,GETDATE()) AS CHAR(2))+CAST(DATEPART(SECOND,GETDATE())
AS CHAR(2))
INSERT INTO orders(o_ID,c_ID,o_Date,o_Sum,o_Status)
VALUES(@order_no,@customer_no,GETDATE(),@order_sum,@order_status)
END
```

（2）执行存储过程 up_GoodsByType。

```
EXEC up_PlaceOrders  'C0008', 9988, 0
```

另外一种传递参数的方法是在赋值时指明参数，此时各个参数的顺序可以任意排列。例如，上面的例子可以这样执行：

```
EXEC  up_PlaceOrders  @customer_no='C0008,  @order_status  =0',@order_sum
=9988
```

【提示】

● 在创建存储过程时可以给参数指定默认值，这样，调用存储过程时相应参数可以不赋值，如【任务 4-2】可以使用“@order_status bit=0”语句为“订单状态”指定默认处理为“FALSE”。

● 存储过程中指定的输入参数的类型和长度应与表中的列一致。

● 变量的声明：如果在 AS 之后使用 DECLARE 声明则为局部变量，而如果在“CREATE PROC”语句的括号中则为存储过程的参数。

● 订单号取当前的系统日期和时间构成，如“20110317142525”代表在 2011 年 3 月 17 日 14 点 25 分 25 秒产生的订单。

3．使用输出参数

输出参数用于在存储过程中返回值，使用 OUTPUT 声明输出参数。

【任务 4-3】 编写一个存储过程，将指定商品号（010004）的价格通过输出参数返回，然后通过执行存储过程验证其功能。

（1）编写存储过程 up_PriceByGno。

```
USE WebShop
GO
CREATE PROC up_PriceByGno
(
@no  VARCHAR(6),
@price  float  OUTPUT
)
AS
SELECT @price= g_Price
FROM Goods
WHERE g_ID =@no
```

该方案中@ no 为输入参数，用于传入商品号；@price 为输出参数，用于返回商品的价格，请注意其后面的 output 表明此参数为输出参数，即将值由存储过程传出。

（2）执行存储过程 up_PriceByGno。执行该存储过程以查询商品号为“010005”的商品的价格情况。

```
USE WebShop
GO
DECLARE @tempPrice AS float
EXEC up_PriceByGno '010005',@tempPrice OUTPUT
PRINT @tempPrice
运行结果为 2020
```

【提示】 由于该存储过程需要将值传出，因此需要另外声明一个变量接收存储过程传出去的价格信息。

4．存储过程的返回值

存储过程可以用 return 语句返回值。

【任务 4-4】 编写一个存储过程，将存储过程是否执行成功的结果返回，然后通过执行存储过程验证其返回值。

（1）编写存储过程 up_returnPrice。

```
USE WebShop
GO
CREATE PROC up_returnPrice
(
@no  VARCHAR(6)
)
AS
DECLARE @price  float
SELECT @price= g_Price
FROM Goods
WHERE g_ID =@no
RETURN @price
```

（2）执行存储过程 up_returnPrice（指定商品号为“010005”）。

```
USE WebShop
GO
DECLARE @retVal INT
EXEC @retVal= up_returnPrice  '010005'
PRINT '返回的价格值为:'+convert(CHAR(5),@retVal)
```

运行结果如下：返回的价格值为:2020。

8.7.2 查看、修改和删除存储过程

1. 修改存储过程

使用 ALTER PROCEDURE 语句可以更改先前通过执行 CREATE PROCEDURE 语句创建的存储过程，ALTER PROCEDURE 基本语句格式如下。

```
ALTER  PROC[EDURE]  存储过程名
       [ {@参数 1  数据类型} [= 默认值] [OUTPUT],
          …,
         {@参数 n  数据类型} [= 默认值] [OUTPUT]
       ]
       AS
       SQL 语句
       …
```

各参数含义与 CREATE PROCEDURE 语句相同。

2. 删除存储过程

使用 DROP PROCEDURE 可以删除存储过程，其基本语句格式如下所示。

```
DROP  PROCEDURE  存储过程名
```

【任务 4-5】 删除存储过程 up_GoodsByType。

```
DROP PROC up_GoodsByType
```

3. 查看存储过程

【任务 4-6】 查看存储过程 up_returnPrice 的信息。

```
sp_help up_returnPrice
```

运行结果如图 8-21 所示。

【任务 4-7】 查看存储过程 up_returnPrice 的文本内容。

```
sp_helptext up_returnPrice
```

运行结果如图 8-22 所示。

	Name	Owner	Type	Created_datetime
1	up_returnPrice	dbo	stored procedure	2017-01-16 18:52:50.237

	Parameter_name	Type	Length	Prec	Scale	Param_order	Collation
1	@no	varchar	6	6	NULL	1	Chinese_PRC_CI_AS

图 8-21 【任务 4-6】运行结果

	Text
1	CREATE PROC up_returnPrice
2	(
3	@no VARCHAR(6)
4	)
5	AS
6	DECLARE @price float
7	SELECT @price= g_Price
8	FROM Goods
9	WHERE g_ID =@no
10	RETURN @price

图 8-22 【任务 4-7】运行结果

项目技能

1．操作要求

（1）创建存储过程 up_Orders，要求该存储过程返回所有订单的详细信息，包括订单号、订单日期、订单总额、会员名称和处理员工。

（2）执行存储过程 up_Orders，查询所有订单的详细信息。

（3）创建存储过程 up_OrderByID，要求该存储过程能够根据输入的订单号返回订单详细信息，包括订单号、订单日期、订单总额、会员名称和处理员工。

（4）执行存储过程 up_OrderByID，查询订单号为“200708011012”的订单的详细信息。

（5）创建存储过程 up_InsertCust，要求该存储过程能够根据会员输入的注册信息，将会员记录添加到 Customers 表中。

（6）执行存储过程 up_InsertCust，将会员信息（C0011，proc，存储过程，女，1988-8-8，430908198808080015，湖南株洲市，412000，13007333733，0733-2404404，proce@126.com，123456，6666，你的生日哪一天，8 月 8 日，VIP）添加到 Customers 表中。

（7）创建存储过程 up_Add，要求该存储过程能够实现对输入的两个数的相加操作，并将结果输出。

（8）执行存储过程 up_Add，计算 78 加上 82 的和。

2．操作提示

（1）如果存储过程要接收输入，则应使用输入参数；如果存储过程要输出，则应使用输出参数。

（2）带参数的存储过程执行时，有不同的参数值指定方法。

小结与习题

本章学习了如下内容：

（1）T-SQL 基础，包括标识符、批处理、注释、输出语句。

（2）变量和运算符。

（3）流程控制语句，包括顺序控制语句、分支控制语句、循环控制语句、错误处理语句、其他流程控制语句和 CASE 函数。

（4）常用函数，包括配置函数、数据转换函数、字符串函数、日期和时间函数、系统函数和数学函数。

（5）存储过程基础，包括存储过程简介、设计存储过程。

（6）使用 SSMS 管理存储过程，包括创建和执行存储过程，以及查看、修改和删除存储过程。

（7）使用 T-SQL 管理存储过程，包括使用 CREATE PROC 创建存储过程、使用 EXEC 执行存储过程、使用 sp_help 查看存储过程、使用 ALTER PROC 修改存储过程和使用 DROP PROC 删除存储过程。

一、填空题

1. T-SQL 中以________符号开头的标识符表示局部变量或参数，________用于单行注释。

2. T-SQL 中用__________语句声明变量，并在声明后将变量的值初始化为____________。

3. ________函数可以计算多个条件式，并将其中一个符合条件的结果表达式返回；____函数可以返回当前的 SQL Server 安装的版本。

4. ________函数返回指定表达式中某模式第一次出现的起始位置，________函数返回两个日期/时间之间指定部分的差。

二、选择题

1. 下面关于存储过程的描述不正确的是_______。

A．存储过程实际上是一组 T-SQL 语句

B．存储过程预先被编译存放在服务器的系统表中

C．存储过程独立于数据库而存在

D．存储过程可以完成某一特定的业务逻辑

2. 有一个带输入参数的存储过程 up_Demo，下列不能正确执行该存储过程的语句是______。

A．EXECUTE up_Demo '01'　　B．EXEC up_Demo @type = '01'

C．EXECUTE up_Demo @type = '01'　　D．EXEC up_Demo type = '01'

3. 带有前缀名为 xp 的存储过程属于_________。

A．用户自定义存储过程　　B．系统存储过程

C．扩展存储过程　　D．以上都不是

4. T-SQL 中的全局变量通常以________作为前缀。

A．@@　　B．@　　C．#　　D．##

5. 下面不能进行数据类型转换的函数是__________。

A．CONVERT　　B．STR　　C．CAST　　D．LTRIM

三、简答题

1. 举例说明存储过程的特点及主要类型。

2. 举例说明使用 T-SQL 语句定义存储过程和执行存储过程的方法。

课外拓展

1. 操作要求

（1）创建存储过程 up_Borrow，要求该存储过程返回未还图书的借阅信息，包括借书人、借书日期、图书名称和图书作者。

（2）执行存储过程 up_Borrow，查询所有未还图书的详细信息。

（3）创建存储过程 up_ Borrow ByID，要求该存储过程能够根据输入的读者号返回该读者的所有借阅信息，包括借书日期、还书日期、图书名称和图书作者。

（4）执行存储过程 up_ Borrow ByID，查询读者号为“0016584”的借阅信息。

2. 操作提示

（1）如果存储过程要接收输入，请使用输入参数；如果存储过程要输出信息，请使用输出参数。

（2）带参数的存储过程执行时，有不同的参数值指定方法。

（3）正确分析要完成指定功能的 SQL 语句。

第 9 章

触发器操作

学习目标

本章将要学习 SQL Server 2012 触发器相关知识，包括触发器基础知识、触发器的类型、inserted 和 deleted 表、使用 SMSS 管理触发器、使用 T-SQL 管理触发器和触发器的应用等内容。本章的学习要点包括：

- 触发器的类型
- 使用 SSMS 管理触发器
- 使用 T-SQL 管理触发器
- 触发器的应用

学习导航

数据库管理员在进行数据管理或程序员进行数据库应用程序开发时，都希望在一个表中插入或删除数据后，与之关联的另一个表也能根据业务规则自动完成插入或删除操作。SQL Server 2012 中提供了 DDL 触发器和 DML 触发器来实现以上目标。触发器是一种保证数据完整性和实施业务规则的有效方法。触发器的执行类似于“扳机”，具有“一触即发”的特点，如图 9-1 所示。

图 9-1　一触即发

本章主要内容及其在 SQL Server 2012 数据库管理系统中的位置如图 9-2 所示。

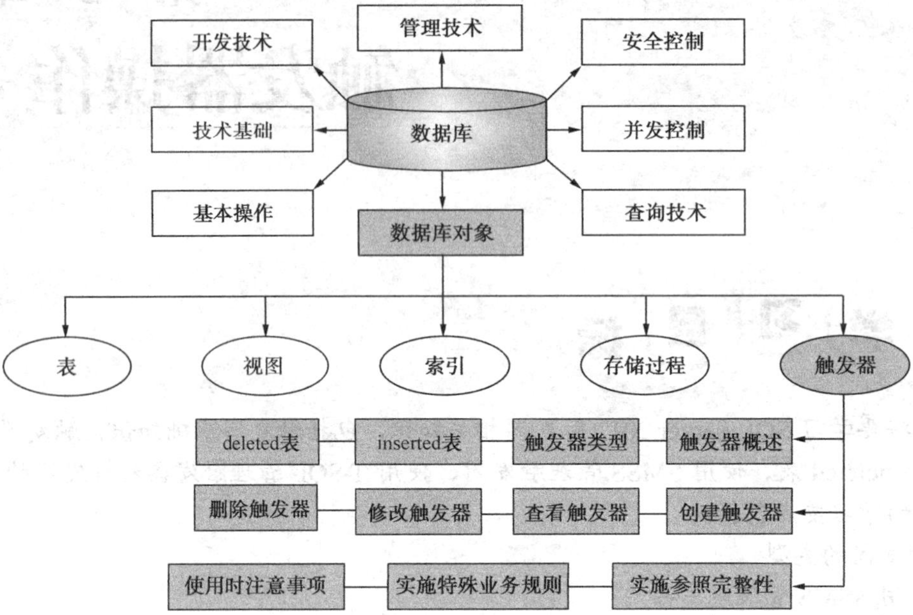

图 9-2　本章学习导航

任务描述

本章主要任务描述如表 9-1 所示。

表 9-1　任务描述

任务编号	子任务	任务内容
任务 1		了解 inserted 表和 deleted 表
	任务 1-1	了解 Goods 表中添加一条商品号为“888888”的记录时，inserted 表和 deleted 表的变化情况
	任务 1-2	了解 Goods 表中删除一条商品号为“030001”的记录时，inserted 表和 deleted 表的变化情况
	任务 1-3	了解 Goods 表中将商品号为“888888”的记录修改成“999999”时，inserted 表和 deleted 表的变化情况
任务 2		使用 SSMS 实现对触发器的创建、修改、禁用和删除等操作
	任务 2-1	创建一个添加记录后显示提示信息的触发器 tr_notify
	任务 2-2	禁用触发器 tr_notify
任务 3		使用 T-SQL 语句实现对触发器的创建、修改、查看和删除等操作
	任务 3-1	创建 Users 表的删除触发器 tr_delete
	任务 3-2	创建作用于数据库的修改表事件的触发器 tr_altertable

续表

任 务 编 号	子 任 务	任 务 内 容
任务 3	任务 3-3	创建一个作用于连接 SQL Server 实例时的登录触发器 tr_testlogin
	任务 3-4	修改“任务 3-1”中创建的触发器 tr_delete
	任务 3-5	了解 Users 表中所有触发器的相关信息，并显示触发器 tr_notify 的文本信息
	任务 3-6	禁用触发器 tr_delete，并通过删除名为“amy”的用户验证触发器的工作
	任务 3-7	删除 Users 表中的 tr_notify 触发器和 WebShop 数据库中的触发器 tr_altertable
任务 4		在 SQL Server 2012 中使用触发器实施参照完整性和特殊业务规则
	任务 4-1	创建插入订单记录时实施参照完整性的触发器 tr_placeorder
	任务 4-2	创建订单详情表中的商品信息发生变化时，自动更新订单表中的订单总金额的触发器 tr_sum

9.1　触发器概述

1．触发器基本知识

触发器是一种特殊类型的存储过程，它在指定的表中的数据发生变化时自动生效，触发器被调用时自动执行 INSERT、UPDATE、DELETE 语句和 SELECT 语句，实现表间的数据完整性和复杂的业务规则。

与前面介绍过的存储过程不同，触发器主要是通过事件进行触发而自动执行的，而存储过程可以通过存储过程名称而被直接调用。当对某一表进行诸如 INSERT、UPDATE 或 DELETE 操作时，如果在这些操作上定义了触发器，SQL Server 就会自动执行触发器（执行触发器中所定义的 SQL 语句），从而确保对数据的处理符合由这些 SQL 语句所定义的规则。触发器的主要作用就是其能够实现由主键和外键所不能保证的复杂的参照完整性和数据的一致性，除此之外，触发器还有许多其他功能。

① 强化约束：触发器能够实现比 CHECK 语句更为复杂的约束。

② 跟踪变化：触发器可以侦测数据库内的操作，从而不允许数据库中未经许可的指定更新和变化。

③ 级联运行：触发器可以侦测数据库内的操作，并自动地级联影响整个数据库的相关内容。例如，某个表上的触发器中包含对另外一个表的数据操作（如插入、更新、删除），而该操作又导致该表上触发器被触发。

④ 存储过程的调用：为了响应数据库更新，触发器可以调用一个或多个存储过程，甚至可以通过外部过程的调用而在 DBMS（数据库管理系统）本身之外进行操作。

由此可见，触发器可以解决高级形式的业务规则或复杂行为限制以及实现定制记录等方面的问题。例如，触发器能够找出某一表在数据修改前后状态发生的差异，并根据这种差异执行一定的处理。此外，一个表的同一类型（INSERT、UPDATE、DELETE）的多个触发器能够对同一种数据操作采取多种处理。

总体而言，触发器性能通常比较低。当运行触发器时，系统处理的大部分时间花费在参照其他表这一处理上，因为这些表既不在内存中也不在数据库设备上，而删除表和插入表总是位于内存中，由此可见触发器所参照的其他表的位置决定了操作要花费的时间长短。

2. 触发器类型

根据服务器或数据库中调用触发器的操作不同，SQL Server 2012 的触发器分为 DML 触发器、DDL 触发器和登录触发器三种。当数据库中发生数据操作语言（DML）事件时将调用 DML 触发器，当服务器或数据库中发生数据定义语言（DDL）事件时将调用 DDL 触发器。

1）DML 触发器

DML 触发器是当数据库服务器中发生数据操作语言事件时要执行的操作。DML 事件包括对表或视图发出的 UPDATE、INSERT 或 DELETE 操作。DML 触发器用于在数据被修改时强制执行业务规则，以及扩展 Microsoft SQL Server 2012 约束、默认值和规则的完整性检查逻辑。

DML 触发器可以查询其他表，还可以包含复杂的 T-SQL 语句。将触发器和触发它的语句作为可在触发器内回滚的单个事务对待。如果检测到错误（例如，磁盘空间不足），则整个事务即自动回滚。DML 触发器的特点包括以下几点。

① DML 触发器可通过数据库中的相关表实现级联更改。

② DML 触发器可以防止恶意或错误的 INSERT、UPDATE 以及 DELETE 操作，并强制执行比 CHECK 约束定义的限制更为复杂的其他限制。与 CHECK 约束不同，DML 触发器可以引用其他表中的列。例如，触发器可以使用另一个表中的 SELECT 比较插入或更新的数据，以及执行其他操作，如修改数据或显示用户定义错误信息。

③ DML 触发器可以评估数据修改前后表的状态，并根据该差异采取措施。

④ 一个表中的多个同类 DML 触发器（INSERT、UPDATE 或 DELETE）允许采取多个不同的操作来响应同一个修改语句。

DML 触发器根据其引发的时机不同又可以分为 AFTER 触发器、INSTEAD OF 触发器和 CLR 触发器。

① AFTER 触发器。在执行了 INSERT、UPDATE 或 DELETE 语句操作之后执行 AFTER 触发器。指定 AFTER 与指定 FOR 相同，它是 Microsoft SQL Server 早期版本中唯一可用的选项，但是 AFTER 触发器只能在表上指定。

② INSTEAD OF 触发器。执行 INSTEAD OF 触发器代替通常的触发动作。还可为带有一个或多个基表的视图定义 INSTEAD OF 触发器，而这些触发器能够扩展视图可支持的更新类型。

③ CLR 触发器。CLR 触发器可以是 AFTER 触发器或 INSTEAD OF 触发器，还可以是 DDL 触发器。CLR 触发器将执行托管代码（在.NET Framework 中创建并在 SQL Server 中加载的程序集的成员）中编写的方法，而不用执行 T-SQL 存储过程。

2）DDL触发器

DDL 触发器是一种特殊的触发器，当服务器或数据库中发生数据定义语言（DDL）事件时将调用 DDL 触发器。DDL 触发器可以用于数据库中执行管理任务，例如，审核以及规范数据库操作。

像常规触发器一样，DDL 触发器将激发存储过程以响应事件，但与 DML 触发器不同的是，它们不会为响应针对表或视图的 UPDATE、INSERT 或 DELETE 语句而激发。相反，它们会为响应多种数据定义语言（DDL）语句而激发，这些语句主要是以 CREATE、ALTER 和 DROP 开头的语句。DDL 触发器可用于管理任务，如审核和控制数据库操作。DDL 触发器通常适用于以下情况。

① 要防止对数据库架构进行某些更改。

② 希望数据库中发生某种情况以响应数据库架构中的更改。

③ 要记录数据库架构中的更改或事件。

一般情况下，在运行触发 DDL 触发器的 DDL 语句后，DDL 触发器才会激发。DDL 触发器不能作为 INSTEAD OF 触发器使用。

3）登录触发器

登录触发器将为响应 LOGON 事件而激发存储过程。与 SQL Server 实例建立用户会话时将引发此事件。

3. inserted 表和 deleted 表

任务 1　通过记录的添加、删除和修改等操作，了解触发器执行时 inserted 表和 deleted 表的情况。

每个触发器有两个特殊的表：inserted 表和 deleted 表。这两个表都是逻辑表，并且这两个表是由系统管理的。inserted 表和 deleted 表存储在内存中，而不是存储在数据库中，因此不允许用户直接对其进行修改。inserted 表和 deleted 表在结构上与该触发器作用的表相同。这两个表是动态驻留在内存中的，当触发器工作完成，这两个表也就被删除了。这两个表主要保存因用户操作而被影响到的原数据值或新数据值。这两个表是只读的，即用户不能向这两个表写入内容，但可以在触发器执行过程中引用这两个表中的数据。

deleted 表用于存储 DELETE 和 UPDATE 语句所影响的行的副本。在执行 DELETE 或 UPDATE 语句时，行从触发器表中删除，并存放到 deleted 表中。deleted 表和触发器表通常没有相同的行。

inserted 表用于存储 INSERT 和 UPDATE 语句所影响的行的副本。在一个插入或更新事务处理中，新建行被同时添加到 inserted 表和触发器表中。inserted 表中的行是触发器表中新行的副本。

通过上面的分析，可以发现进行 INSERT 操作时，只影响 inserted 表；进行删除操作时，只影响 deleted 表；而进行 UPDATE 操作时，既影响 inserted 表又影响 deleted 表。

（1）INSERT 触发器。对一个定义了 INSERT 类型触发器的表来说，一旦对该表执行了 INSERT 操作，那么对向该表插入的所有行来说，都有一个相应的副本存放到 inserted 表中。inserted 表就是用来存储向原表插入的内容的。

【任务 1-1】 了解在 WebShop 数据库中的 Goods 表中添加一条商品号为“888888”的记录时，inserted 表和 deleted 表的变化情况。

```
INSERT INTO Goods VALUES('888888','测试商品','01',8888,0.8,8,'2007-08-08',
'pImage/888888.gif','热点','测试商品信息')
```

在执行上述 INSERT 语句后，Goods 表和 inserted 表的记录情况如图 9-3 所示。

【提示】

● inserted 和 deleted 表不能直接被读取，因为这两个表是存在于内存中的，也就是说，在执行插入、删除和修改操作的过程中，这两个表才存在。

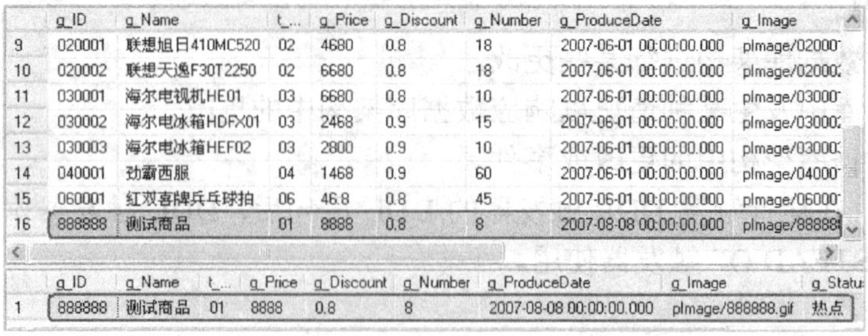

	g_ID	g_Name	t_...	g_Price	g_Discount	g_Number	g_ProduceDate	g_Image
9	020001	联想旭日410MC520	02	4680	0.8	18	2007-06-01 00:00:00.000	pImage/02000
10	020002	联想天逸F30T2250	02	6680	0.8	18	2007-06-01 00:00:00.000	pImage/02000
11	030001	海尔电视机HE01	03	6680	0.8	10	2007-06-01 00:00:00.000	pImage/03000
12	030002	海尔电冰箱HDFX01	03	2468	0.9	15	2007-06-01 00:00:00.000	pImage/03000
13	030003	海尔电冰箱HEF02	03	2800	0.9	10	2007-06-01 00:00:00.000	pImage/03000
14	040001	劲霸西服	04	1468	0.9	60	2007-06-01 00:00:00.000	pImage/04000
15	060001	红双喜牌兵乓球拍	06	46.8	0.8	45	2007-06-01 00:00:00.000	pImage/06000
16	888888	测试商品	01	8888	0.8	8	2007-08-08 00:00:00.000	pImage/88888

	g_ID	g_Name	t_...	g_Price	g_Discount	g_Number	g_ProduceDate	g_Image	g_Statu
1	888888	测试商品	01	8888	0.8	8	2007-08-08 00:00:00.000	pImage/888888.gif	热点

图 9-3　INSERT 操作中的 inserted 表

● 只有在触发器中才能捕获这一动态过程（事务），所以 inserted 和 deleted 表的读取也只能在触发器中实现。

● 上述结果是在触发器中对 inserted 表和 deleted 表进行查询（如 SELECT*. FROM inserted）的结果。

（2）DELETE 触发器。对一个定义了 DELETE 类型触发器的表来说，一旦对该表执行了 DELETE 操作，则把所有的删除行都存放至删除表中。这样做的目的是：一旦触发器遇到了强迫它中止的语句被执行，删除的那些行可以从 deleted 表中得以恢复。

【任务 1-2】 了解在 WebShop 数据库中的 Goods 表中删除一条商品号为“030001”的记录时，inserted 表和 deleted 表的变化情况。

```
DELETE FROM Goods
WHERE g_ID='030001'
```

在执行上述 DELETE 语句时，Goods 表和 deleted 表的记录情况如图 9-4 所示。

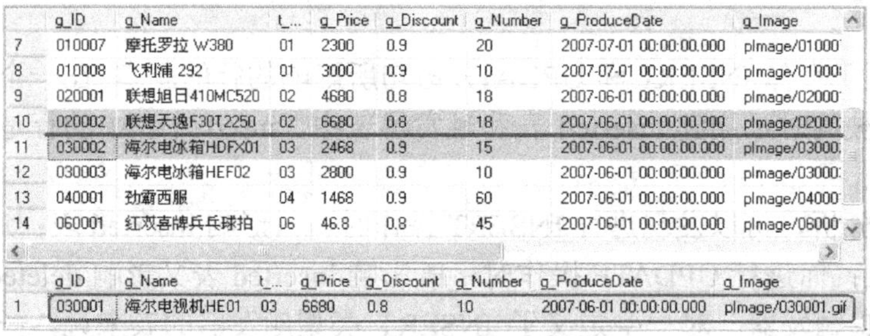

	g_ID	g_Name	t_...	g_Price	g_Discount	g_Number	g_ProduceDate	g_Image
7	010007	摩托罗拉 W380	01	2300	0.9	20	2007-07-01 00:00:00.000	pImage/01000
8	010008	飞利浦 292	01	3000	0.9	10	2007-07-01 00:00:00.000	pImage/01000
9	020001	联想旭日410MC520	02	4680	0.8	18	2007-06-01 00:00:00.000	pImage/02000
10	020002	联想天逸F30T2250	02	6680	0.8	18	2007-06-01 00:00:00.000	pImage/02000
11	030002	海尔电冰箱HDFX01	03	2468	0.9	15	2007-06-01 00:00:00.000	pImage/03000
12	030003	海尔电冰箱HEF02	03	2800	0.9	10	2007-06-01 00:00:00.000	pImage/03000
13	040001	劲霸西服	04	1468	0.9	60	2007-06-01 00:00:00.000	pImage/04000
14	060001	红双喜牌兵乓球拍	06	46.8	0.8	45	2007-06-01 00:00:00.000	pImage/06000

	g_ID	g_Name	t_...	g_Price	g_Discount	g_Number	g_ProduceDate	g_Image
1	030001	海尔电视机HE01	03	6680	0.8	10	2007-06-01 00:00:00.000	pImage/030001.gif

图 9-4　DELETE 操作中的 deleted 表

4．UPDATE 触发器

UPDATE 操作包括两部分：即先将更新的内容去掉，然后将新值插入。因此，对一个定义了 UPDATE 类型触发器的表来说，当报告会 UPDATE 操作时，在 deleted 表中存放了原有值，然后在 inserted 表中存放新值。

【任务 1-3】 了解在 WebShop 数据库中的 Goods 表中将商品号为“888888”的记录修改成“999999”时，inserted 表和 deleted 表的变化情况。

```
UPDATE Goods
SET g_ID='999999'
WHERE g_ID='888888'
```

在执行上述 UPDATE 语句时，Goods 表、inserted 表和 deleted 表的记录情况如图 9-5 所示。

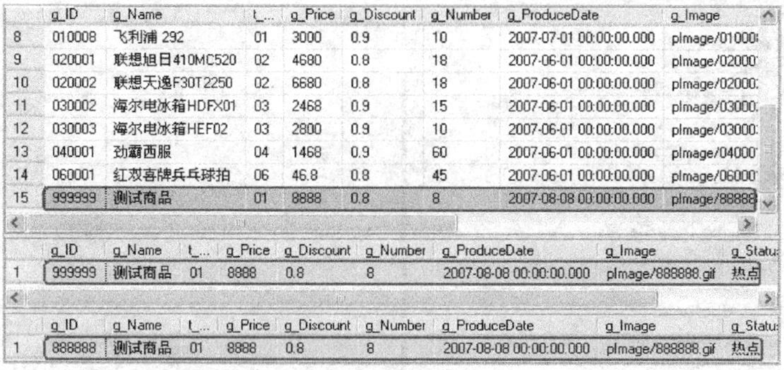

	g_ID	g_Name	t_...	g_Price	g_Discount	g_Number	g_ProduceDate	g_Image
8	010008	飞利浦 292	01	3000	0.9	10	2007-07-01 00:00:00.000	pImage/01000
9	020001	联想旭日410MC520	02	4680	0.8	18	2007-06-01 00:00:00.000	pImage/02000
10	020002	联想天逸F30T2250	02	6680	0.8	18	2007-06-01 00:00:00.000	pImage/02000
11	030002	海尔电冰箱HDFX01	03	2468	0.9	15	2007-06-01 00:00:00.000	pImage/03000
12	030003	海尔电冰箱HEF02	03	2800	0.9	10	2007-06-01 00:00:00.000	pImage/03000
13	040001	劲霸西服	04	1468	0.9	60	2007-06-01 00:00:00.000	pImage/04000
14	060001	红双喜牌乒乓球拍	06	46.8	0.8	45	2007-06-01 00:00:00.000	pImage/06000
15	999999	测试商品	01	8888	0.8	8	2007-08-08 00:00:00.000	pImage/88888

	g_ID	g_Name	t_...	g_Price	g_Discount	g_Number	g_ProduceDate	g_Image	g_Statu
1	999999	测试商品	01	8888	0.8	8	2007-08-08 00:00:00.000	pImage/888888.gif	热点

	g_ID	g_Name	t_...	g_Price	g_Discount	g_Number	g_ProduceDate	g_Image	g_Statu
1	888888	测试商品	01	8888	0.8	8	2007-08-08 00:00:00.000	pImage/888888.gif	热点

图 9-5　UPDATE 操作中的 inserted 表和 deleted 表

9.2　使用 SSMS 管理触发器

任务 2　在 SQL Server 2012 中使用“SQL Server Management Studio”实现对触发器的创建、修改、查看和删除等操作。

9.2.1　创建触发器

【任务 2-1】 为 WebShop 数据库的 Users 表中创建一个在添加记录后显示提示信息的触发器 tr_notify，并添加一条用户记录（'trigger','trigger','普通','trigger'）验证触发器的执行。

（1）启动 SQL Server Management Studio，在“对象资源管理器”中依次展开【数据库】节点、【WebShop】节点和表节点。

（2）展开【db0.Users】表，右击【触发器】，选择“新建触发器”选项，如图 9-6 所示。

（3）在右边打开的查询窗口中会显示“触发器”的模板，输入触发器的文本后执行创建触发器语句。语句成功执行后，则创建好触发器。

触发器 tr_notify 的脚本如下：

```
USE WebShop
IF OBJECT_ID ('Users.tr_notify', 'TR') IS NOT NULL
  DROP TRIGGER Users.tr_notify
GO
CREATE TRIGGER tr_notify
ON Users
AFTER INSERT
AS
PRINT ('友情提示：表中增加新记录!')
GO
```

（4）使用 INSERT 语句向 Users 表中添加一条记录，验证触发器的功能。

```
INSERT Users VALUES('trigger','trigger','普通','trigger')
```

该语句执行后，消息框中的显示结果如图 9-7 所示。

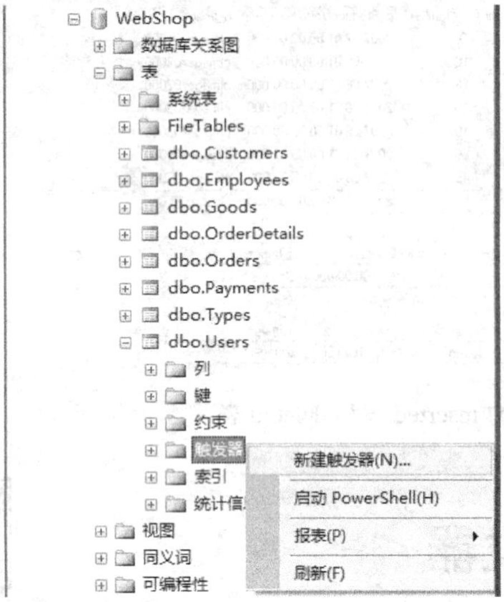

图 9-6　选择“新建触发器”选项

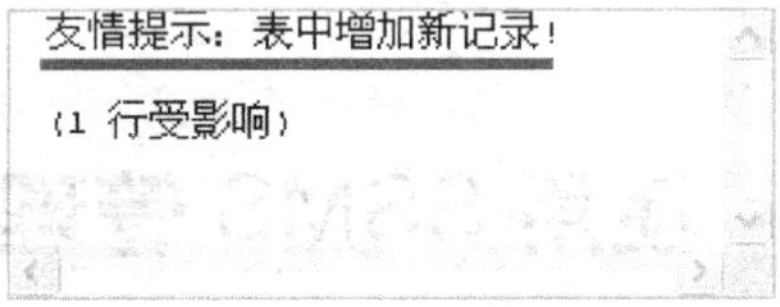

图 9-7　验证触发器

【提示】

- 在查询窗口中创建触发器实质上是通过 T-SQL 语句创建的。
- 触发器创建后，在指定的条件下会自动触发。
- 【任务 2-1】创建的触发器为 DML 触发器。

9.2.2 禁用、修改和删除触发器

【任务 2-2】 禁用触发器 tr_notify。

（1）启动 SQL Server Management Studio，在“对象资源管理器”中依次展开【数据库】节点、【WebShop】节点、表节点。

（2）右击【tr_notify】，选择“禁用”选项，如图 9-8 所示。

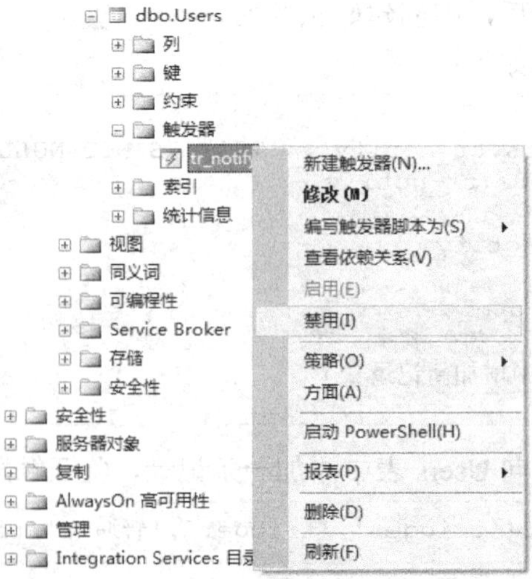

图 9-8　选择“禁用”选项

【提示】

- 在图 9-8 中选择“修改”选项，可以完成触发器的修改操作。
- 在图 9-8 中选择“删除”选项，可以删除指定的触发器。
- 触发器被禁用后，图 9-8 中的“启用”选项将变为可用，并可通过该选项启用指定的触发器。

（3）打开禁用触发器对话框，单击【关闭】按钮，如图 9-9 所示，即可禁用选定的触发器，被禁用的触发器的图标会变成，请读者注意分辨。

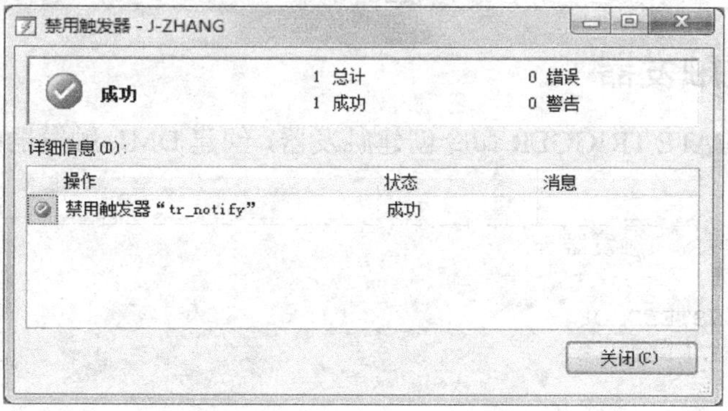

图 9-9　禁用触发器对话框

课堂实践 1

1．操作要求

（1）对 Goods 表创建插入触发器 tr_insert，实现显示 Goods 表、inserted 表和 deleted 表中记录的功能。

（2）向 Goods 表中插入一条商品号为“111111”的商品记录，验证触发器的执行。

（3）对 Goods 表创建修改触发器 tr_update，实现显示 Goods 表、inserted 表和 deleted 表中记录的功能。

（4）将 Goods 表中商品号为“111111”的记录修改为“222222”，记录验证触发器的执行。

（5）禁用触发器 tr_update。

（6）将 Goods 表中商品号为“222222”的记录修改为“333333”，记录验证触发器的执行。

（7）对 Goods 表创建删除触发器 tr_delete，实现显示 Goods 表、inserted 表和 deleted 表中记录的功能。

（8）删除 Goods 表中商品号为“222222”的商品记录，验证触发器的执行。

（9）删除所创建的触发器 tr_insert、tr_update 和 tr_delete。

2．操作提示

（1）inserted 表和 deleted 表只能在触发器执行时读取，但不能改写。

（2）触发器一旦创建，在特定条件下会自动触发。

9.3 使用T-SQL管理触发器

任务3

在SQL Server 2012中使用T-SQL语句完成触发器的创建、修改、查看和删除等操作。

9.3.1 创建触发器

T-SQL中用CREATE TRIGGER命令创建触发器，创建DML触发器的基本语句格式如下所示。

```
CREATE  TRIGGER  触发器名
ON  表 | 视图
FOR | AFTER | INSTEAD OF
INSERT | UPDATE | DELETE
AS
DML 语句
```

创建DDL触发器的基本语句格式如下所示。

```
CREATE  TRIGGER  触发器名
ON  ALL SERVER | DATABASE
FOR | AFTER  { DDL 事件 }
AS
DDL 语句
```

创建登录触发器的基本语句格式如下所示。

```
CREATE TRIGGER 触发器名
ON ALL SERVER
{ FOR | AFTER } LOGON
AS
SQL 语句
```

【任务3-1】 在WebShop数据库中创建一个DML触发器，以在用户信息表（Users）中删除用户信息时，显示"×××用户已被删除!"。

（1）创建Users表的删除触发器tr_delete。

```
CREATE TRIGGER tr_delete
ON Users
FOR DELETE
AS
BEGIN
  DECLARE @user VARCHAR(30)
  SELECT @user=u_Name FROM DELETED
  PRINT @user+'用户已被删除! '
END
```

（2）验证触发器。

```
DELETE FROM Users WHERE u_Name='trigger'
```

该语句执行后，触发器被触发后返回的信息如图 9-10 所示。

图 9-10　tr_delete 触发结果

【提示】

● CREATE TRIGGER 语句必须是批处理中的第一个语句，该语句后面的所有其他语句都被解释为 CREATE TRIGGER 语句定义的一部分。

● 创建 DML 触发器的权限默认分配给表的所有者，且不能将该权限转给其他用户。

● DML 触发器为数据库对象，其名称必须遵循标识符的命名规则。

● 虽然 DML 触发器可以引用当前数据库以外的对象，但只能在当前数据库中创建 DML 触发器。

● 虽然 DML 触发器可以引用临时表，但不能对临时表或系统表创建 DML 触发器。同时，不应引用系统表，而应使用信息架构视图。

● 对于含有用 DELETE 或 UPDATE 操作定义的外键的表，不能定义 INSTEAD OF DELETE 和 INSTEAD OF UPDATE 触发器。

● TRUNCATE TABLE 语句不会触发 DELETE 触发器，因为 TRUNCATE TABLE 语句没有执行记录。

【任务 3-2】在 WebShop 数据库中创建一个 DLL 触发器，以在修改表时弹出提示信息“数据表已被修改!”。

（1）创建作用于数据库的修改表事件的触发器 tr_altertable。

```
CREATE TRIGGER tr_altertable
ON DATABASE
FOR ALTER_TABLE
AS
BEGIN
PRINT '数据表已被修改! '
END
```

（2）验证触发器。

```
ALTER TABLE Users  ADD  test  CHAR(8)
```

该语句运行结果如图 9-11 所示。

图 9-11　tr_altertable 触发结果

【提示】

● 在编写 DDL 触发器时要了解用于激发 DDL 触发器的 DDL 事件，请参阅联机帮助。

● DDL 触发器作用于数据库或服务器，不同于 DML 触发器作用于表。

【任务 3-3】 在 master 数据库中创建一个登录触发器，以拒绝名称为 login_test 的登录名的成员登录到 SQL Server。

（1）创建作用于登录 SQL Server 实例的触发器 tr_testlogin。

```
USE master;
GO
CREATE LOGIN login_test WITH PASSWORD = '123456'
GO
GRANT VIEW SERVER STATE TO login_test;
```

```
GO
CREATE TRIGGER tr_testlogin
ON ALL SERVER WITH EXECUTE AS 'login_test'
FOR LOGON
AS
BEGIN
IF ORIGINAL_LOGIN()= 'login_test'
   ROLLBACK;
END;
```

（2）验证触发器。

在连接到 SQL Server 实例时，输入创建的登录名 login_test 和密码 123456，如图 9-12 所示。

图 9-12　login_test 登录 SQL Server 实例

单击【连接】按钮后，由于触发器 tr_testlogin 起作用，登录名 login_test 登录失败，打开拒绝连接的对话框，如图 9-13 所示。

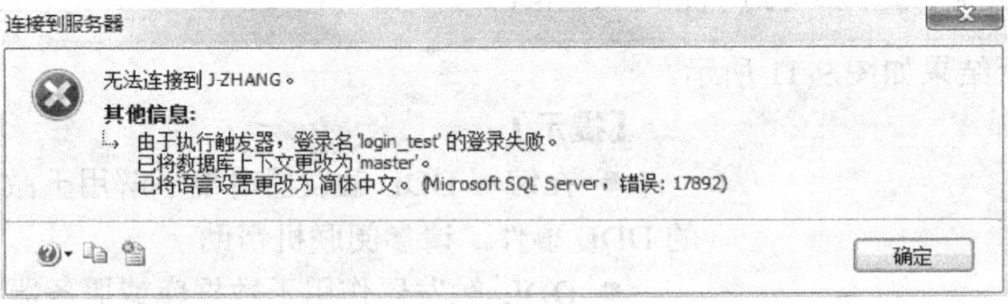

图 9-13　login_test 登录 SQL Server 实例失败

【提示】

- 【任务 3-3】中涉及数据库安全相关的 SQL 语句，请参阅第 11 章。
- DDL 触发器和登录触发器通过使用 T-SQL 的 EVENTDATA 函数来获取有关触发事件的信息。
- 若要创建 DML 触发器，则需要对要创建触发器的表或视图具有 ALTER 权限。
- 若要创建具有服务器范围的 DDL 触发器（ON ALL SERVER）或登录触发器，则需要对服务器拥有 CONTROL SERVER 权限。

● 若要创建具有数据库范围的 DDL 触发器（ON DATABASE），则需要在当前数据库中有 ALTER ANY DATABASE DDL TRIGGER 权限。

● DML 触发器作用于表或视图，DDL 触发器作用于数据库或服务器，登录触发器作用于服务器。表或视图范围的 DML 触发器显示在“触发器”文件夹中，该文件夹位于特定的表或视图中；数据库范围的 DDL 触发器显示在“数据库触发器”文件夹中，该文件夹位于相应数据库的“可编程性”文件夹下。具有服务器范围的 DDL 触发器和登录触发器显示在 SSMS 对象资源管理器中的“触发器”文件夹中，该文件夹位于“服务器对象”文件夹下。三类触发器在对象资源管理器中的位置如图 9-14 所示。

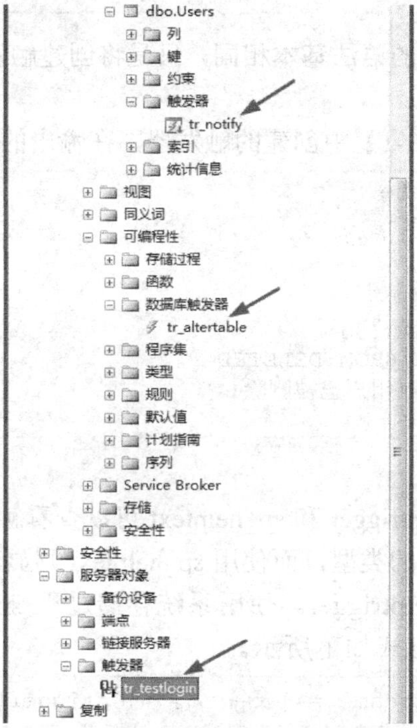

图 9-14　三类触发器在对象资源管理器中的位置

9.3.2　修改和查看触发器

1. 修改触发器

T-SQL 中用 ALTER TRIGGER 命令修改 DML 触发器，基本语句格式如下所示。

```
ALTER  TRIGGER   触发器名
ON  表 | 视图
FOR | AFTER | INSTEAD OF   INSERT | UPDATE | DELETE
AS
DML 语句
```

修改 DDL 触发器的基本语句格式如下所示。

```
ALTER TRIGGER  触发器名
ON ALL SERVER | DATABASE
FOR | AFTER  { DDL 事件 }
AS
DDL 语句
```

修改登录触发器的基本语句格式如下所示。

```
ALTER TRIGGER 触发器名
ON ALL SERVER
{ FOR | AFTER } LOGON
AS
SQL 语句
```

修改触发器与创建触发器的语法基本相同，只是将创建触发器的 CREATE 关键字换成了 ALTER 关键字而已。

【任务 3-4】 修改【任务 3-1】中创建的触发器，在输出的文字前加上“注意:”字样。

```
ALTER TRIGGER tr_delete
ON Users
FOR DELETE
AS
BEGIN
  DECLARE @user VARCHAR(30)
  SELECT @user=u_Name FROM DELETED
  PRINT '注意:'+@user+'用户已被删除！'
END
```

2. 查看触发器

使用系统存储过程 sp_helptrigger 和 sp_helptext 可以查看触发器，但作用有所差异：使用 sp_helptrigger 返回的是触发器的类型，而使用 sp_helptext 则显示触发器的文本。

（1）系统存储过程 sp_helptrigger。使用系统存储过程 sp_helptrigger 返回指定表中定义的触发器类型，基本语句格式如下所示。

```
sp_helptrigger [ @tabname = ]表名 [, [ @triggertype = ] 触发器类型 ]
```

其中，触发器类型的数据类型为 CHAR(6)，默认值为 NULL，并且可以是表 9-2 所示的三个值之一。

表 9-2 触发器类型的数据类型

值	描 述
DELETE	返回 DELETE 触发器信息
INSERT	返回 INSERT 触发器信息
UPDATE	返回 UPDATE 触发器信息

（2）系统存储过程 sp_helptext。使用系统存储过程 sp_helptext 可以显示规则、默认值、未加密的存储过程、用户定义函数、触发器或视图的文本，基本语句格式如下所示。

```
sp_helptext [ @objname = ] 对象名
```

其中，对象名可以是规则、默认值、未加密的存储过程、用户自定义函数、触发器或视图。

【任务 3-5】了解 Users 表中所有触发器的相关信息，并显示触发器 tr_notify 的文本信息。

```
sp_helptrigger Users
GO
sp_helptext tr_notify
GO
```

运行结果如图 9-15 所示。

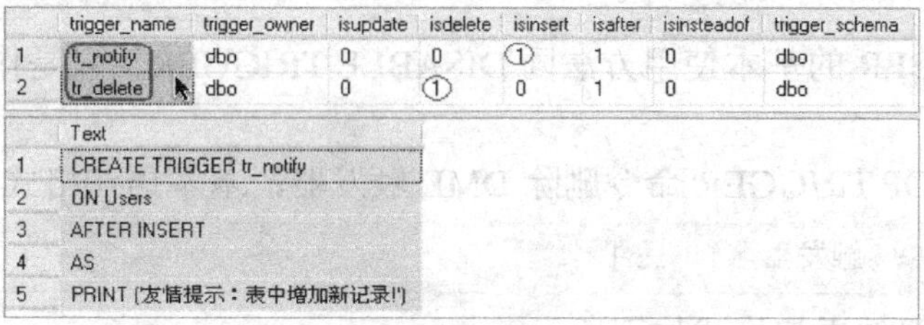

	trigger_name	trigger_owner	isupdate	isdelete	isinsert	isafter	isinsteadof	trigger_schema
1	tr_notify	dbo	0	0	1	1	0	dbo
2	tr_delete	dbo	0	1	0	1	0	dbo

	Text
1	CREATE TRIGGER tr_notify
2	ON Users
3	AFTER INSERT
4	AS
5	PRINT ('友情提示：表中增加新记录!')

图 9-15 【任务 3-5】运行结果

【提示】

● sp_helptrigger 不能用于 DDL 触发器。

● isdelete 表示是否删除触发器，isupdate 表示是否修改触发器，isinsert 表示是否插入触发器，isafter 表示是否 after 触发器，isinsteadof 表示是否 insteadof 触发器。

9.3.3 禁用/启用和删除触发器

1. 禁用触发器

T-SQL 中用 DISABLE TRIGGER 命令禁用 DML 触发器和 DDL 触发器，基本语句格式如下。

```
DISABLE TRIGGER 触发器名[, …n] | ALL
ON 对象名 |数据库 | 服务器
```

【任务 3-6】 禁用触发器 tr_delete，并通过删除名为“amy”的用户验证触发器的工作。

（1）禁用触发器。

```
DISABLE TRIGGER tr_delete
ON Users
```

（2）验证触发器。

```
DELETE Users
WHERE u_Name='amy'
```

该语句执行时不会出现“注意:×××用户已被删除”的提示信息，说明 tr_delete 触发器没有被触发。

【提示】

● 默认情况下，创建触发器后会启用触发器。

● 禁用触发器不会删除该触发器，该触发器仍然作为对象存在于当前数据库中。

● 禁用触发器后，执行相应的 T-SQL 语句时，不会引发触发器。

● 使用 ENABLE TRIGGER 可以重新启用 DML 和 DDL 触发器。

● 也可以使用 ALTER TABLE 语句来禁用或启用为表所定义的 DML 触发器。

2. 启用触发器

T-SQL 中用 ENABLE TRIGGER 命令启用 DML 触发器和 DDL 触发器，基本语句格式如下。

```
ENABLE TRIGGER 触发器名[，…n] | ALL
ON 对象名 |数据库 | 服务器
```

ENABLE TRIGGER 的基本使用方法同 DISABLE TRIGGER，只是作用刚好相反。

3. 删除触发器

T-SQL 中用 DROP TRIGGER 命令删除 DML 触发器，基本语句格式如下所示。

```
DROP TRIGGER 触发器名[，…n]
```

删除 DDL 触发器的语句格式如下所示。

```
DROP TRIGGER 触发器名[，…n]
ON 数据库 | 服务器
```

【任务 3-7】 删除 Users 表中的 tr_notify 触发器和 WebShop 数据库中的触发器 tr_altertable。

```
DROP TRIGGER tr_notify
GO
DROP TRIGGER tr_ altertable
ON DATABASE
GO
```

【提示】

● 可以通过删除 DML 触发器或删除触发器表来删除 DML 触发器。

● 仅当所有触发器均使用相同的 ON 子句创建时，才能使用一个 DROP TRIGGER 语句删除多个 DDL 触发器。

9.4 触发器的应用

任务 4	在 SQL Server 2012 中使用触发器实施参照完整性和特殊业务规则。

9.4.1 实施参照完整性

使用触发器也可以维护两个表间的参照完整性，不同于外键的是，外键是在数据改变之前起作用的，而触发器是在数据改变时引发的，再根据数据改变的情况决定是否执行改变。

【任务 4-1】 在 WebShop 数据库中创建一个触发器，实现在生成订单时，即向 Orders 表中插入订单记录时进行如下检查。如果插入的订单中的商品的商品号 g_ID 不存在或者下达订单的会员号 c_ID 不存在，则必须取消订单插入操作，并返回一条错误消息。

（1）创建触发器 tr_placeorder。

```
CREATE TRIGGER tr_placeorder
ON Orders
FOR INSERT,UPDATE
AS
BEGIN
  DECLARE @p_no CHAR(6)    --支付方式编号
  DECLARE @c_no CHAR(5)    --会员号
  --获取新插入订单的支付方式编号
  SELECT @p_no=Payments.p_ID
  FROM Payments,inserted
  WHERE Payments.p_ID=inserted.p_ID
 --获取新插入订单的会员号
  SELECT @c_no=Customers.c_ID
  FROM Customers,inserted
  WHERE Customers.c_ID=inserted.c_ID
  --如果新插入行的支付方式编号或会员号在被参照表中不存在，则撤销插入，并给出错误信息
  IF @p_no is NULL OR  @c_no is NULL
    BEGIN
        --事务回滚：撤销插入操作
        ROLLBACK TRANSACTION
        --返回一个错误信息
        RAISERROR('不存在这样的支付方式或会员！',16,10)
    END
END
```

（2）验证触发器。

```
UPDATE Orders
SET c_ID='C8888'
WHERE o_ID='200708021850'
```

执行该语句时由于会员号“C8888”在被参照的表 Customers 中并不存在，所以触发器被引发后返回信息如图 9-16 所示。

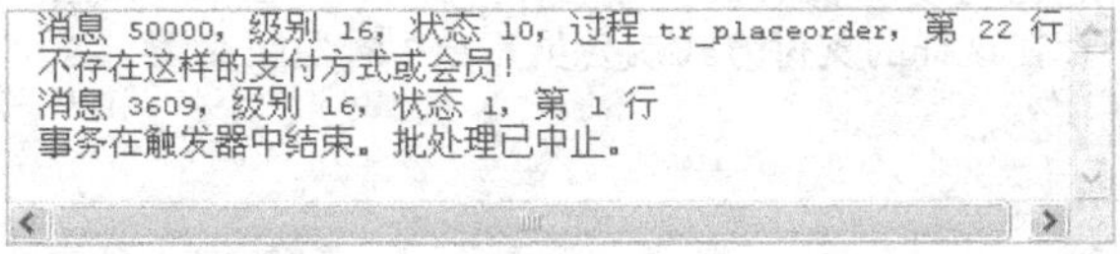

图 9-16 【任务 4-1】运行结果

【提示】

● 如果创建了外键约束，则在触发器执行前外键会起作用，为了验证该触发器的功能，可以先删除 Orders 表的约束。

● tr_placeorder 触发器的引发操作是 INSERT 和 UPDATE，请读者自行使用 INSERT 操作验证该触发器。

● 在创建触发器的语句中使用了“ROLLBACK TRANSACTION”，表示取消所执行的操作（这里为 UPDATE），该语句的详细使用请参阅本书第 10 章。

● 触发器中对于参照表中 p_ID 和 c_ID 的判断，也可以使用存在性检查语句实现，请参考以下语句。

使用连接查询和存在性检查，语句如下。

```
CREATE TRIGGER tr_placeorder
ON Orders
FOR INSERT,UPDATE
AS
BEGIN
  IF(NOT EXISTS
  (SELECT Payments.p_ID
  FROM Payments,inserted
  WHERE Payments.p_ID=inserted.p_ID))
  OR
  (NOT EXISTS
  (SELECT Customers.c_ID
  FROM Customers,inserted
  WHERE Customers.c_ID=inserted.c_ID))
  BEGIN
   ROLLBACK TRANSACTION
   RAISERROR('不存在这样的支付方式或会员！',16,10)
  END
END
```

使用子查询，语句如下。

```
ALTER TRIGGER tr_placeorder
ON Orders
FOR INSERT,UPDATE
AS
BEGIN
  IF(NOT EXISTS
  (SELECT p_ID  FROM Payments WHERE p_ID IN
  (SELECT p_ID FROM inserted)))
  OR
  (NOT EXISTS
  (SELECT c_ID FROM Customers WHERE c_ID IN
  (SELECT c_ID FROM inserted)))
  BEGIN
   ROLLBACK TRANSACTION
   RAISERROR('不存在这样的支付方式或会员！',16,10)
  END
END
```

9.4.2 实施特殊业务规则

应用触发器除了可以实现数据完整性以外，还可以实施一些特殊业务规则。

【任务 4-2】 会员在购买商品时所购买商品的详细信息存放在 OrderDetails 表中，而订单的总金额存放在 Orders 表中。在 WebShop 数据库中创建一个触发器，当订单详情表中的商品信息发生变化时，自动更新订单表中的订单总金额。

（1）创建触发器 tr_sum。

```
CREATE TRIGGER tr_sum
ON OrderDetails
FOR INSERT,UPDATE
AS
BEGIN
  UPDATE Orders
  SET   o_Sum=(SELECT  SUM(d_Price*d_Number)  FROM  OrderDetails  WHERE
o_ID=(SELECT o_ID FROM inserted))
END
```

（2）在 OrderDetails 表中插入记录之前的 OrderDetails 表和 Orders 表的记录情况如图 9-17 所示。

（3）在 OrderDetails 表中插入记录，验证触发器的执行。

```
INSERT OrderDetails(o_ID,g_ID,d_Price,d_Number)
VALUES('200708022045','030003',2520,2)
```

该语句运行时在 OrderDetails 表中成功添加一条记录（添加一条购物明细，价格为 2520×2=5040），同时引发触发器 tr_sum，完成对 Orders 表中订单总金额的更改。OrderDetails 表插入记录之前编号为 200708022045 的订单总额为 2720 元，如图 9-17 所示。OrderDetails 表插入记录之后编号为 200708022045 的订单总额变为 7760 元，如图 9-18 所示。

d_ID	o_ID	g_ID	d_Price	d_Number
1	200708011012	010001	1350	1
2	200708011012	060001	37.44	1
3	200708011430	060001	37.44	1
4	200708011430	010007	2070	2
5	200708011430	040001	1321.2	1
6	200708011132	010008	2700	1
7	200708021850	030003	2520	1
8	200708021850	020002	5344	1
9	200708021850	040001	1321.2	1
10	200708021850	060001	37.44	1
11	200708021533	010006	2720	1
12	200708022045	010006	2720	1

o_ID	c_ID	o_Date	o_Sum	e_ID	o_SendMode	p_Id
200708011012	C0001	2007-8-1 0:00:00	1387.44	E0001	送货上门	01
200708011132	C0002	2007-8-1 0:00:00	2700	E0003	送货上门	01
200708011430	C0001	2007-8-1 0:00:00	5498.64	E0001	送货上门	01
200708021533	C0004	2007-8-2 0:00:00	2720	E0003	送货上门	01
200708021850	C0003	2007-8-2 0:00:00	9222.64	E0004	邮寄	03
200708022045	C0005	2007-8-2 0:00:00	2720	E0003	送货上门	01

图 9-17　插入记录之前

d_ID	o_ID	g_ID	d_Price	d_Number
1	200708011012	010001	1350	1
2	200708011012	060001	37.44	1
3	200708011430	060001	37.44	1
4	200708011430	010007	2070	2
5	200708011430	040001	1321.2	1
6	200708011132	010008	2700	1
7	200708021850	030003	2520	1
8	200708021850	020002	5344	1
9	200708021850	040001	1321.2	1
10	200708021850	060001	37.44	1
11	200708021533	010006	2720	1
12	200708022045	010006	2720	1
15	200708022045	030003	2520	2

o_ID	c_ID	o_Date	o_Sum	e_ID	o_SendMode	p_Id
200708011012	C0001	2007-8-1 0:00:00	7760	E0001	送货上门	01
200708011132	C0002	2007-8-1 0:00:00	7760	E0003	送货上门	01
200708011430	C0001	2007-8-1 0:00:00	7760	E0001	送货上门	01
200708021533	C0004	2007-8-2 0:00:00	7760	E0003	送货上门	01
200708021850	C0003	2007-8-2 0:00:00	7760	E0004	邮寄	03
200708022045	C0005	2007-8-2 0:00:00	7760	E0003	送货上门	01

图 9-18　插入记录之后

【提示】

● 在 OrderDetails 表的插入语句的表名之后指定列名表，是考虑到“d_ID”为自动编号，不需要明确指定。

● 图 9-16 中的“d_ID”为 12～15，这是由该列为自动编号，中间曾经插入过两条记录，后被删除引起的。

● 这些特殊的业务规则也可以由应用程序员编写程序来完成。

课堂实践 2

1．操作要求

（1）在 WebShop 中创建删除表触发器（DDL 触发器）tr_droptable，并试着删除 Payments 表以验证触发器的执行情况。

（2）在 Customers 表中创建触发器 tr_deletecust，实现在 Customers 表中删除会员号为“C0004”的会员时，将该会员所下达的订单（在 Orders 表中）全部删除。

（3）在Orders表中创建触发器tr_deleteorder，实现在Orders表中删除订单号为“200708021533”的订单记录时，将该订单所包含的详细信息（在 OrderDetails 表中）全部删除。

（4）在 Orders 表中创建触发器 tr_detail，实现在订单表中添加一条记录号为“200708080808”的记录时，在 OrderDetails 表中添加如下两条记录。

```
('200708080808', '030003', 2520, 1)
('200708080808', '010008', 2700, 2)
```

（5）删除所建的触发器 tr_droptable、tr_deletecust、tr_deleteorder 和 tr_detail。

2．操作提示

（1）如果有创建的外键，应先将其删除。

（2）可以从最初的样例数据库开始实践。

（3）可以使用 UPDATE()，检查对表或视图的指定列是否进行了 INSERT 或 UPDATE 尝试。

（4）可以使用 COLUMNS_UPDATED 检查表或视图中插入或更新了哪些列。

9.5 友情提示

1．AFTER 触发器和 INSTEAD OF 触发器的比较

（1）AFTER 触发器：指定 DML 触发器仅在触发 SQL 语句中指定的所有操作都已成功执行时才被激发。所有的引用级联操作和约束检查也必须在激发此触发器之前成功完成。

【提示】

● 如果仅指定 FOR 关键字，则默认为 AFTER 触发器。

● 不能对视图定义 AFTER 触发器。

可以通过使用系统存储过程 sp_settriggerorder 来改变 DML 和 DDL 触发器的执行次序，系统存储过程 sp_settriggerorder 的基本语句格式如下。

```
sp_settriggerorder  [@triggername = ] '触发器名',  [@order = ] '次序值',
                    [@stmttype = ] '触发器类型'
```

其中，“次序值”指触发器被触发的顺序，取值如表 9-3 所示。

表 9-3　触发器触发顺序

值	描　述
First	最先激发的触发器
Last	最后激发的触发器
None	以未定义的顺序激发的触发器

“触发器类型”可以是 INSERT、UPDATE 或 DELETE。

（2）INSTEAD OF 触发器：指定 DML 触发器是“代替”SQL 语句执行的，因此其优先级高于触发语句的操作。

【提示】

- 不能为 DDL 触发器指定 INSTEAD OF。
- 对于表或视图，每个 INSERT、UPDATE 或 DELETE 语句最多可定义一个 INSTEAD OF 触发器。
- INSTEAD OF 触发器不能用于使用 WITH CHECK OPTION 语句的可更新视图。

2．约束和触发器的比较

约束和 DML 触发器各有优点。约束的优点是可以在低层次上进行数据完整性控制，效率较高。

① 实体完整性应在最低级别上通过索引进行强制，这些索引应是 PRIMARY KEY 和 UNIQUE 约束的一部分，或者是独立于约束而创建的。

② 域完整性应通过 CHECK 约束进行强制。

③ 引用完整性应通过 FOREIGN KEY 约束进行强制。

DML 触发器的主要优点在于它们可以包含使用 T-SQL 代码的复杂处理逻辑。因此，DML 触发器可以支持约束的所有功能，当约束支持的功能无法满足应用程序的功能要求时，DML 触发器非常有用。

① 除非 REFERENCES 子句定义了级联引用操作，否则 FOREIGN KEY 约束只能用与另一列中的值完全匹配的值来验证列值。

② 约束只能通过标准化的系统错误消息来传递错误消息。如果应用程序需要使用自定义消息和较为复杂的错误处理，则必须使用触发器。

③ DML 触发器可以将更改通过级联方式传播给数据库中的相关表。但是，通过级联引用完整性约束可以更有效地执行这些更改。

④ DML 触发器可以禁止或回滚违反引用完整性的更改，从而取消所尝试的数据修改。当更改外键且新值与其主键不匹配时，这样的触发器将生效。

⑤ 如果触发器表上存在约束，则在 INSTEAD OF 触发器执行后、AFTER 触发器执行前检查这些约束。如果违反了约束，则回滚 INSTEAD OF 触发器操作并且不执行 AFTER 触发器。

小结与习题

本章学习了如下内容：

（1）触发器概述，包括触发器基本知识、触发器类型、inserted 表和 deleted 表。

（2）使用 SSMS 管理触发器，包括创建触发器以及禁用、修改和删除触发器。

（3）使用 T-SQL 管理触发器，包括使用 CREATE TRIGGER 创建触发器、使用 ALTER TRIGGER 修改触发器、使用 sp_helptrigger 查看触发器、使用 DISABLE TRIGGER 禁用触发器、使用 ENABLE TRIGGER 启用触发器、使用 DROP TRIGGER 删除触发器。

（4）触发器的应用，包括实施参照完整性、实施特殊业务规则。

（5）友情提示，包括 AFTER 触发器和 INSTEAD OF 触发器的比较、约束和触发器的比较。

一、填空题

1．根据服务器或数据库中调用触发器的操作不同，SQL Server 2012 的触发器分为______触发器和________触发器。

2．________表用于存储 DELETE 和 UPDATE 语句所影响的行的副本。

3．使用系统存储过程________可以查看触发器的类型等信息，并且该存储过程不能用于 DDL 触发器。

4．使用 T-SQL 语句________可以禁用 DML 触发器和 DDL 触发器。

二、选择题

1．删除触发器 tr_User 的正确命令是__________。

A．DELETE TRIGGER tr_User　　B．TRUNCATE TRIGGER tr_User

C．DROP TRIGGER tr_User　　D．REMOVE TRIGGER tr_User

2．关于触发器的描述不正确的是__________。

A．它是一种特殊的存储过程

B．可以实现复杂的商业逻辑

C．数据库管理员可以通过语句执行触发器

D．触发器可以用来实现数据完整性

3．关于禁用/启用触发器的描述不正确的是__________。

A．禁用触发器不会删除该触发器，该触发器仍然作为对象存在于当前数据库中

B．禁用触发器后，执行相应的 T-SQL 语句仍能引发触发器

C．使用 ENABLE TRIGGER 可以重新启用 DML 触发器和 DDL 触发器

D．可以使用 ALTER TABLE 来禁用或启用为表所定义的 DML 触发器

4．下列会同时影响到 deleted 表和 inserted 表的是__________。

A．SELECT 操作　　B．INSERT 操作

C．UPDATE 操作　　D．DELETE 操作

5．下列数据库对象可以用来实现表间的数据完整性的是__________。

A．触发器　　B．存储过程

C．视图　　D．索引

三、简答题

1．举例说明 inserted 表和 deleted 表的作用。

2．举例说明 DML 触发器和 DDL 触发器的区别。

课外拓展

1．操作要求

（1）在 BookData 数据库中创建一个触发器 tr_BorrowBook，实现在借书表 Borrow 中借出一本书的同时，在图书信息表 Books 中将该书的库存量自动减 1。

（2）在 BookData 数据库中创建一个触发器 tr_DeleteReader，实现如果某一读者在读者表 Readers 中被删除，系统将自动删除该读者的借书信息和还书信息。

2．操作提示

（1）考虑好触发器可能涉及的表。

（2）借助于 inserted 表和 deleted 表来完成。

单元实践

1．操作要求

（1）创建订单的送货方式为“送货上门”的订单视图 vw_OrdersByDoor（包含 Orders 表中的所有列）。

（2）基于视图 vw_OrdersByDoor 查询员工“张小路”处理的订单。

（3）创建显示订单号、订单日期、订单总额、订单处理人和订单状态的视图 vw_DoOrders。

（4）基于视图 vw_DoOrders 查询已派货的订单信息。

（5）在 Goods 表中创建商品名称为关键字的唯一索引。

（6）在 Employees 表中创建员工名称为关键字的非聚集索引。

（7）创建根据指定的商品号查询商品销售总额的存储过程 up_TotalByName，并执行该存储过程。

（8）创建根据指定的时间段查询商品订单总额的存储过程 up_TotalByDate，并将该总额以输出参数形式输出，并执行该存储过程。

（9）创建在“支付表”中修改支付模式时自动修改“订单表”中对应支付模式的触发器 tr_UpdatePaymode，并设置修改语句验证该触发器的工作。

（10）创建在删除某一订单记录时自动删除该订单的详情的触发器 tr_DeleteOrder，并设置删除语句验证该触发器的工作。

2．操作提示

（1）综合应用第 6～9 章的知识。

（2）WebShop02 的内容同 WebShop。

第 10 章 游标、事务和锁

学习目标

本章将要学习 SQL Server 2012 中的游标、事务和锁的相关知识，包括游标概述、游标实例、事务处理、并发控制、锁的类型、锁的使用和死锁等。本章的学习要点包括：

- 游标的基本概念及其使用
- SQL Server 中事务的操作方法
- SQL Server 中锁的操作方法

学习导航

本章主要内容及其在 SQL Server 2012 数据库管理系统中的位置如图 10-1 所示。

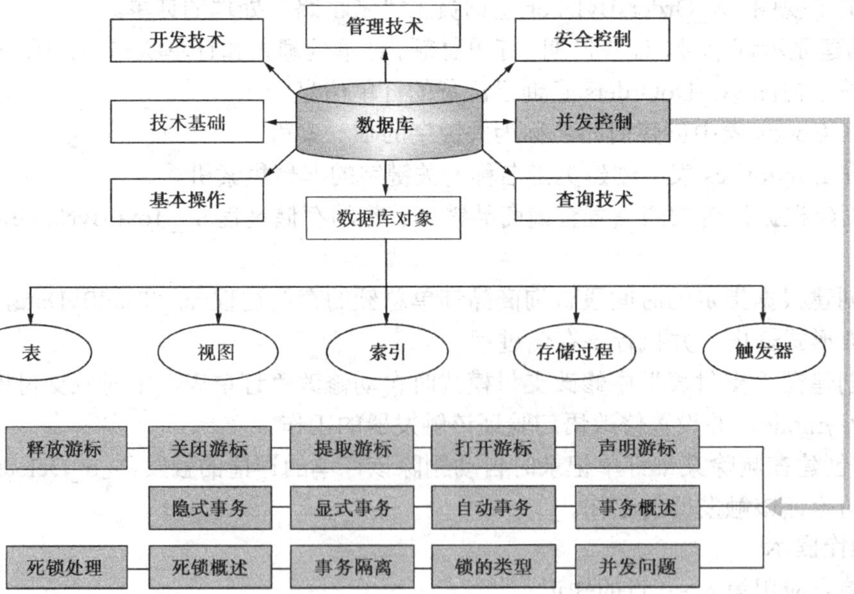

图 10-1　本章教学导航

任务描述

本章主要任务描述如表 10-1 所示。

表 10-1　任务描述

任务编号	子任务	任 务 内 容
任务 1		使用游标以报表形式显示“促销”商品信息
任务 2		使用 SQL Server 2012 中的事务
	任务 2-1	产生编译错误的批处理
	任务 2-2	产生运行错误的批处理
	任务 2-3	使用事务实现商品表和订单详情表中商品信息的删除操作的同步
	任务 2-4	使用事务实现指定类别编号的商品信息的查询和对应的类别名称修改
任务 3		了解 SQL Server 2012 中的锁机制，使用 TRY…CATCH 来解决死锁
	任务 3-1	检查对数据表 Goods 执行插入和查询操作过程中锁的使用情况
	任务 3-2	设置事务隔离级别 REPEATABLE READ
	任务 3-3	使用 TRY…CATCH 进行死锁处理

10.1　游标

1. 游标概述

关系数据库中的操作会对整个行集产生影响，由 SELECT 语句返回的行集包括所有满足该语句中 WHERE 子句中条件的行，所返回的所有行被称为结果集。应用程序，尤其是交互式联机应用程序，并不总能将整个结果集作为一个单元来有效地处理。这些应用程序有时需要一种机制以便每次处理一行或一部分行，游标提供了这种处理机制。

游标通过以下方式扩展结果集的处理。

（1）允许定位在结果集的特定行。

（2）从结果集的当前位置检索一行或多行。

（3）支持对结果集中当前位置的行进行数据修改。

在 SQL Server 2012 中使用游标的一般步骤如下。

（1）声明游标（DECLARE CURSOR）。

（2）打开游标（OPEN CURSOR）。

（3）提取游标（FETCH CURSOR）。

（4）根据需要，对游标中当前位置的行执行修改操作（更新或删除）。

（5）关闭游标（CLOSE CURSOR）。

（6）释放游标（DEALLOCATE CURSOR）。

游标主要用于存储过程、触发器和 T-SQL 脚本，使用游标时通常要用到以下基本语句。

（1）DECLARE CURSOR：声明游标，定义 T-SQL 服务器游标的属性，如游标的滚动行为和用于生成游标所操作的结果集的查询。其基本语句格式如下所示。

```
DECLARE cursor_name CURSOR
FOR SELECT_statement
```

参数含义如下。

● cursor_name：所定义的 T-SQL 服务器游标名称。

● SELECT_statement：定义游标结果集的标准 SELECT 语句。

（2）OPEN CURSOR：打开 T-SQL 服务器游标，然后通过执行在 DECLARE CURSOR 或 SET cursor_variable 语句中指定的 T-SQL 语句来填充游标，其基本语句格式如下所示。

```
OPEN cursor_name
```

（3）FETCH CURSOR：提取游标，从 T-SQL 服务器游标中检索特定的一行，其基本语句格式如下所示。

```
FETCH
        [ [ NEXT | PRIOR | FIRST | LAST
                | ABSOLUTE  n
                | RELATIVE   n |
            ]
            FROM
        ]
cursor_name
[ INTO @variable_name [ , …n ] ]
```

参数含义如下。

● NEXT：返回紧跟当前行之后的结果行。如果 FETCH NEXT 为对游标的第一次提取操作，则运行结果集中的第一行。

● PRIOR：返回紧临当前行前面的结果行。如果 FETCH PRIOR 为对游标的第一次提取操作，则没有行返回并且游标置于第一行之前。

● FIRST：返回游标中的第一行并将其作为当前行。

● LAST：返回游标中的最后一行并将其作为当前行。

●ABSOLUTE n：如果 n 为正数，返回从游标头开始的第 n 行并将返回的行变成新的当前行。如果 n 为负数，返回游标尾之前的第 n 行并将返回的行变成新的当前行。如果 n 为 0，则没有行返回。

● RELATIVE n：返回当前行之前或之后的第 n 行并将返回的行变成新的当前行。

● cursor_name：要从中提取的游标的名称。

● INTO @variable_name[，…n]：允许将提取操作的列数据放到局部变量中。列表中的各个变量从左到右与游标结果集中的相应列相关联。各变量的数据类型必须与相应的结果列的数据类型匹配。变量的数目必须与游标选择列表中的列的数目一致。

（4）CLOSE CURSOR：关闭游标，通过释放当前结果集并且解除定位游标的行上的游标锁定。关闭游标后，游标可以重新打开，但不允许提取和定位更新，其基本语句格式如下所示。

```
CLOSE cursor_name
```

（5）DEALLOCATE CURSOR：删除游标，其基本语句格式如下所示。

```
DEALLOCATE cursor_name
```

2．游标实例

任务 1

使用游标以报表形式显示“促销”商品的 g_ID（商品号）、g_Name（名称）和 g_Price（价格）。

```
-- 声明游标
DECLARE @no char(6), @name varchar(50),@price varchar(50)
DECLARE cur_Goods CURSOR FOR
SELECT g_ID, g_Name, g_Price FROM Goods
WHERE g_Status='促销'
-- 打开游标
OPEN cur_Goods
-- 第一次提取游标
FETCH NEXT FROM cur_Goods
INTO @no, @name, @price
-- 检查@@FETCH_STATUS ，确定游标中是否有尚未提取的数据
PRINT SPACE(6)+'----------------商品信息表---------------'
PRINT ''
WHILE @@FETCH_STATUS = 0
BEGIN
PRINT '商品号：'+@no+'  商品名称：'+@name+'  商品价格：'+@price
  FETCH NEXT FROM cur_Goods
INTO @no, @name, @price
END
-- 关闭游标
CLOSE cur_Goods
-- 删除游标
DEALLOCATE cur_Goods
GO
```

运行结果如图 10-2 所示。

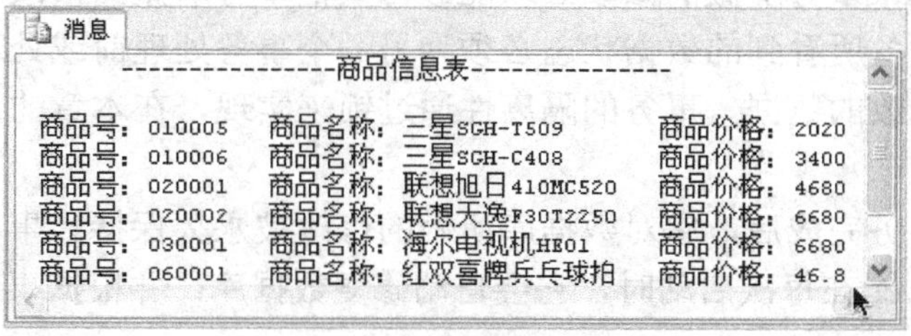

图 10-2　游标运行结果

【提示】

- 使用@price varchar(50)而不使用@price float 便于接收数据并显示。
- DECLARE CURSOR 用于定义 T-SQL 服务器游标的属性，如游标的滚动行为和用于生成游标所操作的结果集的查询。
- OPEN 语句用于填充结果集。
- FETCH 用于从结果集返回行。
- CLOSE 语句用于释放与游标关联的当前结果集。
- DEALLOCATE 语句用于释放游标所使用的资源。

10.2 事务

任务 2

应用 SQL Server 2012 中的自动处理事务、显式事务和隐式事务进行数据处理，帮助实现数据的一致性和完整性。

10.2.1 事务概述

事务是 SQL Server 中的单个逻辑工作单元，也是一个操作序列，它包含了一组数据库操作命令，所有的命令作为一个整体一起向系统提交或撤销，如果某一事务成功，则在该事务中进行的所有数据修改均会提交，成为数据库中的永久组成部分。如果事务遇到错误且必须取消或回滚，则所有数据修改均被清除。因此，事务是一个不可分割的工作逻辑单元，在 SQL Server 中应用事务来保证数据库的一致性和可恢复性。

一个逻辑工作单元必须具备以下四种属性，也称为 ACID（每种属性英文名称的首字母缩写）属性。

（1）原子性。一个事务必须作为 SQL Server 工作的原子单位，要么全部执行，要么全部取消。

（2）一致性。当事务完成后，所有数据必须处于一致性（但不相同）状态，即事务所修改的数据必须遵循数据库中各种约束要求，保持数据的完整性；在事务完成时，SQL Server 所有内部数据结构（如索引与数据的连接等）必须得到更新。

（3）隔离性。一个事务所做的修改必须能够与其他事务所做的修改隔离开来，即在并发处理过程中，一个事务所看到的数据状态必须为另一个事务处理前或处理后的数据，而不能为正被其他事务所修改的数据。事务的隔离性通过锁来实现，在本章的后续内容中还将对隔离进行详细说明。

（4）持久性。事务完成后，它对数据库所做的修改被永久保持。事务日志能够保证事务的永久性，SQL Server 在每次启动时，它会自动修复数据库，并根据事务日志回滚所有数据库中未完成的事务。

在通过银行系统将一笔资金（10 000 元）从账户 A 转账到账户 B 的操作中，可以清楚地体现事务的 ACID 属性。

- 原子性：从账户 A 转出 10 000 元，同时账户 B 应该转入了 10 000 元。不能出现账户 A 转出了，但账户 B 没有转入的情况。转出和转入的操作是一体的。
- 一致性：转账操作完成后，账户 A 减少的金额应该和账户 B 增加的金额是一致的。
- 隔离性：在账户 A 完成转出操作的瞬间，向账户 A 中存入资金等操作是不允许的，必须将账户 A 转出资金的操作和向账户 A 存入资金的操作分开。
- 持久性：账户 A 转出资金的操作和账户 B 转入资金的操作一旦作为一个整体完成了，就会对账户 A 和账户 B 的资金余额产生永久的影响。

【提示】

- 事务的概念是相对的，是把相关的几件事情放在一起作为一个整体来处理。
- 事务的大小取决于用户和业务逻辑的需要。

SQL Server 中的事务有以下几种类型。

（1）自动处理事务。系统默认每个 T-SQL 命令都是事务处理，由系统自动开始并提交。例如，DELETE Goods 是一条语句，作用是删除数据表 Goods 中的所有记录，但它本身就构成了一个事务。删除数据表 Goods 中的所有记录，要么全部删除成功，要么全部删除失败。

（2）隐式事务。当有大量的 DDL 和 DML 命令执行时会自动开始，并一直保持到用户明确提交为止，切换隐式事务可以用命令 SET IMPLICIT_TRANSACTIONS。为连接设置隐性事务模式，当设置为 ON 时，SET IMPLICIT_TRANSACTIONS 将连接设置为隐性事务模式。当设置为 OFF 时，则使连接返回到自动提交事务模式。

（3）显式事务。每个事务均以 BEGIN TRANSACTION 语句显式开始，以 COMMIT 或 ROLLBACK 语句显式结束，这样，由用户来控制事务的开始和结束。在实际应用中，大多数的事务处理采用了用户定义的事务来处理。

（4）批处理级事务。只能应用于多个活动结果集（MARS），在 MARS 会话中启动的 T-SQL 显式或隐式事务变为批处理级事务。当批处理完成时没有提交或回滚的批处理级事务自动由 SQL Server 进行回滚。

10.2.2　自动提交事务

自动提交模式是 SQL Server 数据库引擎的默认事务管理模式。每个 T-SQL 语句在完成时，都被提交或回滚。如果一个语句成功完成了，则提交该语句；如果遇到错误，则回滚该语句。

在自动提交模式下，当遇到编译错误时，数据库引擎回滚整个批处理而不是仅仅回滚一个 SQL 语句。编译错误会阻止数据库引擎生成执行计划，这样批处理中的任何语句都不会执行。因此，产生编译错误时，回滚了产生错误的语句之前的所有语句，并且该错误阻止了批处理中的所有语句的执行。

【任务 2-1】 产生编译错误的批处理。

```
USE WebShop
GO
CREATE TABLE TestTran (t_ID INT PRIMARY KEY, t_Name CHAR(3))
GO
INSERT INTO TestTran VALUES (1, 'aaa')
INSERT INTO TestTran VALUES (2, 'bbb')
INSERT INTO TestTran VALUSE (3, 'ccc') -- 语法错误
GO
SELECT * FROM TestTran  -- 不返回任何行
GO
```

运行结果如图 10-3 所示。

该批处理执行时，由于第三条 INSERT 语句发生了编译错误，导致第三个批处理中的三条 INSERT 语句都没有执行，因而没有查询到任何记录。

【提示】

- 因为 CREATE TABLE 语句与 INSERT 语句不在同一个批处理（以 GO 分隔）中，因

此 TestTran 表创建成功，在遇到编译错误时也没有回滚。

● 如果将 CREATE TABLE 语句之后的 GO 删除，即将 CREATE TABLE 语句与 INSERT 语句放在同一个批处理中，在执行中遇到编译错误时，CREATE TABLE 语句也不能成功执行。

【任务 2-2】 产生运行错误的批处理。

```
USE WebShop
GO
CREATE TABLE TestTran (t_ID INT PRIMARY KEY, t_Name CHAR(3))
GO
INSERT INTO TestTran VALUES (1, 'aaa')
INSERT INTO TestTran VALUES (2, 'bbb')
INSERT INTO TestTran VALUES (1, 'ccc') -- 重复键值错误
GO
SELECT * FROM TestTran  -- 返回第 1 条和第 2 条插入语句的记录
GO
```

运行结果如图 10-4 所示。

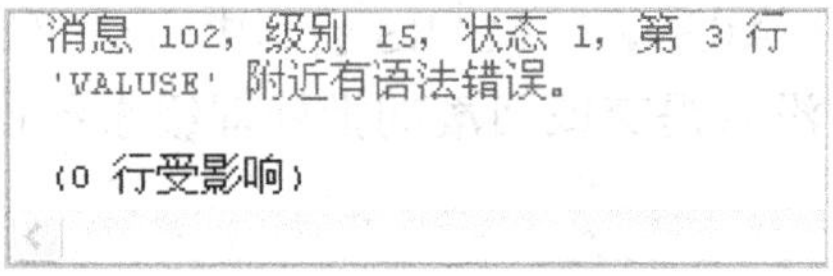

图 10-3 【任务 2-1】运行结果

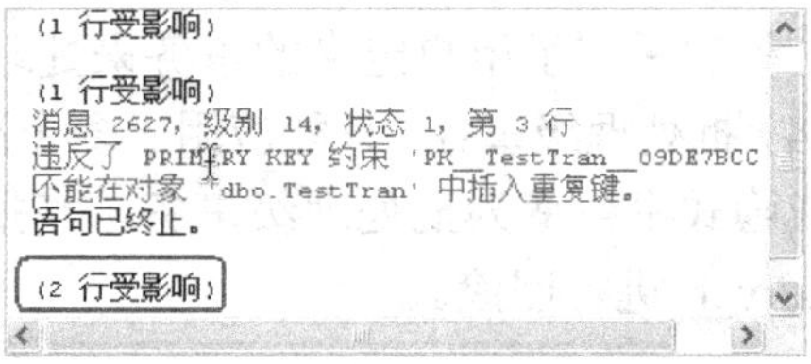

图 10-4 【任务 2-2】运行结果

该批处理执行时，第三个 INSERT 语句产生运行时重复键错误。由于前两个 INSERT 语句成功地执行并且提交了，因此它们在运行时错误之后被保留下来，因而可以查询到两条记录。

10.2.3 显式事务

显式事务就是可以显式地在其中定义事务的开始和结束的事务。以前的 SQL Server 版本中，显式事务也称为“用户定义的事务”或“用户指定的事务”。 可以使用 BEGIN TRANSACTION、COMMIT TRANSACTION、COMMIT WORK、ROLLBACK TRANSACTION 或 ROLLBACK WORK 语句进行显式事务处理。

1. 定义和提交事务

通常，在程序中用 BEGIN TRANSACTION 命令来标识一个事务的启动开始，用 COMMIT TRANSACTION 命令标识事务结束。这两个命令之间的所有语句被视为一体，即事务。只有执行到 COMMIT TRANSACTION 命令时，事务中对数据库的更新操作才算确认，这两个命令的基本语句格式如下。

```
BEGIN  TRAN[SACTION]  [事务名 | @事务变量名]
…
COMMIT  [ TRAN[SACTION]  [事务名 | @事务变量名] ]
```

其中，BEGIN TRANSACTION 可以缩写为 BEGIN TRAN，COMMIT TRANSACTION 可以缩写为 COMMIT TRAN 或 COMMIT。

【任务 2-3】 删除商品号为“010006”的商品记录，考虑到在订单详情表中保存了该商品的销售记录，出于数据一致性考虑，要求要么在商品表和订单详情表中都删除该商品信息，要么都不删除。

```
BEGIN TRANSACTION
DELETE Goods
WHERE g_ID='010006'
DELETE OrderDetails
WHERE g_ID='010006'
COMMIT TRANSACTION
```

为了验证事务的执行情况，在事务执行前，先查看 Goods 表和 OrderDetails 表中的记录情况。

```
SELECT g_ID,g_Name,g_Price,g_Number
FROM Goods
SELECT d_ID,o_ID,g_ID,d_Price
FROM OrderDetails
```

运行结果如图 10-5 和图 10-6 所示。

	g_ID	g_Name	g_Price	g_Number
1	010001	诺基亚6500 Slide	1500	20
2	010002	三星SGH-P520	2500	10
3	010003	三星SGH-F210	3500	30
4	010004	三星SGH-C178	3000	10
5	010005	三星SGH-T509	2020	15
6	010006	三星SGH-C408	3400	10
7	010007	摩托罗拉 W380	2300	20
8	010008	飞利浦 292	3000	10
9	020001	联想旭日410MC520	4680	18
10	020002	联想天逸F30T2250	6680	18
11	030001	海尔电视机HE01	6680	10
12	030002	海尔电冰箱HDFX01	2468	15
13	030003	海尔电冰箱HEF02	2800	10
14	040001	劲霸西服	1468	60
15	060001	红双喜牌乒乓球拍	46.8	45

图 10-5　事务执行前商品表详细信息

	d_ID	o_ID	g_ID	d_Price
1	1	200708011012	010001	1350
2	2	200708011012	060001	37.44
3	3	200708011430	060001	37.44
4	4	200708011430	010007	2070
5	5	200708011430	040001	1321.2
6	6	200708011132	010008	2700
7	7	200708021850	030003	2520
8	8	200708021850	020002	5344
9	9	200708021850	040001	1321.2
10	10	200708021850	060001	37.44
11	11	200708021533	010006	2720
12	12	200708022045	010006	2720

图 10-6　事务执行前订单详情表详细信息

事务成功执行以后，再来查询这两个表的数据，可发现商品号为“010006”的商品记录都已经被删除了，运行结果如图 10-7 和图 10-8 所示。

	g_ID	g_Name	g_Price	g_Number
1	010001	诺基亚6500 Slide	1500	20
2	010002	三星SGH-P520	2500	10
3	010003	三星SGH-F210	3500	30
4	010004	三星SGH-C178	3000	10
5	010005	三星SGH-T509	2020	15
6	010007	摩托罗拉 W380	2300	20
7	010008	飞利浦 292	3000	10
8	020001	联想旭日410MC520	4680	18
9	020002	联想天逸F30T2250	6680	18
10	030001	海尔电视机HE01	6680	10
11	030002	海尔电冰箱HDFX01	2468	15
12	030003	海尔电冰箱HEF02	2800	10
13	060001	红双喜牌乒乓球拍	46.8	45
14	040001	劲霸西服	1468	60

图 10-7　事务执行后商品表详细信息

	d_ID	o_ID	g_ID	d_Price
1	1	200708011012	010001	1350
2	2	200708011012	060001	37.44
3	3	200708011430	060001	37.44
4	4	200708011430	010007	2070
5	5	200708011430	040001	1321.2
6	6	200708011132	010008	2700
7	7	200708021850	030003	2520
8	8	200708021850	020002	5344
9	9	200708021850	040001	1321.2
10	10	200708021850	060001	37.44

图 10-8　事务执行后订单详情表详细信息

【提示】

- 单独的一个 DELETE 语句是一个自动提交事务，由数据库系统自动维护。

● 使用 BEGIN TRANSACTION 将两个自动提交事务设置为一个显式事务，保证两个 DELETE 语句要么都执行，要么都不执行。

● 如果采用了主键和外键约束，则删除操作不能成功执行。

采用事务方式完成该操作与使用以下批处理方式完成的不同之处如下：在批处理中如果删除 Goods 表中记录的操作成功，但删除 OrderDetails 表中记录的操作失败（由于突然断电或表自身的约束等原因），则会造成 Goods 表和 OrderDetails 表中的数据不一致（没有该商品，但有该商品的销售记录）；而采用事务方式可以保证要么删除 Goods 表和删除 OrderDetails 表中的数据的语句被同时执行，要么都不执行，它把两个删除操作当做一件事情（事务）来进行处理，从而保证了数据的一致性。

```
DELETE Goods
WHERE g_ID='010006'
DELETE OrderDetails
WHERE g_ID='010006'
```

2. 回滚事务

事务回滚是指当事务中的某一语句执行失败时，将对数据库的操作恢复到事务执行前或某个指定位置。事务回滚使用 ROLLBACK TRANSACTION 命令，其基本语句格式如下所示。

```
ROLLBACK [TRAN [SACTION] [事务名 | @事务变量名
| 保存点名 | @保存点变量名] ]
```

如果要让事务回滚到指定位置，则需要在事务中设定事务保存点。所谓保存点，是指定其所在位置之前的事务语句不能回滚的语句，即此语句前面的操作被视为有效，其基本语句格式如下所示。

```
SAVE TRAN [SACTION] {保存点名 | @保存点变量名}
```

【任务 2-4】 查询类别编号为“03”的商品信息，并将此商品类别编号对应的类别名称修改为“电器产品”。

```
USE WebShop
GO
BEGIN TRANSACTION
SELECT g_ID,Goods.t_ID,t_Name,g_Name,g_Price
FROM Types,Goods
WHERE Goods.t_ID=Types.t_ID  AND Types.t_ID='03'
SAVE TRANSACTION after_query
UPDATE Types
SET t_Name='电器产品'
WHERE t_ID='03'
IF @@ERROR!=0 OR @@ROWCOUNT=0
BEGIN
   ROLLBACK TRANSACTION after_query  --回滚到保存点 after_query
   COMMIT TRANSACTION
   PRINT '更新商品类别表时产生错误!'
   RETURN
END
SELECT g_ID,Goods.t_ID,t_Name,g_Name,g_Price
FROM Types,Goods
WHERE Goods.t_ID=Types.t_ID  AND Types.t_ID='03'
COMMIT TRANSACTION
```

如果事务成功执行，则两条查询语句的结果将不一样，运行结果如图 10-9 所示；如果事务执行的过程中发生了意外，则保存点（after_query）之前的所有操作有效，保存点之后的所有操作都被撤销了，即 Types 表中的数据维持不变，事务保存点之前与之后的查询结果应该一致。

	g_ID	t_ID	t_Name	g_Name	g_Price
1	030001	03	家用电器	海尔电视机HE01	6680
2	030002	03	家用电器	海尔电冰箱HDFX01	2468
3	030003	03	家用电器	海尔电冰箱HEF02	2800

	g_ID	t_ID	t_Name	g_Name	g_Price
1	030001	03	电器产品	海尔电视机HE01	6680
2	030002	03	电器产品	海尔电冰箱HDFX01	2468
3	030003	03	电器产品	海尔电冰箱HEF02	2800

图 10-9　【任务 2-4】运行结果

10.2.4　隐式事务

当连接以隐性事务模式进行操作时，SQL Server 数据库引擎实例将在提交或回滚当前事务后自动启动新事务。不需要描述事务的开始，只需要提交或回滚每个事务，隐性事务模式将生成连续的事务链。

将隐性事务模式设置为打开之后，当数据库引擎实例首次执行某些 T-SQL 语句时，都会自动启动一个事务。首次执行时，自动启动事务的 T-SQL 语句如表 10-2 所示。

表 10-2　首次执行时自动启动事务的 T-SQL 语句

语　句	语　句
ALTER TABLE	INSERT
CREATE	OPEN
DELETE	REVOKE
DROP	SELECT
FETCH	TRUNCATE TABLE
GRANT	UPDATE

在发出 COMMIT 语句或 ROLLBACK 语句之前，该事务将一直保持有效。在第一个事务被提交或回滚之后，下次连接执行以上任何语句时，数据库引擎实例都将自动启动一个新事务。该实例将不断地生成隐性事务链，直到隐性事务模式关闭为止。

隐性事务模式既可以使用 T-SQL 的 SET 语句来设置，也可以通过数据库 API 函数和方法来设置。

课堂实践 1

1．操作要求

（1）使用游标以报表形式显示“热点”商品的 g_ID（商品号）、g_Name（姓名）和 g_Price（价格）。

（2）在产生订单时，将对 Orders 表的订单记录插入操作和对 OrderDetails 表中的订单详情记录插入操作组合成一个事务进行处理。

2．操作提示

（1）报表格式参照【任务 1】。

（2）自行编写记录插入语句。

（3）比较事务处理和批处理的不同。

10.3 锁

任务 3	了解 SQL Server 2012 中的锁以实现数据库并发操作，使用 TRY…CATCH 来解决死锁。

10.3.1 并发问题

当多个用户同时访问一个数据库而没有进行锁定时，若他们的事务同时使用相同的数据则可能会发生问题，这些由于同时操作数据库产生的问题称为并发问题，主要包括丢失或覆盖更新、未确认的相关性（脏读）、不一致的分析（非重复读）和幻象读。

1．丢失更新

当两个或多个事务选择同一行，并基于最初选定的值更新该行时，会发生丢失更新问题。每个事务都不知道其他事务的存在，最后的更新将重写由其他事务所做的更新，这将导致数据丢失。

例如，两个编辑人员制作了同一文档的电子副本。每个编辑人员独立地更改其副本，然后保存更改后的副本，这样就覆盖了原始文档。最后保存其更改副本的编辑人员覆盖了第一个编辑人员所做的更改。如果在第一个编辑人员完成之后第二个编辑人员才能进行更改，则可以避免该问题。

2．未确认的相关性（脏读）

当一个事务正在访问数据，对数据进行了修改，而这种修改还没有提交到数据库中时，另外一个事务也访问这个数据，并且使用了这个数据。因为这个数据是还没有提交的数据，那么第二个事务读到的这个数据是脏数据，依据脏数据所做的操作可能是不正确的。

例如，一个编辑人员正在更改电子文档。在更改过程中，另一个编辑人员复制了该文档（该副本包含到目前为止所做的全部更改）并将其分发给预期的用户。此后，第一个编辑人员认为目前所做的更改是错误的，于是删除了所做的编辑并保存了文档。分发给用户的文档包含不再存在的编辑内容，并且这些编辑内容应认为从未存在过。如果在第一个编辑人员确定最终更改前任何人都不能读取更改的文档，则可以避免该问题。

3．不一致的分析（非重复读）

在一个事务还没有结束时，另一个事务也访问同一数据，这样，在第一个事务中的两次读数据之间，由于第二个事务的修改，第一个事务两次读到的数据可能是不一致的。这样就使得第一个事务内两次读到的数据是不一致的，因此称为不可重复读取。

例如，一个编辑人员两次读取同一文档，但在两次读取之间，文档作者重写了该文档，当编辑人员第二次读取文档时，文档已更改，原始读取不可重复。如果只有在作者全部完成编写后编辑人员才可以读取文档，则可以避免该问题。

4．幻象读

当对某行执行插入或删除操作，而该行属于某个事务正在读取的行的范围时，会发生幻象读问题。事务第一次读的行范围显示出其中一行已不复存在于第二次读或后续读中，因为该行已被其他事务删除。同样，由于其他事务的插入操作，事务的第二次或后续读显示有一行已不存在于原始读中。

例如，一个编辑人员更改作者提交的文档，但当生产部门将其更改内容合并到该文档的主副本中时，发现作者已将未编辑的新材料添加到该文档中。如果在编辑人员和生产部门完成对原始文档的处理之前，任何人都不能将新材料添加到文档中，则可以避免该问题。

SQL Server 提供了用户并发访问数据库和操作数据库的方法，即允许多个用户在不同事务中对同一个数据进行访问，甚至进行修改操作，这给用户的使用带来了方便，但同时也导致了丢失更新、脏数据、不可重复读取和幻象数据等问题。

SQL Server 通过锁来防止数据库并发操作过程中的问题。锁就是防止其他事务访问指定资源的手段，它是实现并发控制的主要方法，是多个用户能够同时操作同一个数据库中的数据而不发生数据不一致性现象的重要保障。

10.3.2　锁的类型

SQL Server 数据库引擎使用不同的锁模式锁定资源，这些锁模式确定了并发事务访问资源的方式。数据库引擎使用的资源锁模式如表 10-3 所示。

表 10-3　SQL Server 2012 锁模式

锁 模 式	说　明
共享（S）	用于不更改或不更新数据的读取操作，如 SELECT 语句
更新（U）	用于可更新的资源中，防止当多个会话在读取、锁定以及随后可能进行的资源更新时发生常见形式的死锁
排他（X）	用于数据修改操作，如 INSERT、UPDATE 或 DELETE，确保不会同时对同一资源进行多重更新
意向	用于建立锁的层次结构；意向锁的类型有意向共享（IS）、意向排他（IX）以及意向排他共享（SIX）
架构	在执行依赖于表架构的操作时使用；架构锁的类型有架构修改（Sch-M）和架构稳定性（Sch-S）
大容量更新（BU）	在向表进行大容量数据复制且指定了 TABLOCK 提示时使用
键范围	当使用可序列化事务隔离级别时保护查询读取的行的范围，确保再次运行查询时其他事务无法插入符合可序列化事务的查询的行

1．共享锁

共享锁用于只读数据操作，它允许多个并发事务读取所锁定的资源，但禁止其他事务对锁定资源的修改操作。默认情况下，当读取数据的事务读完数据之后，立即释放所占用的资源。一般而言，当使用 SELECT 语句访问数据时，系统自动对所访问的数据使用共享锁锁定。

2．排他锁

对于那些修改数据的事务，如 INSERT、UPDATE 和 DELETE 语句，系统自动在所修改的事务上放置排他锁。排他锁就是在同一时间内只允许一个事务访问一种资源，其他事务都不能在有排他锁的资源上访问。只有当产生排他锁的事务结束之后，排他锁锁定的资源才能被其他事务使用。

3．修改锁

在修改操作的初始化阶段用于锁定可能被修改的资源，以防止使用共享锁可能产生的死锁现象。在使用共享锁时，一个事务对数据修改操作的执行过程如下：事务首先获得一个共享锁，读取记录，然后将共享锁申请升级为排他锁，再执行数据修改操作。采用这种方式时，如果两个并发事务获得同一个资源的共享锁后都需要修改数据，则两者均申请将共享锁升级为排他锁。这时，双方都不再释放共享锁而一直等对方释放共享锁，从而造成死锁现象。为了避免这种现象的发生，一个数据修改事务在开始时直接申请修改锁，之后，在需要修改数据时，再将修改锁转换为排他锁，或者将修改锁转换为共享锁。

4．意向锁

意向锁说明 SQL Server 有在该锁所锁定资源的低层资源上获得共享锁或排他锁的意向，在表级设置意向锁可以阻止其他事务获得该表的排他锁。意向锁又分为共享意向锁、排他意向锁和共享式排他意向锁三种。

（1）共享意向锁：说明一个事务准备在共享意向锁所锁定资源的低层上放置共享锁来读取资源数据。

（2）排他意向锁：说明一个事务准备在排他意向锁所锁定资源的低层资源上放置排他锁来修改其中的资源数据。

（3）共享式排他意向锁：说明当前事务允许其他事务使用共享锁来并发读取顶层资源，并准备在该资源的低层资源上放置排他意向锁。

5．架构锁

执行表的数据定义语言操作（如添加列或删除表）时使用架构修改锁（Sch-M 锁）。在架构修改锁（Sch-M 锁）起作用期间，会防止对表的并发访问，这意味着在释放架构修改锁（Sch-M 锁）之前，该锁之外的所有操作都将被阻止。

当编译查询时，使用架构稳定性锁（Sch-S 锁）。架构稳定性锁（Sch-S 锁）不阻塞任何事务锁，包括排他锁（X 锁）。因此在编译查询时，其他事务［包括在表上有排他锁（X 锁）的事务］都能继续运行，但不能在表上执行 DDL 操作。

6．大容量更新锁

当将数据大容量复制到表中，且指定了 TABLOCK 提示或者使用 sp_tableoption 设置了 table lock on bulk 表选项时，将使用大容量更新锁（BU 锁）。大容量更新锁（BU 锁）允许多个线程将数据并发地大容量加载到同一表中，同时防止其他不进行大容量加载数据的进程访问该表。

7．键范围锁

在使用可序列化事务隔离级别时，对于 T-SQL 语句读取的记录集，键范围锁可以隐式保护该记录集中包含的行范围。键范围锁可防止幻读。通过保护行之间键的范围，它还可以防止对事务访问的记录集进行幻象插入或删除。

10.3.3　查看锁

在 SQL Server 2012 中使用 sys.dm_tran_locks 动态管理视图可以返回有关当前活动的锁管理器资源的信息。同时，也可以使用系统存储过程 sp_lock 查看锁的信息。

使用系统存储过程 sp_lock 可以查看 SQL Server 系统或指定进程对资源的锁定情况，基本语句格式如下所示。

```
sp_lock  [spid1] [, spid2]
```

其中，spid1 和 spid2 为进程标识号。指定 spid1、spid2 参数时，SQL Server 显示这些进程的锁定情况，否则显示整个系统的锁使用情况。进程标识号为一个整数，可以使用系统存储过程 sp_who 检索当前启动的进程及各进程所对应的标识号。

【任务 3-1】 对数据表 Goods 执行插入和查询操作，检查在程序执行过程中锁的使用情况。

```
USE WebShop
GO
BEGIN TRANSACTION
SELECT * FROM Goods
EXEC sp_lock
INSERT  INTO  Goods  VALUES('020003',' 爱 国 者  MP3-1G','02',128,0.8,20,
'2007-08-01','pImage /020003.gif','热点','容量G')
SELECT * FROM Goods
EXEC sp_lock
COMMIT TRANSACTION
```

运行结果如图 10-10 所示。

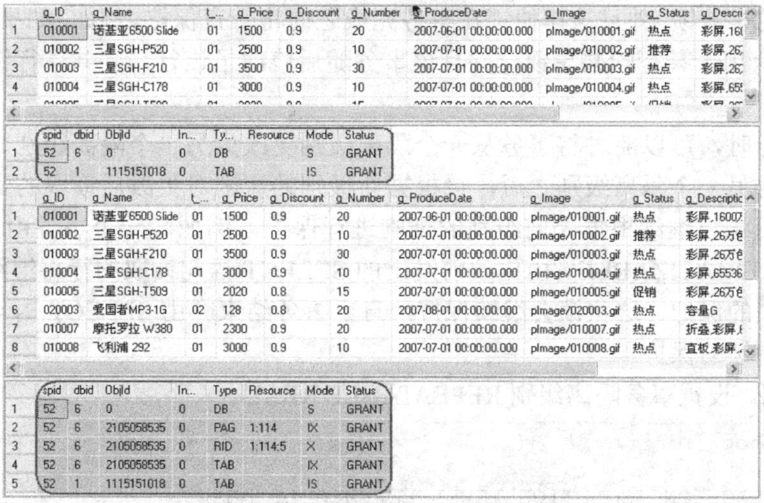

	g_ID	g_Name	t_...	g_Price	g_Discount	g_Number	ProduceDate	g_Image	g_Status	g_Descri
1	010001	诺基亚6500 Slide	01	1500	0.9	20	2007-06-01 00:00:00.000	pImage/010001.gif	热点	彩屏,16
2	010002	三星SGH-P520	01	2500	0.9	10	2007-07-01 00:00:00.000	pImage/010002.gif	推荐	彩屏,26
3	010003	三星SGH-F210	01	3500	0.9	30	2007-07-01 00:00:00.000	pImage/010003.gif	热点	彩屏,26
4	010004	三星SGH-C178	01	3000	0.9	10	2007-07-01 00:00:00.000	pImage/010004.gif	热点	彩屏,65

	spid	dbid	ObjId	In...	Ty...	Resource	Mode	Status
1	52	6	0	0	DB		S	GRANT
2	52	1	1115151018	0	TAB		IS	GRANT

	g_ID	g_Name	t_...	g_Price	g_Discount	g_Number	g_ProduceDate	g_Image	g_Status	g_Descriptic
1	010001	诺基亚6500 Slide	01	1500	0.9	20	2007-06-01 00:00:00.000	pImage/010001.gif	热点	彩屏,1600
2	010002	三星SGH-P520	01	2500	0.9	10	2007-07-01 00:00:00.000	pImage/010002.gif	推荐	彩屏,26万色
3	010003	三星SGH-F210	01	3500	0.9	30	2007-07-01 00:00:00.000	pImage/010003.gif	热点	彩屏,26万色
4	010004	三星SGH-C178	01	3000	0.9	10	2007-07-01 00:00:00.000	pImage/010004.gif	热点	彩屏,65536
5	010005	三星SGH-T509	01	2020	0.8	15	2007-07-01 00:00:00.000	pImage/010005.gif	促销	彩屏,26万色
6	020003	爱国者MP3-1G	02	128	0.8	20	2007-08-01 00:00:00.000	pImage/020003.gif	热点	容量G
7	010007	摩托罗拉 W380	01	2300	0.9	20	2007-07-01 00:00:00.000	pImage/010007.gif	热点	折叠 彩屏
8	010008	飞利浦 292	01	3000	0.9	10	2007-07-01 00:00:00.000	pImage/010008.gif	热点	直板 彩屏

	spid	dbid	ObjId	In...	Type	Resource	Mode	Status
1	52	6	0	0	DB		S	GRANT
2	52	6	2105058535	0	PAG	1:114	IX	GRANT
3	52	6	2105058535	0	RID	1:114:5	X	GRANT
4	52	6	2105058535	0	TAB		IX	GRANT
5	52	1	1115151018	0	TAB		IS	GRANT

图 10-10　【任务 3-1】运行结果

10.3.4　设置事务隔离级别

隔离是计算机安全学中的一种概念，其本质上是一种封锁机制。它是指自动数据处理系统中的用户和资源的相关牵制关系，即用户和进程彼此分开且与操作系统的保护控制也分开。

在 SQL Server 中，隔离级是指一个事务和其他事务的隔离程度，即指定了数据库如何保护锁定那些当前正在被其他用户或服务器请求使用的数据。指定事务的隔离级与在 SELECT 语句中使用锁定选项来控制锁定方式具有相同的效果。SQL Server 中有以下四种隔离级。

（1）READ COMMITTED：在此隔离级下，SELECT 命令不会返回尚未提交的数据，也不能返回脏数据，它是 SQL Server 默认的隔离级。

（2）READ UNCOMMITTED：与 READ COMMITTED 隔离级相反，它允许读取已经被其他用户修改但尚未提交确定的数据。

（3）REPEATABLE READ：在此隔离级下，用 SELECT 命令读取的数据在整个命令执行过程中不会被更改。此选项会影响系统的效能，非必要情况最好不要使用此隔离级。

（4）SERIALIZABLE：在此隔离级下，在整个 SELECT 命令执行的过程中设定的共享锁会一直存在。

隔离级需要使用 SET 命令来设定，基本语句格式如下所示。

```
SET TRANSACTION ISOLATION LEVEL
     { READ UNCOMMITTED
     | READ COMMITTED
     | REPEATABLE READ
     | SNAPSHOT
     | SERIALIZABLE
     }
```

事务隔离级别定义了可为读取操作获取的锁类型。针对 READ COMMITTED 或 REPEATABLE READ 获取的共享锁通常为行锁，尽管当读取引用了页或表中大量的行时，行锁可以升级为页锁或表锁。如果某行在被读取之后由事务进行了修改，则该事务会获取一个用于保护该行的排他锁，并且该排他锁在事务完成之前将一直保持。例如，如果 REPEATABLE READ 事务具有用于某行的共享锁，并且该事务随后修改了该行，则共享行锁会转换为排他行锁。

当事务进行时，可以随时将事务从一个隔离级别更改为另一个隔离级别。将事务从一个隔离级别更改为另一个隔离级别之后，会根据新级别的规则对更改后读取的资源执行保护。更改前读取的资源将继续根据先前级别的规则进行保护，例如，一个事务由 REPEATABLE READ 更改为 SERIALIZABLE。由更改前发出的 SELECT 语句读取的行将继续受到行级、页级或表级共享锁的保护。这些锁会继续保持，直至事务结束。由 SELECT 语句在更改后读取的行将受到范围锁的保护。

【任务 3-2】 设置事务隔离级别 REPEATABLE READ。

```
USE WebShop
GO
SET TRANSACTION ISOLATION LEVEL REPEATABLE READ
GO
BEGIN TRANSACTION
GO
SELECT * FROM Goods
GO
SELECT * FROM Orders
GO
COMMIT TRANSACTION
GO
```

该语句设置了事务隔离级别为 REPEATABLE READ。对于每个后续 T-SQL 语句，SQL Server 将所有共享锁一直保持到事务结束为止。

10.3.5　死锁的处理

1．死锁

在两个或多个任务中，如果每个任务锁定了其他任务试图锁定的资源，此时会造成这些任务永久阻塞，从而出现死锁。死锁状态如图 10-11 所示。

(1)任务 T_1 具有资源 R_1 的锁(由从 R_1 指向 T_1 的箭头指示)，并请求资源 R_2 的锁（由从 T_1 指向 R_2 的箭头指示）。

(2)任务 T_2 具有资源 R_2 的锁(由从 R_2 指向 T_2 的箭头指示)，并请求资源 R_1 的锁（由从 T_2 指向 R_1 的箭头指示）。

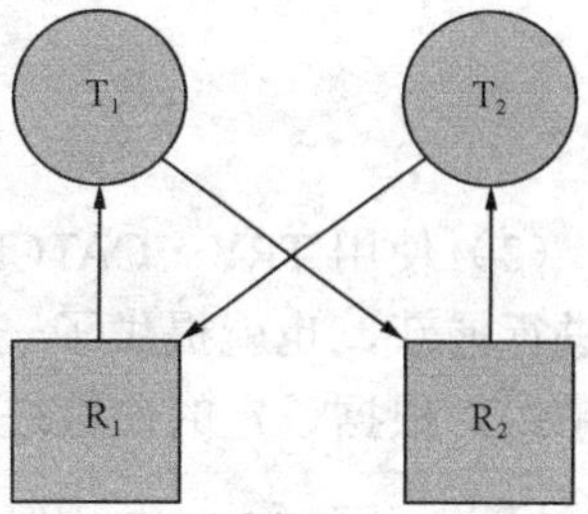

图 10-11　死锁状态

两个用户分别锁定一个资源，之后双方又都等待对方释放所锁定的资源，就产生了一个锁定请求环，从而出现死锁现象。死锁会造成资源的大量浪费，甚至会使系统崩溃。

在多用户环境下，数据库系统出现死锁现象是难免的。SQL Server 数据库引擎自动检测 SQL Server 中的死锁循环，并选择一个会话作为死锁牺牲品，然后终止当前事务（出现错误）来打断死锁。

2．死锁检测

SQL Server 能够自动定期搜索和处理死锁问题。SQL Server 在每次定期搜索中标识所有等待锁定请求的会话，如果在下一次搜索中被标识进程仍处于等待状态，则 SQL Server 将开始递归死锁搜索。当递归死锁搜索检测到锁定请求环时，SQL Server 根据各会话的死锁优先级选项等设置结束一个代价最低的事务。之后，SQL Server 回滚被中断的事务，并向应用程序返回 1205 号错误，而未被中断的事务则继续运行。

3．死锁处理

【任务 3-3】 使用 TRY…CATCH 进行死锁处理。

（1）设计产生死锁的事务。将下面的 SQL 语句放在两个不同的连接中，并且在 5 秒内同时执行，将会发生死锁。

```
USE WebShop
BEGIN TRAN
    INSERT INTO Orders(o_ID) VALUES('200710011012')
    WAITFOR DELAY '00:00:05'
    SELECT * FROM Orders WHERE o_ID = '200710011012'
COMMIT
PRINT '事务结束'
```

（2）SQL Server 对死锁的自动处理。SQL Server 对付死锁的办法是牺牲掉其中的一个，抛出异常，并且回滚事务。在上面两个连接的语句执行时，先执行查询的连接能够成功执行，运行结果如图 10-12 所示。后执行查询的连接被选为牺牲品，运行结果如图 10-13 所示。在被牺牲的连接中，“PRINT '事务结束'” 语句将不会被运行。

	o_ID	c_ID	o_D...	o_Sum	e_ID	o_SendMode	p_Id	o_Status
1	200710011012	NULL	NULL	NULL	NULL	NULL	NULL	NULL

图 10-12　查询成功的事务的运行结果

```
(1 行受影响)
消息 1205，级别 13，状态 45，第 5 行
事务(进程 ID 52)与另一个进程被死锁在 锁 资源上，
并且已被选作死锁牺牲品。请重新运行该事务。
```

图 10-13　作为牺牲品的事务的运行结果

（3）使用 TRY…CATCH 处理死锁。在 SQL Server 2012 中可以通过 TRY…CATCH 对异常进行捕获，也就提供了一条处理死锁的途径：程序员可以通过该语句捕获事务执行过程中的错误，根据设定的次数进行重试。

```
DECLARE @count INT --声明循环次数变量
SET @count= 1 --初始化循环次数为1
WHILE @count <= 3
BEGIN
   BEGIN TRAN --开始事务
   BEGIN TRY
      INSERT INTO Orders(o_ID) VALUES('200710011012')
      WAITFOR DELAY '00:00:05'
      SELECT * FROM Orders WHERE o_ID = '200710011012'
      COMMIT --提交事务
      BREAK
   END TRY
   BEGIN CATCH
      ROLLBACK
      WAITFOR DELAY '00:00:03'
      SET @count = @count + 1 --循环次数加1
      CONTINUE
   END CATCH
END
IF ERROR_NUMBER() <> 0
BEGIN
--重新定义错误
   DECLARE @ERRORMESSAGE NVARCHAR(4000);
   DECLARE @ERRORSEVERITY INT;
   DECLARE @ERRORSTATE INT;
   SELECT
      @ERRORMESSAGE = ERROR_MESSAGE(),
      @ERRORSEVERITY = ERROR_SEVERITY(),
      @ERRORSTATE = ERROR_STATE()
--抛出错误
   RAISERROR (@ERRORMESSAGE,
           @ERRORSEVERITY,
           @ERRORSTATE
           )
END
```

该事务中由于使用 TRY…CATCH 进行了错误捕获，因此在两个连接中执行该事务时，后执行的事务在遇到死锁时，不会被选为牺牲品，而是在指定的延时后进行重试，等到另一进程释放资源后执行事务。运行结果如图 10-14 所示。

	o_ID	c_ID	o_Date	o_Sum	e_ID	o_SendMode	p_Id	o_Status

	o_ID	c_ID	o_Date	o_Sum	e_ID	o_SendMode	p_Id	o_Status
1	200710011012	NULL	NULL	NULL	NULL	NULL	NULL	NULL
2	200710011012	NULL	NULL	NULL	NULL	NULL	NULL	NULL

图 10-14 处理后的事务运行结果

【提示】

● ROLLBACK 后面使用 WAITFOR 语句，保证在死锁发生后等待一段时间。

● @ count 为重新尝试的次数，可以根据实际情况进行调整。

● 重新定义发生的错误，以便于 RaiseError 抛出。因为 RaiseError 可以抛出异常，但不能直接抛出死锁中的异常。

因此，为减少出现死锁的次数，在设计应用程序时，用户需要遵循以下原则。

（1）尽量避免并发地执行涉及修改数据的语句。

（2）要求每个事务一次将所有要使用的数据加锁，否则不予执行。

（3）预先规定一个锁定顺序，所有的事务都必须按这个顺序对数据进行锁定。例如，不同的过程在事务内部对对象的更新执行顺序应尽量保持一致。

（4）每个事务的执行时间不应太长，较长的事务可分为几个小事务。

课堂实践 2

1．操作要求

（1）将数据表 Customers 的修改和查询操作组合成一个事务，在执行事务过程中检查锁的使用情况。

（2）完成【任务 3-3】的死锁处理的例子。

2．操作提示

（1）体会锁的自动处理机制。

（2）体会死锁的产生及其处理方法。

小结与习题

本章学习了如下内容：

（1）游标，包括游标概念、使用 DECLARE CURSOR 声明游标、使用 OPEN 打开游标、使用 FETCH 获取游标、使用 CLOSE 关闭游标、使用 DEALLOCATE 删除游标引用，以及游标实例。

（2）事务，包括事务概述、自动提交事务、显式事务（使用 BEGIN TRAN 定义事务、使用 COMMIT 提交事务、使用 ROLLBACK 回滚事务）、隐式事务。

（3）锁，包括并发问题、锁的类型、查看锁、设置事务隔离级别、死锁的处理。

一、填空题

1．要从 T-SQL 服务器游标中检索特定的一行，可以使用________语句；使用________可以返回紧临当前行前面的结果行。

2．一个事务所做的修改必须能够与其他事务所做的修改隔离开来，这是事务的__________特性。

3．可以使用________语句进行显式事务的提交。

4．在 SQL Server 2012 的锁模式中，________用于只读数据操作，并且允许多个并发事务读取所锁定的资源，但禁止其他事务对锁定资源的修改操作。

二、选择题

1．一个事务提交后，如果系统出现故障，则事务对数据的修改将________。

A．无效　　B．有效　　C．在事务保存点前有效　　D．以上都不是

2．以下与事务控制无关的关键字是________。

A．ROLLBACK　　B．COMMIT　　C．DECLARE　　D．BEGIN

3．SQL Server 中的锁不包括________。

A．共享锁　　B．互斥锁　　C．排他锁　　D．意向锁

4．下列关于避免死锁的描述不正确的是________。

A．尽量避免并发地执行涉及修改数据的语句

B．要求每个事务一次就将所有要使用的数据加锁，否则不予执行

C．预先规定一个锁定顺序，所有的事务都必须按这个顺序对数据进行锁定

D．每个事务的执行时间尽可能长

5．下列不可能在游标使用过程中使用的关键字是________。

A．OPEN　　B．CLOSE　　C．DEALLOCATE　　D．DROP

三、简答题

1．举例说明事务的 ACID 属性及其含义。

2．举例说明数据库在什么情况下会发生死锁，怎样预防死锁的发生。

课外拓展

1．操作要求

（1）使用游标以报表形式显示 BookData 数据库中“未还”图书的信息（借书人、借书时间、图书名称、图书作者）。

（2）在读者还书时，将对 BorrowReturn 的图书状态的修改操作和对 BookStore 表的图书状态的操作组合成一个事务进行处理，以保证同一本书的状态是一致的。

（3）将数据表 BookInfo 的修改和查询操作组合成一个事务，在执行事务过程中检查锁的使用情况。

（4）自行设计一个产生死锁及处理死锁的例子。

2．操作提示

（1）表的结构和数据参阅第 1 章的说明。

（2）将完成任务的 SQL 语句保存到文件中。

第 11 章 数据库安全操作

学习目标

本章将要学习 SQL Server 2012 数据库安全性的相关知识，包括登录管理、用户管理、角色管理和权限管理等操作。本章的学习要点包括：

- 数据库安全性的基本概念
- SQL Server 2012 中的验证模式
- 登录账户管理
- 数据库用户管理
- 固定服务器角色和固定数据库角色
- 自定义数据库角色管理
- 角色和用户的权限管理

学习导航

SQL Server 2012 中通过在 Windows NT 域级、Windows NT 计算机级、SQL Server 数据库服务器级和数据库级实施安全策略，构建了一个层次结构的安全体系，为 SQL Server 2012 数据库的安全提供了很好的保障。SQL Server 2012 的安全层次结构如图 11-1 所示。

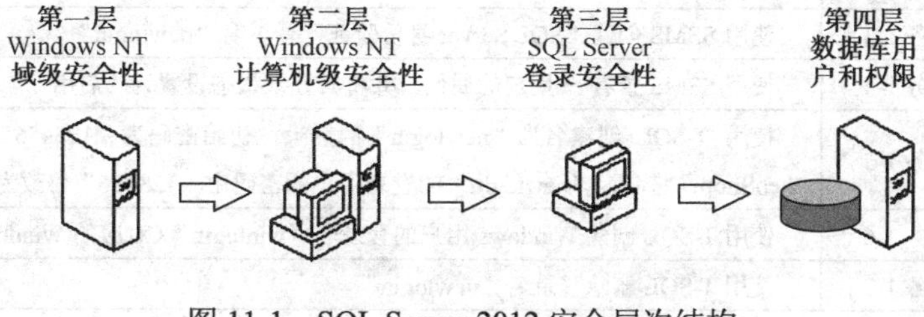

图 11-1　SQL Server 2012 安全层次结构

本章主要内容及其在 SQL Server 2012 数据库管理系统中的位置如图 11-2 所示。

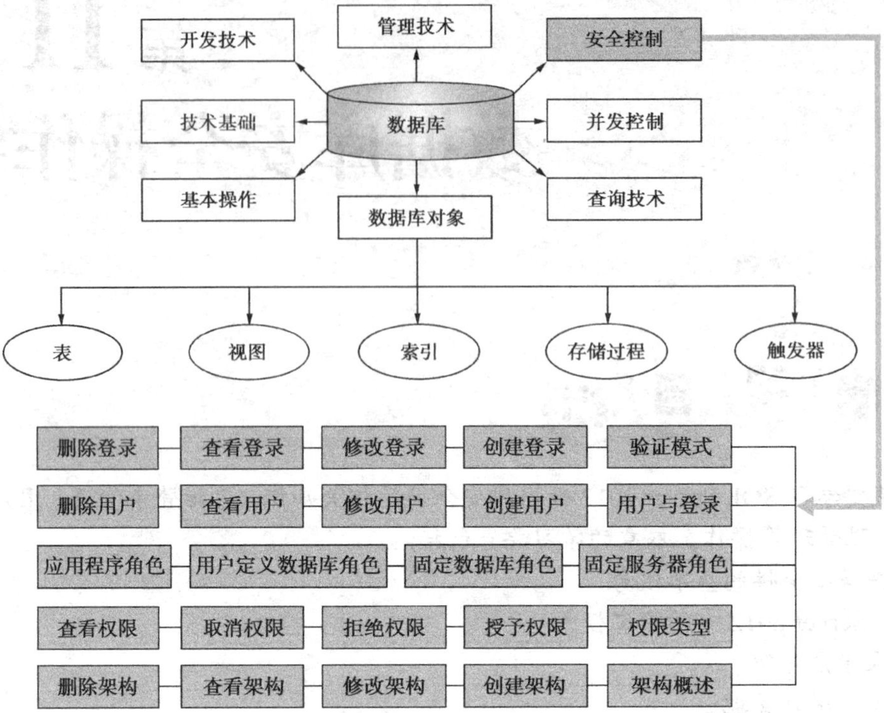

图 11-2　本章学习导航

任务描述

本章主要任务描述如表 11-1 所示。

表 11-1　任务描述

任务编号	子任务	任务内容
任务 1		使用 SSMS 和 T-SQL 语句实现验证模式和登录名的管理
	任务 1-1	将当前 SQL Server 实例的验证模式设置为“SQL Server 和 Windows 身份验证模式”
	任务 1-2	使用 SSMS 创建与 Windows 用户 winlogin 对应的“Windows 身份验证”登录名
	任务 1-3	使用 SSMS 创建“SQL Server 身份验证”登录名“newlogin”
	任务 1-4	使用 SSMS 查看 sa 用户的属性，并将其登录状态设置为“启用”
	任务 1-5	使用 T-SQL 创建名为“newlogin”的登录，初始密码为“123456”，并指定默认数据库为 WebShop；将名为“newlogin”的登录用户的密码由“123456”修改为“super”
	任务 1-6	使用 T-SQL 创建 Windows 用户的登录名“winlogin”（对应的 Windows 用户为 winlogin）
	任务 1-7	使用 T-SQL 删除登录名“newlogin”
	任务 1-8	查询当前服务器上的所有登录名的信息
任务 2		使用 SSMS 和 T-SQL 语句实现数据库用户的管理
	任务 2-1	使用 SSMS 创建与“newlogin”登录名对应的数据库用户“newuser”
	任务 2-2	使用 SSMS 查看所建数据库用户“newuser”的属性
	任务 2-3	使用 T-SQL 创建与登录名“newlogin”关联的数据库用户
	任务 2-4	使用 T-SQL 将数据库用户“newuser”的名称修改为“new”

续表

任务编号	子任务	任务内容
任务 2	任务 2-5	使用 T-SQL 查看当前数据库中数据库用户的信息
	任务 2-6	使用 T-SQL 从 WebShop 数据库中删除所创建的数据库用户“new”
任务 3		使用 SSMS 和 T-SQL 语句实现角色的管理
	任务 3-1	使用 SSMS 将登录名“newlogin”添加到“sysadmin”固定服务器角色中
	任务 3-2	使用 T-SQL 将“newlogin”登录名添加到“serveradmin”服务器角色中，并从“sysadmin”服务器角色中删除“newlogin”登录名
	任务 3-3	使用 SSMS 查看固定数据库角色 db_datawriter 的属性，并将数据库用户 newuser 添加到该角色中
	任务 3-4	使用 SSMS 创建用户定义数据库角色 db_user
	任务 3-5	使用 T-SQL 在 WebShop 数据库中创建用户定义数据库角色“db_user”，并将所建的数据库用户“newuser”添加到该角色中
	任务 3-6	使用 T-SQL 查看当前服务器中数据库角色的情况
	任务 3-7	管理应用程序角色
任务 4		使用 SSMS 和 T-SQL 语句实现权限的管理
	任务 4-1	使用 SSMS 管理“Customers”表的权限
	任务 4-2	使用 T-SQL 语句授予用户“winuser”对 WebShop 数据库中的 Goods 表的查询和删除权限
	任务 4-3	使用 T-SQL 语句拒绝用户“winuser”对 WebShop 数据库中的 Goods 表的插入和更新权限
	任务 4-4	使用 T-SQL 语句取消用户“winuser”对 WebShop 数据库中的 Goods 表的删除权限
任务 5		使用 SSMS 和 T-SQL 语句实现架构的管理
	任务 5-1	使用 SQL Server Management Studio 管理架构
	任务 5-2	使用 T-SQL 语句创建名称为 myschema 的架构，其所有者为登录名 newuser
	任务 5-3	使用 T-SQL 语句将 WebShop 数据库下的 Users 表的架构更改为 dbo
	任务 5-4	使用 T-SQL 语句删除架构 myschema

11.1 数据库安全概述

随着数据库技术的不断普及和发展，数据库管理系统已成为各行各业信息管理的主要形式。数据的安全性对每个组织来说都是至关重要的，每个组织的数据库中都存放了大量的生产经营信息以及各种机密文件资料，如果有人未经授权非法侵入了数据库，并查看和修改了数据，那么将会对组织造成极大的危害。因此，对数据库对象实施各种权限范围内的操作，拒绝非授权用户的非法操作以防止数据库信息资源遭到破坏是十分必要的。

数据库的安全性是指保护数据库以防止不合法的使用所造成的数据泄露、更改或破坏。数据库的安全性和计算机系统的安全性，以及操作系统、网络系统的安全性是紧密联系、相互支持的。对于数据库管理者来说，保护数据不受内部和外部侵害是一项重要的工作，作为 SQL Server 的数据库系统管理员和开发者，需要深入地理解 SQL Server 的安全性控制策略，以实现信息系统安全的目标。

图 11-3 给出了数据库引擎权限层次结构之间的关系。由图可见，SQL Server 的安全控制策略是一个层次结构系统的集合，只有满足上一层系统的安全性要求之后，才可以进入下一层，各层次从不同角度对系统实施安全保护，从而构成一个相对完善、安全的系统。

Windows 级安全性是指对在 Windows 操作系层次提供的安全控制，在此不做详细介绍，大家可以参阅 Windows 操作系统的相关说明。

SQL Server 级安全性是在 SQL Server 服务器层次提供的安全控制，该层次通过验证来实现。验证过程在用户登录 SQL Server 的时候出现，所创建的安全账户称为登录账户。用户必须通过输入一个登录账户名和密码才能登录到 SQL Server 服务器，只有登录了 SQL Server 服务器，用户才能使用、管理 SQL Server 服务器。

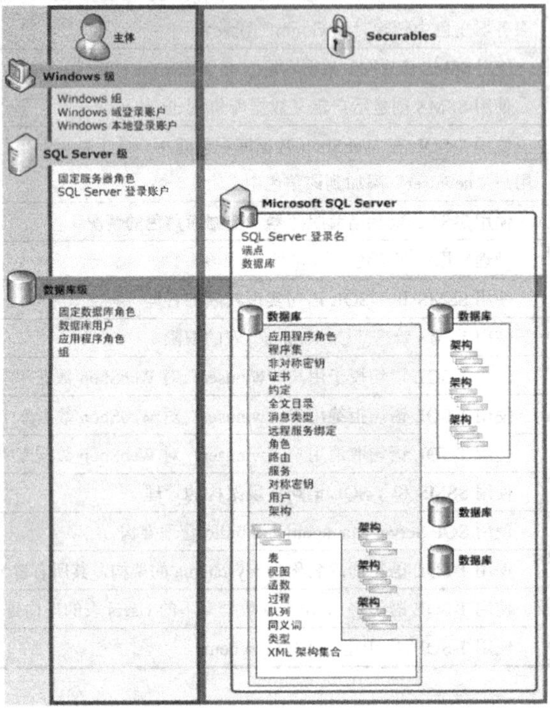

图 11-3　SQL Server 安全层次示意图

数据库级安全性是指在数据库层次提供的安全控制，该层次通过授权来实现。授权过程在用户试图访问数据或执行命令的时候出现，所创建的安全账户称为数据库用户。用户通过登录用户名及密码登录到 SQL Server 后，如果需要访问服务器上的对象（基本表、数据库、视图、存储过程等），则必须为登录账户指定相关的数据库用户，这样就可以使不同的登录对不同的数据库对象有不同的权限。

下面介绍如何在 SQL Server 2012 中通过登录管理、用户管理、角色管理、权限管理和架构管理实现完善的安全控制。

11.2　登录管理

任务 1

在 SQL Server 2012 中使用“SQL Server Management Studio”和 T-SQL 语句实现验证模式和登录名的管理。

11.2.1　验证模式

1. Windows 验证模式

Windows 身份验证模式使用户可以通过 Windows 操作系统用户账户连接到 SQL Server 实例。当用户通过 Windows 用户账户进行连接时，SQL Server 通过回叫 Windows 获得信息，重新验证账户名和密码。

SQL Server 通过使用网络用户的安全特性控制登录访问，这样就可以实现与 Windows 的登录安全集成。用户的网络安全特性在网络登录时建立，并通过 Windows 域控制器进行验证。当网络用户尝试连接时，SQL Server 使用基于 Windows 的功能确定经过验证的网络用户名，登录安全集成在 SQL Server 中任何受支持的网络协议上运行。

由于 Windows 用户和组织由 Windows 维护，因此当用户进行连接时，SQL Server 将读取有关该用户在组中的成员资格信息。如果对已连接用户的可访问权限进行更改，则当用户下次连接到 SQL Server 实例或登录到 Windows 时，这些更改会生效。

【提示】

- 如果用户试图通过提供空白登录名称连接到 SQL Server 实例，则 SQL Server 将使用 Windows 身份验证。此外，如果用户使用特定的登录连接到配置为 Windows 身份验证模式的 SQL Server 实例，则将忽略该登录并使用 Windows 身份验证。
- 尽可能使用 Windows 身份验证模式以增强 SQL Server 安全。

2. 混合验证模式

混合验证模式使用户可以使用 Windows 身份验证或 SQL Server 身份验证与 SQL Server 实例连接。当用户用指定的登录名称和密码从非信任连接进行连接时，SQL Server 通过检查是否已设置 SQL Server 登录账户，以及指定的密码是否与以前记录的密码匹配，自行进行身份验证。如果 SQL Server 未设置登录账户，则身份验证将失败，而且用户会收到错误信息。

尽管建议使用 Windows 身份验证，但对于 Windows 客户端以外的其他客户端连接，可能需要使用 SQL Server 身份验证。虽然 SQL Server 提供了两种认证模式，但实际上混合认证只是在 Windows 身份验证模式上增加了一层用户认证，具体认证流程如图 11-4 所示。

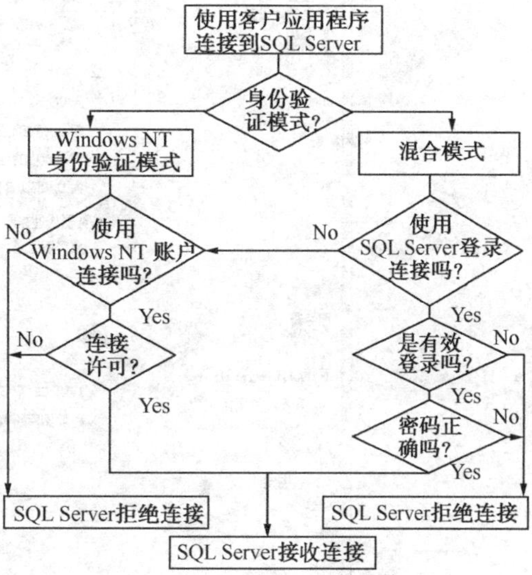

图 11-4　SQL Server 验证流程

3. 验证模式的设置

在 SQL Server 的安装过程中需要设置登录认证模式，可参阅第 2 章 SQL Server 2012 安装部分的内容。在 SQL Server 安装后通过"SQL Server Management Studio"可以更改登录认证模式。

【任务 1-1】将当前 SQL Server 实例的验证模式设置为"SQL Server 和 Windows 验证模式"。

（1）启动 SQL Server Management Studio，在

“对象资源管理器”中右击 SQL Server 实例 J-ZHANG，选择“属性”选项，如图 11-5 所示。

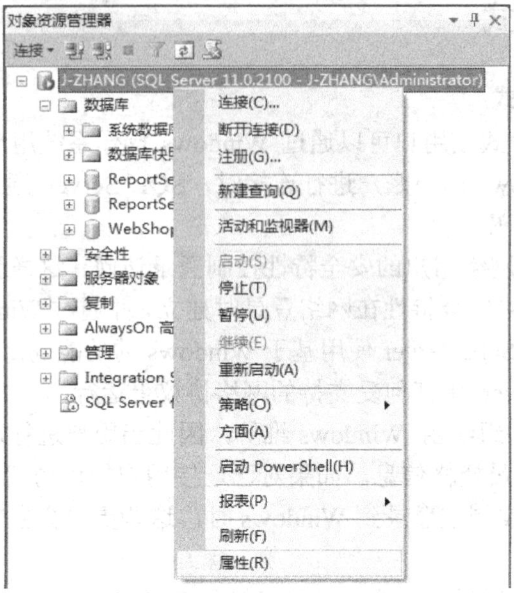

图 11-5　选择“属性”选项

（2）打开服务器属性对话框，选择【安全性】选项卡，更改【服务器身份验证】为“SQL Server 和 Windows 身份验证模式”，也可以进行【登录审核】的设置。设置完成后，单击【确定】按钮，完成验证模式的设置，如图 11-6 所示。

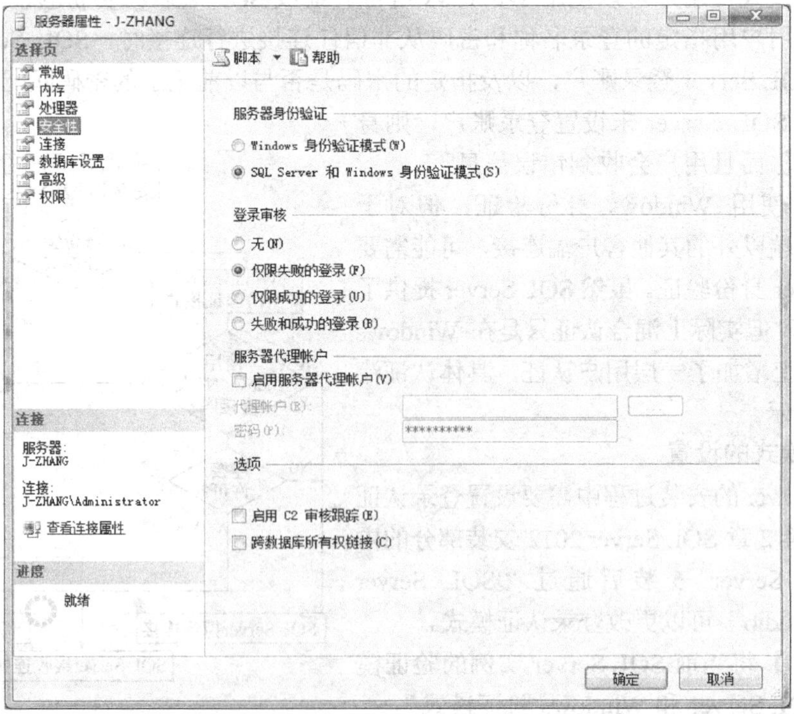

图 11-6　服务器安全性设置

11.2.2　使用 SSMS 管理登录名

登录名即登录数据库服务器的账户，是 SQL Server 数据库服务器的安全控制手段。在 SQL Server 2012 中可以通过 SSMS 和 T-SQL 语句进行登录名的管理。

1．新建登录名

【任务1-2】 在当前 SQL Server 实例 J-ZHANG 中创建“Windows 身份验证”登录名（对应的 Windows 用户为 winlogin）。

（1）启动 SQL Server Management Studio，在“对象资源管理器”中展开【安全性】节点。

（2）右击【登录名】节点，选择“新建登录名”选项，如图 11-7 所示。

图 11-7　选择“新建登录名”选项

（3）打开“登录名-新建”对话框，选择“Windows 身份验证”登录名，如图 11-8 所示。

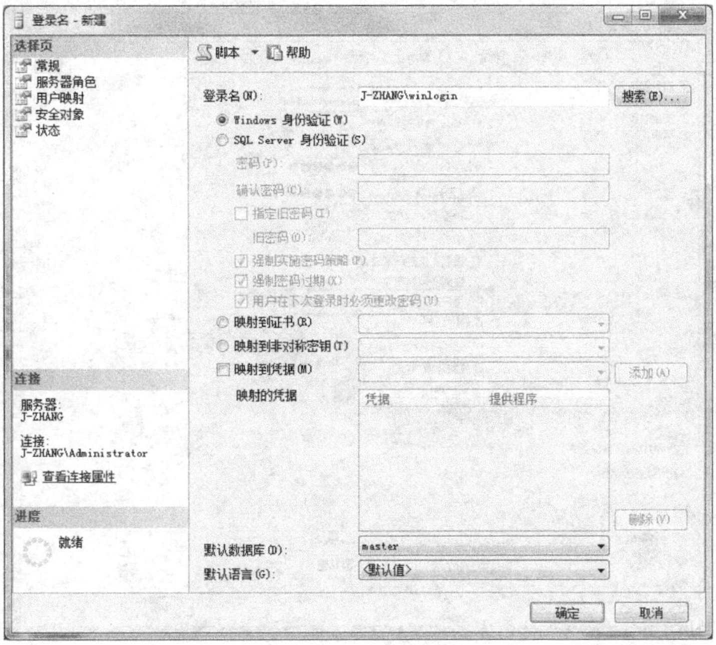

图 11-8　新建登录名

【提示】

- 单击【默认数据库】下拉按钮，选择该用户组或用户访问的默认数据库。
- 选择【服务器角色】选项卡，可以查看或修改登录名在固定服务器角色中的成员身份。
- 选择【用户映射】选项卡，可以查看或修改登录名到数据库用户的映射。
- 选择【安全对象】选项卡，可以查看或修改安全对象。
- 选择【状态】选项卡，可以查看或修改登录名的状态信息。

（4）单击【搜索】按钮，打开“选择用户或组”对话框，单击【高级】按钮，再单击【立即查找】按钮，选择 Windows 用户 winlogin，如图 11-9 所示。

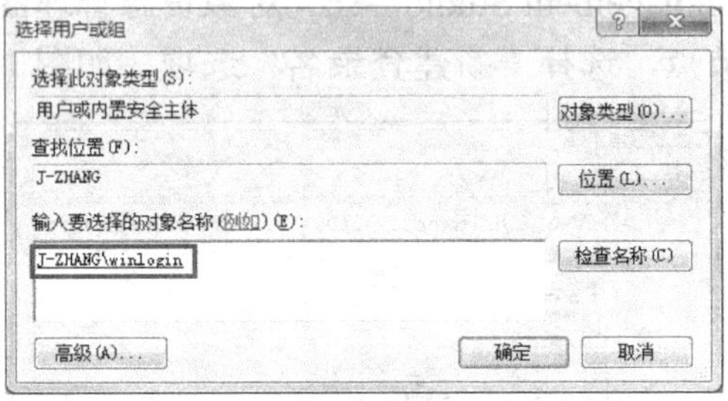

图 11-9　添加 Windows 用户账户为登录名

（5）选择用户或用户组后，单击【确定】按钮，返回“登录名-新建”对话框。再单击【确定】按钮，就可以创建与 Windows 用户 winlogin 对应的登录名 winlogin。

【任务 1-3】 在当前 SQL Server 实例 J-ZHANG 中创建“SQL Server 身份验证”登录名“newlogin”。

基本步骤同【任务 1-2】，只需要在步骤（3）中选中“SQL Server 身份验证”单选按钮，在【登录名】文本框中输入指定的登录名（这里为 newlogin）、密码和确认密码，并根据操作系统情况选中/取消选中【用户在下次登录时必须更改密码】复选框，如图 11-10 所示。

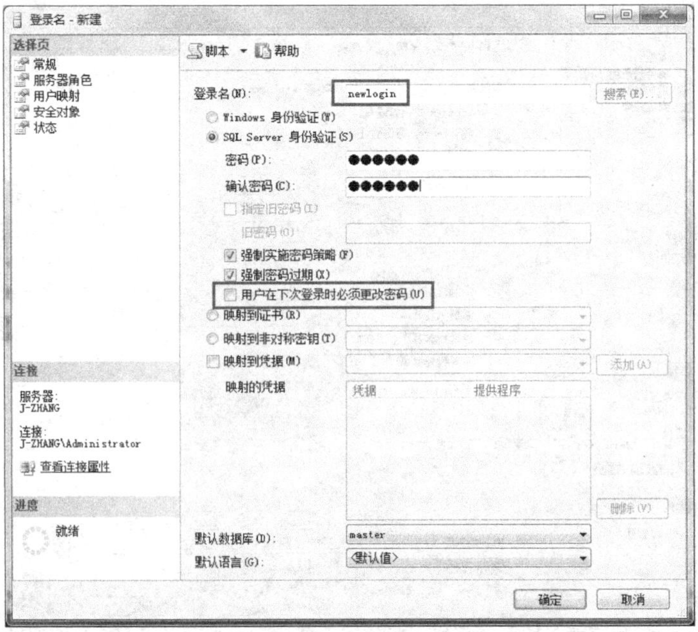

图 11-10　添加“SQL Server 身份验证”登录名

【提示】

● 创建“Windows 身份验证”登录名时，必须先创建对应的 Windows 用户。

● 创建“SQL Server 身份验证”登录名时，如果操作系统版本不支持“用户在下次登录时必须更改密码”功能，则应取消选中该复选框。

2. 查看登录属性

【任务 1-4】 查看 sa 用户的属性，并将其登录状态设置为“启用”。

（1）启动 SQL Server Management Studio，在“对象资源管理器”中依次展开【数据库】节点、【安全性】节点、【登录名】节点。

（2）右击“sa”登录名，选择【属性】选项，如图 11-11 所示。

（3）打开登录属性对话框，选择【状态】选项卡，选中“登录”选项组中的【已启用单选按钮】，如图 11-12 所示。

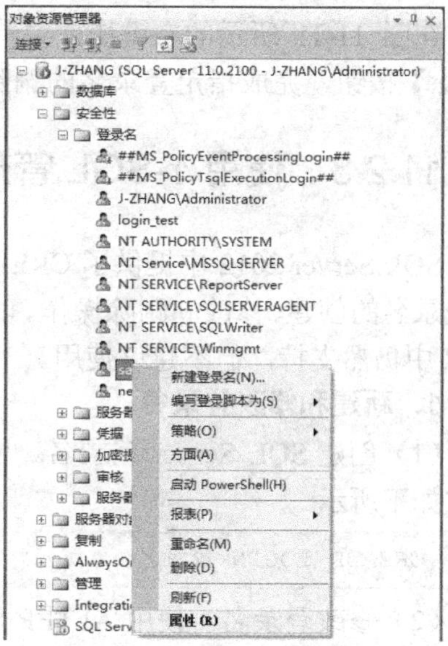

图 11-11　选择“属性”选项

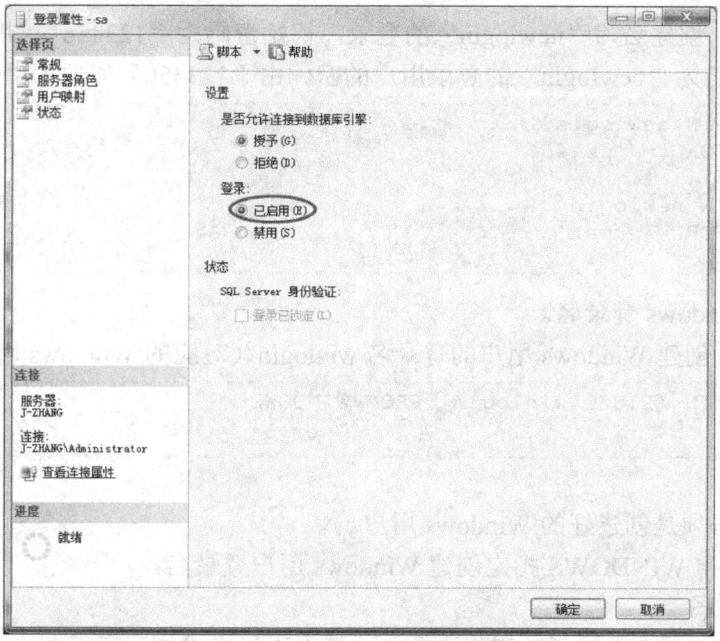

图 11-12　设置 sa 用户的登录属性

【提示】

● 选择【常规】选项卡，查看和设置登录名的基本属性。

● 选择【服务器角色】选项卡，查看和设置登录名所属的服务器角色（将在 11.4 节中进行详细介绍）。

● 选择【用户映射】选项卡，查看和设置映射到此登录名的用户和数据库角色。

3．删除登录名

在图 11-11 所示的右键快捷菜单中选择【删除】选项，打开“删除对象”对话框，单击【删除】按钮，完成指定登录名的删除。

11.2.3 使用 T-SQL 管理登录名

SQL Server 2012 中提供了 CREATE LOGIN、ALTER LOGIN 和 DROP LOGIN 语句来进行登录名的创建、修改和删除操作。以前版本使用的管理登录名的系统存储过程在 SQL Server 2012 中仍然支持，但不建议使用。

1．新建和修改登录名

（1）创建 SQL Server 登录名。使用 CREATE LOGIN 语句可以创建登录名，其基本语句格式如下所示。

```
CREATE LOGIN 登录名
```

（2）修改登录名。使用 ALTER LOGIN 语句可以修改登录名的密码和用户名称，基本语句格式如下所示。

```
ALTER LOGIN 登录名
WITH  <修改项> [ ,…n ]
```

【任务 1-5】 创建名为“newlogin”的登录，初始密码为“123456”，并指定默认数据库为 WebShop；将名为“newlogin”的登录用户的密码由“123456”修改为“super”。

```
CREATE LOGIN newlogin
WITH PASSWORD = '123456'
GO
ALTER LOGIN newlogin
WITH PASSWORD='super'
GO
```

（3）创建 Windows 登录名。

【任务 1-6】 创建 Windows 用户的登录名 winlogin（对应的 Windows 用户为 winlogin）。

```
CREATE LOGIN [LIUZC\winlogin] FROM WINDOWS
GO
```

【提示】

- winlogin 必须是创建好的 Windows 用户。
- 通过 FROM WINDOWS 指定创建 Windows 用户登录名。

2．删除登录名

使用 DROP LOGIN 语句可以删除登录名，基本语句格式如下所示。

```
DROP LOGIN 登录名
```

【任务 1-7】 删除登录名“newlogin”。

```
DROP LOGIN newlogin
GO
```

【提示】

- 不能删除正在使用的登录名。

- 可以删除数据库用户映射的登录名。
- 需要对服务器具有 ALTER ANY LOGIN 权限。

3. 查询登录名信息

使用存储过程 sp_helplogins 可以查询登录账户的信息。

【任务 1-8】 查询当前服务器上的所有登录名的信息。

```
EXEC sp_helplogins
GO
```

该语句运行结果如图 11-13 所示。

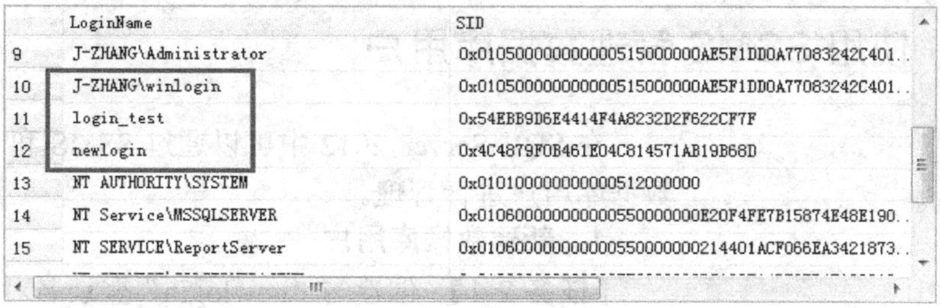

	LoginName	SID
9	J-ZHANG\Administrator	0x010500000000000515000000AE5F1DD0A77083242C401..
10	J-ZHANG\winlogin	0x010500000000000515000000AE5F1DD0A77083242C401..
11	login_test	0x54EBB9D6E4414F4A8232D2F622CF7F
12	newlogin	0x4C4879F0B461E04C814571AB19B68D
13	NT AUTHORITY\SYSTEM	0x0101000000000005120000000
14	NT Service\MSSQLSERVER	0x010600000000000550000000E20F4FE7B15874E48E190..
15	NT SERVICE\ReportServer	0x010600000000000550000000214401ACF066EA3421873..

图 11-13　查看登录名信息

课堂实践 1

1. 操作要求

（1）使用 SSMS 创建“SQL Server 身份验证”登录名“testsql”，并查看其属性。

（2）使用 SSMS 删除登录名“testsql”。

（3）使用 T-SQL 语句创建“Windows 身份验证”登录名（对应的 Windows 用户为 testwin）。

（4）使用 T-SQL 语句查看所创建的登录名“testwin”的属性。

（5）使用 T-SQL 语句删除登录名“testwin”。

2. 操作提示

（1）根据需要，在操作系统环境中创建对应的用户。

（2）通过改变验证模式验证所创建的登录名。

11.3　用户管理

任务 2	在 SQL Server 2012 中使用“SQL Server Management Studio”和 T-SQL 语句实现数据库用户的管理。

用户使用登录名登录后，如果需要访问数据库对象，则需要对该数据库对象有相应的权限。登录名本身并不提供访问数据库对象的用户权限，一个登录名必须与每个数据库中的一个数据库用户 ID 相关联后，再用这个数据库用户 ID 连接的用户才能访问数据库中的对象。如果登录名没有与数据库中的任何数据库用户 ID 显式关联，则自动与 Guest 用户 ID 相关联。

如果数据库没有Guest用户账户，则该登录名将不能访问该数据库。

在SQL Server 2012中，登录名和数据库用户是SQL Server进行权限管理的两种不同的对象。一个登录名可以与服务器上的所有数据库进行关联，而数据库用户是一个登录名在某个数据库用户中的映射，也就是说，一个登录名可以映射到不同的数据库，产生多个数据库用户，而一个数据库用户只能映射到一个登录名。

【提示】

- 数据库用户ID在定义时必须与一个登录名相关联。
- 数据库用户是定义在数据库层次的安全控制手段。

11.3.1 使用SSMS管理数据库用户

在SQL Server 2012中可以通过SSMS和T-SQL语句对数据库用户进行管理。

1. 新建数据库用户

【任务2-1】 创建与“newlogin”登录名对应的数据库用户newuser。

（1）启动SQL Server Management Studio，在“对象资源管理器”中依次展开【数据库】节点、【WebShop】节点、【安全性】节点。

（2）右击【用户】节点，选择“新建用户”选项，如图11-14所示。

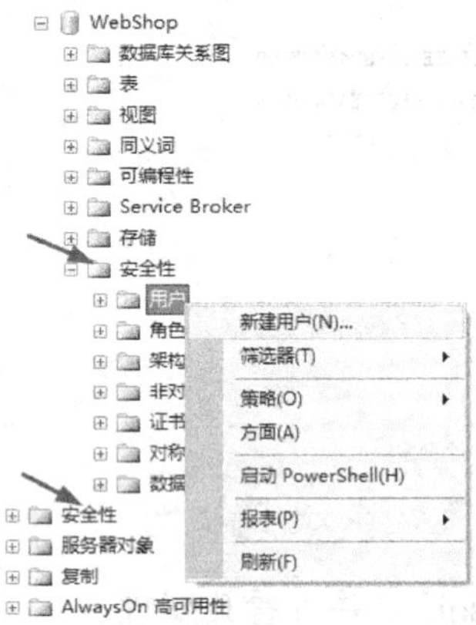

图11-14 选择“新建用户”选项

（3）打开“数据库用户-新建”对话框，如图11-15所示，进行如下设置。

① 输入数据库用户名“newuser”。

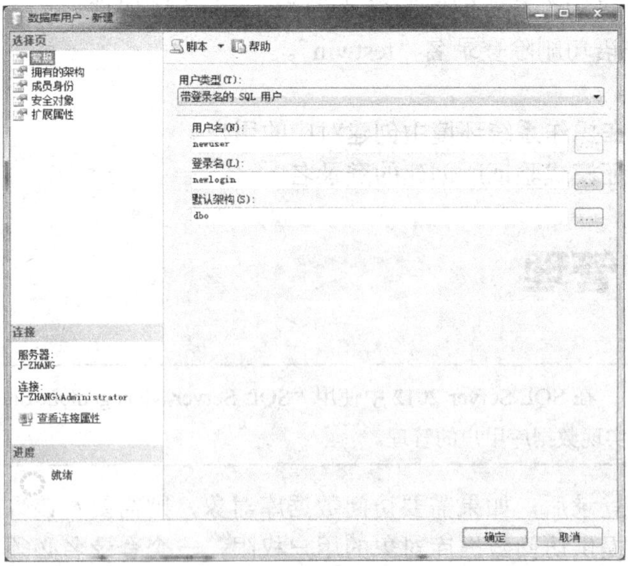

图11-15 “数据库用户-新建”对话框

② 指定对应的登录名“newlogin”：单击[...]按钮，打开“选择登录名”对话框，如图 11-16 所示。单击【浏览】按钮，打开“查找对象”对话框，选择对应的登录名 newlogin，如图 11-17 所示。

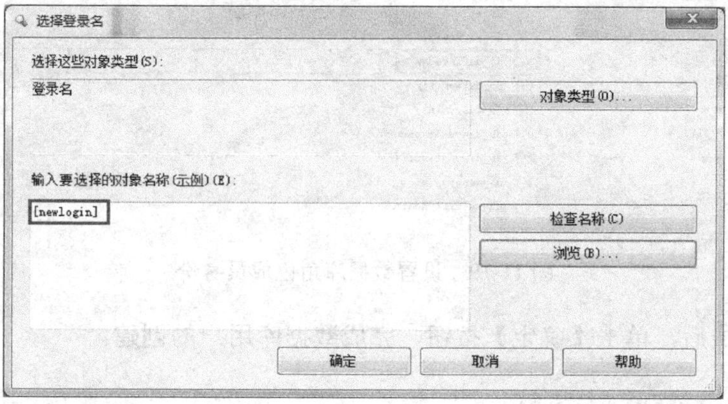

图 11-16 “选择登录名”对话框

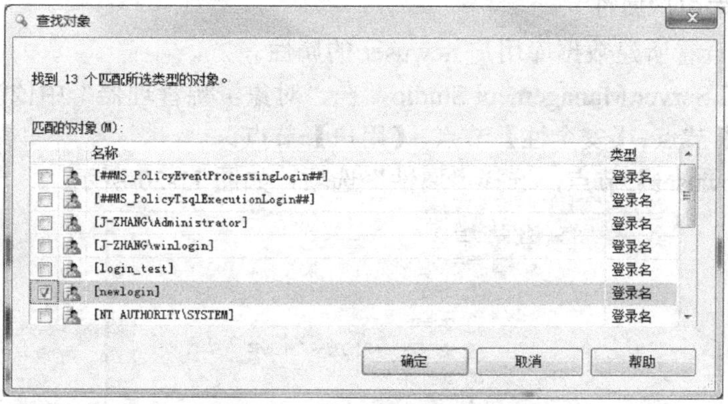

图 11-17 “查找对象”对话框

③ 设置用户拥有的架构，如图 11-18 所示。

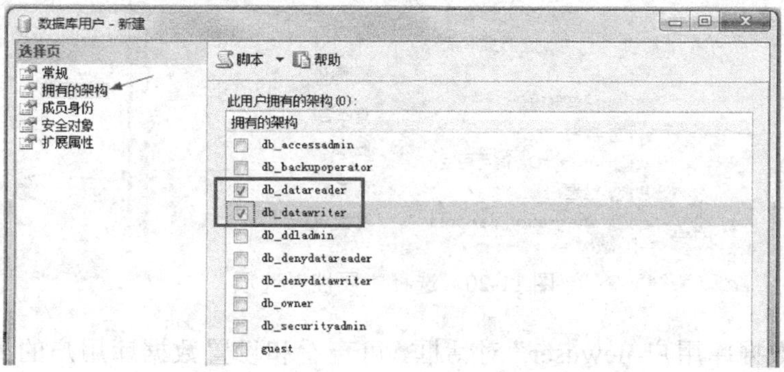

图 11-18 设置用户拥有的架构

④ 设置数据库角色成员身份，如图 11-19 所示。

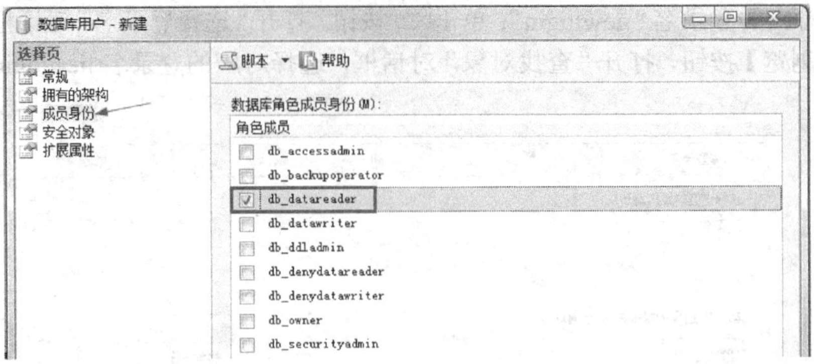

图 11-19　设置数据库角色成员身份

（4）设置完成后，单击【确定】按钮，完成数据库用户的创建。

【提示】

- 数据库用户和登录名位于不同的安全层次，如图 11-14 所示。
- 数据库用户必须和一个登录名相关联。

2．查看数据库用户属性

【任务 2-2】 查看所建数据库用户 newuser 的属性。

（1）启动 SQL Server Management Studio，在“对象资源管理器”中依次展开【数据库】节点、【WebShop】节点、【安全性】节点、【用户】节点。

（2）右击【newuser】节点，选择“属性”选项，如图 11-20 所示。

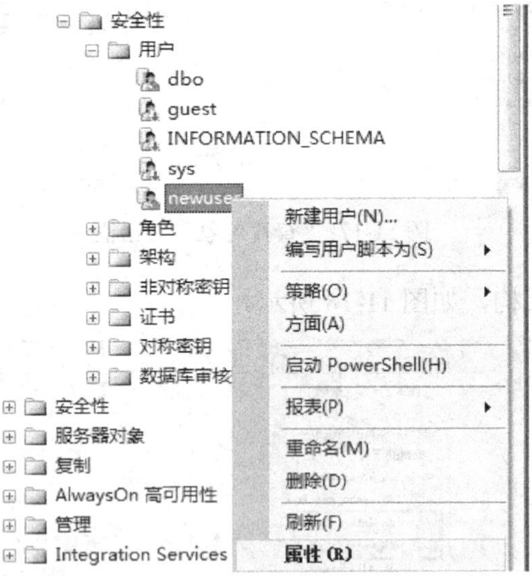

图 11-20　选择“属性”选项

（3）打开“数据库用户-newuser”对话框，可查看和设置数据库用户的属性，如图 11-21 所示。

3．删除数据库用户

在如图 11-20 所示的右键快捷菜单中选择“删除”选项即可删除指定的数据库用户。

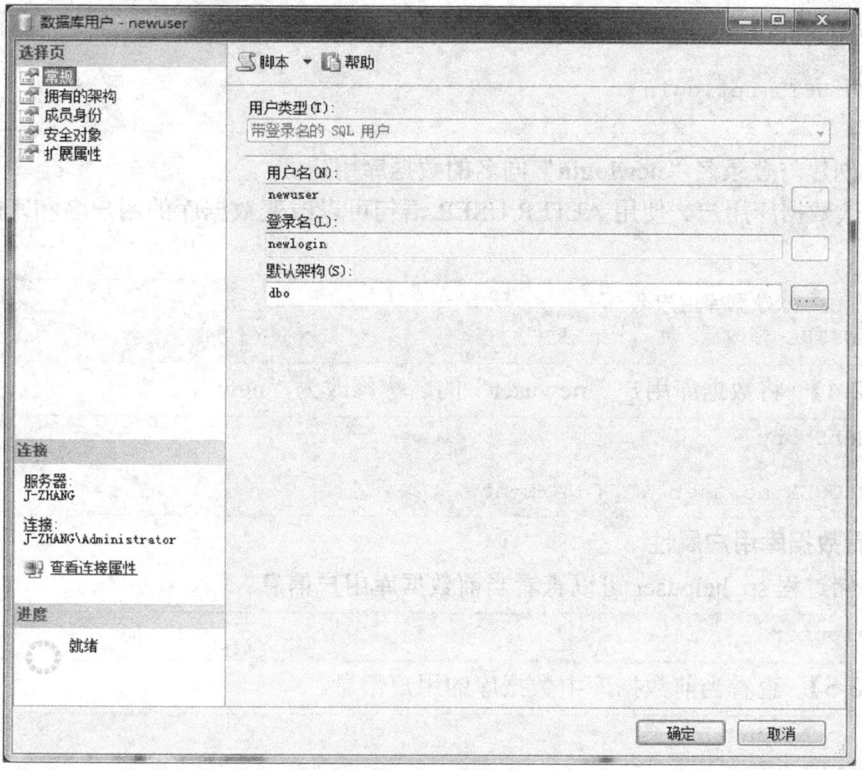

图 11-21　查看 newuser 的属性

11.3.2　使用 T-SQL 管理数据库用户

SQL Server 2012 中提供了 CREATE USER、ALTER USER 和 DROP USER 语句进行数据库用户的创建、修改和删除操作。以前版本使用的管理数据库用户的系统存储过程在 SQL Server 2012 中仍然支持，但不建议使用。

1. 新建和修改数据库用户

（1）创建数据库用户。使用 CREATE USER 可以添加数据库用户，基本语句格式如下所示。

```
CREATE USER 数据库用户名  [ { FOR | FROM }
    {
      LOGIN 登录名
    }
    | WITHOUT LOGIN
  ]
```

【任务 2-3】 创建与登录名“newlogin”关联的数据库用户。

创建名称为“newuser”的数据库用户，完成语句如下所示。

```
USE WebShop
GO
CREATE USER newuser
FOR LOGIN newlogin
GO
```

创建与登录名同名的数据库用户，完成语句如下所示。

```
USE WebShop
GO
CREATE USER newlogin
GO
```

该语句创建与登录名“newlogin”同名的数据库用户。

（2）修改数据库用户。使用 ALTER USER 语句可以改变数据库的用户名和密码，基本语句格式如下。

```
ALTER USER 数据库用户名
     WITH <修改项> [ ,…n ]
```

【任务 2-4】 将数据库用户“newuser”的名称修改为“new”。

```
USE WebShop
GO
ALTER USER newuser WITH NAME=new
```

2. 查看数据库用户属性

使用存储过程 sp_helpuser 可以查看当前数据库用户信息。

```
sp_helpuser
```

【任务 2-5】 查看当前数据库中数据库的用户信息。

```
EXEC sp_helpuser
GO
```

该语句运行结果如图 11-22 所示。

	UserName	RoleName	LoginName	DefDBName	DefSchemaName	UserID	SID
1	dbo	db_owner	sa	master	dbo	1	0x01
2	guest	public	NULL	NULL	guest	2	0x00
3	INFORMATION_SCHEMA	public	NULL	NULL	NULL	3	NULL
4	new	public	newlogin	master	dbo	5	0x267CA0B3F513EC48AD1D9E
5	sys	public	NULL	NULL	NULL	4	NULL
6	winuser	public	J-ZHANG\winlogin	master	dbo	6	0x010500000000000515000C

图 11-22 WebShop 数据库用户属性

3. 删除数据库用户

使用 DROP USER 语句可以删除数据库用户，基本语句格式如下所示。

```
DROP USER 数据库用户名
```

【任务 2-6】 从 WebShop 数据库中删除创建的数据库用户“new”。

```
USE WebShop
GO
DROP USER new
```

【提示】

- 不能从数据库中删除拥有安全对象的用户。
- 不能删除 guest 用户。
- 删除时如果出现“消息 15138，级别 16，状态 1，第 1 行，数据库主体在该数据库中拥有架构，无法删除”，则应使用 ALTER AUTHORIZATION 语句将该数据库用户对应的架构赋给其他用户，再执行删除操作，有关架构的详细内容见 11.6 节。

课堂实践 2

1. 操作要求

（1）使用 SSMS 创建与登录名“testsql”对应的数据库用户“sqluser”，并查看其属性。
（2）使用 SSMS 删除数据库用户“sqluser”。
（3）使用 T-SQL 语句创建与登录名“testwin”对应的数据库用户“winuser”。
（4）将数据库用户“winuser”修改为“win”。
（5）使用 T-SQL 语句查看 WebShop 数据库中数据库用户的信息。
（6）使用 T-SQL 语句删除数据库用户“win”。

2. 操作提示

（1）数据库用户必须与登录名对应。
（2）注意数据库用户名称和密码的指定。

11.4　角色管理

任务 3　在 SQL Server 2012 中使用“SQL Server Management Studio”和 T-SQL 语句实现角色的管理。

11.4.1　服务器角色

当一组登录账户对登录服务器具有相同的访问权限时，对每个账户做单独设置是很繁杂的，因此 SQL Server 2012 中提供了“角色”这个概念，用于对一组用户进行管理。登录账户和服务器角色类似于 Windows 的用户和组的概念。在 SQL Server 2012 中设置角色的目的就是将具有相同访问权限的登录账户集中管理，对于登录账户而言，有服务器角色与之对应。可以通过 SSMS 和 T-SQL 语句管理固定服务器角色。

1. 固定服务器角色

SQL Server 2012 提供了 9 个固定的服务器角色，如表 11-2 所示。固定服务器角色的每个成员都可以向其所属角色添加其他登录名。

表 11-2　固定服务器角色

固定服务器角色	说　明	功 能 描 述
bulkadmin	BULK INSERT 操作员	可以执行 BULK INSERT（大容量插入）语句
dbcreator	数据库创建者	可以创建、更改、删除和还原任何数据库
diskadmin	磁盘管理员	可以管理磁盘文件
processadmin	进程管理员	可以管理在 SQL Server 中运行的进程

续表

固定服务器角色	说　明	功 能 描 述
public	公共管理员	每个 SQL Server 登录名均属于 public 服务器角色。如果未向某个服务器主体授予或拒绝对某个安全对象的特定权限，该用户将继承授予该对象的 public 角色的权限
securityadmin	安全管理员	管理登录名及其属性；可以 GRANT、DENY 和 REVOKE 服务器级权限和数据库级权限，也可以重置 SQL Server 登录名的密码
serveradmin	服务器管理员	可以设置服务器范围的配置选项和关闭服务器
setupadmin	安装程序管理员	可以添加和删除链接服务器，也可以执行某些系统存储过程
sysadmin	系统管理员	可以在服务器中执行任何活动；默认情况下，Windows BUILTIN\Administrators 组（本地管理员组）的所有成员都是 sysadmin 固定服务器角色的成员

2．设置服务器角色

【任务 3-1】 使用 SQL Server Management Studio，将登录名“newlogin”添加到“sysadmin”固定服务器角色中。

（1）启动 SQL Server Management Studio，在“对象资源管理器”中依次展开【安全性】节点、【服务器角色】节点。

（2）右击【sysadmin】节点，选择“属性”选项，如图 11-23 所示。

图 11-23　选择查看 sysadmin 的属性

（3）打开服务器角色属性-sysadmin 对话框，如图 11-24 所示，进行如下设置。

① 单击【添加】按钮，打开“选择登录名”对话框，从中选择要添加到 sysadmin 服务器角色中的登录名。

② 单击【删除】按钮，可以将选定的登录名从该服务器角色中删除。

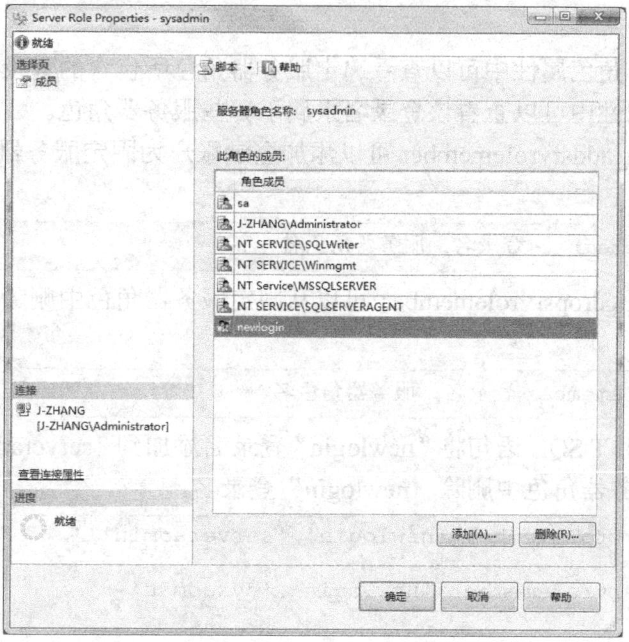

图 11-24　查看 sysadmin 的属性

【提示】

- 角色类似于 Windows 操作系统中的组的概念。
- 当将登录添加到固定服务器角色中时，该登录将得到与此角色相关的权限。
- 不能更改 sa 登录用户和 public 的角色成员身份。

3．查看登录所属服务器角色

查看登录所属服务器角色，请参阅“查看登录属性”。在【任务3-1】完成后，登录名“newlogin”所属服务器角色（这里为 public 和 sysadmin）情况如图 11-25 所示。

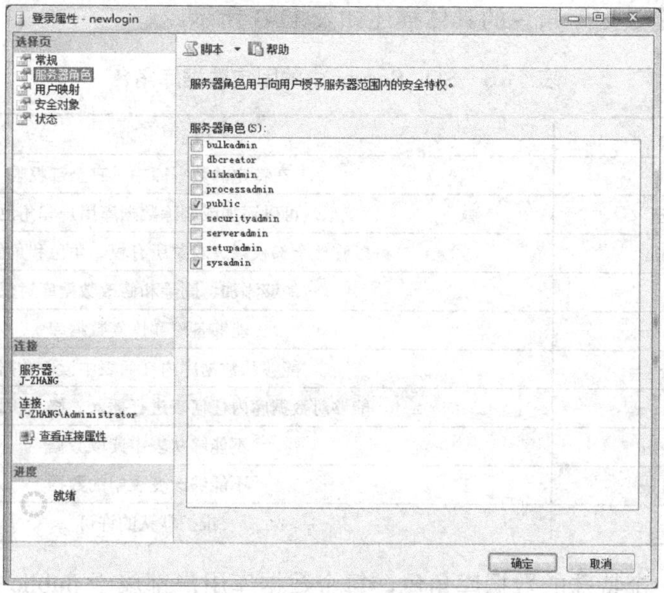

图 11-25　查看登录属性

【提示】

- 在固定服务器角色属性中可以查看选定服务器角色所包含的登录名。
- 在登录名的属性中可以查看该登录名隶属于哪些服务器角色。

使用存储过程 sp_addsrvrolemember 可以添加登录账户为固定服务器角色的成员，基本语句格式如下所示。

```
sp_addsrvrolemember 登录名，服务器角色名
```

使用存储过程 sp_dropsrvrolemember 可以从固定服务器角色中删除登录账户，基本语句格式如下。

```
sp_dropsrvrolemember 登录名，服务器角色名
```

【任务 3-2】 使用 T-SQL 语句将“newlogin”登录名添加到“serveradmin”服务器角色中，并从“sysadmin”服务器角色中删除“newlogin”登录名。

```
EXEC sp_addsrvrolemember 'newlogin','serveradmin'
GO
EXEC sp_dropsrvrolemember 'newlogin','sysadmin'
GO
```

11.4.2 数据库角色

如同 SQL Server 的登录名隶属于服务器角色一样，数据库用户也归属于数据库角色。用户可以通过 SSMS 和 T-SQL 语句管理数据库角色。

1．固定数据库角色

SQL Server 2012 共提供了 10 个固定数据库角色。在使用 SQL Server 时可将任何有效的用户账户（Windows 用户或组，或 SQL Server 用户或角色）添加为固定数据库角色成员，每个成员都获得所属的固定数据库角色的权限。固定数据库角色的任何成员都可将其他用户添加到角色中，固定数据库角色的具体描述如表 11-3 所示。

表 11-3　SQL Server 中的固定数据库角色

固定数据库角色	描　述
db_owner	在特定的数据库中具有全部权限
db_accessadmin	可以添加或删除数据库用户和角色
db_securityadmin	可以管理全部权限、对象所有权、角色和角色成员资格
db_ddladmin	能够添加、删除和修改数据库对象
db_backupoperator	能够备份和恢复数据库
db_datareader	能够从数据库内任何表中读取数据
db_datawriter	能够对数据库内任何表进行插入、修改和删除操作
db_denydatareader	不能够从表中读取数据
db_denydatawriter	不能够改变表中的数据
public	维护默认的许可

public 角色是一个特殊的数据库角色，每个数据库用户都属于 public 数据库角色。public 数据库角色包含在每个数据库中，包括 master、msdb、tempdb、model 和所有用户数据库。

在进行安全规划时，如果想让数据库中的每个用户都能具有某个特定的权限，则应将该权限指派给 public 角色。同时，如果没有给用户专门授予某个对象的权限，则只能使用指派给 public 角色的权限。

【提示】

- public 数据库角色不能被删除。
- 数据库角色在数据库级别上被定义，存于数据库之内。

【任务 3-3】 查看固定数据库角色 db_datawriter 的属性，并将数据库用户 newuser 添加到该角色中。

（1）启动 SQL Server Management Studio，在“对象资源管理器”中依次展开【数据库】节点、【WebShop】节点、【安全性】节点、【角色】节点、【数据库角色】节点。

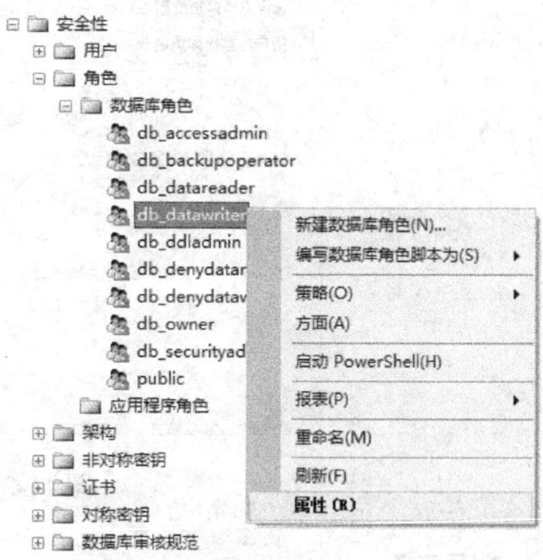

图 11-26　选择查看“db_datawriter”的属性

（2）右击【db_datawriter】节点，选择“属性”选项，如图 11-26 所示。

（3）打开“数据库角色属性- db_datawriter”对话框，如图 11-27 所示，进行如下设置。

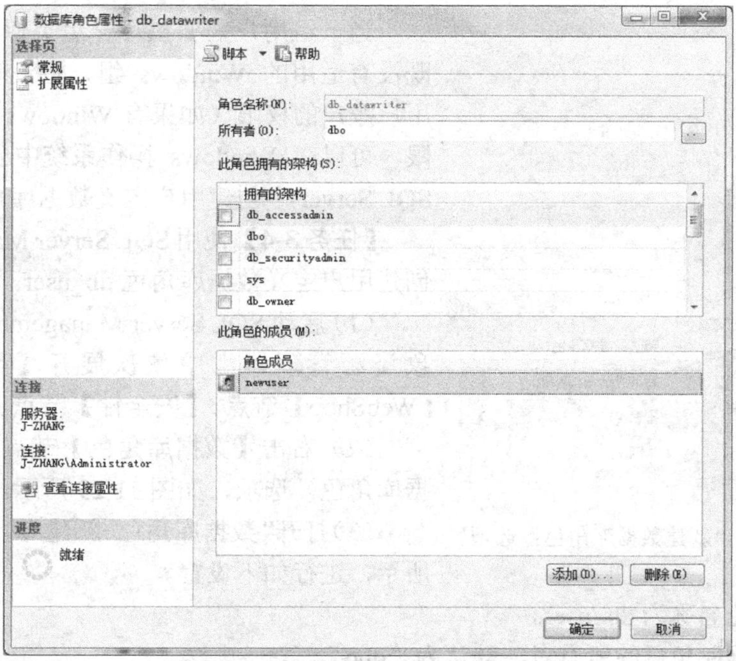

图 11-27　查看 db_datawriter 的属性

① 单击【添加】按钮，打开“选择数据库用户或角色”对话框，单击【浏览】按钮，选择指定的登录名 newuser，如图 11-28 所示。

② 单击【删除】按钮，从数据库角色中删除选定的登录名。

（4）单击【确定】按钮，将数据库用户“newuser”添加到“db_datawriter”数据库角色中。

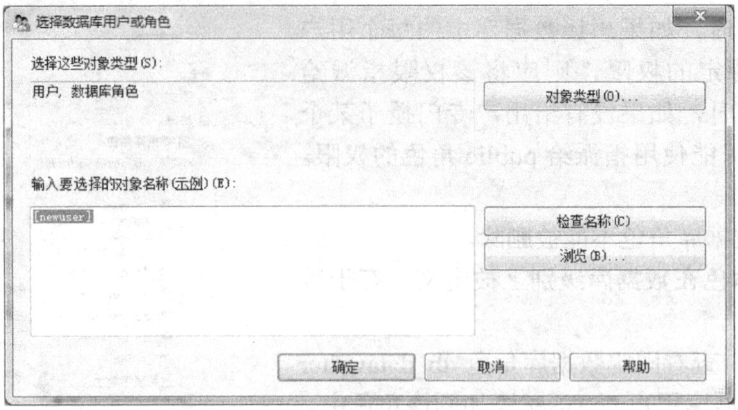

图 11-28　选择数据库用户 newuser

【提示】

● 在将数据库用户添加到固定数据库角色中时，该数据库用户将得到与此数据库角色相关的权限。

● 固定数据库角色不能被添加、修改和删除。

2. 用户定义数据库角色

当一组用户需要执行一组类似的活动时，如果既没有适用的 Windows 组，也没有管理 Windows 用户账户的权限（如果有 Windows 用户账户管理权限，可以在 Windows 操作系统中创建组），可以在 SQL Server 中创建用户定义数据库角色。

【任务 3-4】使用 SQL Server Management Studio 创建用户定义数据库角色 db_user。

（1）启动 SQL Server Management Studio，在“对象资源管理器”中依次展开【数据库】节点、【WebShop】节点、【安全性】节点、【角色】节点。

（2）右击【数据库角色】节点，选择“新建数据库角色”选项，如图 11-29 所示。

图 11-29　选择“新建数据库角色”选项

（3）打开“数据库角色-新建”对话框，如图 11-30 所示，进行如下设置。

① 输入角色名称为 db_user。

② 指定数据库角色的所有者，默认为“dbo”。

③ 指定此角色拥有的架构。

④ 添加此角色的成员 newuser。

（4）单击【确定】按钮，完成数据库角色的创建。

要查看用户定义数据库角色的属性或删除用户定义数据库角色，应右击特定的用户定义数据库角色，选择“属性”或“删除”选项，如图 11-31 所示。

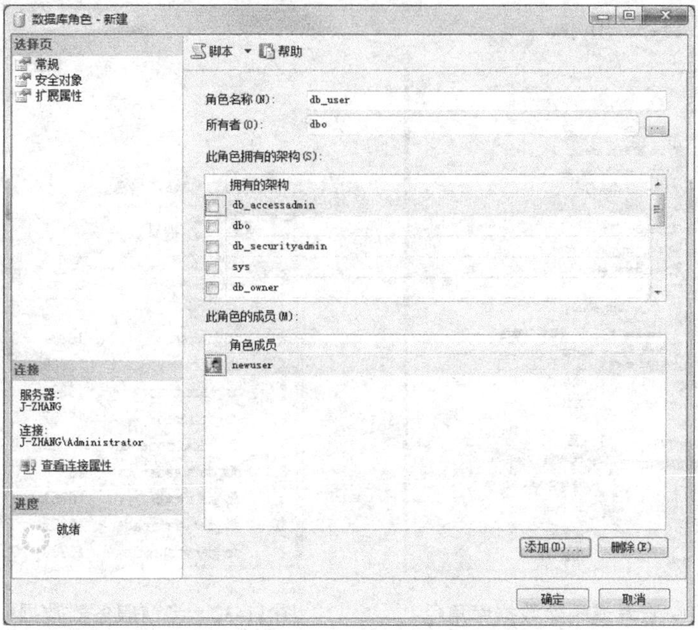

图 11-30　新建数据库角色

使用 CREATE ROLE 语句可以在当前数据库中创建新的用户定义数据库角色，其基本语句格式如下所示。

```
CREATE ROLE 角色名 [ AUTHORIZATION 所有者名]
```

使用存储过程 sp_addrolemember 可以为当前数据库中的数据库角色添加数据库用户。

```
sp_addrolemember 角色名,账户名
```

【任务 3-5】 使用 T-SQL 语句在 WebShop 数据库中创建用户定义数据库角色“db_user”，并将所建的数据库用户“newuser”添加到该角色中。

```
USE WebShop
GO
CREATE ROLE db_user
GO
EXEC sp_addrolemember 'db_user', 'newuser'
GO
```

使用 ALTER ROLE 语句可以修改当前数据库中的数据库角色，基本语句格式如下所示。

```
ALTER ROLE 角色名 WITH NAME = 新名称
```

使用 DROP ROLE 语句可以删除当前数据库中的数据库角色，基本语句格式如下所示。

```
DROP ROLE 角色名
```

使用 sp_helprole 可以查看数据库角色的详细信息，基本语句格式如下所示。

```
sp_helprole [角色名 ]
```

【任务 3-6】 查看当前服务器中数据库角色的情况。

```
sp_helprole
```

运行结果如图 11-32 所示。

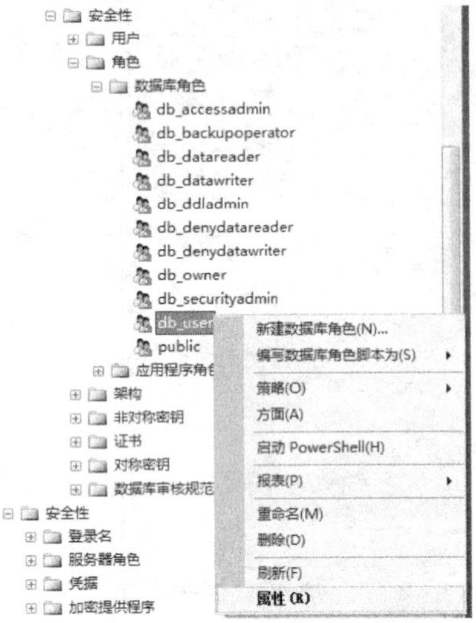

图 11-31　查看或删除数据库角色

	RoleName	RoleId	IsAppRole
1	public	0	0
2	db_user	6	0
3	db_owner	16384	0
4	db_accessadmin	16385	0
5	db_securityadmin	16386	0
6	db_ddladmin	16387	0
7	db_backupoperator	16389	0
8	db_datareader	16390	0
9	db_datawriter	16391	0
10	db_denydatareader	16392	0
11	db_denydatawriter	16393	0

图 11-32　当前服务器数据库角色信息

【提示】

- 如果要查看与角色关联的权限，则应使用 sp_helprotect 存储过程。
- 如果要查看数据库角色的成员，则应使用 sp_helprolemember 存储过程。

11.4.3　应用程序角色

应用程序角色是一个数据库主体，它使应用程序能够用其自身的、类似用户的特权来运行。使用应用程序角色，只允许通过特定应用程序连接的用户访问特定数据。与数据库角色不同的是，应用程序角色默认情况下不包含任何成员，而且是非活动的。应用程序角色使用两种身份验证模式，可以使用 sp_setapprole 来激活，并且需要密码。因为应用程序角色是数据库级别的主体，所以它们只能通过其他数据库中授予 guest 用户账户的权限来访问这些数据库。因此，任何已禁用 guest 用户账户的数据库对其他数据库中的应用程序角色都是不可以访问的。此外，通过应用程序角色获得的权限在连接期间始终有效。

应用程序角色切换安全上下文的过程如下。

（1）用户执行客户端应用程序。

（2）客户端应用程序作为用户连接到 SQL Server。

（3）应用程序用一个只有它才知道的密码执行 sp_setapprole 存储过程。

（4）如果应用程序角色名称和密码都有效，则激活应用程序角色。

（5）连接将失去用户权限，而获得应用程序角色权限。

【提示】应用程序角色与标准角色有以下区别。

- 应用程序角色不包含成员。
- 默认情况下，应用程序角色是非活动的，需要用密码激活。
- 应用程序角色不使用标准权限。

应用程序角色允许应用程序（而不是 SQL Server）接管验证用户身份的责任。但是，SQL

Server 在应用程序访问数据库时仍需对其进行验证，因此应用程序必须提供密码，因为没有其他方法可以验证应用程序。

【任务 3-7】 用户 Liu 需要通过 WebShop 应用程序对数据库中的表 Goods 和 Orders 进行查询（SELECT）、修改（UPDATE）和添加（INSERT）操作，但该用户不能使用 SQL Server 提供的工具访问 Goods 表或 Orders 表。

(1)创建一个数据库角色 approle，该角色不具有对 Goods 和 Orders 表的 SELECT、INSERT 和 UPDATE 权限。

（2）将用户 Liu 添加为该 approle 数据库角色的成员。

（3）在数据库中创建对 Goods 表和 Orders 表具有 SELECT、INSERT 和 UPDATE 权限的应用程序角色。

（4）应用程序运行时，使用 sp_setapprole 提供密码激活应用程序，并获得访问 Goods 表和 Orders 表的指定权限。但是如果用户 Liu 尝试使用除该应用程序以外的任何其他工具登录到 SQL Server 实例，则将无法访问 Goods 表和 Orders 表。

课堂实践 3

1. 操作要求

（1）查看固定数据库角色 db_owner 的属性。

（2）将数据库用户 sqluser 添加到 db_owner 角色中。

（3）使用 T-SQL 语句在 WebShop 数据库中创建用户定义数据库角色“db_myuser”。

（4）将数据库用户“sqluser”添加到“db_myuser”角色中。

2. 操作提示

（1）不能创建和删除固定数据库角色，可以创建和删除用户定义数据库角色。

（2）一个数据库用户可以属于多个角色。

11.5　权限管理

任务 4	在 SQL Server 2012 中使用“SQL Server Management Studio”和 T-SQL 语句实现权限的管理。

权限用来指定授权用户可以使用的数据库对象，以及可以对这些数据库对象执行的操作。用户在登录到 SQL Server 服务器之后，其用户账号所归属的 NT 组或角色所被赋予的权限决定了该用户能够对哪些数据库对象执行哪种（查询、修改、插入和删除）操作。

11.5.1　权限类型

SQL Server 中包括三种类型的权限：默认权限、对象权限和语句权限。

1. 默认权限

默认权限是指系统安装以后固定服务器角色、固定数据库角色和数据库对象所有者具有的默认的权限。固定角色的所有成员自动继承角色的默认权限。

SQL Server 中包含很多对象，每个对象都有一个属主。一般情况下，对象的属主是创建该对象的用户。如果系统管理员创建了一个数据库，则系统管理员就是这个数据库的属主；如果用户 A 创建了一个表，用户 A 就是这个表的属主。默认情况下，系统管理员具有这个数据库的全部操作权限，用户 A 具有这个表的全部操作权限，这就是数据库对象的默认权限。

2. 对象权限

对象权限指的是基于数据库层次上的访问和操作权限。这里的对象包括表、视图、列和存储过程等。常用的对象权限包括查询（SELECT）、插入（INSERT）、修改（UPDATE）、删除（DELETE）和执行（EXECUTE）等。其中，前 4 个权限用于表和视图，执行权限用于存储过程。对象权限决定了能对表、视图等数据库对象执行哪些操作。对象权限及其适用对象如表 11-4 所示。

表 11-4　对象权限及其适用对象

序　号	权　　限	适 用 对 象
1	SELECT（查询）	表、列和视图
2	UPDATE（修改）	表、列和视图
3	REFERENCES（引用）	标量函数和聚合函数、表、列和视图
4	INSERT（插入）	表、列和视图
5	DELETE（删除）	表、列和视图
6	EXECUTE（执行）	过程、标量函数和聚合函数
7	RECEIVE（接受）	Service Broker 队列
8	VIEW DEFINITION（查看定义）	过程、Service Broker 队列、标量函数和聚合函数、表、视图
9	ALTER（修改）	过程、标量函数和聚合函数、Service Broker 队列、表、视图
10	TAKE OWNERSHIP（获取所有权）	过程、标量函数和聚合函数、表、视图
11	CONTROL（控制）	过程、标量函数和聚合函数、Service Broker 队列、表、视图

3. 语句权限

语句权限表示用户能否对数据库和数据库对象进行操作，语句权限应用于语句本身，而不是数据库对象。如果一个用户获得了某个语句的权限，该用户就具有了执行该语句的权限。需要进行权限设置的语句如表 11-5 所示。

表 11-5　需要进行权限设置的语句

序　　号	语　　句	含　　义
1	create database	允许用户创建数据库
2	create table	允许用户创建表
3	create view	允许用户创建视图
4	create rule	允许用户创建规则
5	create default	允许用户创建默认
6	create procedure	允许用户创建存储过程
7	create function	允许用户创建用户定义函数
8	backup database	允许用户备份数据库
9	backup log	允许用户备份事务日志

11.5.2 使用 SSMS 管理权限

【任务 4-1】 使用 SQL Server Management Studio 管理 Customers 表的权限。

（1）启动 SQL Server Management Studio，在“对象资源管理器”中依次展开【数据库】节点、【WebShop】节点、【表】节点。

（2）右击【Customers】节点，选择“属性”选项，打开表属性对话框，选择【权限】选项卡，如图 11-33 所示。

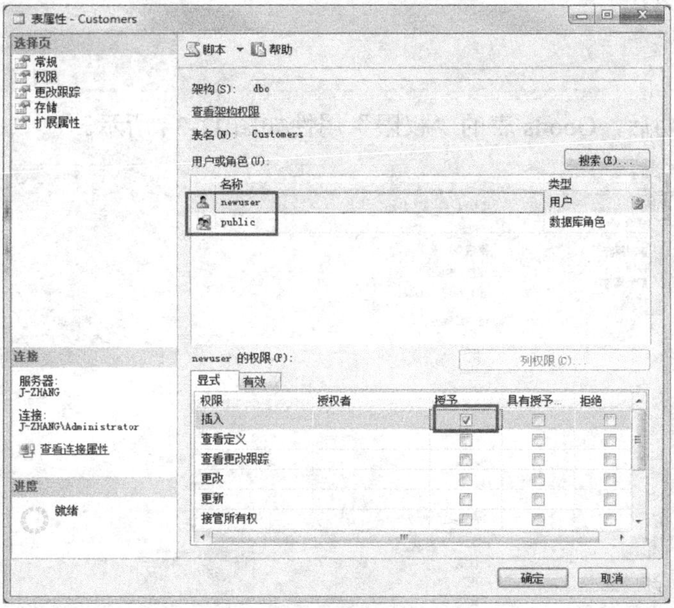

图 11-33 “权限”选项卡

（3）单击【搜索】按钮，打开“选择用户或角色”对话框，单击【浏览】按钮，选择匹配的对象（用户、数据库角色、应用程序角色）。

（4）选择指定的用户或角色（这里为 newuser 和 public），对特定的权限（ALTER、CONTROL 和 DELETE 等）设置【授予】、【具有授予权限】和【拒绝】等，如图 11-33 所示。

【提示】

- 视图、存储过程的权限管理与表的权限管理类似。
- “授予”、“具有授予权限”和“拒绝”权限在同一对话框中进行管理。

11.5.3 使用 T-SQL 语句管理权限

使用 T-SQL 语句 GRANT、DENY 和 REVOKE 可以实现对权限的管理。

1．使用 GRANT 授予权限

授予权限的基本语句格式如下所示。

```
GRANT <permission> ON <object >TO <user>
```

参数含义如下。

● permission：可以是相应对象的有效权限的组合。可以使用关键字 all（表示所有权限）来替代权限组合。

● object：被授权的对象，可以是表、视图、列或存储过程。

● user：被授权的一个或多个用户或组。

【任务 4-2】 使用 T-SQL 语句授予用户“newuser”对 WebShop 数据库中的 Goods 表的查询和删除权限。

```
USE WebShop
GO
GRANT SELECT,DELETE
ON Goods
TO newuser
GO
```

该语句运行成功后，Goods 表的“权限”属性如图 11-34 所示。

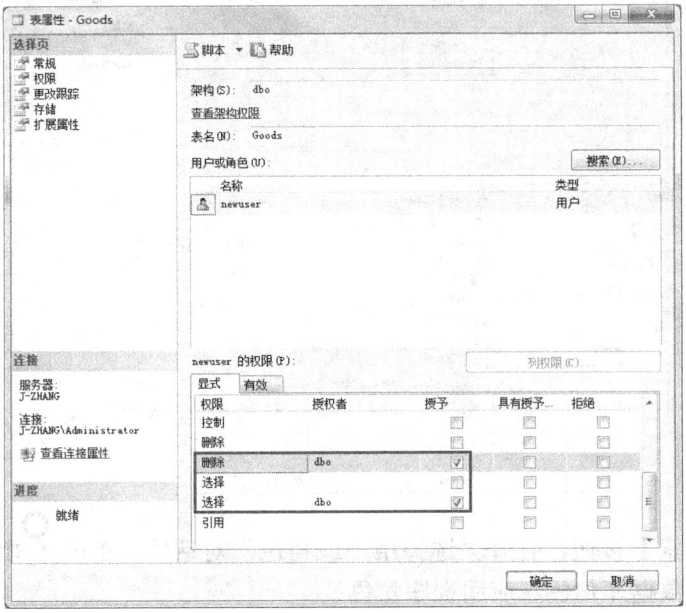

图 11-34　Goods 表权限属性（1）

2．使用 DENY 拒绝权限

拒绝权限的基本语句格式如下所示。

```
DENY <permission> ON <object >TO <user>
```

参数含义同 GRANT 语句。

【任务 4-3】 使用 T-SQL 语句拒绝用户“newuser”对 WebShop 数据库中的 Goods 表的插入和更新权限。

```
USE WebShop
GO
DENY INSERT,UPDATE
ON Goods
TO newuser
GO
```

该语句运行成功后，Goods 表的“权限”属性如图 11-35 所示。

3．使用 REVOKE 取消权限

```
REVOKE <permission> ON <object > FROM <user>
```

参数含义同 GRANT 语句。

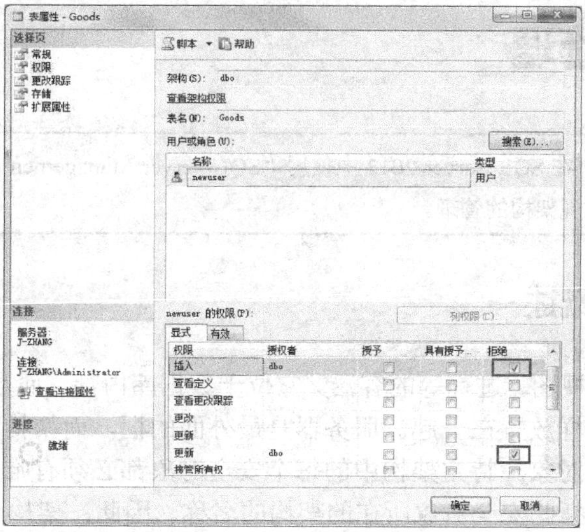

图 11-35　Goods 表权限属性（2）

【任务 4-4】 使用 T-SQL 语句取消用户“newuser”对 WebShop 数据库中的 Goods 表的删除权限。

```
USE WebShop
GO
REVOKE DELETE
ON Goods
FROM newuser
GO
```

该语句运行成功后，Goods 表的【权限】属性如图 11-36 所示。

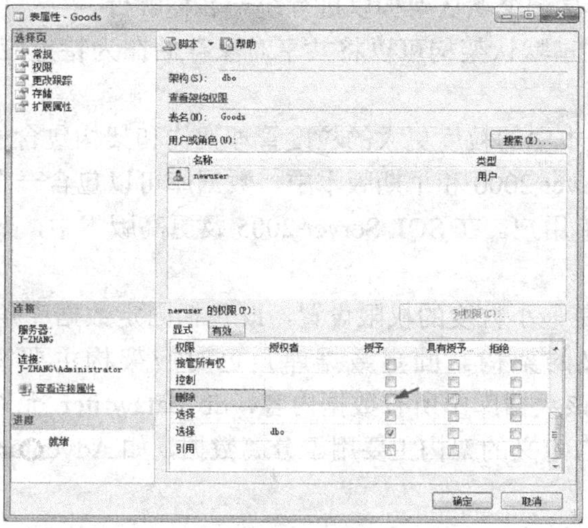

图 11-36　Goods 表权限属性（3）

【提示】

- 必须显式地指定用户对对象的“授予”、“具有授予权限”和“拒绝”权限。
- 用户获得“具有授予权限”表示用户可以将对应的权限授予其他对象。
- 改变对象的权限后，需要刷新对象才能查看其更改后的权限属性。

11.6 架构管理

任务 5	在 SQL Server 2012 中使用“SQL Server Management Studio”和 T-SQL 语句实现架构的管理。

11.6.1 架构概述

架构是指包含表、视图、过程等的容器。它位于数据库内部，而数据库位于服务器内部。这些实体就像嵌套框一样放置在一起。服务器是最外面的框，而架构是最里面的框。架构包含下面列出的所有安全对象。特定架构中的每个安全对象都必须有唯一的名称。架构中安全对象的完全指定名称包括此安全对象所在的架构的名称。因此，架构也是命名空间。在 SQL Server 2012 中，对象命名为“服务器.数据库.Schema.对象名”。

在 SQL Server 2012 中，架构独立于创建它们的数据库用户而存在。可以在不更改架构名称的情况下转让架构的所有权，从而实现用户和架构的分离。将架构与数据库用户分离对管理员和开发人员而言有下列好处。

① 多个用户可以通过角色成员身份或 Windows 组成员身份拥有一个架构。这扩展了允许角色和组拥有对象的用户熟悉的功能。

② 极大地简化了删除数据库用户的操作。

③ 删除数据库用户不需要重命名该用户架构所包含的对象。因而，在删除创建架构所含对象的用户后，不再需要修改和测试显式引用这些对象的应用程序。

④ 多个用户可以共享一个默认架构以进行统一名称解析。

⑤ 开发人员通过共享默认架构可以将共享对象存储在为特定应用程序专门创建的架构中，而不是 DBO 架构中。

⑥ 可以用比早期版本中的粒度更大的粒度管理架构和架构包含的对象的权限。

【提示】 在 SQL Server 2000 和早期版本中，数据库可以包含一个名为“架构”的实体，但此实体实际上是数据库用户。在 SQL Server 2005 及更高版本中，架构既是一个容器，又是一个命名空间。

数据库的架构应该是最小粒度的权限设置，既包括固定数据库角色对应的数据库架构，又可包括用户自身定义的架构。固定数据库角色对应架构主要涉及数据存取权限，如 db_datareader 允许读取该数据库中所有数据内容，db_datawriter 允许 UPDATE、INSERT、DELETE 操作等；用户自定义的架构主要用于分离数据，如 AdventureWorks 数据库中拥有下列表。

① Person.Address。

② Person.AddressType。

③ Person.Contact。

④ Person.ContactType。

⑤ Production.Culture。

⑥ Production.Document。

⑦ Production.BillOfMaterials。

⑧ Production.Location。

⑨ dbo.DatabaseLog。

⑩ dbo.ErrorLog。

对于只拥有 Production 架构的数据库用户来说，登录 Adventure 数据库只能看到前缀为 Production.的表，其他前缀的表隶属于其他架构，对当前用户不可见（除非拥有其他架构）。

11.6.2　使用 SSMS 管理架构

【任务 5-1】使用 SQL Server Management Studio 管理架构。

（1）启动 SQL Server Management Studio，在“对象资源管理器”中依次展开【数据库】节点、【WebShop】节点、【安全性】节点。

（2）右击【架构】节点，选择“新建架构”选项，如图 11-37 所示。

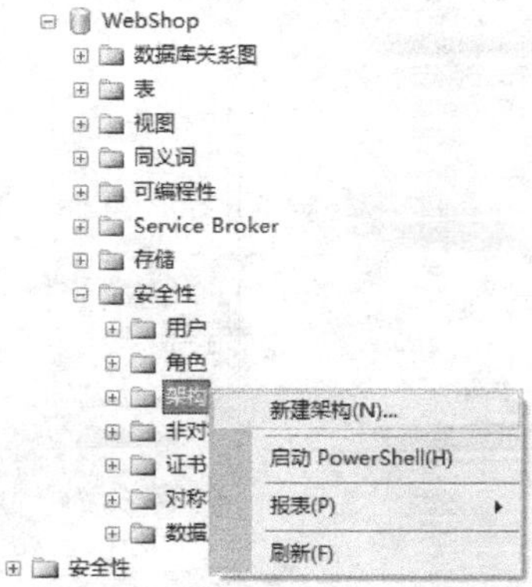

图 11-37　选择“新建架构”选项

（3）打开“架构-新建”对话框，选择【常规】选项卡，输入架构名称（如 newschema），单击【搜索】按钮，打开“搜索角色和用户”对话框，如图 11-38 所示。继续单击【浏览】按钮，打开“查找对象”对话框，如图 11-39 所示。选择用户（如 newuser）后，单击【确定】按钮，返回到“查找对象”对话框，继续单击【确定】按钮，返回到“搜索角色和用户”对话框，继续单击【确定】按钮，返回到“架构-新建”对话框，完成架构所有者的选择，如图 11-40 所示。

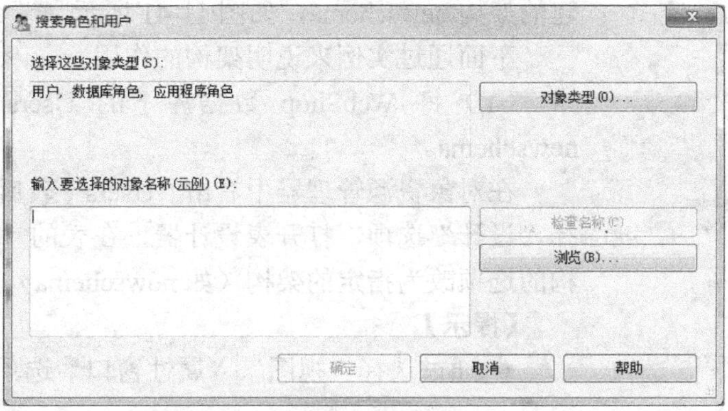

图 11-38　“搜索角色和用户”对话框

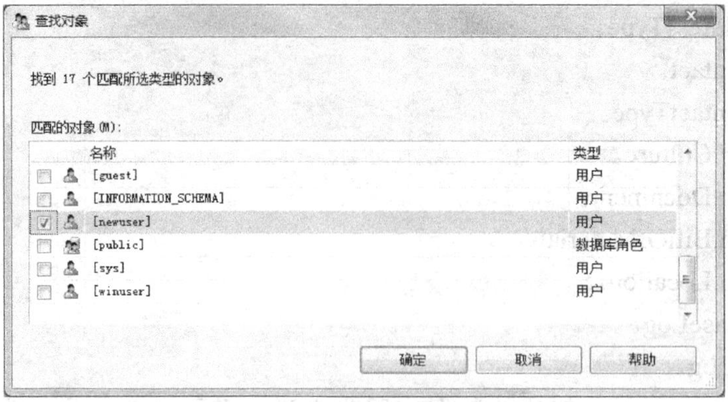

图 11-39 “查找对象”对话框

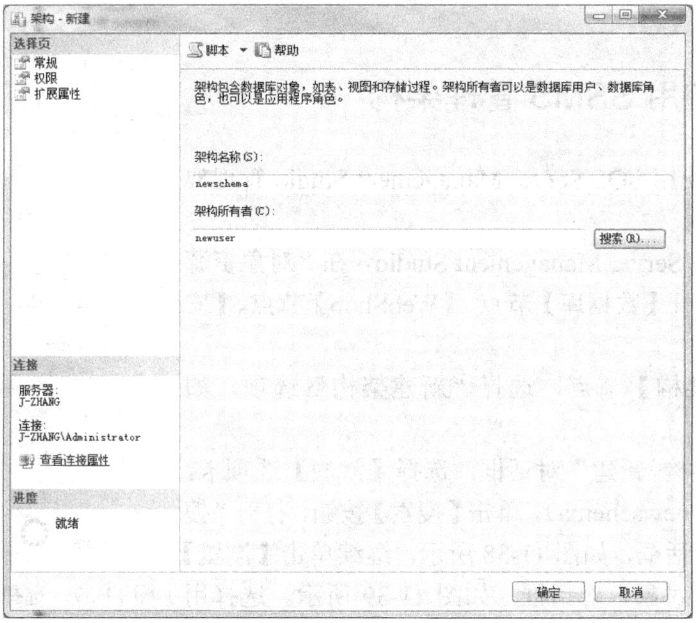

图 11-40 指定新建架构的属性

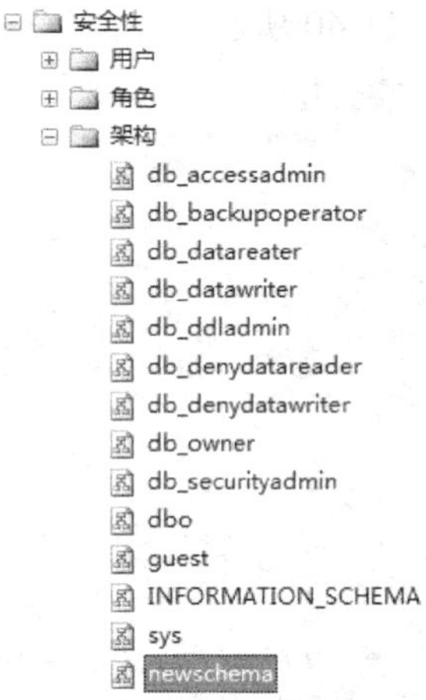

图 11-41 新建架构

（4）操作完成后，在“对象资源管理器”中能够查看到新建的架构 newschema，如图 11-41 所示。

下面通过实例来说明架构的作用。

（1）将 WebShop 数据库下的 Users 表的架构修改为 newschema。

在对象资源管理器中右击“Users”表后，在快捷菜单中选择“设计”选项，打开表设计器，在表的“属性”窗口中将架构的选项改为指定的架构（如 newschema），如图 11-42 所示。

【提示】

● 通过选择“视图”、“属性窗口”选项可以打开“属性”窗口。

- 更改现在表的架构时，会打开如图 11-43 所示的警告对话框。

修改完成后，刷新即可查看到 Users 表的架构已更改，如图 11-44 所示。

图 11-42　更改 Users 表的架构

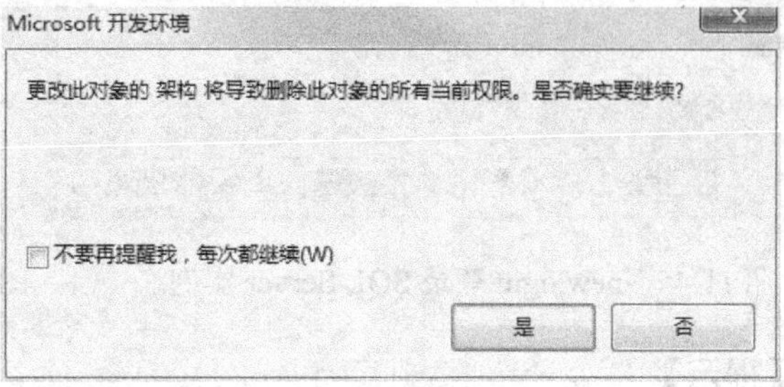

图 11-43　警告对话框

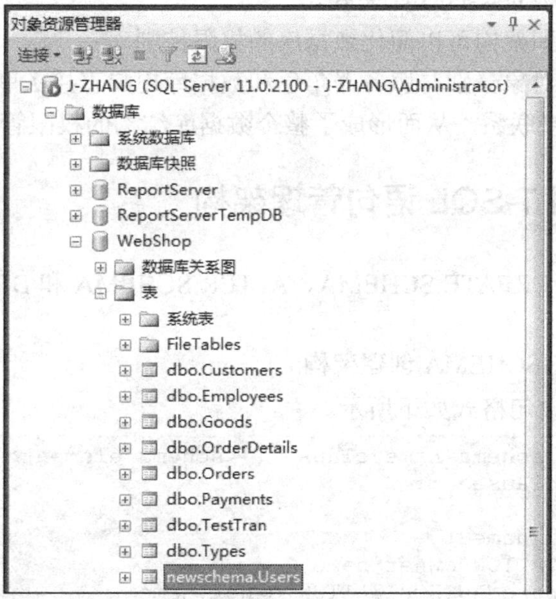

图 11-44　架构修改后的 Users 表

（2）以 newlogin 用户重新登录到 SQL Server 实例。

重新连接到 SQL Server 实例，输入登录名 newlogin，密码 123456，如图 11-45 所示。登录成功后，可以查看到 WebShop 数据库中只有一个数据表 newschema.Users，如图 11-46 所示。WebShop 数据库中的其他表由于不属于 newschema 架构，因此不能查看到。

图 11-45　newlogin 登录 SQL Server 实例

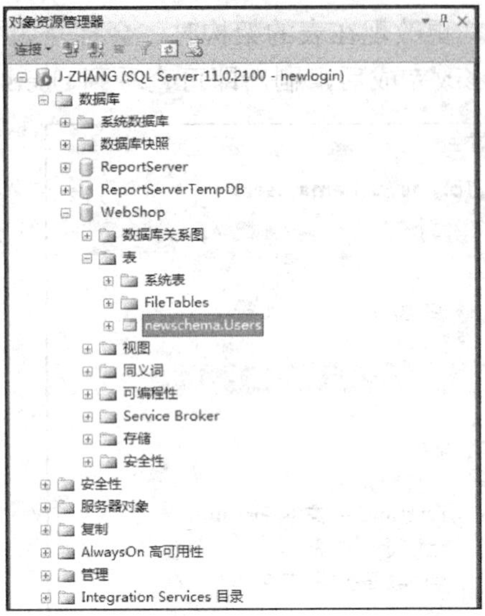

图 11-46　newlogin 登录后的 WebShop 数据库的表

【提示】

- 数据库用户 newuser 与登录名 newlogin 关联，newuser 为 newschema 的所有者，因此登录名 newlogin 与架构 newschema 关联。
- 合理使用角色和架构可以简化数据库的权限控制。
- 服务器登录名对象分别与服务器角色和数据库用户直接关联，而数据库用户与数据库角色、数据库架构直接联系，从而形成了整个数据库结构的权限管理。

11.6.3　使用 T-SQL 语句管理架构

使用 T-SQL 语句 CREATE SCHEMA、ALTER SCHEMA 和 DROP SCHEMA 可以实现对架构的管理。

1．使用 CREATE SCHEMA 创建架构

创建架构的基本语句格式如下所示。

```
CREATE SCHEMA schema_name_clause [ <schema_element> [ ...n ] ]
<schema_name_clause> ::=
    {
        schema_name
      | AUTHORIZATION owner_name
      | schema_name AUTHORIZATION owner_name
    }
<schema_element> ::=
    {
        table_definition | view_definition | grant_statement
        revoke_statement | deny_statement
    }
```

参数含义如下。

- schema_name：在数据库内标识架构的名称。
- AUTHORIZATION owner_name：指定将拥有架构的数据库级主体的名称。此主体还可

以拥有其他架构，并且可以不使用当前架构作为其默认架构。

● table_definition：指定在架构内创建表的 CREATE TABLE 语句。执行此语句的主体必须对当前数据库具有 CREATE TABLE 权限。

● view_definition：指定在架构内创建视图的 CREATE VIEW 语句。执行此语句的主体必须对当前数据库具有 CREATE VIEW 权限。

● grant_statement：指定可对除新架构之外的任何安全对象授予权限的 GRANT 语句。

● revoke_statement：指定可对除新架构之外的任何安全对象撤销权限的 REVOKE 语句。

● deny_statement：指定可对除新架构之外的任何安全对象拒绝授予权限的 DENY 语句。

【任务 5-2】使用 T-SQL 语句创建名称为 myschema 的架构，其所有者为登录名 newuser。

```
USE WebShop
GO
CREATE SCHEMA myschema
AUTHORIZATION newuser
```

2．使用 ALTER SCHEMA 修改架构

修改架构的基本语句格式如下所示。

```
ALTER SCHEMA 新架构 TRANSFER 旧架构.对象名称
```

【任务 5-3】 使用 T-SQL 语句将 WebShop 数据库下的 Users 表的架构更改为 dbo。

```
ALTER SCHEMA dbo TRANSFER newschema.Users
```

3．使用 DROP SCHEMA 删除架构

删除架构的基本语句格式如下所示。

```
DROP SCHEMA 架构名
```

【任务 5-4】使用 T-SQL 语句删除架构 myschema。

```
DROP SCHEMA myschema
```

【提示】

● 删除架构时必须保证架构中没有对象。

● 修改和删除架构时要求对架构具有 CONTROL 权限，或者对数据库具有 ALTER ANY SCHEMA 权限。

课堂实践 4

1．操作要求

（1）使用 SSMS 授予数据库用户“sqluser”对 Goods 表的查询权限。

（2）查看 Goods 表的权限属性。

（3）使用 T-SQL 语句授予数据库用户“sqluser”对 Orders 表的插入和修改权限，并查看授权后的 Orders 表的权限属性。

（4）使用 T-SQL 语句拒绝数据库用户“sqluser”对 Orders 表的删除权限，并查看授权后的 Orders 表的权限属性。

（5）使用 T-SQL 语句取消数据库用户“sqluser”对 Orders 表的修改权限，并查看授权后的 Orders 表的权限属性。

2．操作提示

（1）权限更改后，自行进行权限的测试。

（2）SQL Server 的安全体系为一个层次型的体系，请注意各安全层次间的关系。

小结与习题

本章学习了如下内容：

（1）数据库安全概述。

（2）登录管理，包括验证模式、使用 SSMS 管理登录名、使用 CREATE LOGIN 创建登录名、使用 ALTER LOGIN 修改登录名、使用 DROP LOGIN 删除登录名、使用 sp_helplogins 查看登录名信息。

（3）用户管理，包括使用 SSMS 管理数据库用户、使用 CREATE USER 创建数据库用户、使用 ALTER USER 修改数据库用户、使用 DROP USER 删除数据库用户、使用 sp_helpuser 查看用户信息。

（4）角色管理，包括固定服务器角色的管理、固定数据库角色的管理、用户数据库角色的管理、应用程序角色的管理、使用 sp_helprole 查看角色信息。

（5）权限管理，包括权限类型、使用 SSMS 管理权限、使用 GRANT 授予权限、使用 DENY 拒绝权限、使用 REVOKE 取消权限。

一、选择题

1．安装 SQL Server 2012 时创建的系统管理员账号名称是________。

2．使用________存储过程可以查询登录账户的信息，使用________存储过程可以查询数据库用户的信息。

3．可以创建、更改、删除和还原任何数据库的固定数据库角色是________。

4．使用 T-SQL 语句________可以给指定的对象授予权限。

二、选择题

1．一个用户试图用查询分析器连接到 SQL Server 上。服务器使用 Windows 验证模式，用户需要在登录名和口令框中填写______才能被验证成功，获得访问权。

A．Windows 账号和口令

B．什么也不用填

C．SQL Server 账号和口令

D．以上的选项都行

2．SQL Server 2012 系统提供了______个固定的服务器角色。

A．9　　B．7　　C．8　　D．10

3．在数据库层次进行安全控制的是______。

A．服务器角色　　B．数据库角色　　C．应用程序角色　　D．用户定义角色

4．SQL Server 服务器登录账户默认的数据库角色为_________。

A．PUBLIC　　B．DB_OWNER

C．DB_ACCESSADMIN　　D．DB_SECURITYADMIN

5．下列不属于 SQL Server 中权限类型的是__________。

A．默认权限　　B．对象权限　　C．语句权限　　D．用户定义权限

三、简答题

1．SQL Server 2012 中采用了哪些安全措施以实现数据库的安全管理？

2．举例说明登录名和数据库用户之间的关系。

3．SQL Server 2012 中固定数据库角色有哪几类？各自有哪些操作权限？

4．SQL Server 2012 中服务器角色有哪几类？各自有哪些操作权限？

课外拓展

1．操作要求

（1）创建登录名“mylogin”。

（2）在 BookData 数据库中创建与登录名“mylogin”对应的数据库用户“myuser”。

（3）在 BookData 数据库中创建架构 myschema，其所有者为登录名“mylogin”。

（4）在 BookData 数据库中创建用户定义数据库角色“db_datauser”。

（5）将创建的数据库用户“myuser”添加到“db_datauser”角色中。

（6）授予数据库用户“myuser”对 BorrowReturn 表的插入和修改权限。

（7）查看授权后的 BorrowReturn 表的权限属性。

2．操作提示

（1）表的结构和数据参阅第 1 章的说明。

（2）将完成任务的 T-SQL 语句保存到文件中。

第12章 数据库管理操作

学习目标

本章将要学习 SQL Server 2012 中对数据库进行管理的方法，包括数据库备份、数据库恢复、数据库分离与附加、数据导入与导出等操作。本章的学习要点包括：

- 数据库备份和恢复的基本概念
- 数据库备份设备的管理
- 数据库备份的方法
- 数据库恢复的方法
- 数据库分离的方法
- 数据库附加的方法
- 数据导入/导出的方法

学习导航

数据库管理主要包括数据库的备份和恢复、不同数据库之间数据的导入和导出、数据库的分离和附加操作。本章主要内容及其在 SQL Server 2012 数据库管理系统中的位置如图 12-1 所示。

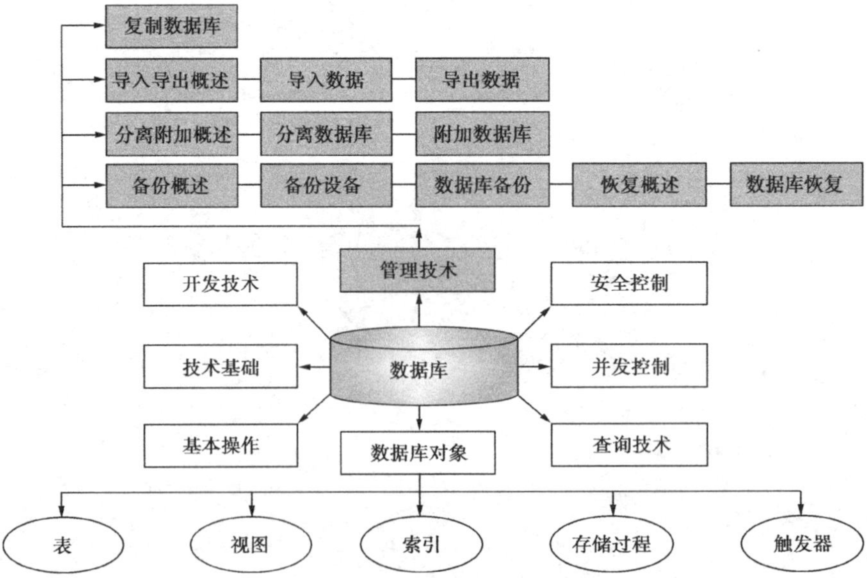

图 12-1 本章学习导航

任务描述

本章主要任务描述如表 12-1 所示。

表 12-1　任务描述

任务编号	子任务	任 务 内 容
任务 1		使用 SSMS 和 T-SQL 语句管理备份设备
	任务 1-1	使用 SSMS 创建磁盘备份设备 webshop
	任务 1-2	使用 T-SQL 语句在 D:\data\bak 文件夹中创建磁盘备份设备 webshop02
	任务 1-3	使用 T-SQL 语句删除备份设备 webshop02，并删除对应的物理文件
任务 2		使用 SSMS 和 T-SQL 执行数据库备份
	任务 2-1	使用 SSMS 完成对 WebShop 数据库的完整备份
	任务 2-2	使用 T-SQL 语句新建备份设备 backup01 并完成对 WebShop 数据库的完整备份
	任务 2-3	使用 T-SQL 语句新建备份设备 backup02 并完成对 WebShop 数据库的事务日志备份
任务 3		使用 SSMS 和 T-SQL 执行数据库恢复
	任务 3-1	使用 SSMS 恢复 WebShop 数据库的完整备份 backup
	任务 3-2	使用 T-SQL 语句恢复 WebShop 数据库的完整备份 backup01
	任务 3-3	使用 T-SQL 语句恢复 WebShop 数据库的事务日志备份 backup02
任务 4		使用 SSMS 和 T-SQL 执行 WebShop 数据库的分离和附加
	任务 4-1	使用 SSMS 实现 WebShop 数据库的分离，并将数据库对应的文件复制到 E:\data 文件夹中
	任务 4-2	使用 T-SQL 语句实现 WebShop 数据库的分离
	任务 4-3	使用 SSMS 语句将 E:\data 文件夹中的数据库附加到当前的 SQL Server 实例上
	任务 4-4	使用 T-SQL 语句将 E:\data 文件夹中的数据库附加到当前的 SQL Server 实例上
任务 5		使用 SSMS 完成 SQL Server 和其他数据的转换操作
	任务 5-1	使用 SSMS 将 WebShop 数据库的数据导出到 Excel 文件 WebShop.xlsx 中
	任务 5-2	使用 SSMS 将 D:\data 文件夹中的 Access 数据库 BookData.accdb 导入到 SQL Server 中
任务 6		使用 SSMS 中的复制数据库向导将数据库 WebShop 复制为 WebShop_new

12.1　数据库备份

12.1.1　数据库备份概述

数据的安全对于数据库管理系统来说是至关重要的，任何数据的丢失和危险都会带来严重的后果。对于 SQL Server 2012 数据库系统中的数据，主要存在下面三种危险。

（1）系统故障。由于硬件故障（停电等）、软件错误（操作系统不稳定等）使内存中的数据或日志内容突然损坏，事务处理终止，但是物理介质上的数据和日志并没有被破坏。SQL Server 2012 系统本身可以修复这种故障，不用管理人员干预。

（2）事务故障。事务是 SQL Server 2012 执行 SQL 命令的一个完整的逻辑操作。事务故障是事务运行到最后没有得到正常提交而产生的故障。SQL Server 2012 系统本身也可以修复这种故障，不用管理人员干预。

（3）介质故障。介质故障又称硬故障，是由于物理存储介质的故障发生的读写错误，或者管理人员操作失误删除了重要数据文件和日志文件。这种故障需要管理人员手工进行恢复，而恢复的基础就是在发生故障以前做的数据库备份和日志记录。管理人员需要掌握的备份与恢复技术主要针对介质故障。

数据库备份就是对 SQL Server 数据库或事务日志进行复制。数据库备份记录了在进行备份这一操作时数据库中所有数据的状态，以便在数据库遭到破坏时能够及时地将其恢复。

12.1.2 数据库备份设备

任务 1　在 SQL Server 2012 中使用“SQL Server Management Studio”和 T-SQL 语句管理备份设备。

“备份设备”是指在备份或还原操作中使用的磁带机或磁盘驱动器。备份设备可以被定义成本地的磁盘文件、远程服务器上的磁盘文件或磁带。在创建备份时，必须选择存放备份数据的备份设备。SQL Server 数据库引擎使用物理设备名称或逻辑设备名称标识备份设备。其中，物理备份设备是操作系统用来标识备份设备的名称，如 d:\data\bak\backup01；逻辑备份设备是用户定义的别名，用来标识物理备份设备。逻辑设备名称永久性地存储在 SQL Server 内的系统表中。使用逻辑备份设备的优点是引用它比引用物理设备名称简单。例如，逻辑设备名称可以是 WebShop_Backup，而物理设备名称则可能是 E:\Backup\WebShop\Full.bak。备份或还原数据库时，物理备份设备名称和逻辑备份设备名称可以互换使用。备份数据时可以使用 1～64 个备份设备。

1．备份设备类型

（1）磁盘设备。磁盘备份设备是硬盘或其他磁盘存储媒体上的文件，与常规操作系统文件一样。引用磁盘备份设备与引用任何其他操作系统文件一样，可以在服务器的本地磁盘上或共享网络资源的远程磁盘上定义磁盘备份设备，磁盘备份设备根据需要可大可小。最大文件大小可以相当于磁盘上的可用磁盘空间。

（2）磁带设备。磁带备份设备的用法与磁盘设备基本相同，但必须将磁带设备物理连接到运行 SQL Server 实例的计算机上。SQL Server 不支持备份到远程磁带设备上。如果磁带备份设备在备份操作过程中已满，但还需要写入一些数据，则 SQL Server 将提示更换新磁带并继续备份操作。

2．使用“SQL Server Management Studio”管理备份设备

在进行备份以前，首先必须指定或创建备份设备。当使用磁盘作为备份设备时，SQL Server 允许将本地主机硬盘和远程主机上的硬盘作为备份设备。备份设备在硬盘中是以文件的方式存储的。

【任务 1-1】 使用“SQL Server Management Studio”创建磁盘备份设备 webshop。

（1）启动 SQL Server Management Studio，在“对象资源管理器”中展开【服务器对象】节点。

（2）右击【备份设备】节点，选择“新建备份设备”选项，如图 12-2 所示。

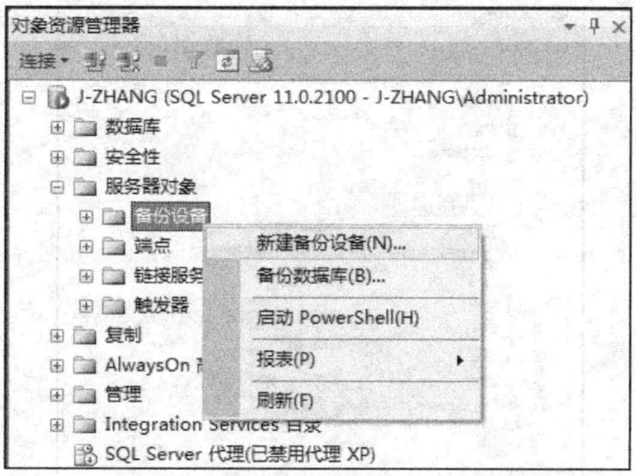

图 12-2　选择“新建备份设备”选项

（3）打开备份设备对话框，在“设备名称”文本框中输入“webshop”（即逻辑名称为 webshop），对应的物理文件名为“C:\Program Files\Microsoft SQL Server\MSSQL.1\MSSQL\Backup\webshop.bak”，也可通过“文件”单选按钮右侧的[...]按钮指定备份设备对应的物理文件名，如图 12-3 所示。

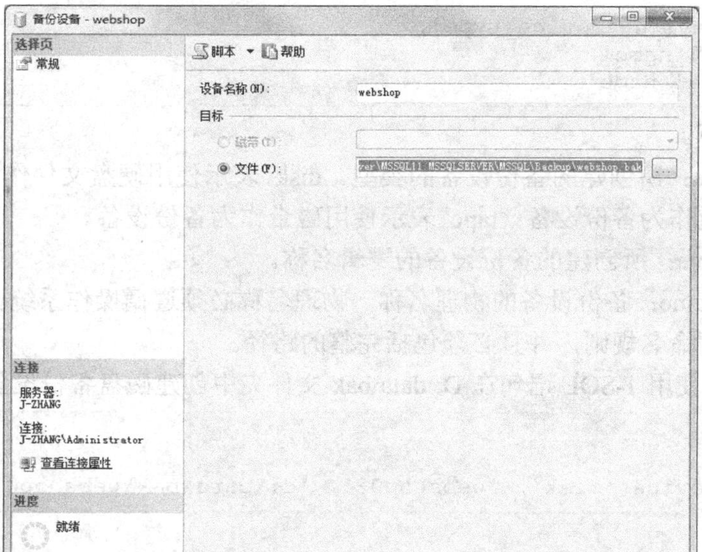

图 12-3　备份设备对话框

（4）设置完成以后，单击【确定】按钮，完成备份设备的创建，在“备份设备”节点下会出现一个“webshop”备份设备对象。

【提示】

- 由于本机中没有磁带设备，因此【磁带】备份设备不可选。
- 备份设备创建后在进行备份时可被选择使用。
- 要查看备份设备的属性或删除备份设备，可右击指定的备份设备（这里为 webshop），在快捷菜单中选择【属性】或【删除】选项，如图 12-4 所示。

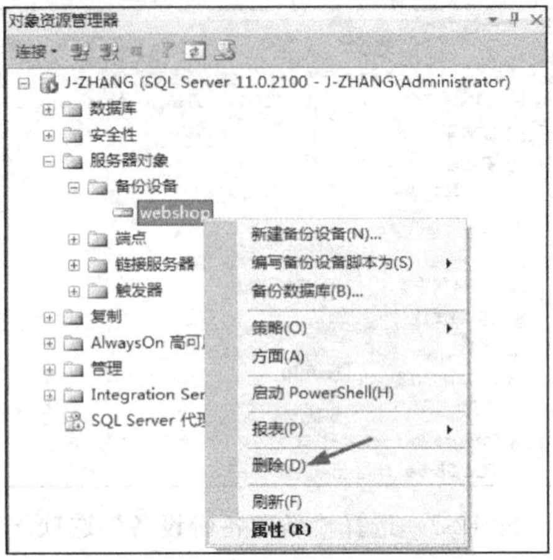

图 12-4　选择【属性】或【删除】选项

3. 使用 T-SQL 语句管理备份设备

（1）创建备份设备。在 SQL Server 中，可以使用 sp_addumpdevice 语句将备份设备添加到 Microsoft SQL Server 2012 数据库引擎的实例中，其基本语句格式如下所示。

```
sp_addumpdevice 'device_type',
    'logical_name',
    'physical_name'
```

参数含义如下。

- device_type：所创建的备份设备的类型。disk 表示使用硬盘文件作为备份设备；pipe 表示使用命名管道作为备份设备；tape 表示使用磁带作为备份设备。
- logical_name：所创建的备份设备的逻辑名称。
- physical_name：备份设备的物理名称，物理名称必须遵循操作系统文件名称的规则或者网络设备的通用命名规则，并且必须包括完整的路径。

【任务 1-2】 使用 T-SQL 语句在 D:\data\bak 文件夹中创建磁盘备份设备 webshop02。

```
USE WebShop
GO
sp_addumpdevice 'disk', 'webshop02', 'd:\data\bak\webshop02.bak'
```

【提示】

- 备份设备 webshop02.bak 所保存的文件夹 D:\data\bak 必须先在操作系统环境下创建好，否则创建备份设备的 T-SQL 语句不会出错，但备份设备没有创建成功。
- 使用 EXEC sp_addumpdevice 'disk', 'networkdevice', '\\<servername>\<sharename>\<path>\<filename>.bak';语句可以添加网络磁盘备份设备，但必须保证对远程文件拥有权限。

（2）查看备份设备。在 SQL Server 中，可以使用 sp_helpdevice 语句查看备份设备信息，其基本语句格式如下所示。

```
sp_helpdevice  'name'
```

其中，name 为要查看的备份设备的名称，不指定值时返回服务器上的所有设备信息。

（3）删除备份设备。在 SQL Server 中，可以使用 sp_dropdevice 语句删除备份设备，其基本语句格式如下。

```
sp_dropdevice 'device'
    [ , [ @delfile = ] 'delfile' ]
```

参数含义如下。

● device：数据库设备或备份设备的逻辑名称。

● delfile：指出是否应该删除备份设备所在的文件，如果将其指定为 delfile，那么会删除设备磁盘文件。

【任务 1-3】 使用 T-SQL 语句删除备份设备 webshop02，并删除对应的物理文件。

```
USE WebShop
GO
sp_dropdevice 'webshop02','delfile'
```

12.1.3　执行数据库备份

任务 2

在 SQL Server 2012 中使用"SQL Server Management Studio"和 T-SQL 语句执行数据库备份。

1．制定数据库备份策略

（1）选择备份的内容。备份内容包括如下几个方面。

① 系统数据库：系统数据库 master 中存储着 SQL Server 2012 服务器的配置参数、用户登录标识、系统存储过程等重要内容，需要备份。在执行影响系统数据库 master 中内容的 SQL 语句或系统存储过程后，都要再次备份该数据库。

② 用户数据库：包含了用户加载的数据信息，是数据库应用程序操作的主体，应定期备份。

③ 事务日志：记录用户对数据库的修改，一个事务就是单个工作单元。SQL Server 2012 自动维护和管理所有数据库更改事务，在修改数据库以前，它把事务写入日志，所以日志要定期备份。

（2）确定备份频率。影响备份频率的两个因素如下所述。

① 存储介质出现故障可能导致丢失的工作量的大小。

② 数据库事务的数量。

2．备份方式

（1）完整备份。该操作将备份包括部分事务日志在内的整个数据库。通过包括在完整备份中的事务日志，可以使用备份恢复到备份完成时的数据库。创建完整备份是单一操作，通常会安排该操作定期发生。

（2）完整差异备份。在完整备份之后执行的完整差异备份只记录上次数据库备份后更改的数据。完整差异备份比完整备份更小、更快，可以简化频繁的备份操作，减少数据丢失的风险。完整差异备份基于以前的完整备份，因此，这样的完整备份称为"基准备份"。

（3）部分备份。部分备份类似于完整数据库备份，但只能包含主文件组和所有的读/写文件组。

（4）部分差异备份。在部分备份之后执行的部分差异备份只包含在主文件组和所有读/写文件组中更改的数据。部分差异备份仅与部分备份一起使用。部分差异备份仅包含在备份时主文件组和读/写文件组中更改的那些区。如果部分备份捕获的数据只有一部分已更改，则使用部分差异备份可以使数据库管理员更快地创建更小的备份。部分差异备份是与单个基准备份一起使用的。

（5）文件和文件组备份。文件组备份与文件备份的作用相同。文件组备份是文件组中所有文件的单个备份，相当于在创建备份时显式列出文件组中的所有文件。可以还原文件组备份中的个别文件，也可以将所有文件作为一个整体还原。

（6）文件差异备份。在文件备份或文件组备份之后执行的文件差异备份。 文件差异备份只包含在指定文件或文件组中更改的数据。

（7）事务日志备份。事务日志备份仅用于完整恢复模式或大容量日志恢复模式。日志备份序列提供了连续的事务信息链，可支持从数据库备份、差异备份或文件备份中快速恢复。使用事务日志备份，可以将数据库恢复到故障点或特定的时间点。一般情况下，事务日志备份比完整备份使用的资源少，因此，可以比完整备份更频繁地创建事务日志备份，减少数据丢失的风险。

（8）仅复制备份。SQL Server 2012 引入了对于创建仅复制备份的支持，仅复制备份不影响正常的备份序列。因此，与其他备份不同，仅复制备份不会影响数据库的全部备份和还原过程。

本书只简单介绍完整备份和事务日志备份，其他各种类型的备份，请读者参阅联机帮助和其他相关资料。

3．使用“SQL Server Management Studio”执行备份

【任务 2-1】 使用“SQL Server Management Studio”完成对 WebShop 数据库的完整备份。

（1）启动 SQL Server Management Studio，在“对象资源管理器”中展开【数据库】节点。

（2）右击【WebShop】节点，选择【任务】→【备份】选项，如图 12-5 所示。或者在“对象资源管理器”中，右击【管理】节点，选择“备份”选项，如图 12-6 所示。

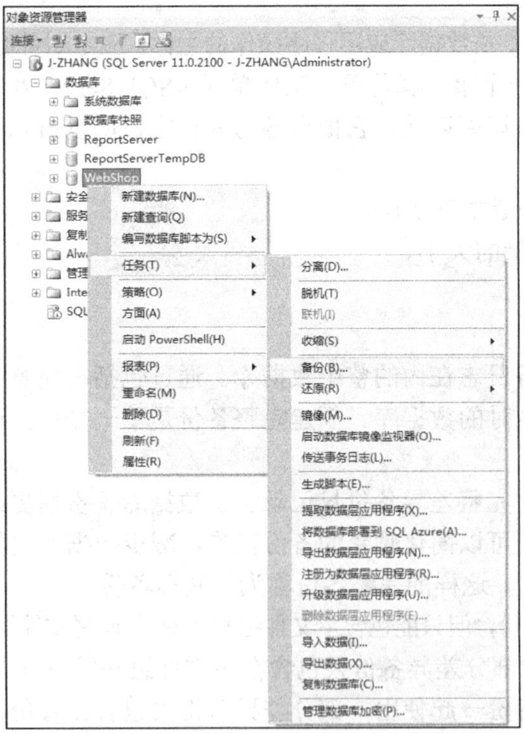

图 12-5 选择【任务】→【备份】选项

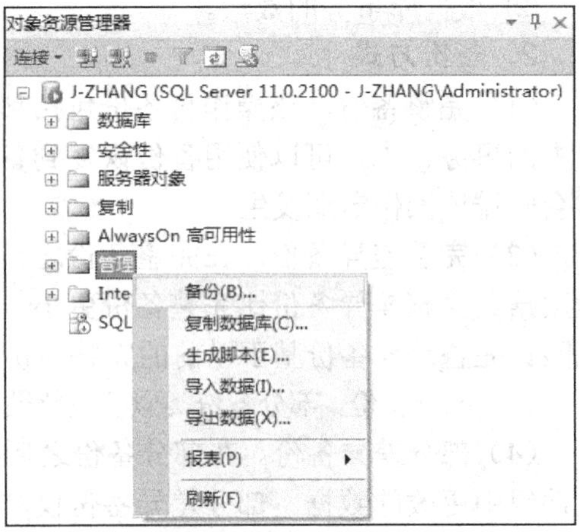

图 12-6 选择“备份”选项

（3）打开备份数据库对话框，进行如下设置，如图 12-7 所示。

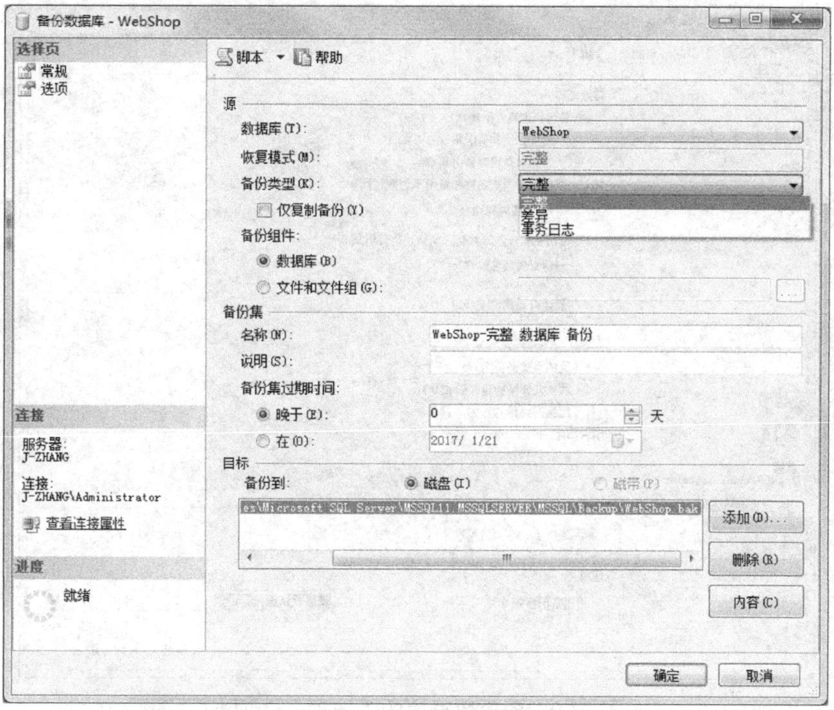

图 12-7　备份数据库的“常规”选项卡

① 数据库：指定要备份的数据库。

② 备份类型：如果选择的是“数据库”，则可以选择完整、差异和事务日志三种形式；如果选择的是“文件和文件组”，则可以在打开的对话框中选择备份文件或文件组。

③ 名称：指定备份集的名称。

④ 备份过期时间：指定备份过期从而可以被覆盖的时间（通过两种方式指定）。

⑤ 目标：指定将源数据备份到哪里。默认使用文件名形式，可以单击【添加】按钮，在打开的“选择备份目标”对话框中指定是使用文件名还是备份设备的逻辑名称，如图 12-8 所示。

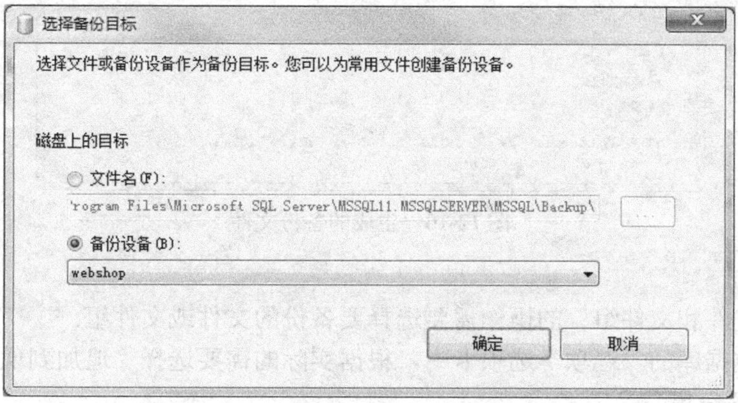

图 12-8　“选择备份目标”对话框

（4）在如图 12-7 所示的备份数据库对话框中选择【选项】选项卡，可以进行数据库备份选项的设置，如图 12-9 所示。

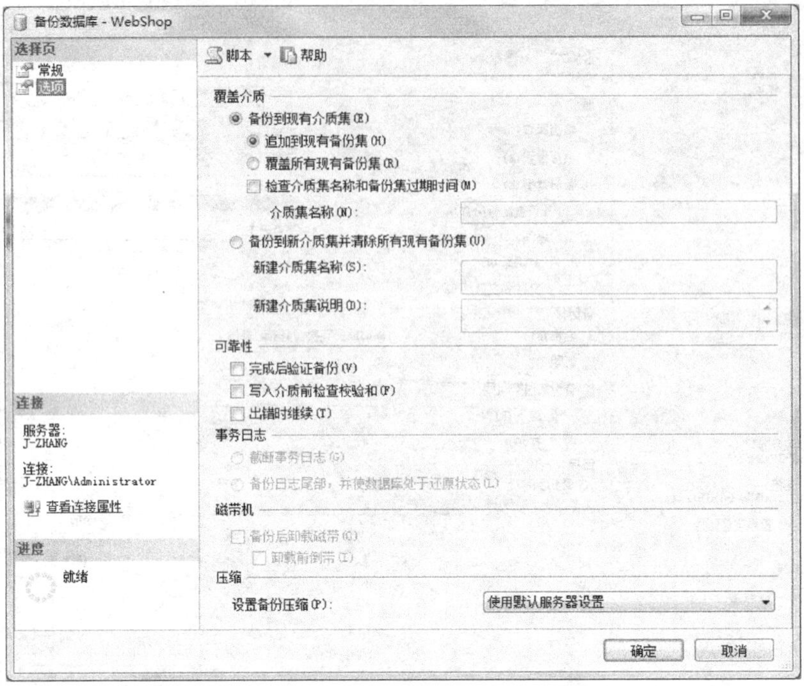

图 12-9　备份数据库的“选项”选项卡

（5）设置完成后，单击【确定】按钮，完成 WebShop 数据库的备份，在对应的文件夹（C:\Program Files\Microsoft SQL Server\MSSQL10.MSSQLSERVER\MSSQL\Backup）中可以查看到相应的备份文件，如图 12-10 所示。

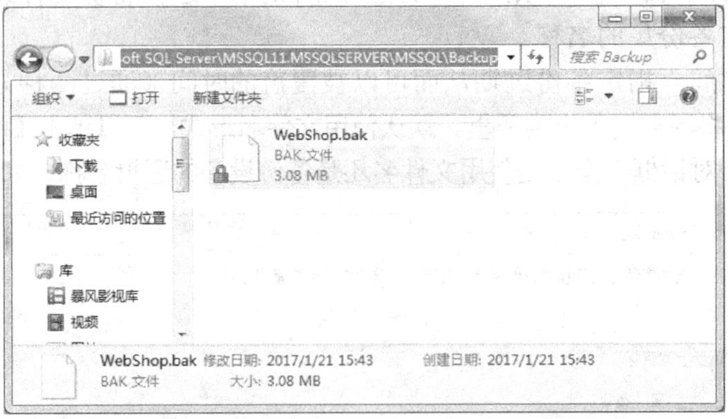

图 12-10　生成的备份文件

【提示】

- 备份“文件和文件组”的操作需要选择要备份的文件或文件组。
- 在备份数据库的“选项”选项卡中，根据实际的需要选择“追加到现有备份集”还是“覆盖所有现有备份集”。

4．使用 T-SQL 语句执行备份

备份数据库可以使用 BACKUP DATABASE 语句完成，使用 T-SQL 备份数据库根据不同的备份类型，有不同的语句格式。备份整个数据库的基本语句格式如下所示。

```
BACKUP DATABASE 数据库名
TO 备份设备[ ,…n ]
```

备份特定的文件或文件组的基本语句格式如下所示。

```
BACKUP DATABASE 数据库名
FILE[FILEGROUP]= <文件或文件组> [ , …n ]
TO <备份设备> [ , …n ]
```

备份一个事务日志的基本语句格式如下所示。

```
BACKUP LOG 数据库名
TO < 备份设备> [ , …n ]
```

【任务 2-2】使用 T-SQL 语句新建备份设备 backup01 并完成对 WebShop 数据库的完整备份。

```
USE WebShop
GO
EXEC sp_addumpdevice 'disk', 'backup01', 'd:\data\bak\backup01.bak'
BACKUP DATABASE WebShop
TO backup01
```

该语句运行结果如图 12-11 所示。

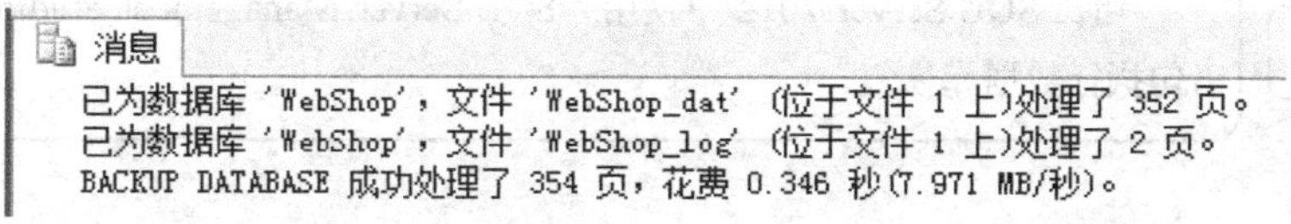

图 12-11 【任务 2-2】运行结果

【提示】

● 在备份时必须指定备份设备，所以必须先创建备份设备。

● 必须保证 D:\data\bak 文件夹存在，读者也可以根据实际情况修改该文件夹。

● 创建差异数据库备份必须以至少一次的完全数据库备份为基础，如果没有进行完全数据库备份，则无法进行差异数据库备份。

【任务 2-3】使用 T-SQL 语句新建备份设备 backup02 并完成对 WebShop 数据库事务日志的备份。

```
USE WebShop
GO
EXEC sp_addumpdevice 'disk','backup02','d:\data\bak\backup02.bak'
BACKUP LOG WebShop
TO backup02
```

课堂实践 1

1. 操作要求

（1）使用 SQL Server Management Studio 完成以下操作。

① 创建逻辑名称为 bak01 的备份设备，将对应物理文件存放在系统默认路径下。

② 对 WebShop 数据库进行一次完整备份，备份到备份设备 bak01 中。

③ 创建逻辑名称为 bak02 的备份设备，将对应物理文件存放在 D:\data\bak 中。

④ 对 WebShop 数据库进行一次事务日志备份，备份到备份设备 bak02 中。

（2）使用 T-SQL 语句完成以下操作。

① 创建逻辑名称为 bak01 的备份设备，将对应物理文件存放在系统默认路径下。

② 对 WebShop 数据库进行一次完整备份，备份到备份设备 bak01 中。

③ 创建逻辑名称为 bak02 的备份设备，将对应物理文件存放在 D:\data\bak 中。

④ 对 WebShop 数据库进行一次事务日志备份，备份到备份设备 bak02 中。

⑤ 保存完成操作的 T-SQL 语句。

2. 操作提示

（1）数据库备份时可以选择备份设备的逻辑名称，也可以选择物理文件。

（2）数据库备份时可以不指定备份设备，而直接备份到指定文件中。

12.2 数据库恢复

任务 3

句在 SQL Server 2012 中使用“SQL Server Management Studio”和 T-SQL 语句执行数据库恢复。

12.2.1 数据库恢复概述

1. 数据库恢复定义

数据库备份后，一旦系统崩溃或者执行了错误的数据库操作，就可以从备份文件中恢复数据库。数据库恢复是指将数据库备份加载到系统中的过程。系统在恢复数据库的过程中，自动执行安全性检查，重建数据库结构以及完整数据库内容，从而保证将遭到破坏或丢失的数据恢复到备份时的状态，使数据库能够正常工作。

2. 数据库恢复模式

SQL Server 2012 中有 3 种恢复模式：简单恢复模式、完整恢复模式和大容量日志恢复模式。

（1）简单恢复模式。对数据安全性要求不高，但对性能要求很高的数据库，可以工作在简单恢复模式下。工作在简单恢复模式的 SQL Server 2012 数据库的日志虽然会记录数据库的所有日志操作（包括大型操作），但检查点进程会自动截断日志中不活动部分（已经完成的部分）。每发生一次检查点，日志已经完成的部分就会被删除，所以简单恢复模式的数据库可能会导致无法恢复到历史上某个时刻的情况。当创建 SQL Server 2012 数据库时，用户数据库会继承系统数据库的恢复模式等参数设置，多数情况下，默认工作在简单恢复模式下。

（2）完整恢复模式。对于十分重要的生产数据库，如银行、电信、电力、邮政等系统，在发生故障时可能要求恢复到历史某一时刻，一旦发生故障必须保证数据不能丢失。这样的数据库必须工作在完整恢复模式。在完整恢复模式下工作的 SQL Server 2012 数据库将忠实、完整地记录所有日志，因此必须定期地进行数据库备份或事务日志备份，确保日志空间被定期回收使用，否则日志空间将无限期延长。

（3）大容量日志恢复模式。数据库管理人员在某些时候需要对 SQL Server 2012 简单恢复模式数据库进行一些大批量（如几千条）的数据录入、更新、删除操作，如果工作在完整恢复模式下，会产生大量的日志记录，导致数据库性能下降。这时可以使数据库工作在大容量日志恢复模式下，这样可以大大减少日志记录，减少 I/O 读写，提高数据库性能。

一般生产数据库必须工作在完整恢复模式下，只有对数据库进行一些大批量操作时才能切换到大容量日志恢复模式，当操作完毕后，立即切换到完整恢复模式。

12.2.2　执行数据库恢复

由于备份和恢复是两个相关联的过程，制定备份策略的同时，也就确定了恢复策略；同样，选择恢复策略的同时，也就确定了备份策略，所以这里把备份和恢复放在一起分析。SQL Server 2012 共有四种备份和恢复类型。

（1）完整数据库备份和恢复：对整个数据库进行备份，包括数据文件和日志文件，需要较大的备份空间，需要恢复时进行完整数据库恢复。

（2）差异备份或称增量备份和恢复：在执行一次完整的数据库备份后，仅仅备份对数据库修改的内容，比完整数据库备份小且备份速度快，因此可以经常备份。

（3）事务日志备份和恢复：事务日志是自上次备份事务日志后对数据库执行的所有事务的一系列记录，可以使用事务日志备份将数据库恢复到特定的即时点或故障点。

（4）数据库文件及文件组备份和恢复完整备份特定的数据文件或者数据文件组。

尽管 SQL Server 2012 已经提供了四种备份和恢复类型供用户选择，但实际工作中常使用以上类型的组合，如完整数据库备份与恢复；完整数据库+差异数据库备份与恢复；完整数据库+日志数据库备份与恢复。

1．使用“SQL Server Management Studio”执行恢复

【任务 3-1】 使用“SQL Server Management Studio”恢复 WebShop 数据库的完整备份 backup。

（1）启动 SQL Server Management Studio，在“对象资源管理器”中展开【数据库】节点。

（2）右击【WebShop】节点，选择【任务】→【还原】→【数据库】选项，如图 12-12 所示。也可在“对象资源管理器”中，右击【数据库】节点，选择“还原数据库”（或“还原文件和文件组”）选项，如图 12-13 所示。

（3）打开还原数据库对话框，进行如下设置，如图 12-14 所示。

① 目标数据库：指定要恢复的目标数据库。

② 还原到：指定将数据库还原到备份的最近可用时间或特定时间点。单击【时间线】按钮即可进行选择，如图 12-15 所示。

③ 源数据库：指定要恢复的源数据库。

④ 要还原的备份集：指定用于还原的备份。

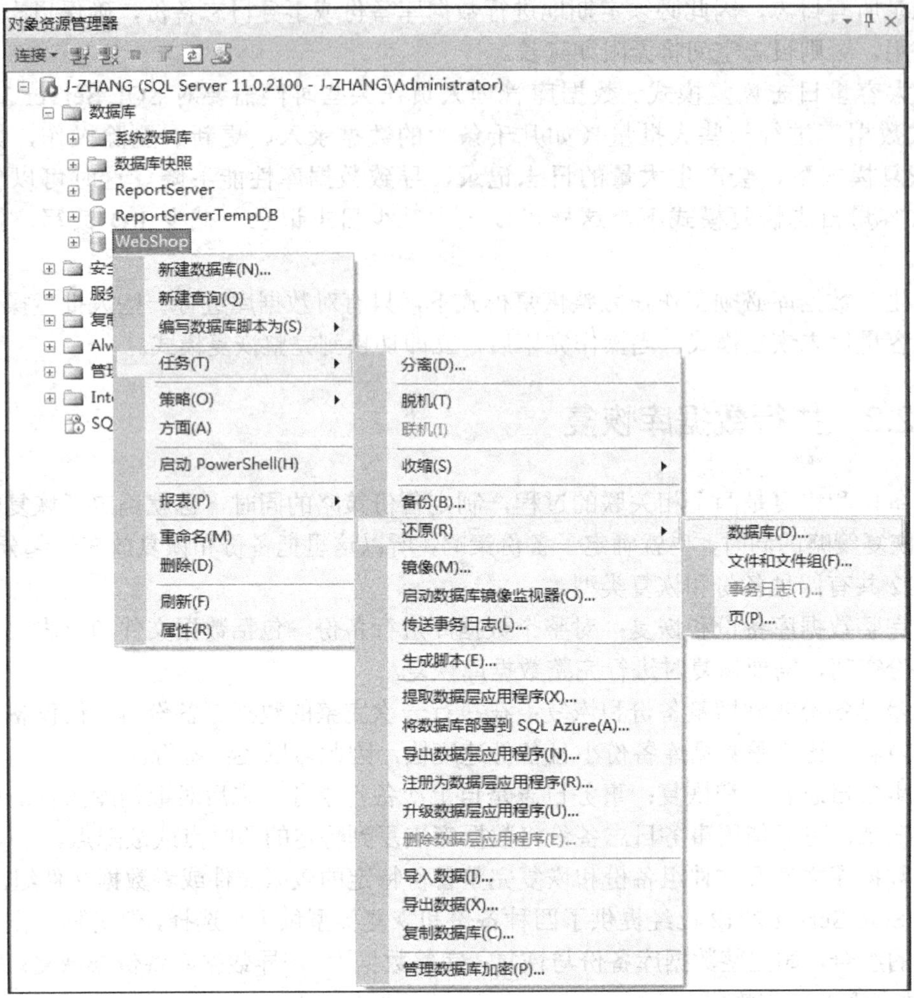

图 12-12　选择【任务】→【还原】→【数据库】选项

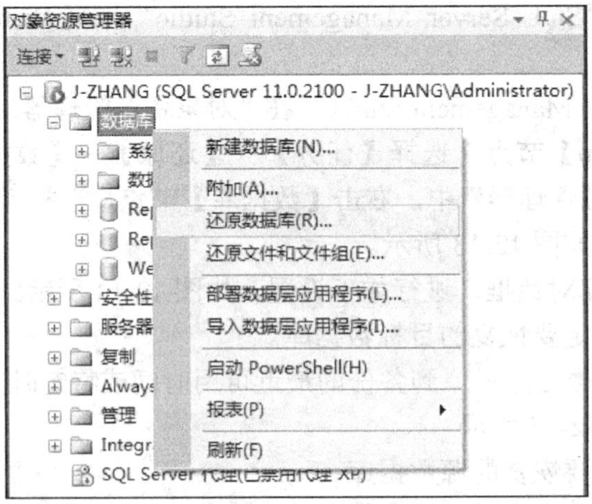

图 12-13　选择“还原数据库”选项

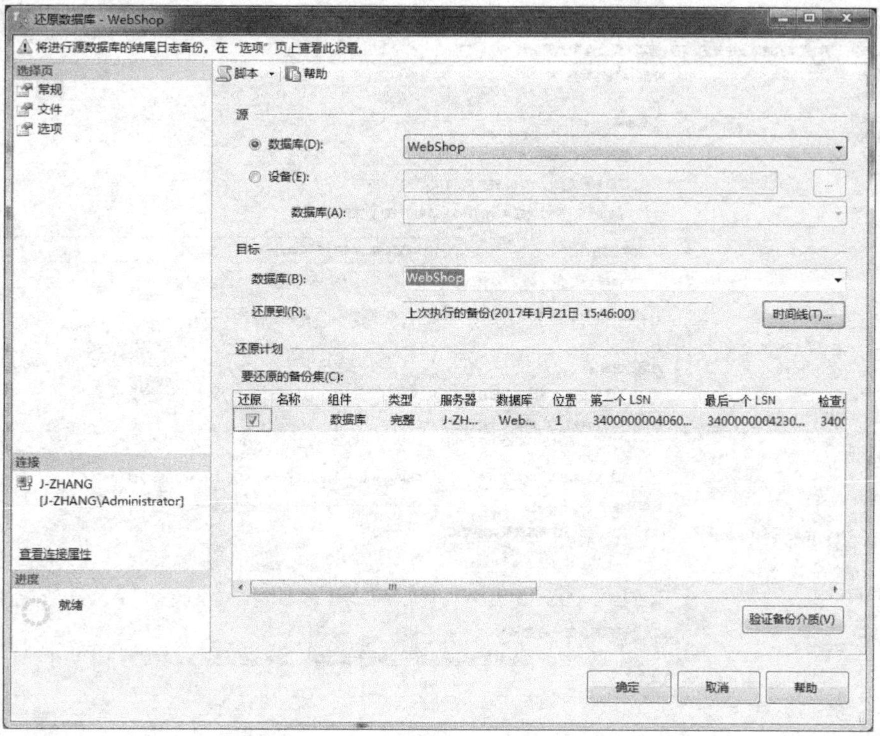

图 12-14 还原数据库的“常规”选项卡

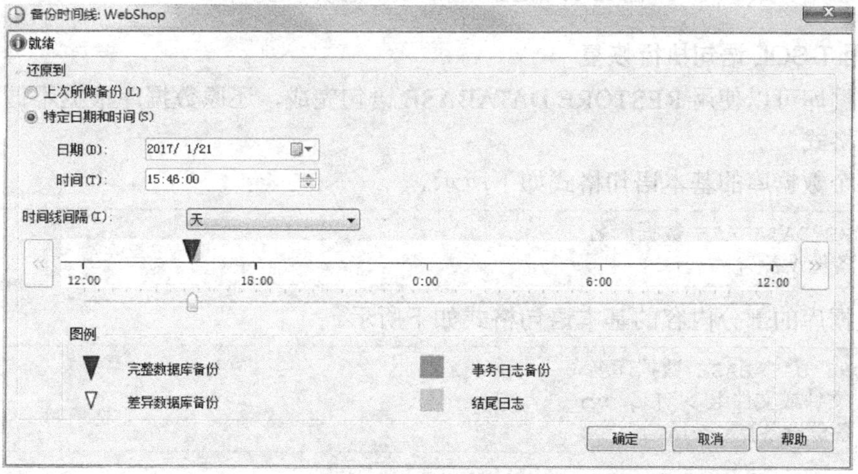

图 12-15　选择目标时间点

（4）在如图 12-14 所示的还原数据库对话框中选择【选项】选项卡，可以进行数据库还原选项的设置，如图 12-16 所示。

（5）设置完成后，单击【确定】按钮，完成 WebShop 数据库的恢复。

【提示】

- 在还原数据库时，必须关闭要还原的数据库。
- 在图 12-12 或图 12-13 中选择还原文件和文件组选项，可以执行恢复“文件和文件组”的操作。

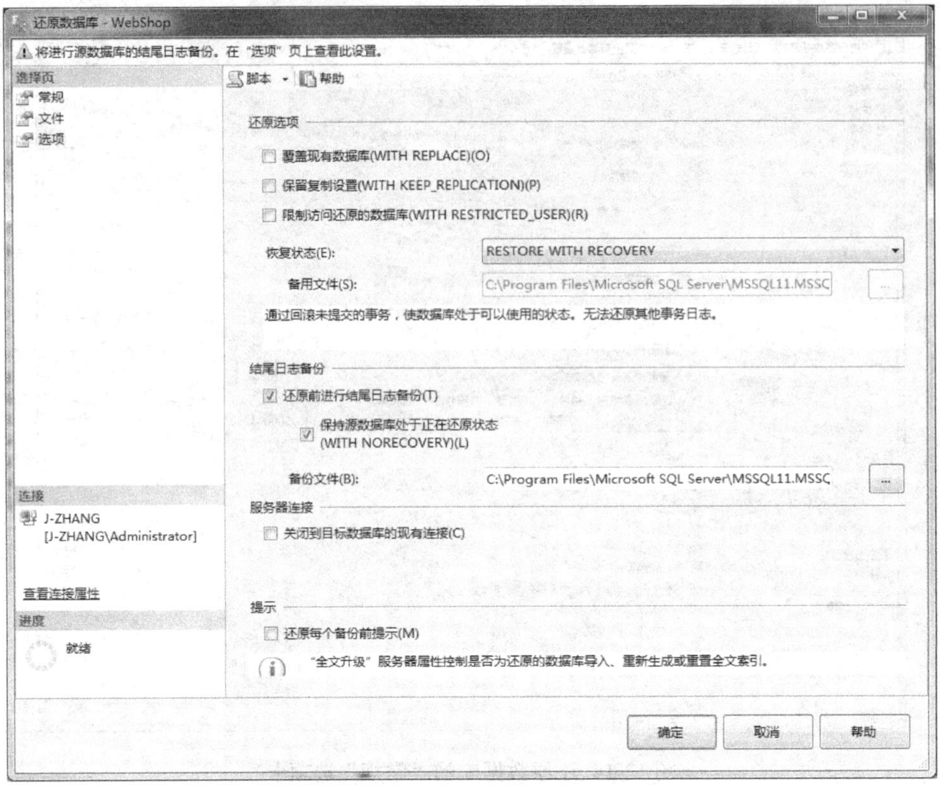

图 12-16　还原数据库的“选项”选项卡

2. 使用 T-SQL 语句执行恢复

还原数据库可以使用 RESTORE DATABASE 语句完成，还原数据库根据不同的类型，有不同的语句格式。

还原整个数据库的基本语句格式如下所示。

```
RESTORE DATABASE 数据库名
FROM 备份设备 [ ,…n ]
```

还原数据库的部分内容的基本语句格式如下所示。

```
RESTORE DATABASE 数据库名
    < 文件或文件组 > [ , …n ]
FROM 备份设备[ , …n ]
```

还原特定的文件或文件组的基本语句格式如下所示。

```
RESTORE DATABASE 数据库名
    < 文件或文件组 > [ , …n ]
FROM 备份设备 [ , …n ]
```

还原事务日志的基本语句格式如下所示。

```
RESTORE LOG 数据库名
FROM 备份设备 [ , …n ]
```

RESTORE 语句的详细用法请参阅 SQL Server 联机帮助。

【任务 3-2】 使用 T-SQL 语句恢复 WebShop 数据库的完整备份 backup01。

```
USE master
GO
RESTORE DATABASE  WebShop
FROM  backup01
```

该语句运行结果如图 12-17 所示。

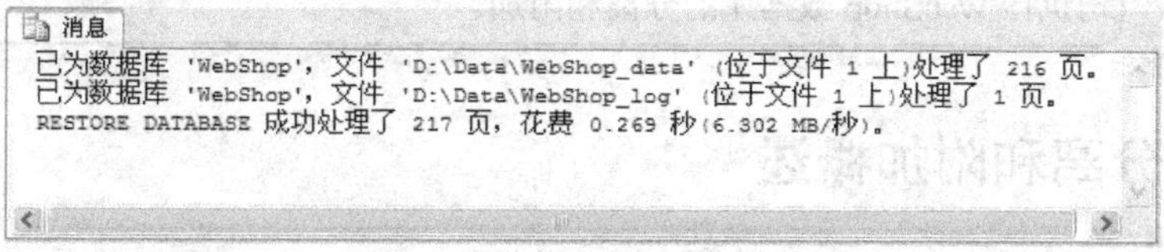

图 12-17 【任务 3-2】运行结果

该语句运行时如果出现“尚未备份数据库‘WebShop’的日志尾部”的错误提示，则可以使用 BACKUP LOG 进行尾日志备份。语句成功运行后，再重新执行恢复语句即可成功恢复数据库。

使用 BACKUP LOG 进行尾日志备份的语句如下。

```
USE master
GO
BACKUP LOG WebShop TO backup01 WITH NORECOVERY
```

【任务 3-3】 使用 T-SQL 语句恢复 WebShop 数据库的事务日志备份 backup02。

```
USE master
GO
RESTORE  LOG  WebShop
FROM  backup02
```

【提示】

● 如果恢复当前事务日志备份后还要应用其他事务日志备份，则应在 RESTORE LOG 语句中指定 WITH NORECOVERY 子句。

● 恢复数据库时，要恢复的数据库不能处于活动状态。

课堂实践 2

1. 操作要求

（1）使用 SQL Server Management Studio 完成以下操作。

① 删除 WebShop 数据库的 Users 表。

② 利用【课堂实践 1】中的备份（bak01）恢复 WebShop 数据库为完整备份状态。

（2）使用 T-SQL 语句完成以下操作。

① 利用【课堂实践 1】中的备份（bak02）恢复 WebShop 数据库的事务日志。

② 保存完成操作的 T-SQL 语句。

2. 操作提示

（1）选择的备份类型取决于制定的备份/恢复策略。

（2）怎样恢复数据取决于数据的备份类型。

12.3 数据库的分离与附加

任务 4

在 SQL Server 2012 中使用“SQL Server Management Studio”和 T-SQL 语句执行 WebShop 数据库的分离和附加。

12.3.1 分离和附加概述

可以分离某一 SQL Server 实例中的数据库的数据文件和事务日志文件，然后将它们重新附加到同一或其他 SQL Server 实例上。如果要将数据库更改到同一计算机的不同 SQL Server 实例上或移动数据库，分离和附加数据库会很有用。其中，分离数据库是将数据库从 SQL Server 数据库引擎实例中删除，但保留完整的数据库及其数据文件和事务日志文件；附加数据库是附加复制的或分离的 SQL Server 数据库，附加数据库时，数据库包含的全文文件随数据库一起附加。

在 SQL Server 2012 中，除了系统数据库之外，其余的数据库都可以从服务器中分离出来，脱离当前服务器的管理。被分离的数据库保持了数据文件和日志文件的完整性及一致性。被分离出的数据库还可以通过附加功能附加到其他 SQL Server 2012 服务器上，重新构成完整的数据库，附加得到的数据库和分离时的数据库完全一致。被分离的数据库在执行分离操作时一定不能被其他用户使用。

12.3.2 分离数据库

1. 使用“SQL Server Management Studio”分离数据库

【任务 4-1】 使用“SQL Server Management Studio”实现 WebShop 数据库的分离，并将数据库对应的文件复制到 E:\data 文件夹中。

（1）启动 SQL Server Management Studio，在“对象资源管理器”中展开【数据库】节点。

（2）右击【WebShop】节点，依次选择【任务】→【分离】选项，如图 12-18 所示。

（3）打开“分离数据库”对话框，选择要分离的数据库，并进行相关设置（删除连接、更新统计信息等），如图 12-19 所示。

（4）分离数据库准备就绪后，单击【确定】按钮，完成数据库的分离操作。数据库分离成功后，【数据库】节点中的“WebShop”将不复存在。

（5）将“D:\data”文件夹中 WebShop 数据库对应的两个文件复制到“E:\data”文件夹中（如果该文件夹不存在，应先创建该文件夹）。

【提示】

● 分离 SQL Server 2012 数据库之后，是将数据库从 SQL Server 数据库引擎实例中删除，但数据库对应的文件仍然存在。

● 分离后的数据库，可以被重新附加到 SQL Server 2012 的相同实例或其他实例上。

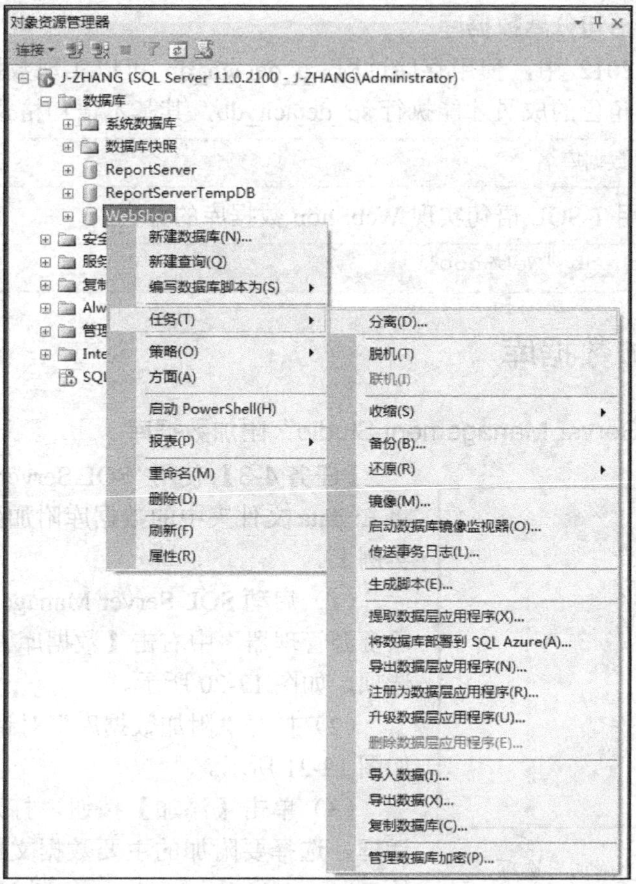

图 12-18　选择【任务】→【分离】选项

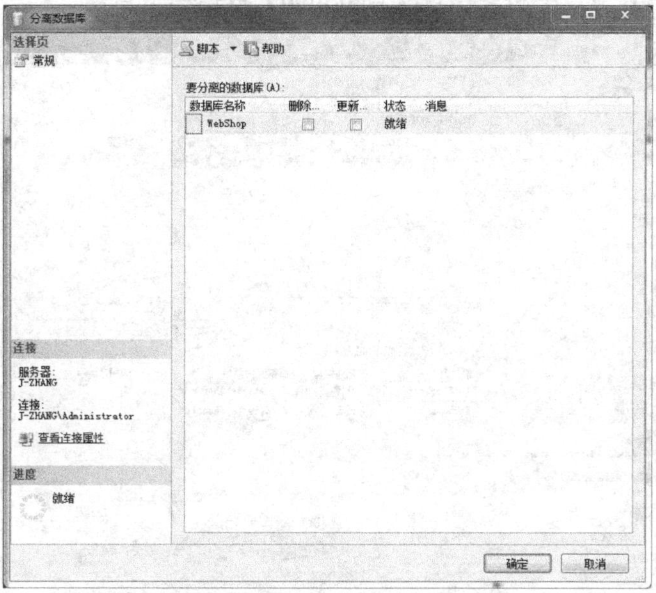

图 12-19　“分离数据库”对话框

2．使用 T-SQL 语句分离数据库

在 SQL Server 2012 中，使用存储过程 sp_detach_db 可以实现数据库的分离。但只有 sysadmin 固定服务器角色的成员才能执行 sp_detach_db，其基本语句格式如下所示。

```
sp_detach_db 数据库名
```

【任务 4-2】 使用 T-SQL 语句实现 WebShop 数据库的分离。

```
EXEC sp_detach_db 'WebShop'
```

12.3.3 附加数据库

1．使用“SQL Server Management Studio”附加数据库

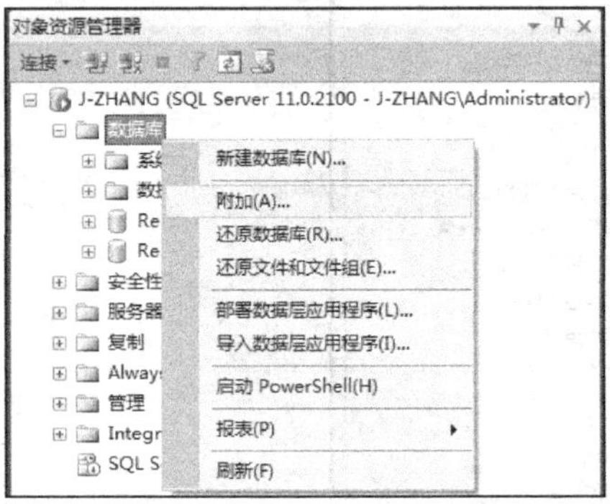

图 12-20 选择“附加”选项

【任务 4-3】使用“SQL Server Management Studio”将 E:\data 文件夹中的数据库附加到当前的 SQL Server 实例上。

（1）启动 SQL Server Management Studio，在“对象资源管理器”中右击【数据库】节点，选择“附加”选项，如图 12-20 所示。

（2）打开“附加数据库”对话框，进行相关设置，如图 12-21 所示。

（3）单击【添加】按钮，打开定位数据库文件对话框，选择要附加的主要数据文件（这里为之前复制的 E:\data\WebShop.mdf），如图 12-22 所示。

（4）附加数据库准备就绪后，单击【确定】按钮，完成数据库的附加操作。数据库附加成功后，在【数据库】节点中将会出现【WebShop】数据库节点。

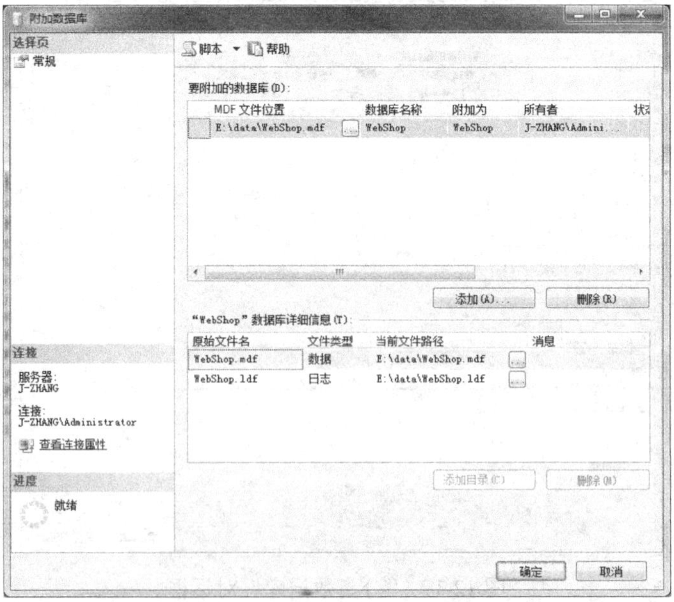

图 12-21 “附加数据库”对话框

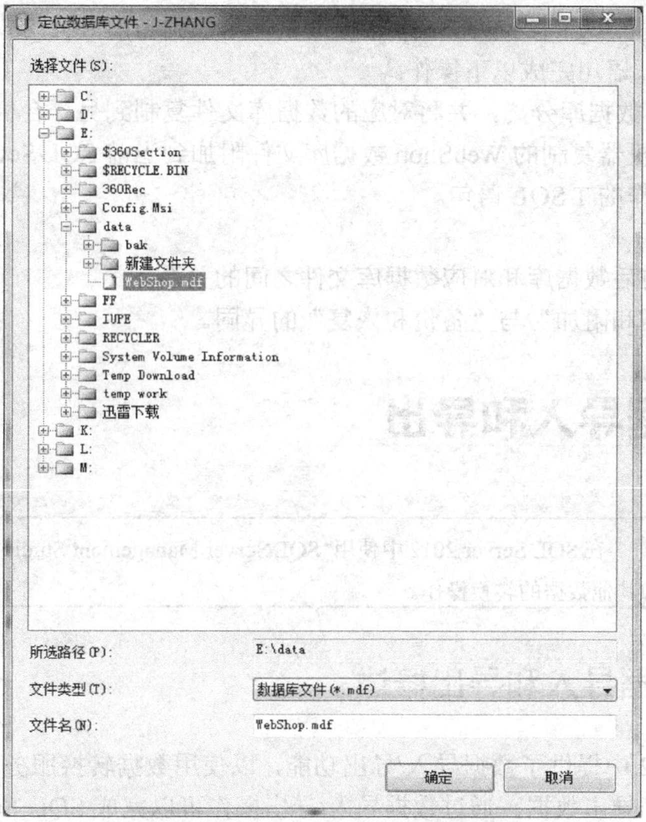

图 12-22　定位数据库文件

【提示】

- 附加数据库时不需要指定数据库名，使用分离时的数据库名称即可。
- 通过分离和附加数据库可以实现 SQL Server 2012 数据库对应的物理文件的移动。
- 附加的数据库不能与现有的数据库名称重复。

2．使用 T-SQL 语句附加数据库

在 SQL Server 2012 中，使用存储过程 sp_attach_db 可以实现数据库的附加。只有 sysadmin 和 dbcreator 固定服务器角色的成员才能执行此过程，其基本语句格式如下所示。

```
sp_attach_db 数据库名
    , @filename=文件名 [ ,...16 ]
```

【任务 4-4】使用 T-SQL 语句将 E:\data 文件夹中的数据库附加到当前的 SQL Server 实例上。

```
EXEC sp_attach_db WebShop, 'e:\data\WebShop.mdf', 'e:\data\WebShop.ldf'
```

课堂实践 3

1．操作要求

（1）使用 SQL Server Management Studio 完成以下操作。

① 将 WebShop 数据库分离，并将对应的数据库文件复制到另一台机器上。

② 将从另一台机器复制的 WebShop 数据库文件附加到当前 SQL Sever 实例上。

（2）使用 T-SQL 语句完成以下操作。

① 将 WebShop 数据库分离，并将对应的数据库文件复制到另一台机器上。

② 将从另一台机器复制的 WebShop 数据库文件附加到当前 SQL Sever 实例上。

③ 保存完成操作的 T-SQL 语句。

2．操作提示

（1）体会分离前后数据库和对应数据库文件之间的关系。

（2）体会“分离和附加”与“备份和恢复”的异同。

12.4 数据导入和导出

任务 5

在 SQL Server 2012 中使用“SQL Server Management Studio”完成 SQL Server 和其他数据的转换操作。

12.4.1 数据导入和导出概述

SQL Server 2012 中提供了数据导入/导出功能，以使用数据转换服务（DTS）在不同类型的数据源之间导入和导出数据。通过数据导入/导出操作可以完成 SQL Server 2012 数据库和其他类型数据库（如 Excel 表格、Access 数据库和 Oracle 数据库）之间的数据转换，从而实现不同应用系统之间的数据移植和共享。

12.4.2 数据导出

【任务 5-1】 使用“SQL Server Management Studio”将 WebShop 数据库的数据导出到 Excel 文件 WebShop.xlsx 中。

（1）启动 SQL Server Management Studio，在“对象资源管理器”中展开【数据库】节点。

（2）右击【WebShop】节点，选择【任务】→【导出数据】选项，如图 12-23 所示。或者在“对象资源管理器”中右击【管理】节点，选择“导出数据”选项，如图 12-24 所示。

（3）打开“SQL Server 导入和导出向导”对话框。

（4）单击【下一步】按钮，打开“选择数据源”对话框，在【数据源】中选择“Microsoft OLE DB Provider for SQL Server”，表示将从 SQL Server 导出数据；也可以根据实际情况设置【身份验证】模式和选择【数据库】项目，如图 12-25 所示。

（5）单击【下一步】按钮，打开“选择目标”对话框，在【目标】中选择“Microsoft Excel”，表示把数据导出到 Excel 表中；也可以根据实际情况设置【Excel 文件路径】和【Excel 版本】等，如图 12-26 所示。

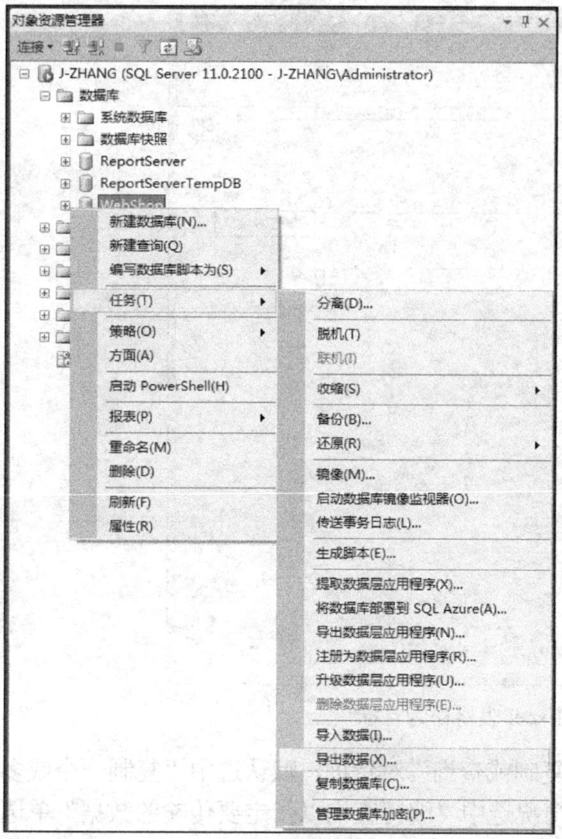

图 12-23　选择【任务】→【导出数据】选项

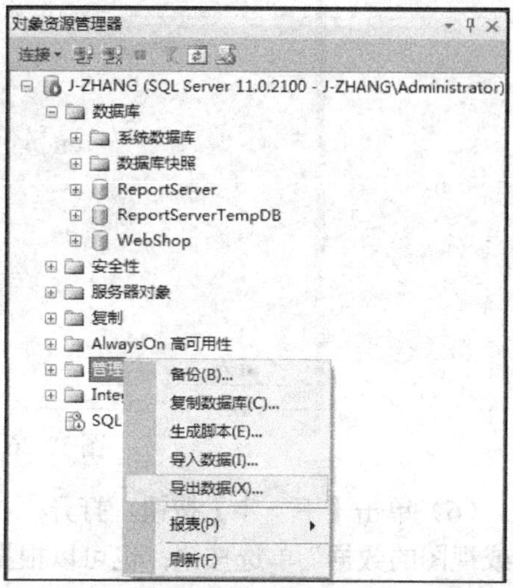

图 12-24　选择“导出数据”选项

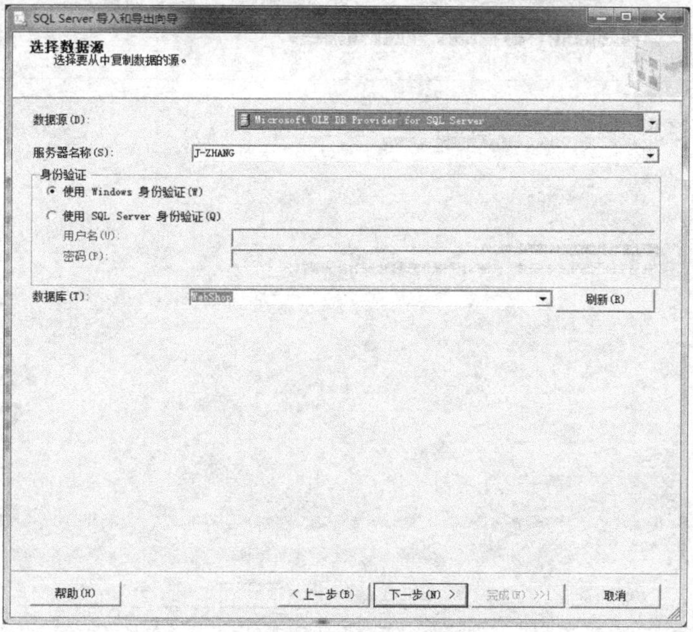

图 12-25　选择 SQL Server 作为数据源

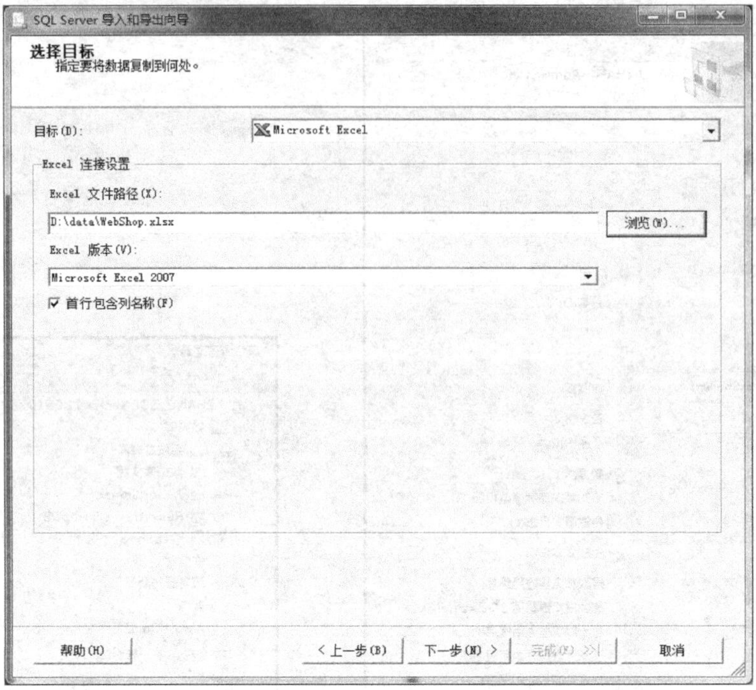

图 12-26　选择 Excel 表格作为目标

（6）单击【下一步】按钮，打开“指定表复制或查询”对话框，默认选中“复制一个或多个表或视图的数据”单选按钮；也可以根据实际情况选中“编写查询以指定要传输的数据”单选按钮，如图 12-27 所示。

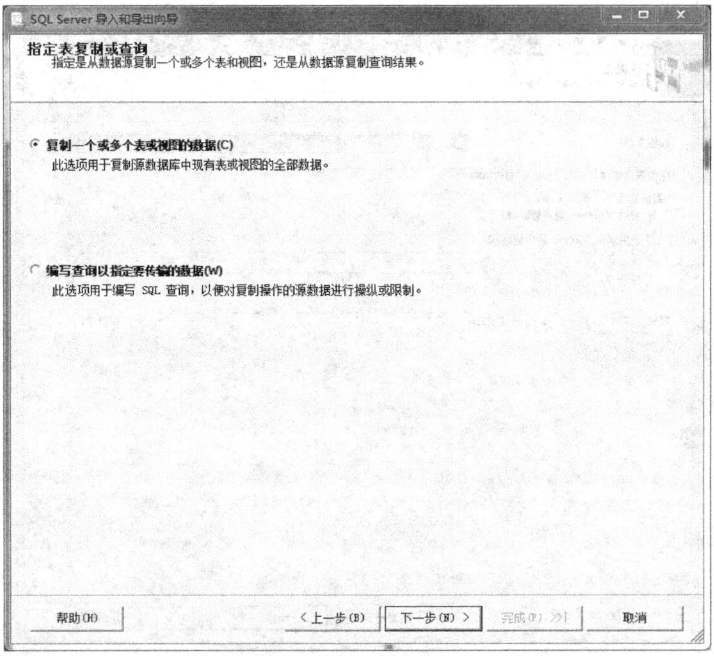

图 12-27　“指定表复制或查询”对话框

（7）单击【下一步】按钮，打开“选择源表和源视图”对话框，如图 12-28 所示。选中

WebShop 数据库中的 Customers 表和 Goods 表，单击【编辑映射】按钮，可以编辑源数据和目标数据之间的映射关系，如图 12-29 所示。

（8）单击【下一步】按钮，打开“查看数据类型映射”对话框，如图 12-30 所示。

图 12-28 “选择源表和源视图”对话框

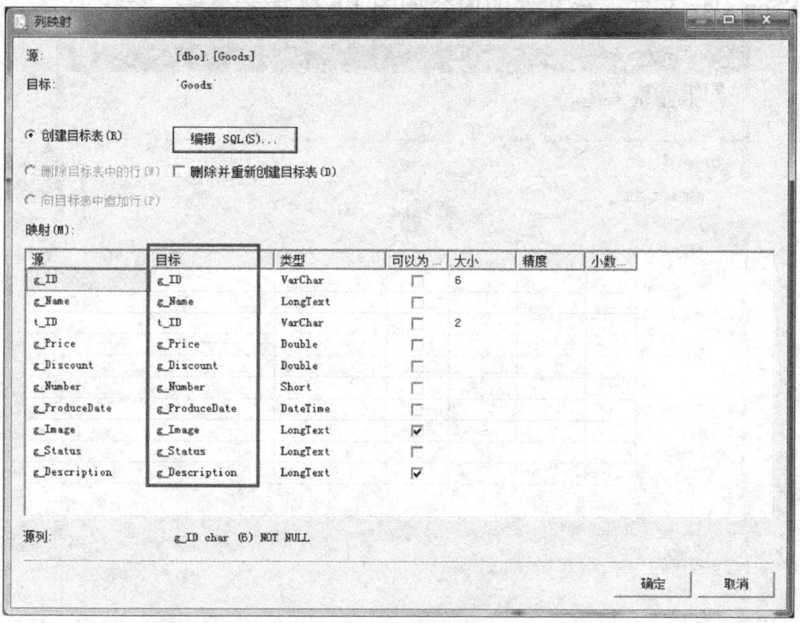

图 12-29　指定源数据和目标数据之间的映射关系

图 12-30 “查看数据类型映射”对话框

（9）单击【下一步】按钮，打开“保存并运行包”对话框，如图 12-31 所示。

（10）单击【下一步】按钮，打开“完成该向导”对话框，如图 12-32 所示。

（11）单击【完成】按钮，打开“执行成功”对话框，如图 12-33 所示。在 D:\data 文件夹中生成 WebShop.xlsx 文件，该文件的内容如图 12-34 所示。

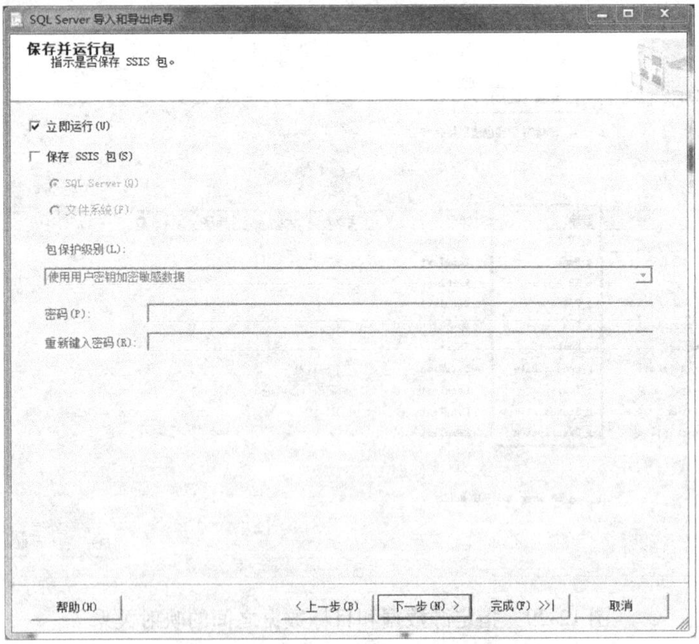

图 12-31 “保存并运行包”对话框

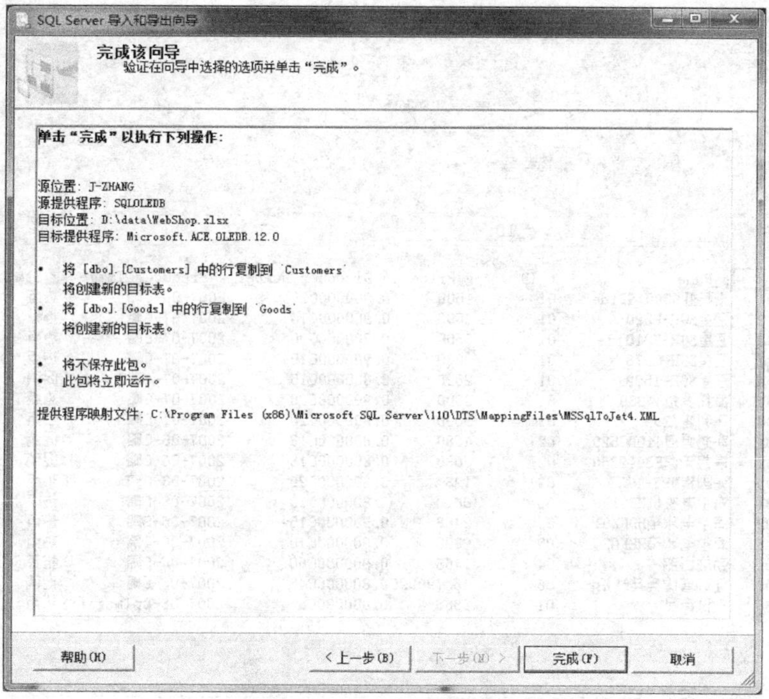

图 12-32 “完成该向导”对话框

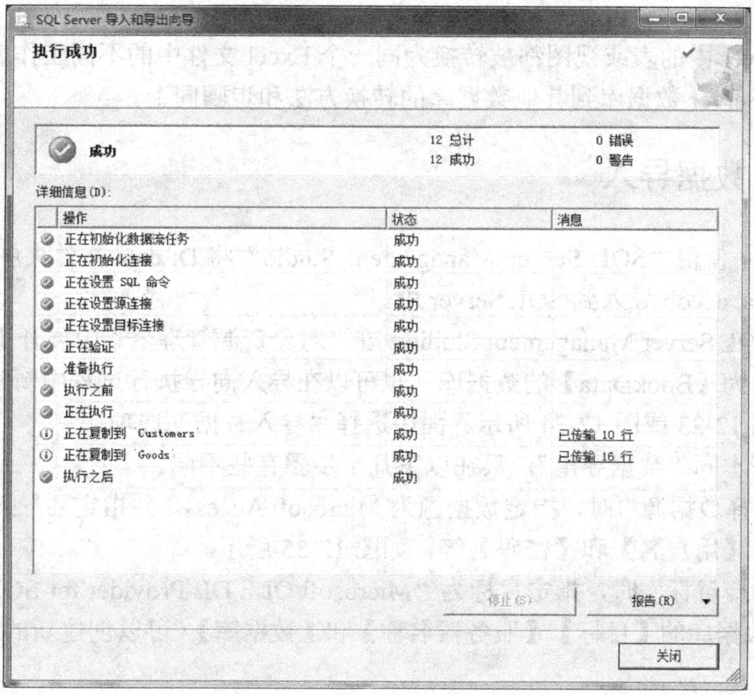

图 12-33 “执行成功”对话框

	A	B	C	D	E	F	G	H	I	
1	g_ID	g_Name	t_ID	g_Price	g_Discour	g_Number	g_Produce	g_Image	g_Status	g_De
2	010001	诺基亚6500 Slide	01	1500	0.900000	20	2007-06-	略	热点	略
3	010002	三星SGH-P520	01	2500	0.900000	10	2007-07-	略	推荐	略
4	010003	三星SGH-F210	01	3500	0.900000	30	2007-07-	略	热点	略
5	010004	三星SGH-C178	01	3000	0.900000	10	2007-07-	略	热点	略
6	010005	三星SGH-T509	01	2020	0.800000	15	2007-07-	略	促销	略
7	010007	摩托罗拉 W380	01	2300	0.900000	20	2007-07-	略	热点	略
8	010008	飞利浦 292	01	3000	0.900000	10	2007-07-	略	热点	略
9	020001	联想旭日410MC520	02	4680	0.800000	18	2007-06-	略	促销	略
10	020002	联想天逸F30T2250	02	6680	0.800000	18	2007-06-	略	促销	略
11	020003	爱国者MP3-1G	02	128	0.800000	20	2007-08-	pImage /	热点	容量
12	030001	海尔电视机HE01	03	6680	0.800000	10	2007-08-	略	热点	略
13	030002	海尔电冰箱HDFX01	03	2468	0.900000	15	2007-06-	略	热点	略
14	030003	海尔电冰箱HEF02	03	2800	0.900000	10	2007-06-	略	热点	略
15	040001	劲霸西服	04	1468	0.900000	60	2007-06-	略	推荐	略
16	060001	红双喜牌乒乓球拍	06	46.79999	0.800000	45	2007-06-	略	促销	略
17	888888	测试商品	01	8888	0.800000	8	2007-08-	pImage/88	热点	测试
18										

图 12-34　导出得到的 WebShop.xlsx 内容

【提示】

- SQL Server 中的表或视图都被转换为同一个 Excel 文件中的不同工作表。
- 从 SQL Server 数据库到其他数据库的转换方法和步骤同上。

12.4.3　数据导入

【任务 5-2】 使用“SQL Server Management Studio”将 D:\data 文件夹中的 Access 2007 数据库 BookData. accdb 导入到 SQL Server 中。

（1）启动 SQL Server Management Studio，在“对象资源管理器”中展开【数据库】节点。

（2）新建名为【BookData】的数据库（也可以在导入向导执行过程中新建）。

（3）在如图 12-23 或图 12-24 所示界面中选择“导入数据”选项。

后续步骤基本同“数据导出”，只在以下几个步骤有些不同。

（1）在“选择数据源”时，指定数据源为 Microsoft Access，并指定要导入的 Access 数据库的【文件名】、【用户名】和【密码】等，如图 12-35 所示。

（2）在“选择目标”时，指定目标为“Microsoft OLE DB Provider for SQL Server”，并指定 SQL Server 数据库的【目标】、【服务器名称】和【数据库】（可以创建新的数据库）等，如图 12-36 所示。

（3）在“选择源表和源视图”时，选择 BookData. accdb 中的所有表，如图 12-37 所示。

（4）导入成功后，在 SQL Server 2012 的“对象资源管理器”的“BookData”数据库节点下可以查看到导入的所有表，如图 12-38 所示。

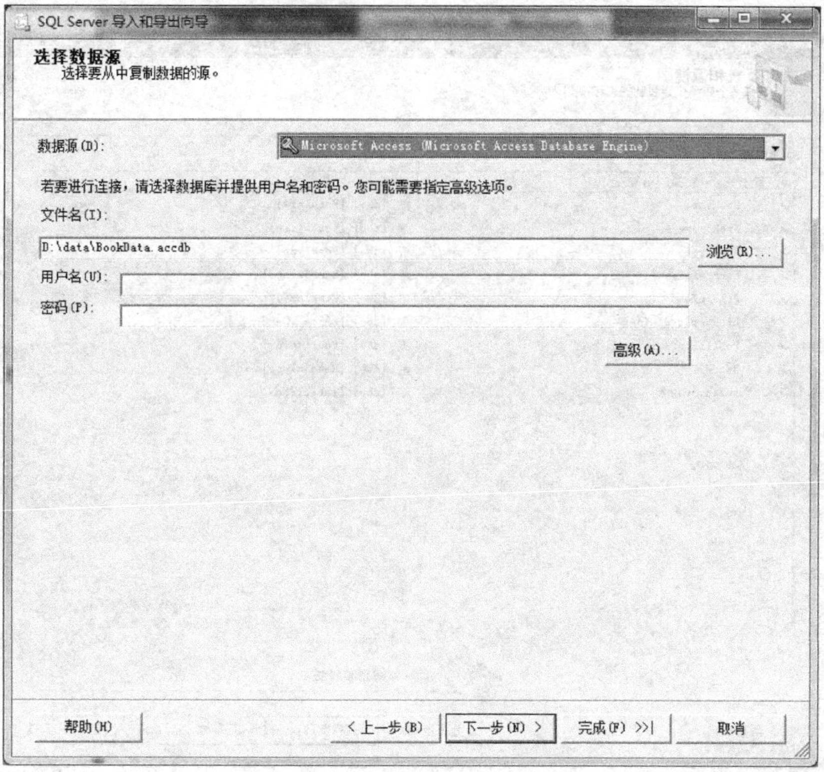

图 12-35　选择 Access 作为数据源

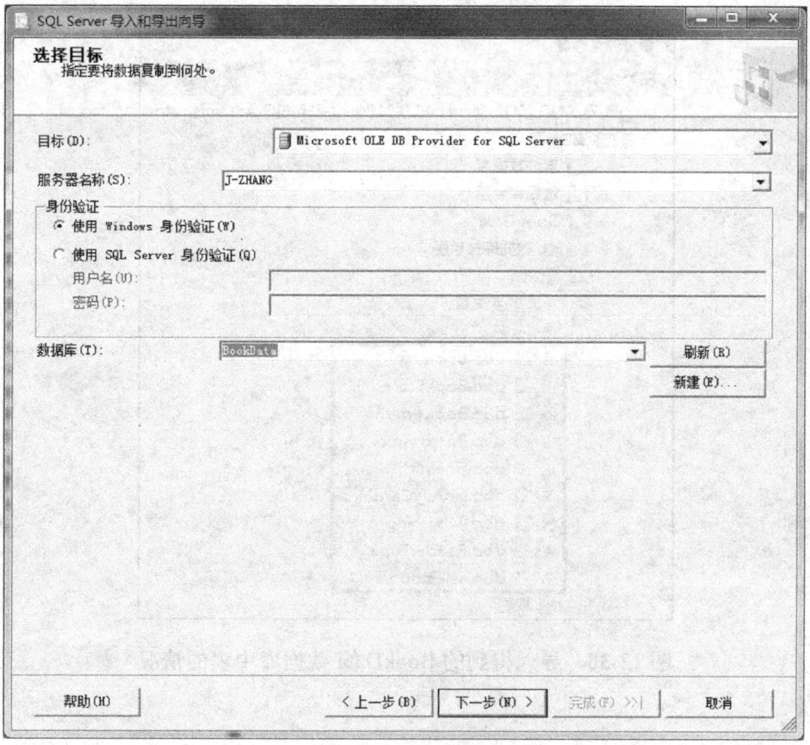

图 12-36　选择 SQL Server 数据库作为目标

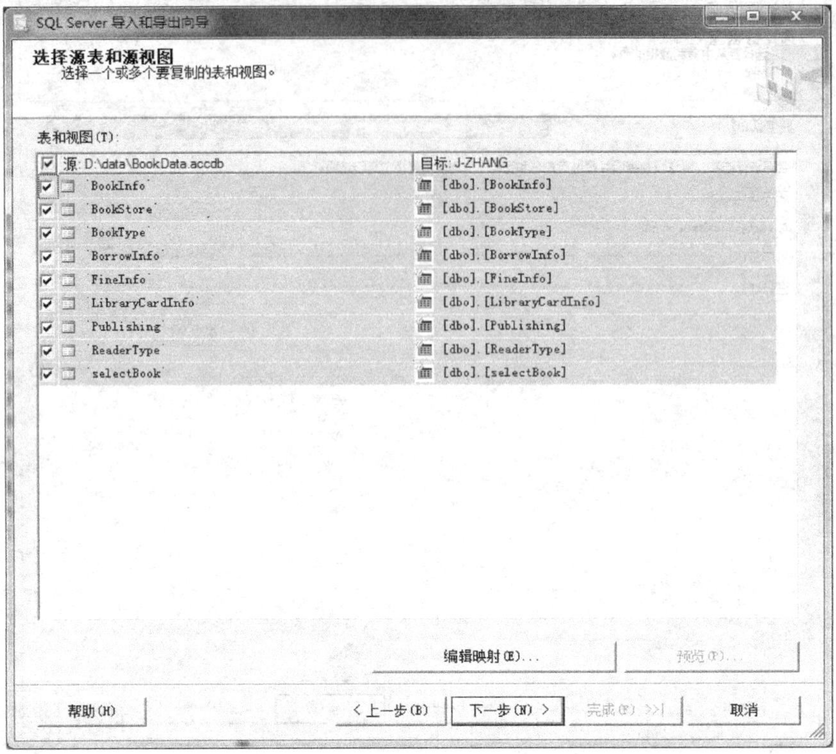

图 12-37 “选择源表和源视图”对话框

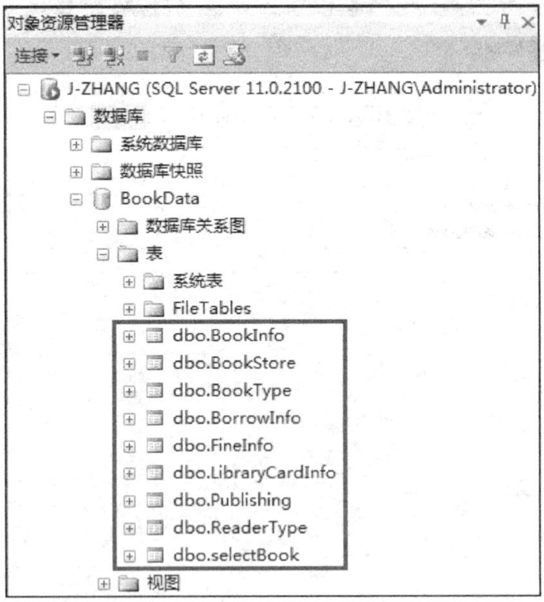

图 12-38 导入得到的 BookData 数据库中表的情况

12.5 复制数据库

任务 6

在 SQL Server 2012 中使用“SQL Server Management Studio”将数据库 WebShop 复制为 WebShop_new。

在 SQL Server 2012 中可以使用复制数据库向导将数据库复制或转移到同一个或另一个服务器中。需要注意的是，在使用复制数据库向导之前需要启动 SQL Server 代理服务。启动 SQL Server 代理服务的方法如下：在“对象资源管理器”中，右击【SQL Server 代理(已禁用代理 XP)】，选择【启动】选项并确认后即可启动 SQL Server 代理服务，如图 12-39 所示。

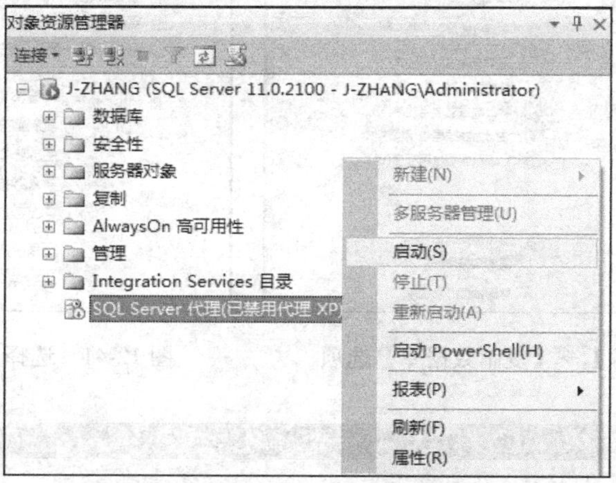

图 12-39 启动 SQL Server 代理服务

SQL Server 代理服务启动后，可以使用复制数据库向导将数据库 WebShop 复制为 WebShop_new，操作步骤如下。

（1）启动 SQL Server Management Studio，在“对象资源管理器”中，右击【WebShop】节点，依次选择【任务】→【复制数据库】选项，如图 12-40 所示。或者在“对象资源管理器”中右击【管理】节点，选择【复制数据库】选项，如图 12-41 所示。

（2）打开“复制数据库向导”对话框，如图 12-42 所示。可以选择源服务器、身份验证方式等。这里保留默认设置。

（3）单击【下一步】按钮，打开“选择目标服务器”对话框，如图 12-43 所示。可以选择目标服务器、身份验证方式等。这里保留默认设置。

（4）单击【下一步】按钮，打开“选择传输方法”对话框，如图 12-44 所示。可以选择“使用分离和附加方法”或“使用 SQL 管理对象方法”。这里保留默认设置。

（5）单击【下一步】按钮，打开“选择数据库”对话框，如图 12-45 所示。如果要复制数据库，则选中“复制”复选框；如果要移动数据库，则选中“移动”复选框。这里选择复制 WebShop 数据库。

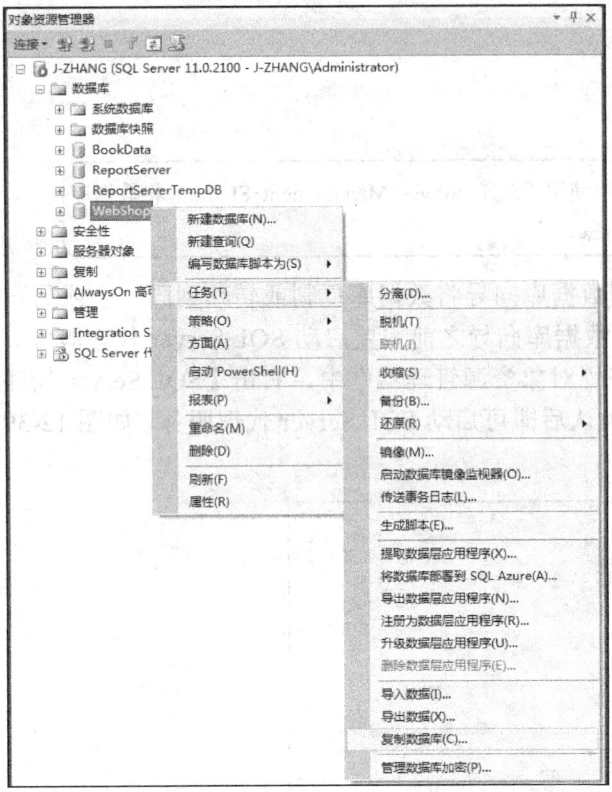

图 12-40　选择【任务】→【复制数据库】选项

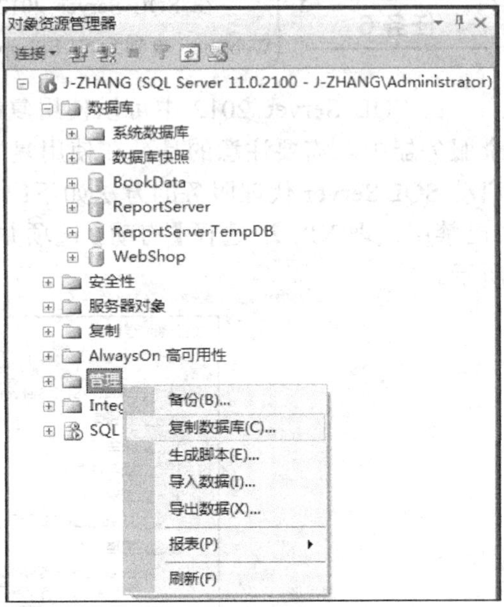

图 12-41　选择“复制数据库”选项

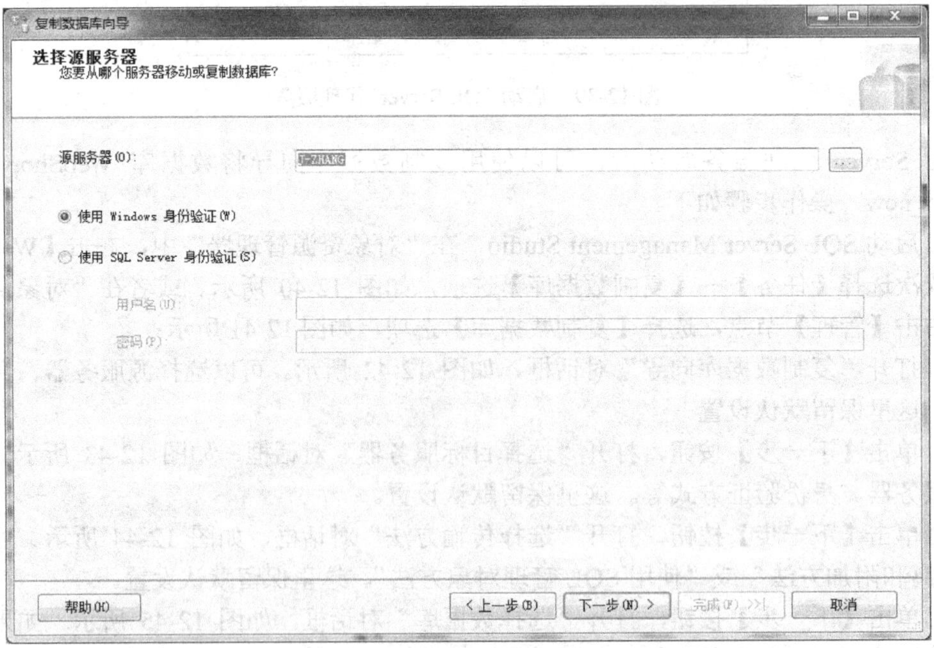

图 12-42　“复制数据库向导”对话框

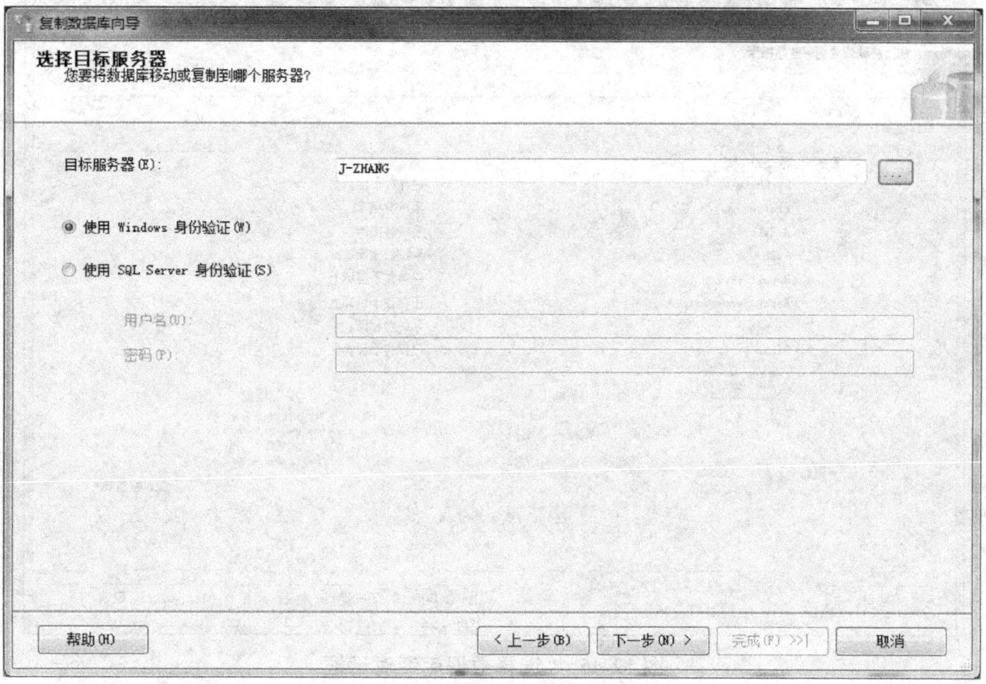

图 12-43 “选择目标服务器”对话框

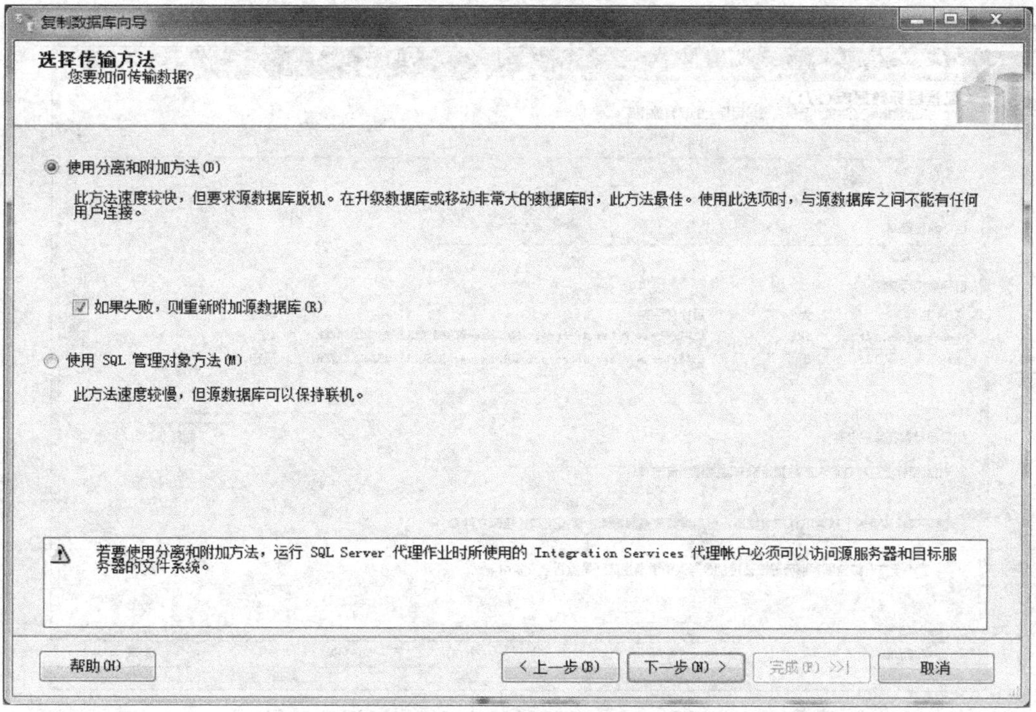

图 12-44 “选择传输方法”对话框

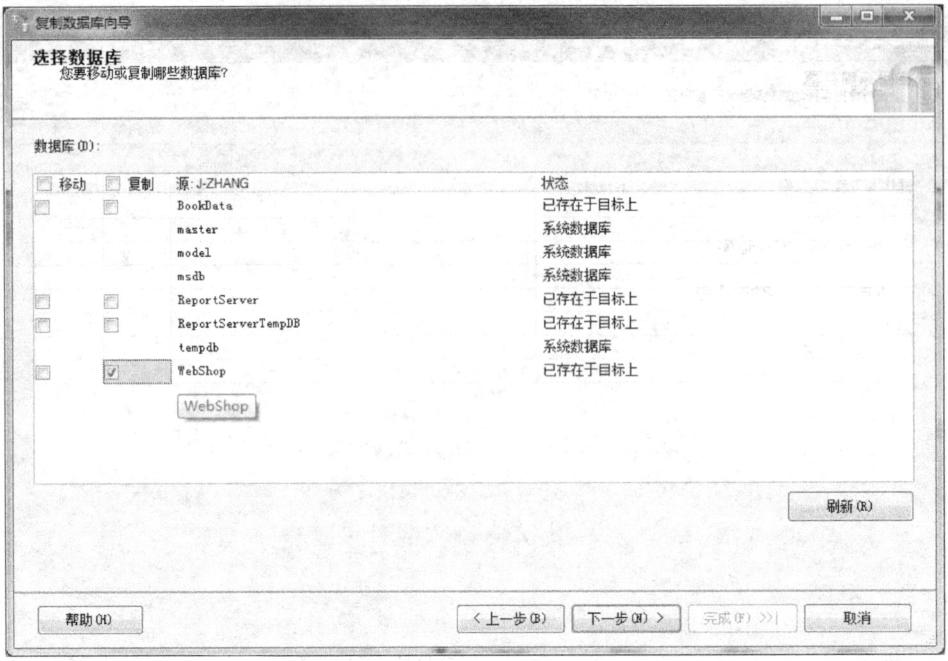

图 12-45 “选择数据库”对话框

（6）单击【下一步】按钮，打开配置目标数据库对话框，如图 12-46 所示。可以指定目标数据库的名称，并可以修改目标数据库的逻辑文件和日志文件名称。这里保留默认设置。

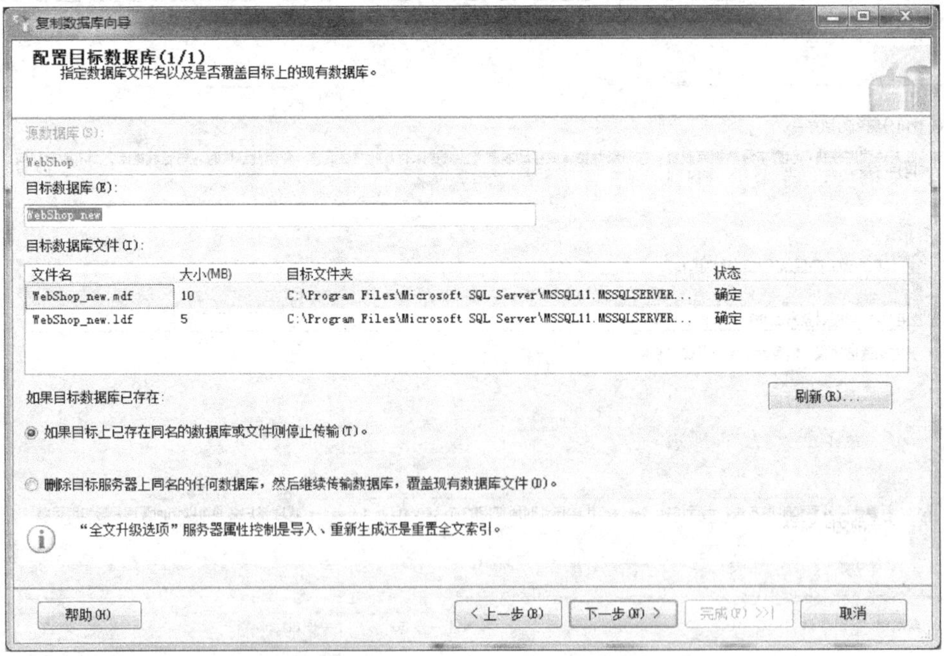

图 12-46 配置目标数据库对话框

（7）单击【下一步】按钮，打开“配置包”对话框，如图 12-47 所示。可以指定包名称等。这里保留默认设置。

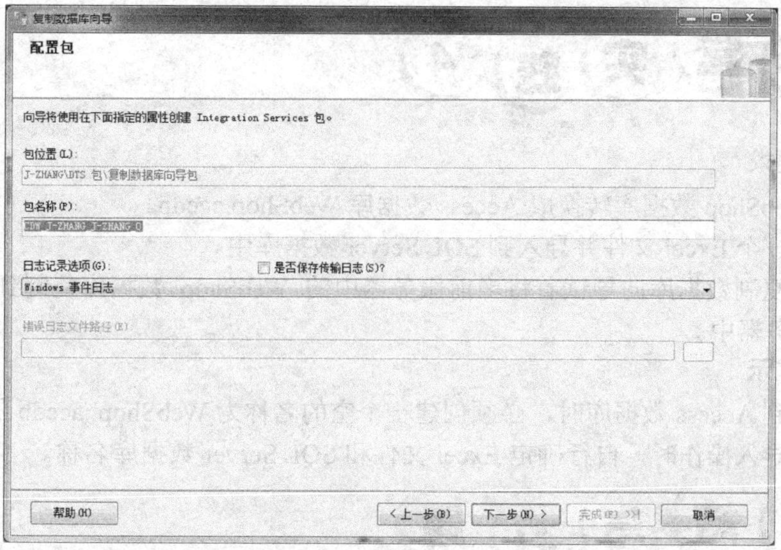

图 12-47　“配置包”对话框

（7）单击【下一步】按钮，打开“安排运行包”对话框，保留默认设置。

（8）单击【下一步】按钮，打开“完成该向导”对话框，显示配置信息。

（9）单击【完成】按钮，打开“正在执行操作”对话框，执行数据库复制操作。

（9）单击【关闭】按钮，完成数据库复制操作，在“对象资源管理器”中可以查看 WebShop_new 数据库的信息，如图 12-48 所示。

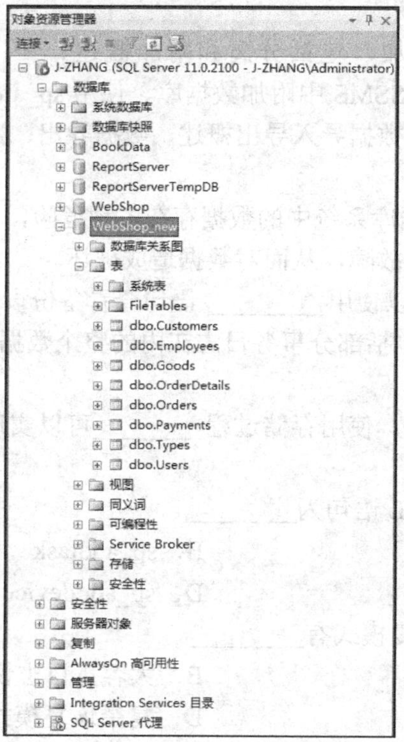

图 12-48　复制得到的 WebShop_new 数据库

课堂实践 4

1．操作要求

（1）将 WebShop 数据库转换成 Access 数据库 WebShop.accdb。

（2）选择一个 Excel 文件并导入到 SQL Server 数据库中。

（3）应用复制数据库向导试着将当前服务器中的 WebShop 数据库复制到网络中的其他 SQL Server 服务器中。

2．操作提示

（1）导出到 Access 数据库时，必须创建一个空的名称为 WebShop. accdb 的数据库。

（2）进行导入操作时，自行确定 Excel 文件和 SQL Server 数据库名称。

小结与习题

本章学习了如下内容：

（1）数据库备份，包括数据库备份概述、在 SSMS 中管理备份设备、使用 sp_addumpdevice 添加备份设备、使用 sp_helpdevice 查看备份设备、使用 sp_dropdevice 删除备份设备、在 SSMS 中执行数据库备份、使用 BACKUP DATABASE 执行数据库备份。

（2）数据库恢复，包括数据库恢复概述、在 SSMS 中执行数据库恢复、使用 RESTORE DATABASE 执行数据库恢复。

（3）数据库的分离与附加，包括分离和附加概述、在 SSMS 中分离数据库、使用 sp_detach_db 分离数据库、在 SSMS 中附加数据库、使用 sp_attach_db 附加数据库。

（4）数据导入导出，包括数据导入导出概述、数据导出、数据导入。

一、填空题

1．SQL Server 2012 数据库系统中的数据存在多种危险，其中________是事务运行到最后没有达到正常提交而产生的故障，从而对数据造成破坏。

2．在 SQL Server 中，可以使用________ 语句查看备份设备信息。

3．________操作将备份包括部分事务日志在内的整个数据库，________仅用于完整恢复模式或大容量日志恢复模式。

4．在 SQL Server 2012 中，使用存储过程________可以实现数据库的附加。

二、选择题

1．创建备份设备的 T-SQL 语句为________。

A．sp_adduser　　B．sp_addtask

C．sp_addumpdevice　　D．sp_adddevice

2．SQL Server 数据库恢复模式有________。

A．完整恢复模式　　B．大容量日志恢复模式

C．简单恢复模式　　D．复杂恢复模式

3．如果要对数据进行完整恢复，则需要数据库进行的备份是________。

A．完整备份　　B．完整差异备份

C．部分备份　　　　　　　　　　　　　D．事务日志备份

4．下列关于分离和附加的描述，错误的是________。

A．不可以分离数据库事务日志文件

B．分离和附加可以实现数据库在不同计算机上的移动

C．分离数据库是将数据库从 Microsoft SQL Server 数据库引擎实例中删除

D．附加数据库会将数据库包含的全部文件随数据库一起附加

5．要实现不同数据源之间数据的转换，最好使用________。

A．备份和恢复　　　　　　　　　　　　B．分离和附加

C．导入和导出　　　　　　　　　　　　D．发布和订阅

三、简答题

1．举例说明 SQL Server 2012 中数据备份和数据恢复的主要功能及其主要操作步骤。

2．举例说明 SQL Server 2012 中数据导入和数据导出的主要功能及其主要操作步骤。

课外拓展

1．操作要求

（1）创建逻辑名称为 myback 的备份设备，将物理文件存放在系统默认路径下。

（2）对 BookData 数据库进行一次完整备份 BookBak，备份到备份设备 myback 中。

（3）删除 BookData 数据库的 ReaderType 表。

（4）利用备份 BookBak 恢复 BookData 数据库到完整备份时的状态。

（5）将 BookData 数据库分离，并将对应的数据库文件复制到另一台机器上。

（6）将从另一台机器复制的 BookData 数据库文件附加到当前 SQL Sever 实例上。

（7）将 BookData 数据库转换成 Access 数据库 BookData.accdb。

2．操作提示

（1）表的结构和数据参阅第 1 章的说明。

（2）将完成任务的 SQL 语句保存到文件中。

（3）数据的分离和附加要求在不同机器上进行。

第13章

SQL Server数据库程序开发

学习目标

本章将要学习 SQL Server 2012 数据库应用程序开发的相关知识，包括数据库应用程序结构、常用的数据库访问技术、Java 平台下 SQL Server 2012 数据库程序开发方法以及 Visual Studio 2012 平台下 SQL Server 2012 数据库程序开发方法。本章的学习要点包括：

- C/S 结构和 B/S 结构
- 常用的数据库访问技术
- 使用 JDBC/ODBC 驱动程序访问 SQL Server 2012 数据库
- 使用 SQL Server JDBC Driver 2.0 访问 SQL Server 2012 数据库
- C#.NET 中使用 ADO.NET 访问 SQL Server 数据库的方法
- ASP.NET 中使用 ADO.NET 访问 SQL Server 数据库的方法

学习导航

在典型的数据库应用系统中，一般分为用户界面层、业务逻辑层和数据库层。在这些系统中涉及了数据库的多种类型的用户：程序员编写中间层的访问数据库的程序（会用到大量的 T-SQL 语句）；最终用户运行前台应用程序通过中间层的组件实现对后台数据库服务器中的数据的存取操作；数据库管理员可以直接在数据库服务器上对数据库实施各种管理操作。典型 SQL Server 数据库应用系统如图 13-1 所示。

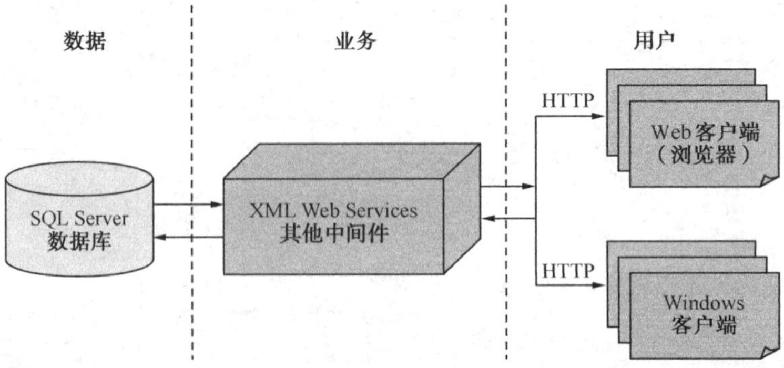

图 13-1　典型 SQL Server 数据库应用系统

本章主要内容及其在 SQL Server 2012 数据库管理系统中的位置如图 13-2 所示。

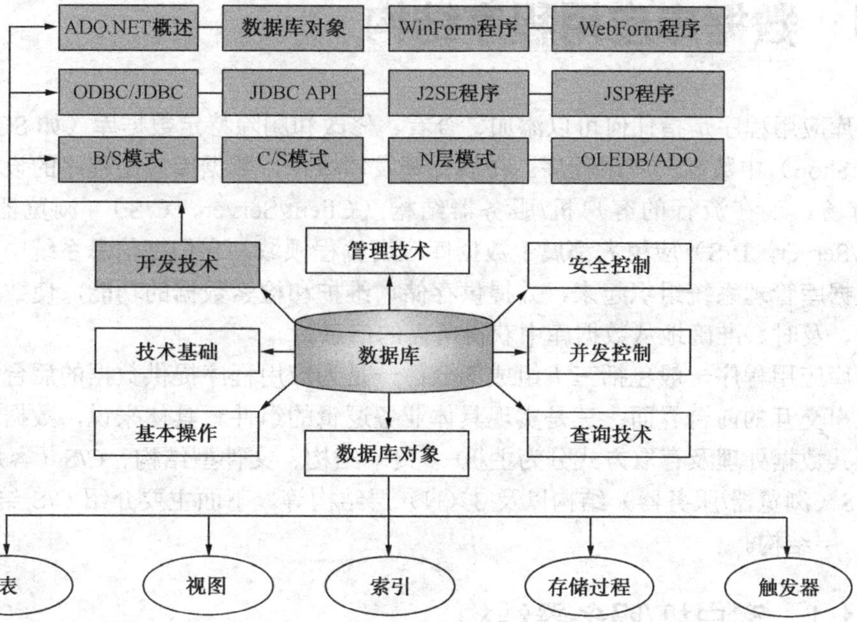

图 13-2　本章学习导航

任务描述

本章主要任务描述如表 13-1 所示。

表 13-1　任务描述

任务编号	子 任 务	任 务 内 容
任务 1		基于 Java 平台开发 SQL Server 数据库程序，包括 J2SE 开发中使用 ODBC 数据源、JSP 开发中使用 SQL Server JDBC Driver 2.0 驱动程序
	任务 1-1	编写一个 Java 应用程序，要求能够根据输入的会员名称查询 SQL Server 2012 的 WebShop 数据库中的会员详细信息（使用 ODBC-JDBC 驱动）
	任务 1-2	编写一个 JSP 应用程序，要求能够显示 SQL Server 2012 的 WebShop 数据库中所有商品的详细信息（使用专用驱动程序）
任务 2		基于.NET 平台开发 SQL Server 数据库程序，包括采用 ADO.NET 数据库访问技术实现 WinForm 数据库程序和 WebForm 数据库程序的开发
	任务 2-1	编写 WinForm 应用程序，要求能够根据输入的会员名称在 SQL Server 2012 的 WebShop 数据库中查询会员的详细信息
	任务 2-2	编写一个 WebForm 应用程序，要求能够显示 SQL Server 2012 的 WebShop 数据库中所有商品的详细信息

13.1 数据库应用程序结构

数据库应用程序是指任何可以添加、查看、修改和删除特定数据库（如 SQL Server 2012 中的 WebShop）中数据的应用程序。在软件开发领域中，数据库应用程序的设计与开发具有广阔的市场。现在流行的客户机/服务器结构（Client/Server，C/S）、浏览器/服务器结构（Browser/Server，B/S）应用大都属于数据库应用编程领域，它们把信息系统中大量的数据用特定的数据库管理系统组织起来，并提供存储、维护和检索数据的功能，使数据库应用程序可以方便、及时、准确地从数据库中获得所需的信息。

数据库应用程序一般包括三大组成部分：一是为应用程序提供数据的后台数据库；二是实现与用户交互的前台界面；三是实现具体业务逻辑的组件。具体来说，数据库应用程序的结构可依其数据处理及存取方式分为主机-多终端结构、文件型结构、C/S（客户机/服务器）结构、B/S（浏览器/服务器）结构以及 3（N）层结构等。下面主要介绍 C/S 结构、B/S 结构及 3（N）层结构。

13.1.1 客户机/服务器结构

C/S 结构是大家熟知的软件系统体系结构，通过将任务合理分配到客户端和服务器端，降低了系统的通信开销，可以充分利用两端硬件环境的优势，提高系统的运行效率。早期的软件系统大多是 C/S 结构。

C/S 结构的出现是为了解决费用和性能的矛盾，最简单的 C/S 结构的数据库应用由两部分组成，即客户应用程序和数据库服务器程序。两者可分别称为前台程序与后台程序。运行数据库服务器程序的机器，称为应用服务器，一旦服务器程序被启动，可随时等待响应客户程序发来的请求；客户程序运行在用户的计算机上，相对于服务器，称为客户机。当需要对数据库中的数据进行任何操作时，客户程序就自动地寻找服务器程序，并向其发出请求，服务器程序根据预定的规则做出应答，送回结果。

在客户机/服务器结构中，数据库的管理由数据库服务器完成。而应用程序的数据处理，如数据访问规则、业务规则、数据合法性校验等可能有两种情况：一是客户端只负责一些简单的用户交互，客户机向服务器传送结构化查询语言，运算和商业逻辑都在服务器端运行的结构也称为瘦客户机；二是数据处理由客户端程序代码来实现，这种运算和商业逻辑可能会放在客户端进行的结构也称为胖客户机。C/S 结构的系统结构如图 13-3 所示。

由于 C/S 结构通信方式简单，软件开发起来容易，现在有许多的中小型信息系统是基于这种两层的客户机/服务器结构的，但这种结构的软件存在以下问题。

（1）伸缩性差。客户机与服务器联系很紧密，无法在修改客户机或服务器时不修改另一个，这使软件不易伸缩、维护量大，软件互操作起来也很难。

（2）性能较差。在一些情况下，需要将较多的数据从服务器端传送到客户机进行处理。这样，一方面会出现网络拥塞，另一方面会消耗客户端的主要系统资源，从而使整个系统的性能下降。

（3）重用性差。数据库访问、业务规则等都固化在客户端或服务器端应用程序中。如果客户提出的其他应用需求中也包含了相同的业务规则，则程序开发者将不得不重新编写相同的代码。

（4）移植性差。当某些处理任务是在服务器端由触发器或存储过程来实现时，其适应性和可移植性较差。因为这样的程序可能只能运行在特定的数据库平台下，当数据库平台变化时，这些应用程序可能需要重新编写。

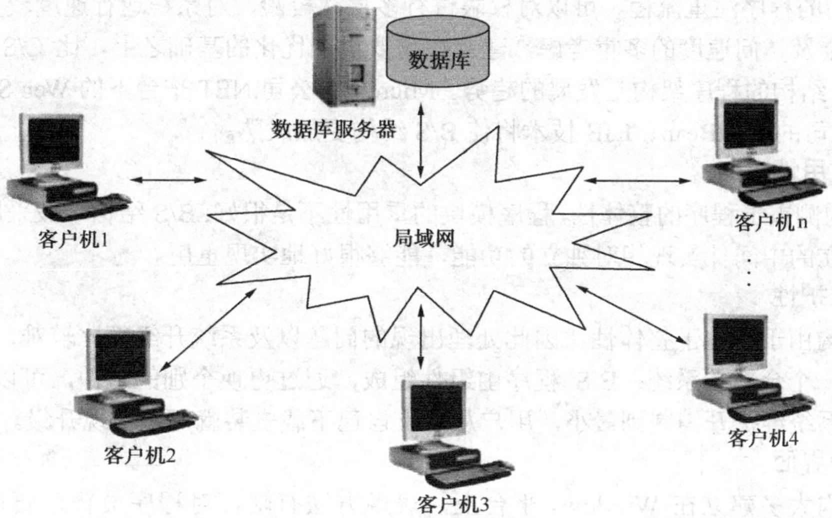

图 13-3　客户机/服务器结构

13.1.2　浏览器/服务器结构

B/S 结构是随着 Internet 技术的兴起，对 C/S 结构的一种变化或者改进的结构。在 B/S 结构下，用户界面完全通过 WWW 浏览器实现，一部分事务逻辑在前端实现，但是主要事务逻辑在服务器端实现。B/S 结构可利用不断成熟和普及的浏览器技术实现原来需要复杂专用软件才能实现的强大功能，并节省了开发成本，是一种全新的软件系统构造技术。

基于 B/S 结构的软件，系统安装、修改和维护全在服务器端解决。用户在使用系统时，仅仅需要一个浏览器即可运行程序的全部功能，真正实现“零客户端”。B/S 结构还提供了异种机、异种网和异种应用服务的开放性基础，这种结构已成为当今应用软件的首选体系结构。

B/S 结构与 C/S 结构相比，C/S 结构是建立在局域网的基础上的，而 B/S 结构是建立在 Internet/Intranet 基础上的，虽然 B/S 结构在电子商务和电子政务等方面得到了广泛的应用，但并不能说 C/S 结构没有存在的必要。相反，在某些领域中，C/S 结构将长期存在。C/S 结构和 B/S 结构的区别主要表现在支撑环境、安全控制、程序架构、可重用性、可维护性和用户界面等方面。

1．支撑环境

C/S 结构一般建立在专用的小范围内的局域网络环境，局域网之间通过专门服务器提供连接和数据交换服务；B/S 结构建立在广域网之上，有比 C/S 结构更广的适用范围，客户端一般只要有操作系统和浏览器即可。

2．安全控制

C/S 结构一般面向相对固定的用户群，对信息安全的控制能力很强。一般高度机密的信息系统采用 C/S 结构比较合适；B/S 结构建立在广域网之上，面向不可知的用户群，对安全的控制能力较弱，可以通过 B/S 结构发布部分可公开的信息。

3．程序架构

C/S 结构的程序注重流程，可以对权限进行多层次校验，对系统运行速度较少考虑；B/S 结构是对安全及访问速度的多重考虑，建立在需要更加优化的基础之上，比 C/S 结构有更高的要求，B/S 结构的程序架构是发展的趋势。Microsoft 公司.NET 平台下的 Web Service 技术，以及 SUN 公司的 JavaBean、EJB 技术将使 B/S 结构更加成熟。

4．可重用性

C/S 结构侧重于程序的整体性，程序模块的重用性不是很好；B/S 结构一般采用多层架构，使用相对独立的中间件实现相对独立的功能，能够很好地实现重用。

5．可维护性

C/S 结构由于侧重于整体性，因此处理出现的问题以及系统升级都比较难，一旦升级可能要求开发一个全新的系统；B/S 程序由组件组成，通过更换个别的组件，可以实现系统的无缝升级，系统维护开销减到最小，用户从网上自己下载安装就可以实现升级。

6．用户界面

C/S 结构大多建立在 Windows 平台上，表现方法有限，对程序员普遍要求较高；B/S 结构建立在浏览器上，有更加丰富、生动的表现方式与用户交流，降低了开发难度和开发成本。

通过上面的对比分析可以看出，传统的 C/S 结构并非一无是处，而 B/S 结构也并非十全十美，在以后相当长的时期里，C/S 结构和 B/S 结构将会同时存在。另外，在同一个系统中根据应用的不同要求，可以同时使用 C/S 结构和 B/S 结构以发挥这两种结构的优点。

13.1.3 三层/N 层结构

所谓三层体系结构，是在客户端与数据库之间加入了一个“中间层”，也称组件层。这里所说的三层结构并不是简单地放置三台机器，三层可以是逻辑上的，也可以是物理上的，B/S 应用和 C/S 应用都可以采用三层体系结构。三层结构的应用程序将业务规则等放到了中间层进行处理。通常情况下，客户端不直接与数据库进行交互，而是通过中间层（动态链接库、Web 服务或 JavaBean）实现对数据库的存取操作。

三层体系结构将二层结构中的应用程序处理部分进行分离，将其分为用户界面服务程序和业务逻辑处理程序。分离的目的是使客户机上的所有处理过程不直接涉及数据库管理系统，分离的结果是将应用程序在逻辑上分为三层。

（1）用户界面层：实现用户界面，并保证用户界面的友好性、统一性。

（2）业务逻辑层：实现数据库的存取及应用程序的商业逻辑计算。

（3）数据服务层：实现数据定义、存储、备份和检索等功能，主要由数据库系统实现。

在三层结构中，中间层起着双重作用，其对于数据层是客户机，对于用户层是服务器，图 13-4 所示为一个典型的三层结构应用系统。

三层结构的系统具有如下特点。

（1）业务逻辑放置在中间层，提高了系统的性能，使中间层业务逻辑处理与数据层的业务数据紧密结合在一起，而无需考虑客户的具体位置。

（2）添加新的中间层服务器，能够满足新增客户机的需求，大大地提高了系统的可伸缩性。

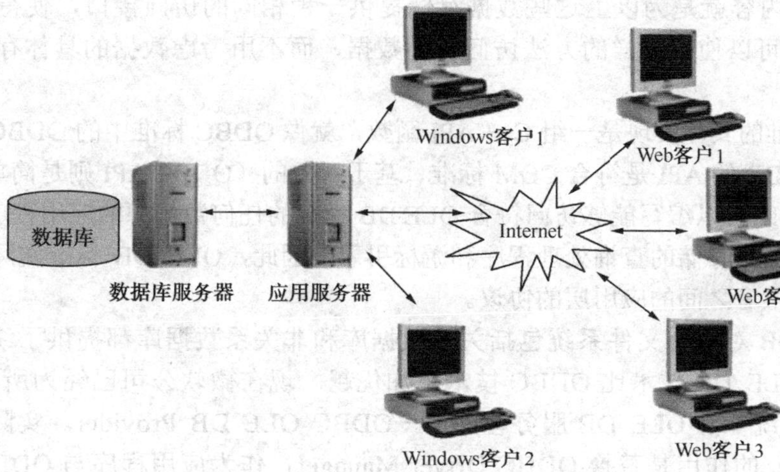

图 13-4　三层结构应用系统

（3）将业务逻辑置于中间层，从而使业务逻辑集中到一处，便于整个系统的维护、管理及代码的复用。如果将 3 层结构中的中间层进一步划分成多个完成某一特定服务的独立层，那么 3 层体系结构就成为多层体系结构。一个基于 Web 的应用程序在逻辑上可能包含如下几层。

① 由 Web 浏览器实现的一个界面层。

② 由 Web 服务器实现的一个 Web 服务器层。

③ 由类库或 Web 服务器实现的应用服务层。

④ 由关系型数据库管理系统实现的数据层。

【提示】

● 不管是 3 层还是多层，层次的划分是从逻辑上实现的。

● 每个逻辑层次可以对应一个物理层次，如一台物理机器充当 Web 服务器（配置好 IIS），一台物理机器充当应用服务器（提供 Web 服务），一台物理机器充当数据库服务器（安装好 SQL Server 2012），一台机器充当客户端（安装好 IE）。

● 多个逻辑层次也可以集中在一台物理机器上，即在同一台机器上配置好 IIS、Web 服务、SQL Server 2012 数据库和 IE 浏览器。

13.1.4　数据库访问技术

伴随着计算机技术的不断发展和计算机应用的普及，信息系统中所使用的数据库的访问方式也在不断发展，现在常用的数据库访问技术包括 ODBC/JDBC、OLE DB、ADO 和 ADO.NET。ODBC/JDBC 和 ADO.NET 会在后续章节中进行介绍，这里只简单介绍 OLE DB 和 ADO 两种技术。

1．OLE DB

继ODBC之后，微软推出了OLE DB。OLE DB是一种技术标准，目的是提供一种统一的数据访问接口。这里所说的“数据”，除了标准的关系型数据库中的数据之外，还包括邮件数据、Web上的文本或图形、目录服务，以及主机系统中的IMS和VSAM数据。OLE DB标准的核心内容就是为以上这些数据存储提供一种相同的访问接口，使得数据的使用者（应用程序）可以使用同样的方法访问各种数据，而不用考虑数据的具体存储地点、格式或类型。

OLE DB标准的具体实现是一组C++ API函数，就像ODBC标准中的ODBC API一样，不同的是，OLE DB的API是符合COM标准、基于对象的（ODBC API则是简单的C API）。使用OLE DB API，可以编写能够访问符合OLE DB标准的任何数据源的应用程序，也可以编写针对某种特定数据存储的查询处理程序和游标引擎，因此，OLE DB标准实际上是规定了数据使用者和提供者之间的应用层的协议。

由于OLE DB对所有文件系统包括关系数据库和非关系数据库都提供了统一的接口。这些特性使得OLE DB技术比ODBC技术更加优越。现在微软公司已经为所有ODBC数据源提供了一个统一的OLE DB服务程序——ODBC OLE DB Provider。实际上，ODBC OLE DB Provider的作用是替换ODBC Driver Manager，作为应用程序与ODBC驱动程序之间的桥梁。

2．ADO

ADO是OLE DB的消费者，与OLE DB提供者一起协同工作。它利用低层OLE DB为应用程序提供简单高效的数据库访问接口。ADO封装了OLE DB中使用的大量COM接口，对数据库的操作更加方便简单。ADO实际上是OLE DB的应用层接口，这种结构也为一致的数据访问接口提供了很好的扩展性，而不再局限于特定的数据源，因此，ADO可以处理各种OLE DB支持的数据源。

ADO支持双接口，既可以在C/C++、Visual Basic和Java等高级语言中应用，也可以在VBScript和JScript等脚本语言中应用，这使得ADO成为前几年应用最广的数据库访问接口。而且，用ADO编制Web数据库应用程序非常方便，通过VBScript或JScript在ASP中很容易操作ADO对象，从而轻松地把数据库中的内容呈现到Web前台。ADO对象模型如图13-5所示。ADO模型中共有7个对象：Connection、Command 、Recordset、Errors、Properties、Parameters和Fields对象。

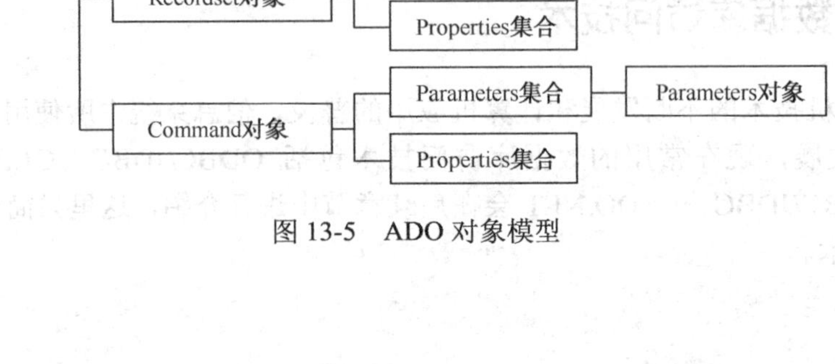

图13-5 ADO对象模型

ADO 简化了 OLE DB 模型，也就是在 OLE DB 上面设置了另外一层，它只要求开发者掌握几个简单对象的属性和方法即可开发数据库应用程序，这比在 OLE DB API 中直接调用函数要简单得多。

13.2　Java 平台 SQL Server 数据库程序开发

任务 1

基于 Java 平台开发 SQL Server 数据库程序。要求在 J2SE 开发中使用 ODBC/JDBC 驱动程序方式，JSP 开发中使用 SQL Server JDBC Driver 2.0 驱动程序方式。

13.2.1　ODBC/JDBC

1．ODBC

开放式数据库互连（Open Database Connectivity，ODBC）是微软公司推出的一种工业标准，是一种开放的独立于厂商的 API，可以跨平台访问各种个人计算机、小型机以及主机系统。ODBC 作为一个工业标准，绝大多数数据库厂商、大多数应用软件和工具软件厂商为自己的产品提供了 ODBC 接口或提供了 ODBC 支持，其中包括常用的 SQL Server、Oracle、Informix 和 Access。

ODBC 是微软公司的 Windows 开放服务体系（Windows Open System Architecture，WOSA）的一部分，是数据库访问的标准接口。它建立了一组规范，并提供了一组对数据库访问的标准 API。应用程序可以应用 ODBC 提供的 API 来访问任何带有 ODBC 驱动程序的数据库。ODBC 已经成为一种标准，目前所有关系数据库都提供 ODBC 驱动程序。

ODBC 的体系结构如图 13-6 所示，它由数据库应用程序、驱动程序管理器、数据库驱动程序和数据源四部分组成。

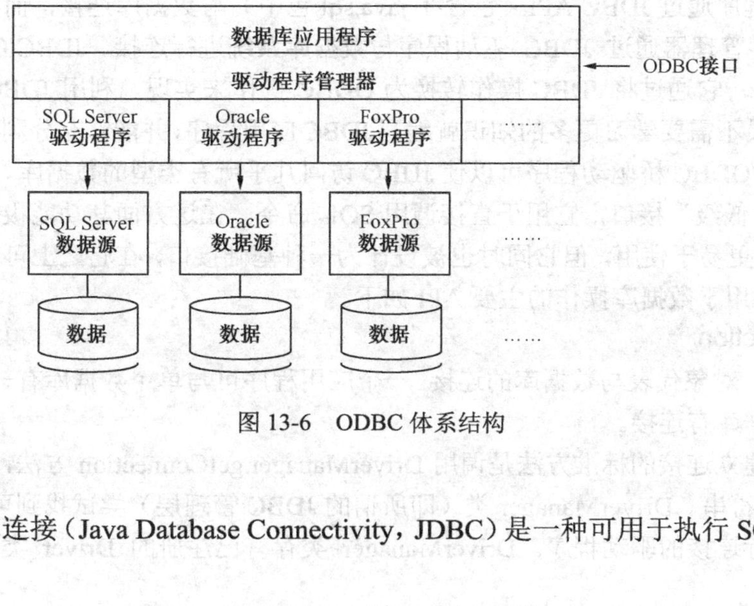

图 13-6　ODBC 体系结构

2．JDBC

Java 数据库连接（Java Database Connectivity，JDBC）是一种可用于执行 SQL 语句的 Java

API，主要提供了 Java 跨平台、跨数据库的数据库访问方法，为数据库应用开发人员提供了一种标准的应用程序设计接口，使开发人员可以用纯 Java 语言编写完整的数据库应用程序。其功能与微软公司的 ODBC 类似，相对于 ODBC 只适用于 Windows 平台来说，JDBC 具有明显的跨平台的优势。同时，为了能够使 JDBC 具有更强的适应性，JDBC 还专门提供了 JDBC/ODBC 桥来直接使用 ODBC 定义的数据源。

用 JDBC 开发 Java 数据库应用程序的工作原理如图 13-7 所示。

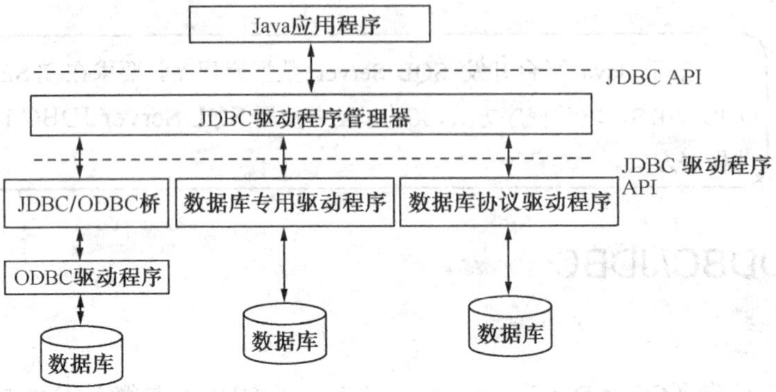

图 13-7 JDBC 工作原理

13.2.2 JDBC API

Java 语言是一种纯粹的面向对象的程序设计语言，它提供了方便访问数据的技术。利用 Java 语言中的 JDBC 技术，用户能方便地开发出基于 Java 的数据库应用程序，从而扩充网络应用功能。JDBC 由一组用 Java 语言编写的类与接口组成，通过调用这些类和接口所提供的方法，用户能够以一致的方式连接多种不同的数据库系统（如 Access、SQL Server、Oracle、Sybase 等），进而可使用标准的 SQL 语言来存取数据库中的数据，而不必为每一种数据库系统编写不同的 Java 程序代码。

Java 应用程序通过 JDBC API（包含在 java.sql 包中）与数据库连接，而实际的动作则由 JDBC 驱动程序管理器通过 JDBC 驱动程序与数据库系统进行连接。JDBC/ODBC 桥是一种 JDBC 驱动程序，它通过将 JDBC 操作转换为 ODBC 操作来实现。利用 JDBC/ODBC 桥可以使程序开发人员不需要学习更多的知识就编写 JDBC 应用程序，并能够充分利用现有的 ODBC 数据源。JDBC/ODBC 桥驱动程序可以使 JDBC 访问几乎所有类型的数据库。

JDBC 是“低级”接口，它用于直接调用 SQL 命令。在这方面其功能极佳，比其他的数据库连接 API 更易于使用，但它同时也被设计为一种基础接口，在它之上可以建立高级接口和工具，JDBC 用于数据库操作的主要 API 如下。

1. Connection

Connection 对象代表与数据库的连接。一个应用程序可与单个数据库有一个或多个连接，或者与许多数据库有连接。

与数据库建立连接的标准方法是调用 DriverManager.getConnection 方法，该方法接收含有某个 URL 的字符串。DriverManager 类（即所谓的 JDBC 管理层）尝试找到可与指定 URL 代表的数据库进行连接的驱动程序。DriverManager 类存有已注册的 Driver 类的清单，当调用方法 getConnection 时，它将检查清单中的每个驱动程序，直到找到可与 URL 中指定的数据库进行连接的驱动程序为止。Driver 的方法 Connect 使用此 URL 来建立实际的连接。

```
String url = "jdbc:odbc:webshop";
Connection con = DriverManager.getConnection(url, "liuzc", "liuzc518");
```

JDBC URL 提供了一种标识数据库的方法，可以使相应的驱动程序识别该数据库并与之建立连接。

2. DriverManager

DriverManager 类是 JDBC 的管理层，作用于用户和驱动程序之间。它跟踪可用的驱动程序，并在数据库和相应驱动程序之间建立连接。对于简单的应用程序，程序员使用其唯一的方法 DriverManager.getConnection 来建立连接。通过调用方法 Class.forName 显式地加载驱动程序类。

```
Class.forName("sun.jdbc.odbc.JdbcOdbcDriver");  //加载驱动程序
String url = "jdbc:odbc:webshop ";
DriverManager.getConnection(url, "liuzc", "liuzc518");
```

3. Statement

Statement 对象用于将 SQL 语句发送到数据库中。Statement 对象主要有三种类型：Statement、PreparedStatement（从 Statement 继承而来）和 CallableStatement（从 PreparedStatement 继承而来），它们都专用于发送特定类型的 SQL 语句。其中，Statement 对象用于执行不带参数的简单 SQL 语句；PreparedStatement 对象用于执行带 IN 参数的预编译 SQL 语句；CallableStatement 对象用于执行对数据库中存储过程的调用。

Statement 接口提供了执行语句和获取结果的基本方法；PreparedStatement 接口添加了处理 IN 参数的方法；而 CallableStatement 添加了处理 OUT 参数的方法。

```
Connection con = DriverManager.getConnection(url, "liuzc", "liuzc518");
Statement stmt = con.createStatement();
```

Statement 接口提供了三种执行 SQL 语句的方法：executeQuery、executeUpdate 和 execute。使用哪一种方法由 SQL 语句所产生的内容决定。

（1）方法 executeQuery 用于产生单个结果集的语句，如 SELECT 语句。

（2）方法 executeUpdate 用于执行 INSERT、UPDATE 或 DELETE 语句以及 SQL DDL（数据定义语言）语句。

（3）方法 execute 用于执行返回多个结果集、多个更新计数或二者组合的语句。

执行语句的所有方法都将关闭所调用的 Statement 对象打开的结果集，这意味着在重新执行 Statement 对象之前，需要完成对当前 ResultSet 对象的处理，Statement 对象将由 Java 垃圾收集程序自动关闭。程序员也应在不需要 Statement 对象时显式地关闭它们，这样可以释放 DBMS 资源，有助于避免潜在的内存不足问题。

4. ResultSet

ResultSet 包含符合 SQL 语句中条件的结果集，并且它通过一套 get 方法提供了对这些行中数据的访问。ResultSet.next 方法用于移动到 ResultSet 中的下一行，使下一行成为当前行。

```
Statement stmt = conn.createStatement();
ResultSet rs = stmt.executeQuery("SELECT c_ID, c_Name, c_Gender FROM
Customers");
```

```
while (rs.next())
    {
      // 打印当前行的值
      String no = rs.getString("c_ID ");
      String name = rs.getString("c_Name ");
      String sex = rs.getString("c_Gender ");
      System.out.println(no + " " + name + " " + sex);
    }
```

ResultSet 维护指向其当前数据行的指针。每调用一次 next 方法，指针向下移动一行。最初它位于第一行之前，因此第一次调用 next 将把指针置于第一行，使它成为当前行，以后每次调用 next 将导致指针向下移动一行，从而可以保证按照从上至下的次序获取 ResultSet 行。

ResultSet 的方法 getXXX 提供了获取当前行中某列值的途径。在每一行内，可按任何次序获取列值，但为了保证可移植性，应该从左至右获取列值，并且一次性地读取列值。列名或列号可用于标识要从中获取数据的列。例如，如果 ResultSet 对象 rs 的第二列名为“c_name”，并将值存储为字符串，则下列任一代码将获取存储在该列中的值。

```
String name = rs.getString("c_name");
String s = rs.getString(2);
```

注意：列是从左至右编号的，并且从数字 1 开始。同时，getXXX 方法中的列名不区分大小写。用户一般情况下不需要关闭 ResultSet，当产生它的 Statement 被关闭，Statement 被重新执行或从多结果集序列中获取下一个结果集时，当前 ResultSet 将被 Statement 自动关闭。

13.2.3　使用 J2SE 开发 SQL Server 数据库程序

【任务 1-1】编写一个 Java 应用程序，要求能够根据输入的会员名称查询 SQL Server 2012 的 WebShop 数据库中会员的详细信息（使用 ODBC 数据源）。

1．创建 ODBC 数据源

（1）选择【控制面板】→【管理工具】→【数据源 ODBC】选项。

（2）打开“ODBC 数据源管理器”对话框，选择【系统 DSN】选项卡，如图 13-8 所示。

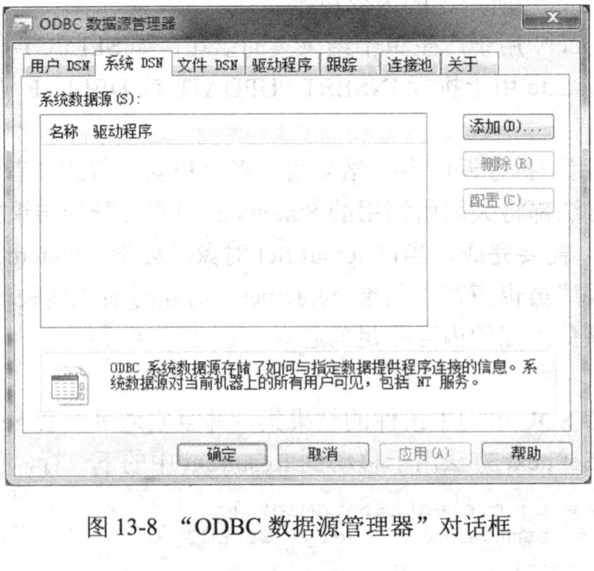

图 13-8　“ODBC 数据源管理器”对话框

（3）单击【添加】按钮，打开“创建新数据源”对话框，选择“SQL Server”选项，如图 13-9 所示。

（4）单击【完成】按钮，打开“创建到 SQL Server 的新数据源”对话框，输入数据源名称（webshop）和数据源描述、选择要连接的服务器，如图 13-10 所示。

【提示】

- 这里的数据源名称 webshop 就是程序中要用到的 ODBC 数据源名称。
- 如果是当前服务器，则可以输入“.”表示当前数据库服务器。

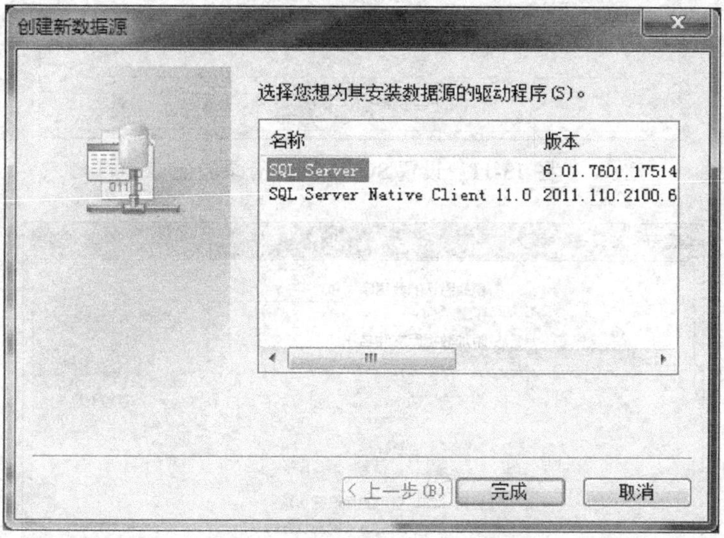

图 13-9　“创建新数据源”对话框

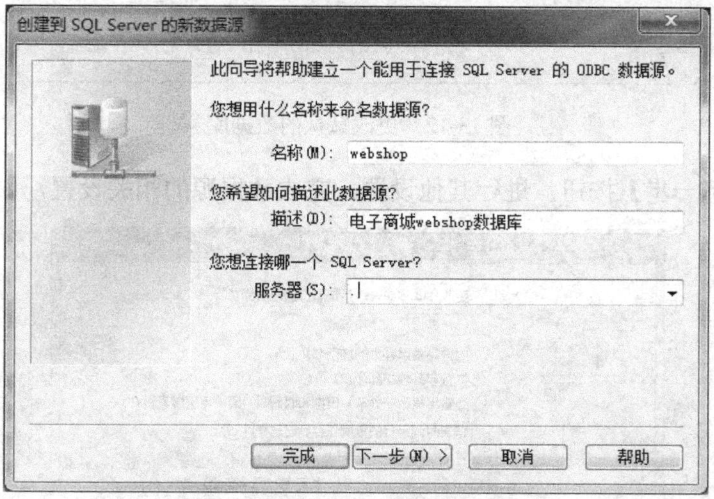

图 13-10　设置 ODBC 数据源

（5）单击【下一步】按钮，进行 SQL Server 验证，选择登录方式，如图 13-11 所示。

（6）单击【下一步】按钮，进行更改默认的数据库操作，选择数据库服务器上的数据库 WebShop，如图 13-12 所示。

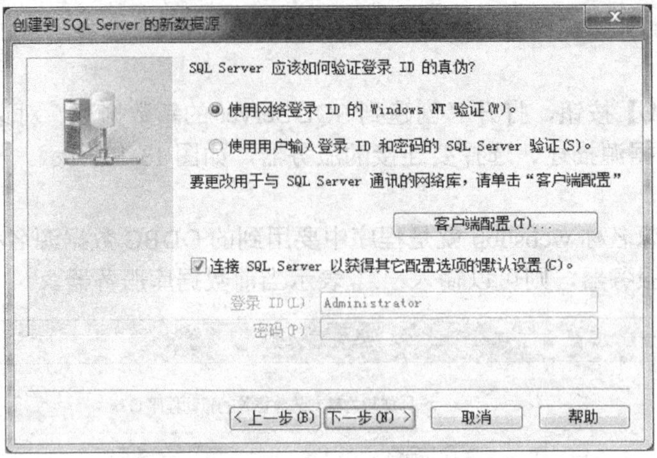

图 13-11　设置 SQL Server 登录验证

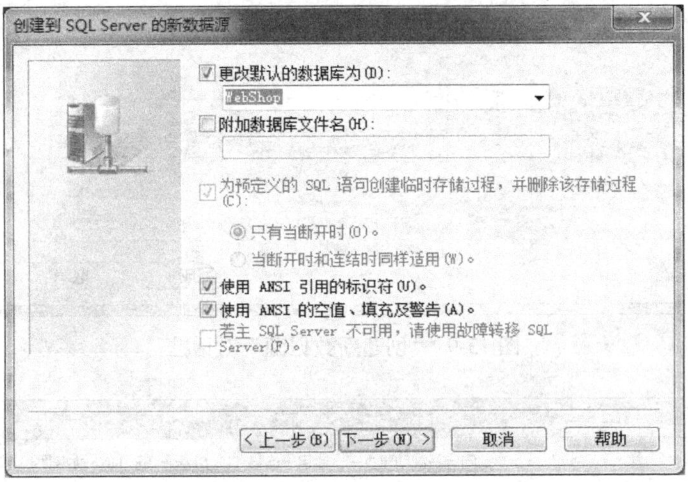

图 13-12　更改默认的数据库

（7）单击【下一步】按钮，进行其他设置，完成数据源的相关设置，如图 13-13 所示。

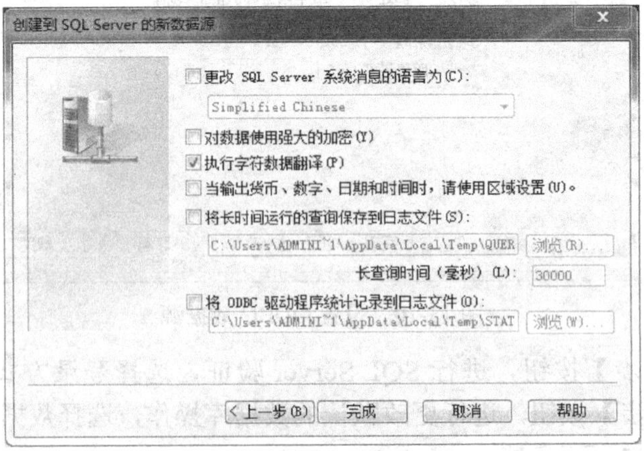

图 13-13　其他设置

（8）单击【完成】按钮，打开“ODBC Microsoft SQL Server 安装”对话框，可以查看数据源的设置，如图 13-14 所示。

（9）单击【测试数据源】按钮，打开“SQL Server ODBC 数据源测试”对话框，返回测试结果，如图 13-15 所示。

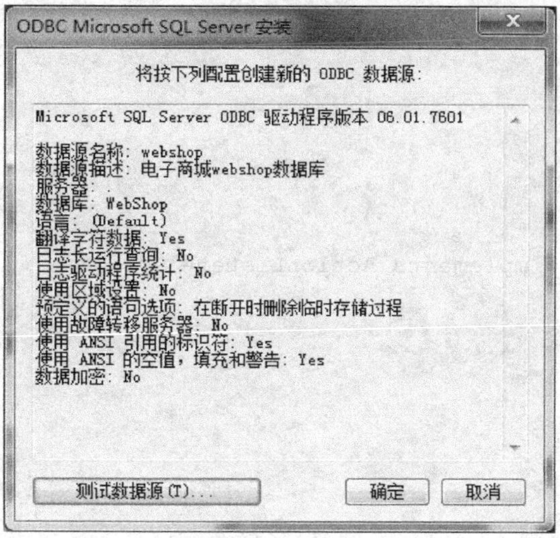

图 13-14　“ODBC Microsoft SQL Server 安装”对话框

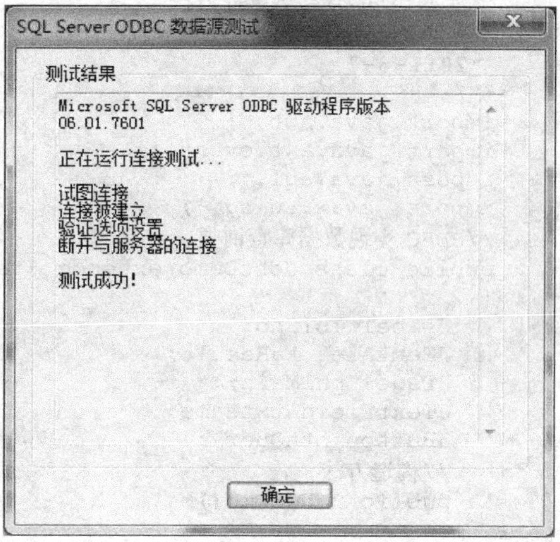

图 13-15　“SQL Server ODBC 数据源测试”对话框

（10）单击【确定】按钮，回到“ODBC 数据源管理器”对话框，可以查看到所创建的数据源“webshop”，如图 13-16 所示。

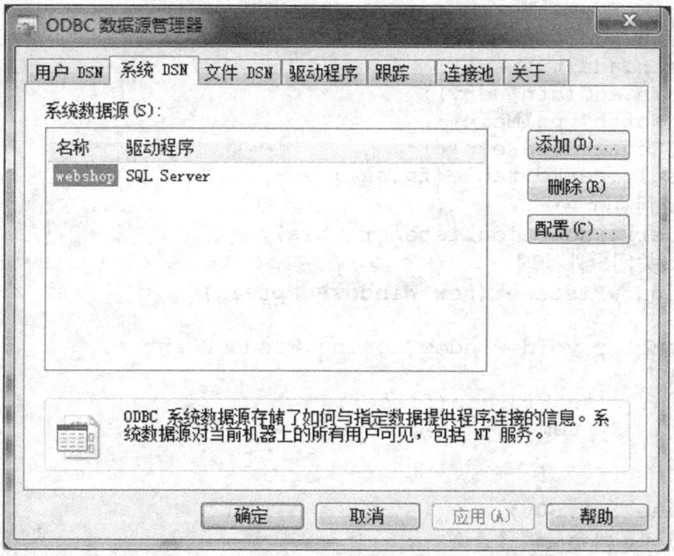

图 13-16　创建好的 ODBC 数据源 webshop

【提示】

- 必须正确执行以上步骤，创建好与 SQL Server 2012 数据库对应的数据源。
- 这种方法的缺点是需要用户配置数据源，数据源不好维护。

2. 编写 Java 程序

使用任何文本编辑器编写访问 WebShop 数据库的 Java 程序 JdbcDemo.java，其完整代码如下，编辑完成后将 JdbcDemo.java 保存到指定文件夹中（这里为 C 盘）。

```
/*
 *演示 JDBC 连接数据库方法
 *作者：liuzc@hnprc
 *2011-3-7
 */
import java.awt.*;
import java.awt.event.*;
import java.sql.*;
import javax.swing.*;
//JDBC 实现数据库查询类
public class JdbcDemo extends Frame implements ActionListener
{
   JLabel lblSno;
   JTextArea taResult;
   JPanel pnlMain;
   JTextField txtName;
   JButton btnQuery;
   //构造方法
   public JdbcDemo()
   {
        setLayout(new BorderLayout());
        lblSno=new JLabel("请输入要查询会员姓名:");
        taResult=new JTextArea();
        btnQuery=new JButton("查询");
        txtName=new JTextField(16);
        pnlMain=new JPanel();
        pnlMain.setBackground(Color.ORANGE);
        pnlMain.add(lblSno);
        pnlMain.add(txtName);
        pnlMain.add(btnQuery);
        add("North",pnlMain);
        add("Center",taResult);
        taResult.setEditable(false);
        //注册到监听类
        btnQuery.addActionListener(this);
        //窗口关闭事件处理
        addWindowListener(new WindowAdapter()
        {
            public void windowClosing(WindowEvent e)
            {
                 //setVisible(false);
                 System.exit(0);
            }
        });
        setSize(500,300);
        setTitle("会员信息查询");
        setBackground(Color.ORANGE);
        setVisible(true);
   }

   public void actionPerformed(ActionEvent evt)
   {
          //用户单击查询按钮
```

```
        if(evt.getSource()==btnQuery)
        {
            taResult.setFont(new Font("宋体",Font.PLAIN,14));
            //显示提示信息
            taResult.setText("^-^-^-^-^-^-^-^  查  询  结  果  ^-^-^-^-^-^-^-^
"+'\n');
            taResult.append('\n'+"会员号   "+"会员名称 "+"性别"+"  "
                +"出生年月"+"  "+"家庭地址"+"  "+"密码"+'\n');

   taResult.append("-------------------------------------------------------"+'\n'
);
            try
            {
                //显示会员信息
                displayCustomer();
            }
            catch(SQLException e)
            {
                JOptionPane.showMessageDialog(null,e.toString());
            }
        }
    }
    //显示会员信息方法
    public void displayCustomer() throws SQLException
    {
        String no,name,gender,birth,address,password;
        String strQuery;
        try
        {
            //设置数据库驱动程序
            Class.forName("sun.jdbc.odbc.JdbcOdbcDriver");
        }
        catch(ClassNotFoundException e)
        {
            JOptionPane.showMessageDialog(null,"驱动程序错误!");
            return;
        }
        //建立连接
        Connection con=DriverManager.getConnection("jdbc:odbc:webshop");

        //创建 Statement 对象
        Statement sql=con.createStatement();
        strQuery="select  *  from  Customers  where  c_TrueName  like
'%"+txtName.getText().trim()+"%'";
        ResultSet rs=sql.executeQuery(strQuery);
        //输出查询结果
        while(rs.next())
        {
            no=rs.getString("c_ID");
            name=rs.getString("c_TrueName");
            gender=rs.getString("c_Gender");
            birth=rs.getString("c_Birth").substring(0,10);
            address=rs.getString("c_Address").trim();
            password=rs.getString("c_PassWord");
            taResult.append(no+" "+name+" "+gender+" "+birth+" "+address+"
"+password+'\n');
        }
    }
```

```
    //主方法
    public static void main(String args[])
    {
        new JdbcDemo();
    }
}
```

3. 运行 Java 程序

（1）编译源程序。在命令行提示符下执行编译 Java 源程序的命令。

```
C:\JAVA\>javac JdbcDemo.java
```

（2）运行程序。在命令行提示符下执行运行 Java 字节码文件的命令。

```
C:\JAVA\>java JdbcDemo
```

【提示】

- 如果使用 Java 集成开发环境，则可以在指定环境中完成程序的编译和运行。
- 请注意构造查询 SQL 语句的方式。
- Java 语言编程的详细内容可以参阅本书编者编写的《Java 程序设计案例教程》。

程序执行后，打开“会员信息查询”窗口，在文本框中输入要查询的会员的名称（这里为“刘”），单击【查询】按钮，在其下面的文本区域中会显示查询到的会员的详细信息，如图 13-17 所示。

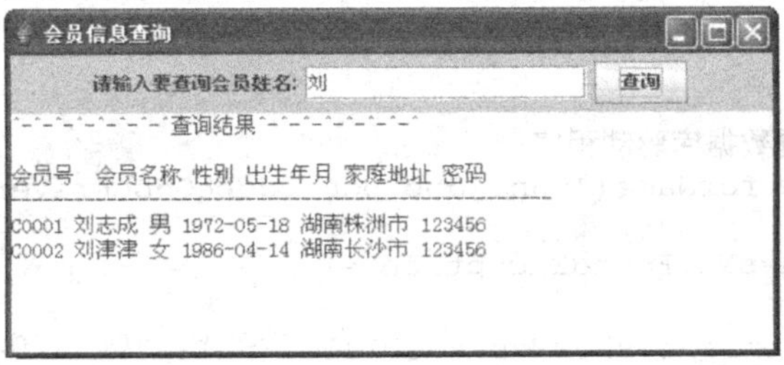

图 13-17 【任务 1-1】运行结果

13.2.4 使用 JSP 开发 SQL Server 数据库程序

JSP（Java Server Pages）是由 Sun 公司倡导、许多公司参与建立的动态网页技术标准。使用 JSP 技术进行 Web 开发时实现了动态页面与静态页面的分离，脱离了硬件平台的束缚，它的先编译后运行方式大大提高了执行效率，逐渐成为 Web 应用系统的主流开发工具。

在传统的 HTML 网页文件中加入 Java 程序片段（Scriptlet）和 JSP 标记（tag），就构成了 JSP 网页。Web 服务器在遇到 JSP 网页的请求时，首先执行其中的片段，然后将执行结果以 HTML 格式返回给客户。程序片段可以操作数据库、重新定向网页及发送 E-mail 等，而且所有的程序操作都在服务器端执行，网络上传送给客户端的仅是得到的结果，对客户的浏览器要求最低。下面主要介绍使用 JSP 开发 SQL Server 应用程序的基本知识。

【任务 1-2】 编写一个 JSP 应用程序，要求能够显示 SQL Server 2012 的 WebShop 数据库中所有商品的详细信息（使用专用驱动程序）。

1．下载并安装 Microsoft SQL Server JDBC Driver 2.0

除了前面介绍的使用 JDBC/ODBC 驱动程序访问 SQL Server 2012 数据库以外，微软公司还提供了专门的 JDBC 驱动程序来实现对 SQL Server 2012 数据库的访问。

要获得 SQL Server JDBC Driver 2.0，只需要从微软公司网站下载 sqljdbc_2.0.1803.100_chs.exe，对该文件进行解压即可得到 sqljdbc.jar 和 sqljdbc4.jar 文件，这两个文件功能相同，只是针对不同的 JDK 版本，若使用的是 JDK1.6 以上的版本，则使用 sqljdbc4.jar 文件；若使用的是 JDK1.6 以下的版本，则使用 sqljdbc.jar 文件。

2．配置 SQL Server JDBC Driver 2.0

（1）设置 classpath。JDBC 驱动程序并未包含在 Java SDK 中，因此，如果要使用 SQL Server JDBC Driver 2.0 驱动程序，则必须将 classpath 设置为包含 sqljdbc4.jar 文件。如果 classpath 缺少 sqljdbc4.jar 项，应用程序将引发“找不到类”的常见异常。

（2）在 IDE 中运行的应用程序。每个 IDE 供应商都提供了在 IDE 中设置 classpath 的不同方法，请参照设置方法将 sqljdbc4.jar 添加到 IDE 的 classpath 中。

（3）servlet 和 JSP。servlet 和 JSP 在 servlet/JSP 引擎（如 Tomcat）中运行。可以根据 servlet/JSP 引擎文档来设置 classpath。必须将 sqljdbc4.jar 文件正确添加到现有的引擎 classpath 中，然后重新启动引擎。一般情况下，通过将 sqljdbc4.jar 文件复制到 lib 之类的特定目录中，可以部署此驱动程序，也可以在引擎专用的配置文件中指定引擎驱动程序的 classpath。

【提示】

- classpath 是在 Java 开发中能够帮助用户找到指定类（包含在 JAR 文件中）的路径。
- classpath 的具体配置请参照开发环境的具体要求。

3．配置 SQL Server 2012

为了能够顺利地使用 Microsoft SQL Server JDBC Driver 2.0 访问 SQL Server 2012 数据库，要进行 TCP/IP 协议的设置。

（1）启用 TCP/IP 协议。

① 选择【程序】→【Microsoft SQL Server 2012】→【配置工具】→【SQL Server 配置管理器】选项，打开“Sql Server Configuration Manager”窗口，如图 13-18 所示。

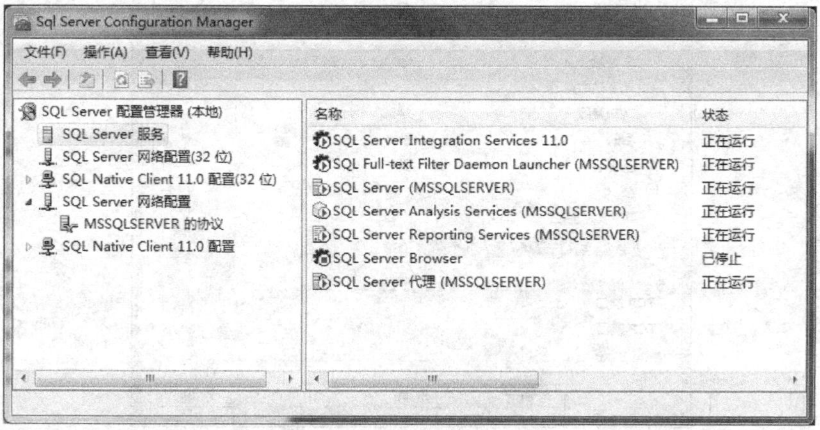

图 13-18　“Sql Server Configuration Manager”窗口

② 单击左边窗格中的“SQL Server 网络配置”前的折叠按钮⊞，展开本机上的所有实例的协议，单击本机 SQL Server 2012 对应的实例（如 MSSQLSERVER 的协议），如图 13-19 所示。如果 TCP/IP 协议处于“已禁用”状态，则右击右边窗格中的“TCP/IP”，选择“启用”选项，启用 TCP/IP 协议。

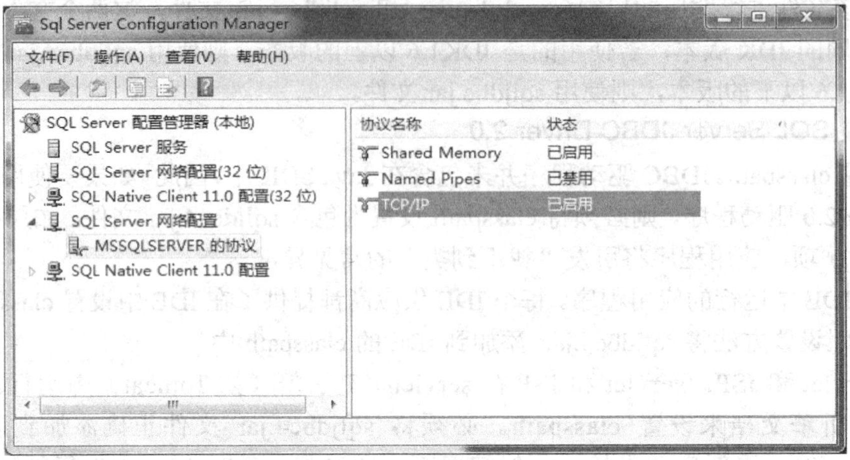

图 13-19　展开实例协议

（2）设置通信端口。右击所选协议右边的“TCP/IP”，选择“属性”选项，打开“TCP/IP 属性”对话框，选择【IP 地址】选项卡，设置“IP ALL”中“TCP 端口”为 1433，如图 13-20 所示。

【提示】 启用 TCP/IP 协议和设置 TCP 端口都会提示只有重新启动服务器才会生效，启动服务器界面如图 13-21 所示。

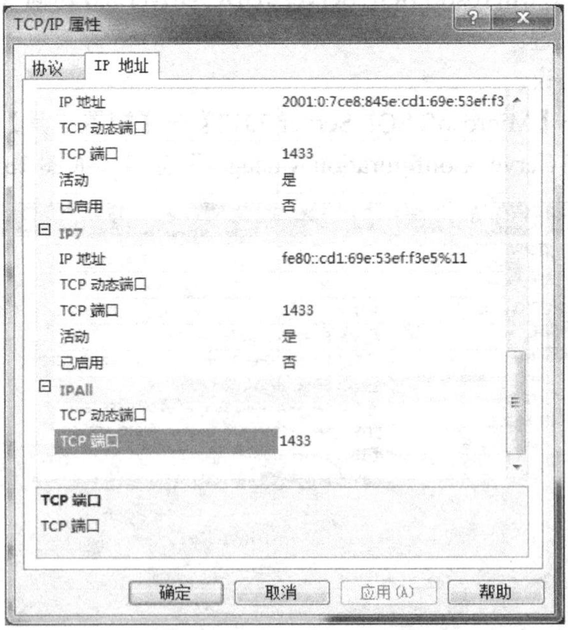

图 13-20　设置 TCP 端口

图 13-21　重新启动 SQL Server 2012 数据库引擎服务

4．编写 JSP 程序

使用任何文本编辑器编写连接数据库的 JSP 程序 JspDemo.jsp，其完整代码如下所示。

```
<%@ page contentType="text/html;charset=UTF-8"%>
<%@ page import="java.io.* "%>
<%@ page import="java.util.* "%>
<%@ page import="java.sql.* "%>
<%@ page import="javax.servlet.* "%>
<%@ page import="javax.servlet.http.* "%>
<html>
<head>
<title>JSP 中应用 SQLJDBC</title>
</head>
<body>
<%
   // 设置连接字符串，使用 SQL Server 登录方式
   String connectionUrl = "jdbc:sqlserver://localhost\\liuzc:1433;" +
          "databaseName=WebShop;user=sa;password=liuzc518";
       //声明 JDBC 对象
   Connection con = null;
   Statement stmt = null;
   ResultSet rs = null;
   try {
       // 创建连接
Class.forName("com.microsoft.sqlserver.jdbc.SQLServerDriver");
           con = DriverManager.getConnection(connectionUrl);
           // 设置查询字符串
           String SQL = "SELECT * FROM Goods;";
           // 执行 SQL 语句
           stmt = con.createStatement();
           // 返回结果集
           rs = stmt.executeQuery(SQL);
           // 设置保存结果集中每行的值的临时变量
       String strTemp;
       //以表格形式输出查询结果集
       out.print("<table align=center border=1 style=color:blue>");
       out.print("<tr><th colspan=6>WebShop 商品信息 </th></tr>");
```

```
        out.print("<tr><td>商品号</td><td>类别号</td><td>商品名称</td><td>商
品价格</td><td>商品数量</td><td>商品折扣</td></tr>");
        // 依次输出表中相应字段值，直到结果集尾
        while(rs.next())
        {
            out.print("<tr><td>");
            strTemp=rs.getString("g_ID");
            out.print(strTemp);
            out.print("</td><td>");
            strTemp=rs.getString("t_ID");
            out.print(strTemp);
            out.print("</td><td>");
            strTemp=rs.getString("g_Name");
            out.print(strTemp);
            out.print("</td><td>");
            strTemp=rs.getString("g_Price");
            out.print(strTemp);
            out.print("</td><td>");
            strTemp=rs.getString("g_Number");
            out.print(strTemp);
            out.print("</td><td>");
            strTemp=rs.getString("g_Discount");
            out.print(strTemp);
            out.print("</td><tr>");
        }
        out.print("</table>");
         }
        // 捕获错误
        catch (Exception e)
    {
            out.print(e.toString());
        }
    // 释放资源
    finally
    {
        if (rs != null) try { rs.close(); } catch(Exception e) {}
            if (stmt != null) try { stmt.close(); } catch(Exception e) {}
            if (con != null) try { con.close(); } catch(Exception e) {}
        }
%>
</body>
</html>
```

【提示】 JSP 程序开发的详细内容请参阅本书编者编写的《JSP 程序设计案例教程》。

5. 运行 JSP 程序

将程序 JspDemo.jsp 复制到 JSP 应用服务器（这里为 Tomcat）的应用程序目录下（这里为 C:\Tomcat 5.5\webapps\ROOT），在浏览器中输入 http://localhost:8080/JspDemo.jsp。运行结果如图 13-22 所示。

【提示】

- 若浏览时提示"java.lang.ClassNotFoundException: com.microsoft.sqlserver.jdbc. SQLServer Driver"异常信息，则将 sqljdbc4.jar 文件复制到 C:\Tomcat 5.5\webapps\ROOT\ WEB-INF\lib 中，再重新启动 Tomcat 服务器即可。
- 使用 sqljdbc4.jar 文件时，必须使用 JDK 1.6 以上的版本。

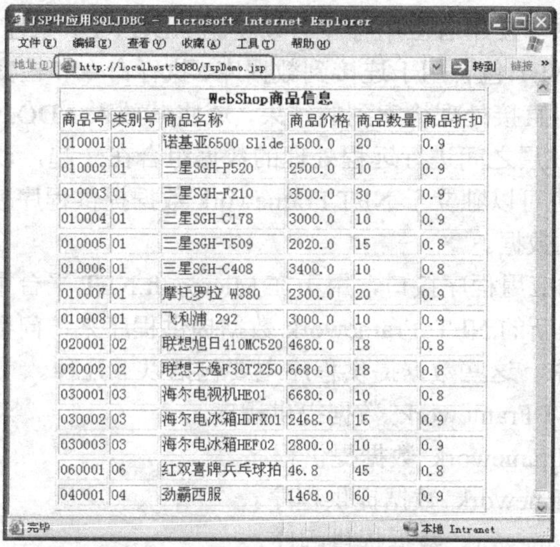

WebShop商品信息

商品号	类别号	商品名称	商品价格	商品数量	商品折扣
010001	01	诺基亚6500 Slide	1500.0	20	0.9
010002	01	三星SGH-P520	2500.0	10	0.9
010003	01	三星SGH-F210	3500.0	30	0.9
010004	01	三星SGH-C178	3000.0	10	0.9
010005	01	三星SGH-T509	2020.0	15	0.8
010006	01	三星SGH-C408	3400.0	10	0.8
010007	01	摩托罗拉 W380	2300.0	20	0.9
010008	01	飞利浦 292	3000.0	10	0.9
020001	02	联想旭日410MC520	4680.0	18	0.8
020002	02	联想天逸F30T2250	6680.0	18	0.8
030001	03	海尔电视机HE01	6680.0	10	0.8
030002	03	海尔电冰箱HDFX01	2468.0	15	0.9
030003	03	海尔电冰箱HEF02	2800.0	10	0.9
060001	06	红双喜牌兵乓球拍	46.8	45	0.8
040001	04	劲霸西服	1468.0	60	0.9

图 13-22 【任务 1-2】运行结果

课堂实践 1

1．操作要求

（1）编写访问 WebShop 数据库 Employees 表中信息的 Java 应用程序 JavaTest.java，并编译执行该程序。

（2）编写显示 WebShop 数据库 Orders 表中当月订单信息的 JSP 程序 JspTest.jsp，并执行该程序。

2．操作提示

（1）请根据机器环境选择完成步骤（1）或步骤（2）的操作。

（2）不需要了解编程细节。

13.3　Visual Studio 2012 平台 SQL Server 数据库程序开发

任务 2　基于.NET 平台开发 SQL Server 数据库程序。使用 ADO.NET 数据库访问技术编写 WinForm 数据库程序和 WebForm 数据库程序。

13.3.1　ADO.NET

1．ADO.NET 概述

ADO.NET 提供对 Microsoft SQL Server 等数据源，以及通过 OLE DB 和 XML 公开的数

据源的一致访问。数据共享使用者应用程序可以使用 ADO.NET 来连接这些数据源，并检索、操作和更新数据。ADO.NET 包含用于连接到数据库、执行命令和检索结果的.NET Framework 数据提供程序，用户可以直接处理检索到的结果，或将其放入 ADO.NET DataSet 对象，以便与来自多个源的数据或在层之间进行远程处理的数据组合在一起，以特殊方式向用户公开。ADO.NET DataSet 对象也可以独立于.NET Framework 数据提供程序使用，以管理应用程序本地的数据或源自 XML 的数据。

ADO.NET 是重要的应用程序接口，用于在 Microsoft.NET 平台中提供数据访问服务。在 ADO.NET 中，可以使用新的.NET Framework 数据提供程序来访问数据源，这些数据提供程序可以满足各种开发要求。这些数据提供程序主要包括以下几种。

（1）SQL Server .NET Framework 数据提供程序。

（2）OLE DB .NET Framework 数据提供程序。

（3）ODBC .NET Framework 数据提供程序。

（4）Oracle .NET Framework 数据提供程序。

ADO.NET 提供了多种数据访问方法，如果在 Web 应用程序或 XML Web 服务中需要访问多个数据源中的数据，或者需要与其他应用程序（包括本地和远程应用程序）进行互操作，则可以使用数据集（DataSet）。而如果要直接进行数据库操作，例如，运行查询和存储过程、创建数据库对象、使用 DDL 命令直接更新和删除等，则可以使用数据命令（如 sqlCommand）和数据读取器（如 sqlDataReader）与数据源直接通信。

2. ADO.NET 结构

设计 ADO.NET 组件的目的是将数据访问从数据操作中分离出来。ADO.NET 的两个核心组件 DataSet 和.NET Framework 数据提供程序会完成此任务，后者是一组包括 Connection、Command、DataReader 和 DataAdapter 对象在内的组件。

ADO.NET DataSet 是 ADO.NET 的断开式结构的核心组件。DataSet 的设计目的是实现独立于任何数据源的数据访问，因此，它可以用于多种不同的数据源，可以用于 XML 数据，也可以用于管理应用程序本地的数据。DataSet 包含一个或多个 DataTable 对象的集合，这些对象由数据行和数据列，以及主键、外键、约束和有关 DataTable 对象中数据的关系信息组成。

ADO.NET 结构的另一个核心元素是.NET Framework 数据提供程序，其组件的设计目的是实现数据操作和对数据的快速、只进、只读访问。Connection 对象提供与数据源的连接，使用户能够访问用于返回数据、修改数据、运行存储过程以及发送或检索参数信息的数据库命令；DataReader 从数据源中提供高性能的数据流；DataAdapter 提供连接 DataSet 对象和数据源的桥梁。DataAdapter 使用 Command 对象在数据源中执行 SQL 命令，以便将数据加载到 DataSet 中，并使 DataSet 中数据的更改与数据源一致。ADO.NET 体系结构如图 13-23 所示。

3. ADO 和 ADO.NET 的比较

ADO 与 ADO.NET 既有相似之处又有不同的地方，利用它们都能够编写对数据库服务器中的数据进行访问和操作的应用程序，并且都具有易于使用、高速度、低内存支出和占用磁盘空间较少的优点，都支持用于建立基于客户机/服务器和 Web 应用程序的主要功能。但 ADO.NET 和 ADO 比较起来还是有很大的不同。

ADO 使用 OLE DB 接口并基于微软公司的 COM 技术，而 ADO.NET 拥有自己的

ADO.NET 接口并且基于微软公司的.NET 体系架构和 XML 格式，因此 ADO.NET 的数据类型更为丰富并且不需要再做 COM 编排导致的数据类型转换，从而提高了整体性能。

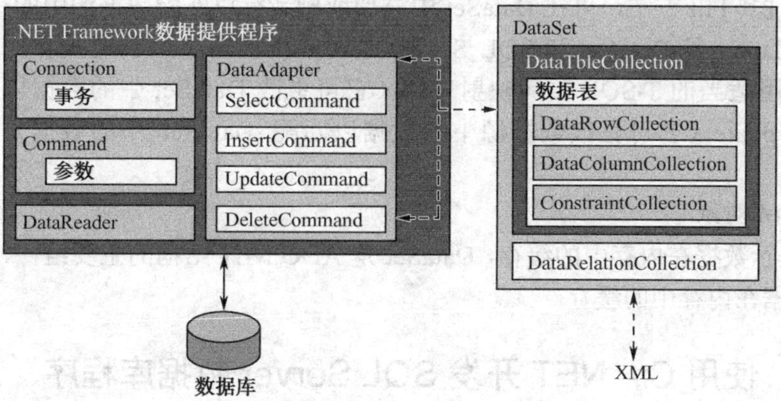

图 13-23 ADO.NET 体系结构

ADO 以 RecordSet 存储，而 ADO.NET 以 DataSet 表示。RecordSet 看起来更像单表，如果让 RecordSet 以多表的方式表示，则必须在 SQL 中进行多表连接，而 DataSet 可以是多个表的集合。

ADO 的运作使用了在线方式，这意味着不论是浏览还是更新数据都必须是实时的。ADO.NET 则使用离线方式，在访问数据的时候，ADO.NET 会利用 XML 制作数据的一份副本，ADO.NET 的数据库连接也只有在这段时间需要在线。ADO 和 ADO.NET 的比较如表 13-2 所示。

表 13-2 ADO 和 ADO.NET 比较

比较项目	ADO	ADO.NET
接口	OLE DB	独立接口
技术基础	COM 技术	.NET 体系架构、XML 格式
数据存储	RecordSet（单表）	DataSet（多表）
运行方式	在线	离线（只连接时在线）

13.3.2 ADO.NET 数据库操作对象

1. SqlConnection 对象

SqlConnection 对象表示与 SQL Server 数据源的一个唯一会话，对于客户机/服务器数据库系统而言，它相当于到服务器的网络连接。SqlConnection 与 SqlDataAdapter、SqlCommand 一起使用，以便在连接 Microsoft SQL Server 数据库时提高性能。

2. SqlCommand 对象

SqlCommand 表示要对 SQL Server 数据库执行的一个 T-SQL 语句或存储过程。

3. SqlDataReader 对象

SqlDataReader 提供了一种从数据库读取只进的行流的一种方式。要创建 SqlDataReader，必须调用 SqlCommand 对象的 ExecuteReader 方法。

4．SqlDataAdapter 对象

SqlDataAdapter 对象用于填充 DataSet 和更新 SQL Server 数据库的一组数据命令及一个数据库连接。通过其 Fill 方法，可在 DataSet 中添加或刷新行以匹配数据源中的行。

SqlDataAdapter 是 DataSet 和 SQL Server 之间的桥接器，用于检索和保存数据。它通过对数据源使用适当的 T-SQL 语句映射 Fill（它可更改 DataSet 中的数据以匹配数据源中的数据）和 Update（它可更改数据源中的数据以匹配 DataSet 中的数据）来实现这一桥接功能。

5．DataSet 对象

DataSet 表示数据在内存中的缓存，DataSet 是 ADO.NET 结构的主要组件，它是从数据源中检索到的数据在内存中的缓存。

13.3.3　使用 C# .NET 开发 SQL Server 数据库程序

【任务 2-1】 编写 WinForm 应用程序，要求能够根据输入的会员名称查询在 SQL Server 2012 的 WebShop 数据库中会员的详细信息。

1．界面设计

（1）启动“Visual Studio 2012”，选择【文件】→【新建项目】选项，如图 13-24 所示。

图 13-24　选择“新建项目”选项

（2）打开“新建项目”对话框，依次选择【Visual C#】→【Windows 窗体应用程序】，并指定解决方案的“名称”和“位置”，如图 13-25 所示。

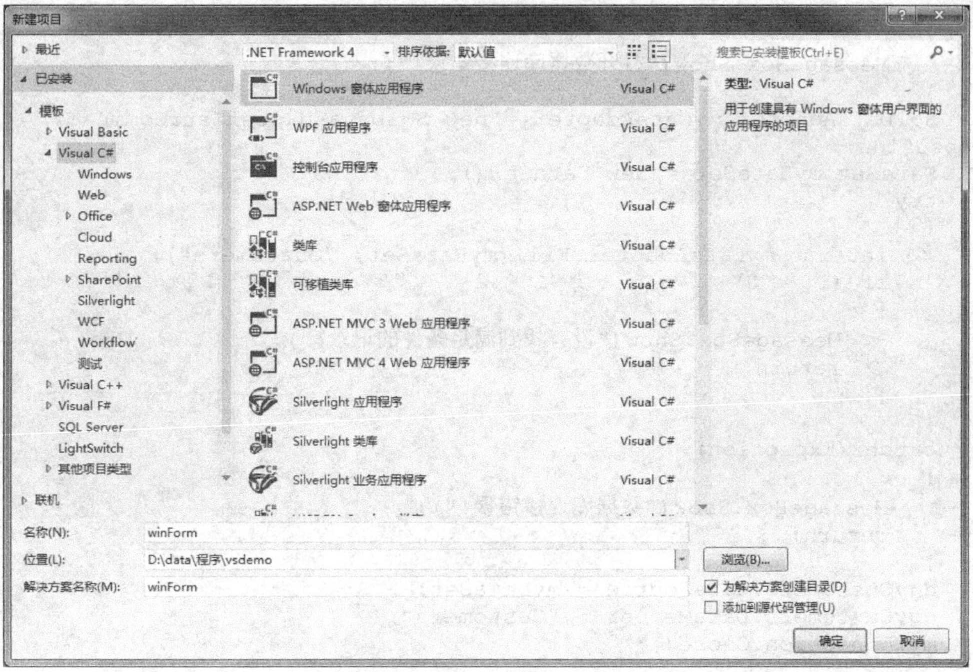

图 13-25　新建 WinForm 项目

（3）单击【确定】按钮，进入 Windows 程序设计界面，参照图 13-26 和表 13-3 进行程序界面的设计。

表 13-3 【任务 2-1】界面设计

控　件　名	属 性 名 称	属　性　值	功　　能
Label	Text	请输入查询的姓名	显示查询文本
TextBox	Name	txtName	输入查询文本
Button	Text	查询（&Q）	进行查询
	Name	btnQuery	设置按钮名称
DataGridView	Name	dgvCustomers	显示查询结果

2．编写程序

完成本任务的主要操作为通过 ADO.NET 连接数据库，并对数据库中的信息进行查询，关键代码如下所示。

```
    private void btnQuery_Click(object sender, EventArgs e)
    {
        string    strConnection    =    "Initial    Catalog=WebShop;Data Source=J-ZHANG;Integrated Security=SSPI;";
        SqlConnection myConnection = new SqlConnection (strConnection);
        string strCommnad = "SELECT c_ID AS 会员号,c_TrueName AS 会员名称,c_Birth AS 出生年月,c_Address AS 籍贯 FROM Customers WHERE c_TrueName like'%" + txtName.Text + "%'";
        try
        {
            myConnection.Open();
        }
        catch (Exception)
```

```
        {
            MessageBox.Show("打开数据库连接错误!");
        }
        SqlDataAdapter myDataAdapter = new SqlDataAdapter(strCommnad,
myConnection);
        DataSet myDataSet = new DataSet();
        try
        {
            int i = myDataAdapter.Fill(myDataSet, "Customers");
            if (i == 0)
            {
                MessageBox.Show("没有找到满足条件的记录!");
                return;
            }
        }
        catch (Exception)
        {
            MessageBox.Show("数据库连接错误!");
            return;
        }
        dgvCustomers.DataSource = myDataSet;
        dgvCustomers.DataMember = "Customers";
        myConnection.Close();
    }
```

3. 运行程序

程序运行结果如图 13-26 所示。

【提示】

- Visual Studio .NET 2012 的详细使用可参阅相关书籍。
- 请将该任务与【任务 1-1】进行比较。

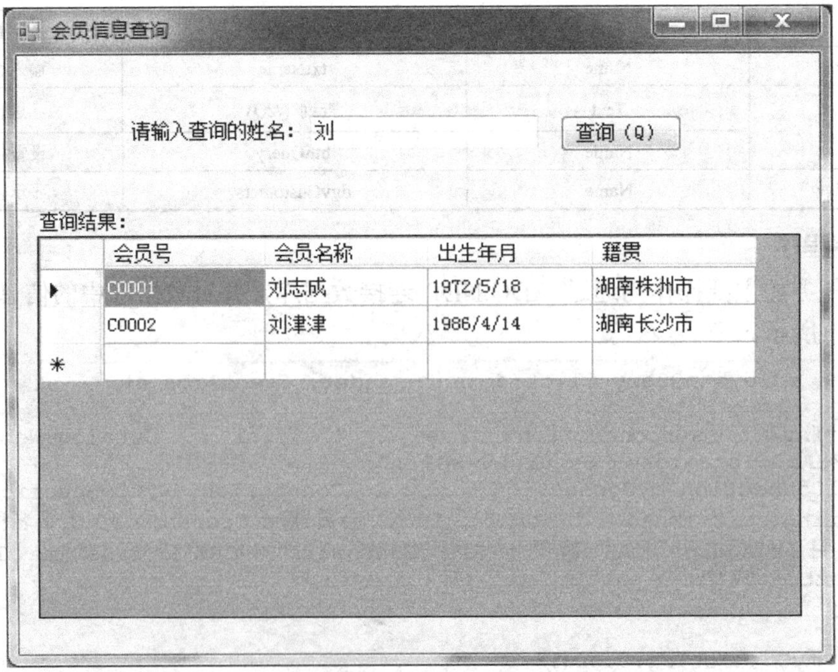

图 13-26　会员信息查询程序

13.3.4　使用 ASP.NET 4.0 开发 SQL Server 数据库程序

【任务 2-2】 编写一个 WebForm 应用程序，要求能够显示 SQL Server 2012 的 WebShop 数据库中所有商品的详细信息。

1. 界面设计

（1）启动 Visual Studio 2012，选择【文件】→【新建网站】选项，如图 13-27 所示。

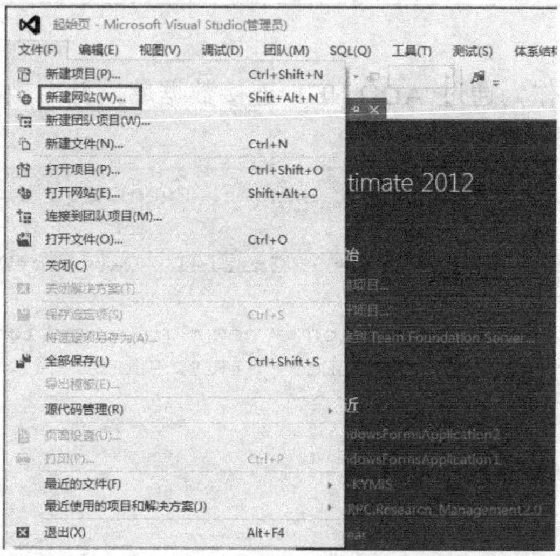

图 13-27　选择“新建网站”选项

（2）打开“新建网站”对话框，选择“ASP.NET 空网站”选项，并指定网站的位置，如图 13-28 所示。

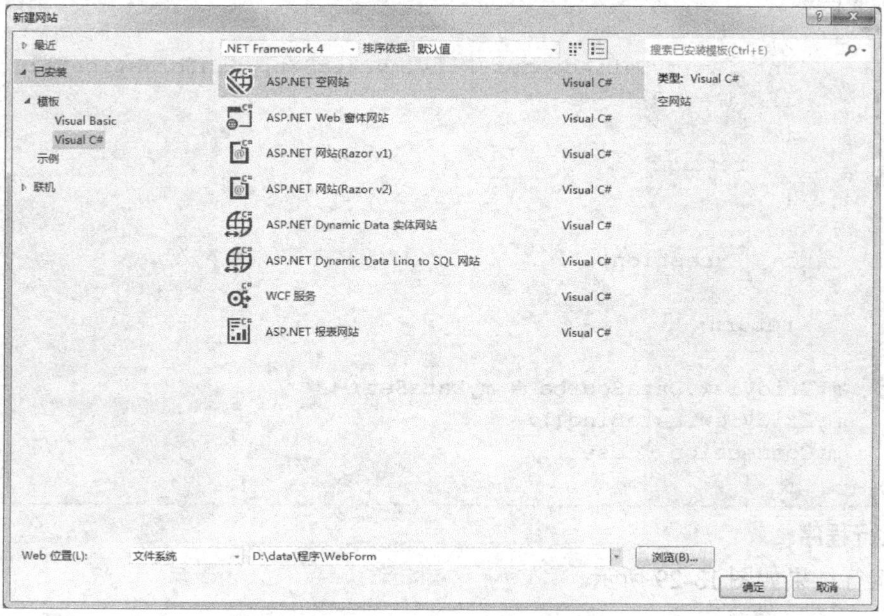

图 13-28　“新建网站”对话框

（3）单击【确定】按钮，进入网站设计界面，参照图 13-29 和表 13-4 进行网站界面的设计。

表 13-4 【任务 2-2】界面设计

控 件 名	属 性 名 称	属 性 值	功 能
Label	Text	WebShop 商品信息展示	显示标题文本
GridView	ID	myGridView	显示商品信息

2. 编写程序

完成本任务的主要操作为通过 ADO.NET 连接数据库，并对数据库中的信息进行查询，关键代码如下所示。

```
protected void Page_Load(object sender, EventArgs e)
    {
        string  strConnection  =  "Initial  Catalog=WebShop;Data  Source=
J-ZHANG;Integrated Security=SSPI;";
        SqlConnection myConnection = new SqlConnection(strConnection);
        string strCommnad = "SELECT * FROM Goods";
        try
        {
            myConnection.Open();
        }
        catch (Exception)
        {
        }
        SqlDataAdapter  myDataAdapter  =  new  SqlDataAdapter(strCommnad,
myConnection);
        DataSet myDataSet = new DataSet();
        try
        {
            int i = myDataAdapter.Fill(myDataSet, "information");
            if (i == 0)
            {
                return;
            }
        }
        catch (Exception)
        {
            return;
        }
        myGridView.DataSource = myDataSet;
        myGridView.DataBind();
        myConnection.Close();
    }
```

3. 运行程序

程序运行结果如图 13-29 所示。

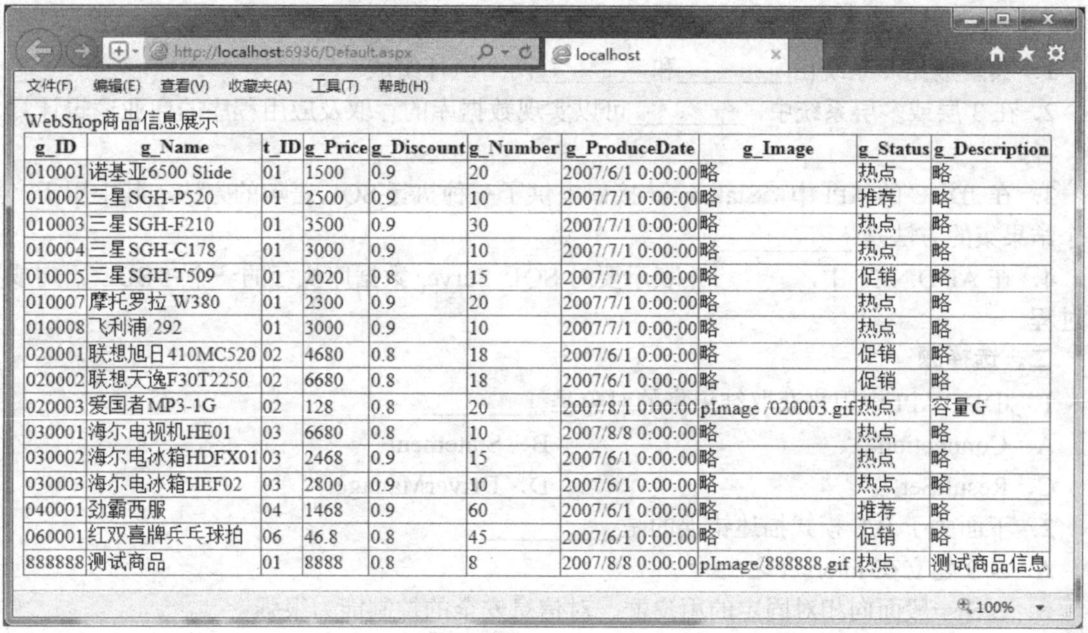

g_ID	g_Name	t_ID	g_Price	g_Discount	g_Number	g_ProduceDate	g_Image	g_Status	g_Description
010001	诺基亚6500 Slide	01	1500	0.9	20	2007/6/1 0:00:00	略	热点	略
010002	三星SGH-P520	01	2500	0.9	10	2007/7/1 0:00:00	略	推荐	略
010003	三星SGH-F210	01	3500	0.9	30	2007/7/1 0:00:00	略	热点	略
010004	三星SGH-C178	01	3000	0.9	10	2007/7/1 0:00:00	略	热点	略
010005	三星SGH-T509	01	2020	0.8	15	2007/7/1 0:00:00	略	促销	略
010007	摩托罗拉 W380	01	2300	0.9	20	2007/7/1 0:00:00	略	热点	略
010008	飞利浦 292	01	3000	0.9	10	2007/7/1 0:00:00	略	热点	略
020001	联想旭日410MC520	02	4680	0.8	18	2007/6/1 0:00:00	略	促销	略
020002	联想天逸F30T2250	02	6680	0.8	18	2007/6/1 0:00:00	略	促销	略
020003	爱国者MP3-1G	02	128	0.8	20	2007/8/1 0:00:00	pImage /020003.gif	热点	容量G
030001	海尔电视机HE01	03	6680	0.8	10	2007/8/8 0:00:00	略	热点	略
030002	海尔电冰箱HDFX01	03	2468	0.9	15	2007/6/1 0:00:00	略	热点	略
030003	海尔电冰箱HEF02	03	2800	0.9	10	2007/6/1 0:00:00	略	热点	略
040001	劲霸西服	04	1468	0.9	60	2007/6/1 0:00:00	略	推荐	略
060001	红双喜牌兵乓球拍	06	46.8	0.8	45	2007/6/1 0:00:00	略	促销	略
888888	测试商品	01	8888	0.8	8	2007/8/8 0:00:00	pImage/888888.gif	热点	测试商品信息

图 13-29　商品信息展示网站

课堂实践 2

1．操作要求

（1）编写访问 WebShop 数据库 Employees 表中信息的 WinForm 应用程序 WinTest，并编译执行该程序。

（2）编写显示 WebShop 数据库 Orders 表中已处理订单信息的 WebForm 应用程序 WebTest，并执行该程序。

2．操作提示

（1）请根据机器环境选择 Visual Studio 2008 或 Visual Studio 2012 完成步骤（1）或步骤（2）的操作。

（2）请参阅【任务 1-2】完成 SQL Server 2012 的配置。

小结与习题

本章学习了如下内容：

（1）数据库应用程序结构，包括客户机/服务器结构、浏览器/服务器结构、3 层（N 层）结构、数据库访问技术。

（2）Java 平台下 SQL Server 数据库程序开发，包括 ODBC/JDBC 及 JDBC API，使用 J2SE 开发 SQL Server 数据库程序，使用 JSP 开发 SQL Server 数据库程序。

（3）.NET 平台下 SQL Server 数据库程序开发，包括 ADO.NET，ADO.NET 数据库操作对象，使用 C#.NET 开发 SQL Server 数据库程序，使用 ASP.NET 开发 SQL Server 数据库程序。

一、填空题

1．典型数据库系统由________和________两个组件组成。

2．在3层或多层系统中，________可以实现数据库的存取及应用程序的商业逻辑计算功能。

3．在JDBC的API中，Statement接口提供了三种执行SQL语句的方法，其中用于产生单个结果集的方法是__________。

4．在ADO.NET中，________表示要对SQL Server数据库执行的一个T-SQL语句或存储过程。

二、选择题

1．JDBC API中用来获取结果集的对象是_________。

A．Connection　　B．Statement

C．ResultSet　　D．DriverManager

2．下面关于B/S模式描述错误的是__________。

A．B/S建立在Internet之上

B．B/S一般面向相对固定的用户群，对信息安全的控制能力很强

C．B/S一般采用多重结构，要求构件具有相对独立的功能

D．B/S属于胖客户型

3．软件系统结构中用于表现数据的层次称为__________。

A．界面层　　B．Web服务层

C．应用服务层　　D．数据库层

4．在ADO.NET中，________对象提供了连接DataSet对象和数据源的桥梁。

A．DataAdapter　　B．DataTable

C．DataReader　　D．Connection

5．下面关于ADO.NET中DataSet对象的描述错误的是_________。

A．DataSet表示数据在内存中的缓存

B．DataSet是ADO.NET结构的主要组件

C．DataSet是从数据源中检索到的数据在内存中的缓存

D．对DataSet操作就是对数据库的操作

三、简答题

1．根据自己使用的数据库应用系统，说明C/S系统和B/S系统的主要区别。

2．举例说明JSP程序中连接SQL Server 2012的基本步骤及主要代码。

3．举例说明ASP.NET程序中连接SQL Server 2012的基本步骤及主要代码。

课外拓展

1．操作要求

（1）编写显示BookData数据库借阅表中信息的JSP程序borrow.jsp，并编译执行该程序。

（2）编写访问BookData数据库Readers表中信息的WebForm应用程序Readers，并编译执行该程序。

2. 操作提示

（1）表的结构和数据参阅第 1 章的说明。

（2）使用连接语句获取多个表中的数据。

单元实践

1. 操作要求

（1）创建 SQL Server 登录名 testLogin，并将该登录名添加到 sysadmin 固定服务器角色中。

（2）创建 testLogin 登录名对应的数据库用户 testUser。

（3）创建数据库角色 testRole，并将 testUser 添加到该数据库角色中。

（4）在 E:\data\bak 文件夹中创建备份设备 DataBak.bak。

（5）将 WebShop02 数据库完整备份到备份设备 DataBak.bak 中。

（6）试着删除 WebShop02 数据库中的一部分数据，再尝试使用完整恢复模式恢复 DataBak.bak 备份设备中的数据。

（7）将 WebShop02 数据库分离后，将对应的数据库文件复制到另一台机器中。

（8）在另一台机器中，将分离后的数据库附加到 SQL Server 数据库引擎中。

（9）将 WebShop02 数据库的数据导出到 E:\data\WebShop02.xlsx 中。

（10）编写显示 WebShop02 数据库中所有员工信息的 WinForm 程序。

2. 操作提示

（1）综合应用第 10～13 章的知识。

（2）WebShop02 的内容同 WebShop。

附录A 综合实训

一、实训目的

1）知识目标

通过综合实训进一步巩固、深化和扩展学生的 SQL Server 2012 数据库管理及开发的基本知识和技能。

（1）熟练掌握 SQL Server 2012 数据库的操作。

（2）熟练掌握 SQL Server 2012 表的操作。

（3）熟练掌握 SQL Server 2012 视图的操作和应用。

（4）掌握 SQL Server 2012 索引的操作。

（5）熟练掌握 T-SQL 编程技术和 SQL Server 2012 存储过程的操作及使用。

（6）熟练掌握 SQL Server 2012 触发器的操作和应用。

（7）掌握 SQL Server 2012 数据安全性操作。

（8）熟练掌握 SQL Server 2012 数据管理操作。

（9）了解 SQL Server 2012 数据库程序开发技术。

2）能力目标

培养学生运用所学的知识和技能解决 SQL Server 2012 数据库管理和开发过程中所遇到的实际问题的能力，掌握基本的下 SQL 脚本编写规范，养成良好的数据库操作习惯。

（1）培养学生通过各种媒体搜集资料、阅读资料和利用资料的能力。

（2）培养学生的基本数据库应用能力。

（3）培养学生的基本编程逻辑思想。

（4）培养学生通过各种媒体进行自主学习的能力。

3）素质目标

培养学生理论联系实际的工作作风、严肃认真的工作态度以及独立工作的能力。

（1）培养学生观察问题、思考问题、分析问题和解决问题的综合能力。

（2）培养学生的团队协作精神和创新精神。

（3）培养学生学习的主动性和创造性。

二、实训内容

StudentMis 管理系统是用来实现学生学籍管理、学生成绩管理、课程管理、学生选课管理等功能的信息系统。该系统采用 SQL Server 2012 为关系型数据库管理系统，该系统主要满足来自三个方面的需求，这三个方面分别是学生、教务管理人员和系统管理员。

（1）学生：

- 注册入学；
- 选择每学期学习的课程；
- 查询每学期课程考试成绩。

（2）教务管理人员：

- 管理学生学籍信息异动；
- 管理学生选课信息；
- 管理每学期课程考试成绩。

（3）系统管理员：

- 管理系统用户；
- 管理课程；
- 管理部门；
- 管理专业；
- 管理班级。

作为一个数据库管理员或数据库程序开发人员，需要从以下几个方面完成数据库的管理操作。

（一）数据库对象的管理

1. 数据库

（1）数据库名称。

逻辑名称：StudentMis。

物理名称：主要数据文件名为 StudentMis.mdf，日志文件名为 StudentMis_log.ldf。

（2）数据库文件的增长方式。

主要数据文件：SIZE = 10MB，MAXSIZE = UNLIMITED，FILEGROWTH = 1MB。

日志文件：SIZE =1MB，MAXSIZE = 2GB，FILEGROWTH = 10%。

（3）数据库存放路径。

数据库放于 E:\Data 中（可根据实际情况进行调整）。

2. 表

创建 StudentMis 数据库中的所有表（参考结构见附表 A-1～附表 A-7）。添加样本数据到所创建的表中（根据自己学校和班级情况自行设计数据）。

（1）学生信息表。学生信息表的参考结构如附表 A-1 所示。

附表 A-1　学生信息表参考结构

学　号	姓　名	性　别	身份证号	班级编号	籍　贯	学　籍	出生年月	民族编号
200503100101	苑俊芳	女	430725198603022535	2005031001	湖南省	在籍	1982-5-18	04
…	…	…	…	…	…	…	…	

【提示】

● 籍贯：包括我国所有的省、直辖市和自治区。

● 学籍：包括在籍、未注册、转出、休学、退学、开除和毕业。

● 民族：我国 56 个民族。

● 也可以通过籍贯表、学籍表和民族表来存放籍贯、学籍和民族信息。

（2）课程信息表。课程信息表的参考结构如附表 A-2 所示。

附表 A-2　课程信息表参考结构

课程编号	课程名称	专业编号	学　分	总课时	课程类型	授课形式编号
031007	软件工程	0310	4	60	01	01
…	…	…	…	…	…	…

● 课程类型：包括必修课、限选课和任选课。

● 授课形式：包括讲授、实训、实习、课程设计、毕业设计、毕业实习、电化教学、多媒体教学、体育、理论实践一体化、顶岗实习、社会实践、入学教育、军训和劳动等。

（3）专业信息表。专业信息表的参考结构如附表 A-3 所示。

附表 A-3　专业信息表参考结构

专业编号	专业名称	专业负责人	联系电话	学　制	部门编号	开设年份
0310	软件技术	刘志成	8208290	3	03	2003
…	…	…	…	…	…	…

（4）部门信息表。部门信息表的参考结构如附表 A-4 所示。

附表 A-4　部门信息表参考结构

部门编号	部门名称	部门负责人	联系电话
03	信息工程系	彭勇	2783857
…	…	…	…

（5）班级信息表。班级信息表的参考结构如附表 A-5 所示。

附表 A-5　班级信息表参考结构

班级编号	班级名称	部门编号	专业编号
2005031001	软件 051	03	0310
…	…	…	…

（6）学生成绩表。学生成绩表的参考结构如附表 A-6 所示。

附表 A-6 学生成绩表参考结构

学　号	课程编号	正考成绩	补考成绩	重修成绩
200503100101	031007	87	0	0
…	…	…	…	…

（7）管理员信息表。管理员信息表的参考结构如附表 A-7 所示。

附表 A-7 管理员信息表参考结构

用户 ID	用户名	密　码	用户类型	启用日期
1	admin	123	系统管理员	2007-2-10
2	A 类用户	123	超级用户	2007-2-10
…	…	…	…	…

（8）约束。请参阅第 1 章教学样例数据库设置各表的约束。

3．视图

（1）创建指定部门的专业信息的视图 vw_Major（专业名称、专业负责人、专业负责人联系电话、所属部门名称、部门负责人、部门负责人联系电话、专业开设年份），参考结构如附表 A-8 所示。

附表 A-8 vw_Major 参考结构

专业名称	专业负责人	专业负责人联系电话	部门名称	部门负责人	部门负责人联系电话	专业开设年份
软件技术	刘志成	8208290	信息工程系	彭勇	2783857	2003
…	…	…	…	…	…	…

（2）创建学生成绩的视图 vw_Score（学号、姓名、课程编号、课程名称、正考成绩），参考结构如附表 A-9 所示。

附表 A-9 vw_Score 参考结构

学　号	姓　名	课程编号	课程名称	正考成绩
200503100101	苑俊芳	031007	软件工程	87
…	…	…	…	…

4．索引

（1）在学生信息表中创建以“姓名”为关键字的非聚集索引。

（2）在课程信息表中创建以“课程名称”为关键字的唯一索引。

（3）在专业信息表中创建以“专业名称”为关键字的唯一索引。

（4）在班级信息表中创建以“班级名称”为关键字的唯一索引。

5．存储过程

（1）创建根据指定的学号查询学生所有课程成绩信息的存储过程 up_MyScore，并执行该存储过程查询学号为“200503100101”的学生的成绩信息。

（2）创建根据指定的管理员信息实现添加管理员的存储过程 up_AddAdmin，并执行该存储过程将管理员（8，A 类用户，888，超级用户，2007-10-10）添加到管理员信息表中。

（3）创建统计每门课程总成绩和平均成绩的存储过程，并将课程总成绩和平均成绩以输出参数形式输出，再执行该存储过程。

6. 触发器

（1）创建在删除“学生信息表”中学生信息时，删除“学生成绩表”中该学生信息的触发器 tr_DeleteStudent，并设置删除语句验证该触发器的工作。

（2）创建在修改“部门信息表”中的部门编号时，修改“班级信息表”和“专业信息表”的触发器 tr_UpdateDeptNo，并设置修改语句验证该触发器的工作。

（二）数据库安全策略

（1）创建 SQL Server 登录名 stuLogin，并将该登录名添加到“sysadmin”固定服务器角色中。

（2）创建所有者为 stuLogin 的架构 stuSchema。

（3）创建 stuLogin 登录名对应的数据库用户 stuUser。

（4）创建数据库角色 stuRole，并设置 stuRole 拥有对 StudentMis 数据库的所有权限。

（5）将 stuUser 添加到该数据库角色中。

（6）以 stuLogin 登录 SQL Server 数据库引擎服务器。

（三）数据查询

（1）查询学生信息表中的所有数据。

（2）查询部门编号“03”，专业负责人为“刘志成”的专业信息并显示汉字标题。

（3）查询所有年龄在 20 岁以下的学生的名称、籍贯和年龄。

（4）查询学生名字中包含“芳”的学生的详细信息，并按年龄升序排列。

（5）查询所有“软件技术”专业的专业编号、专业名称、所属部门名称和部门负责人。

（6）查询每一门课程的平均成绩，并根据平均成绩进行降序排列。

（7）查询学生“苑俊芳”的所有课程的成绩信息。

（8）查询不比“苑俊芳”小的学生的详细信息。

（9）查询每个班级男女学生的平均年龄，并将结果保存到“t_Age”表中。

（10）查询年龄在 20 岁以上以及班级编号为“2005031001”的学生信息（使用联合查询）。

（四）数据管理

（1）在 E:\data\bak 文件夹中创建备份设备 stubak.bak。

（2）将 StudentMis 数据库完整备份到备份设备 stubak.bak 中。

（3）试着删除 StudentMis 数据库中的一部分数据，再尝试使用完整恢复模式恢复 stubabak 备份设备中的数据。

（4）将 StudentMis 数据库分离后，将对应的数据库文件复制到另一台机器中。

（5）在另一台机器中，将分离后的数据库附加到 SQL Server 数据库引擎中。

（6）将 StudentMis 数据库的数据导出到 E:\data\studentmis.xls 中。

（五）数据库程序开发

（1）编写根据输入的学生的学号查询学生信息的 WinForm 程序。
（2）编写显示所有课程信息的 WebForm 程序。
【提示】
- 教师在实训过程中可以根据实际情况提出具体要求。
- 以上操作要求将参考表中的数据添加到数据库中。

三、实训要求

1．完成方式

（1）要求使用 SSMS 和 T-SQL 语句分别完成实训内容。
（2）将 SSMS 的关键过程截图并加以说明，将其保存到 Word 文档中上交。
（3）将完成实训任务的 T-SQL 语句以 SQL 文件的形式保存（可分成多个文件）上交。

2．实训纪律

课程综合实训是操作性很强的教学环节，针对实训的培养目标和特点，教学的方式和手段可以灵活多样。

（1）要求学生在机房上机的时间不低于 40 课时，并且要求一人一机。学生上机时间可以根据具体情况进行适当增减。

（2）实训期间的非上机时间，学生应通过各种媒体获取相关资料进行上机准备工作。

（3）实训过程中可以互相讨论，发现问题后找出解决问题的方法，但不允许互相抄袭、复制程序。

四、实训安排

实训内容和时间安排如附表 A-10 所示。

附表 A-10　实训进程表

序　号	实 训 内 容	课　时
1	（1）创建数据库 （2）创建学生信息表并输入数据 （3）创建课程信息表并输入数据 （4）创建专业信息表并输入数据	4
2	（1）创建部门信息表并输入数据 （2）创建班级信息表并输入数据 （3）创建学生成绩表并输入数据 （4）创建管理员信息表并输入数据 （5）创建表间的关系 （6）添加表中的约束	4

续表

序　　号	实 训 内 容	课　　时
3	（1）创建视图 （2）创建索引	4
4	（1）创建存储过程 （2）使用存储过程	4
5	（1）创建触发器 （2）使用触发器	4
6	（1）进行安全控制 （2）验证安全策略	4
7	实现数据查询	4
8	（1）数据库备份和恢复 （2）数据库分离和附加 （3）数据库的导入和导出	4
9	（1）Win Form 数据库程序开发 （2）WebForm 数据库程序开发	4
10	（1）学生进行项目演讲 （2）教师评分并对实训情况讲评	4
11	合计	40

【说明】

- 课程综合实训建议为两周，共 40 课时，教师可以根据实际情况进行调整。
- 表中的“课时”是指机房上机时间。

五、实训考核

1. 考核方式

考核方式分为过程考核和终结考核两种形式。过程考核主要考查学生的出勤情况、学习态度和学习能力；终结考核主要考查学生综合运用 SQL Server 2012 中的 SSMS 进行数据管理的能力、编写 T-SQL 脚本的能力、数据库程序开发能力以及文档的书写能力。

2. 考核标准

实训的考核标准如附表 A-11 所示。

附表 A-11　实训考核表

序　　号	考 核 内 容	考 核 比 例
1	实训期间出勤	10%
2	使用 SSMS 和 T-SQL 语句管理数据库	50%
3	主动发现问题、分析问题和解决问题	10%
4	是否有创新	10%
5	相关文档	10%
6	项目陈述情况	10%
合计		100%

附录B 参考试卷

一、单项选择题（每题 2 分，共 15 题，共 30 分）

1．DBMS 是指____________。

A．操作系统　　B．数据库管理系统

C．数据库　　D．数据库管理员

2．SQL Server 2012 是一个____________的数据库系统。

A．网状型　　B．层次型

C．关系型　　D．以上都不是

3．SQL Server 2012 采用的身份验证模式有____________。

A．仅 Windows 身份验证模式

B．仅 SQL Server 身份验证模式

C．仅混合模式

D．Windows 身份验证模式和混合模式

4．下列关于主键描述正确的是____________。

A．包含一列　　B．包含两列

C．包含一列或者多列　　D．以上都不正确

5．下列____________数据库不属于 SQL Server 2012 在安装时创建的系统数据库。

A．master　　B．tempdb

C．model　　D．bookdb

6．在 SQL Server 中，局部变量前面的字符为____________。

A．*　　B．#

C．@@　　D．@

7．在 SQL Server 2012 中，当数据表被修改时，系统可能会自动执行的数据库对象是____________。

A．存储过程　　B．触发器

C．视图　　D．以上都不是

8．SQL Server 的字符型系统数据类型主要包括____________。

A．int、money、char　　B．char、varchar、text

C．datetime、binary、int　　D．char、varchar、int

9．要查询 book 表中所有书名中包含“计算机”的书籍情况，可用____________语句。

A．SELECT * FROM book WHERE book_name LIKE '*计算机*'

B．SELECT * FROM book WHERE book_name LIKE '%计算机%'

C．SELECT * FROM book WHERE book_name = '*计算机*'

D．SELECT * FROM book WHERE book_name = '%计算机%'

10．在 WHILE 循环语句中，如果循环体语句条数多于一条，则必须使用__________语句。

A．BEGIN…END　　B．CASE…END

C．IF…THEN　　D．GOTO

11．在 SELECT 查询中，要把结果中的行按照某一列的值进行排序，所用到的子句是__________。

A．ORDER BY　　B．WHERE

C．GROUP BY　　D．HAVING

12．要删除视图 vw_Demo，可以使用__________语句。

A．DROP vw_Demo　　B．DELETE vw_Demo

C．DELETE VIEW vw_Demo　　D．DROP VIEW vw_Demo

13．下列关于视图的描述错误的是__________。

A．视图是一张虚拟的表

B．在存储视图时存储的是视图的定义

C．在存储视图时存储的是视图中的数据

D．可以像查询表一样来查询视图

14．SQL Server 提供的单行注释语句是使用__________开始的一行内容。

A．“/*”　　B．“--”

C．“{”　　D．“/”

15．假如有两个表的连接是这样的：tb_First INNER JOIN tb_Second。其中，tb_First 和 tb_Second 是两个具有公共属性的表，这种连接会生成__________结果集。

A．包括 tb_First 中的所有行，不包括 tb_Second 的不匹配行

B．包括 tb_Second 中的所有行，不包括 tb_First 的不匹配行

C．包括两个表的所有行

D．只包括 tb_First 和 tb_Second 满足条件的行

二、填空题（每空 2 分，共 15 空，共 30 分）

1．SQL Server 2012 的文件包括数据文件（扩展名为 .mdf 或.ndf）和__________。

2．在 SELECT 语句中，如果要实现分组，可以使用__________子句。

3．在 SQL Server 2012 中，索引的顺序和数据表的物理顺序相同的索引是__________。

4．角色是一组用户所构成的组，可以分为服务器角色、__________角色和应用程序角色。

5．SQL Server 2012 中的触发器有三种，即 DML 触发器、__________和__________。

6．如果要计算表中的行数，则可以使用聚合函数__________。

7．SQL Server 2012 中实现数据库备份的 T-SQL 语句是__________，SQL Server 2012 中实现数据库附加的语句是__________。

8．在 SQL Server 2012 中，修改表的结构应使用的 T-SQL 语句是__________，修改表中的数据应使用的 T-SQL 语句是__________。

9．在使用一个游标的时候可以分为以下几步：__________、打开游标、从打开的游标中提取行、__________、释放游标。

10．一个事务的操作必须具备以下四个属性：原子性、________________、隔离性和________________。

三、简答题（共3题，共20分）

1．在进行数据库管理时为什么要使用视图？（4分）

2．简述INSERT触发器的工作原理。（6分）

3．图书管理系统中的book表和authors表的结构如附表B-1和附表B-2所示，请根据表回答问题。

附表B-1 book表

列　名	数据类型	长　度	约　束
book_id	int	4	主键
book_name	varchar	50	NOT NULL
author_id	int	4	外键

附表B-2 authors表

列　名	数据类型	长　度	约　束
author_id	int	4	主键
author_name	varchar	30	NOT NULL

（1）用T-SQL语句建立authors表（包括常规的列约束和表约束）。（6分）

（2）当在两个表中输入author_id相同的记录时，一般应先输入哪个表的数据？为什么？（4分）

四、编程题（共4题，共20分）

学生管理系统中的学生表、课程表和选课表的结构如附表B-3～附表B-5所示，请按要求写出对应操作的T-SQL语句。

附表B-3 student表（学生表）

学　号	姓　名	性　别	年　龄	系　别
1	李明	男	20	计算机系
2	张然	女	19	经管系
3	许晴	女	18	电子系

附表 B-4　course 表（课程表）

课 程 号	课 程 名	学 分
1	SQL Server	4
2	VB	3
3	专业英语	2

附表 B-5　sc 表（选课表）

学 号	课 程 号	成 绩
1	1	90
2	1	85
2	2	76
3	3	70

1．把 course 表中课程号为 2 的课程的学分修改为 4。（4 分）

2．在 student 表中查询年龄大于 18 的学生的所有信息，并按学号降序排列。（4 分）

3．在以上三个表中查询选修课程的“学分”为 4，并且成绩大于 80 的学生的学号、姓名和性别。（6 分）

4．创建存储过程 up_getDetailByName，通过输入参数学生姓名（如“张然”），查找出该学生的基本信息，对不存在此学生姓名的输入值必须做出检测，并打印信息“不存在此学生”。（6 分）